TypeScriptと React/Next.jsでつくる 実践Webアプリケーション開発

手島拓也／吉田健人／高林佳稀［著］

技術評論社

免責事項

本書に記載された内容は、情報の提供のみを目的としています。したがって、本書を用いた運用は、必ずお客様自身の責任と判断によって行ってください。これらの情報の運用結果について、技術評論社および著者はいかなる責任も負いません。本書記載の情報は2022年6月現在のものです。

商標・登録商標について

本書に記載されている製品名などは、一般に各社の商標または登録商標です。™や®は表示していません。

サポート

本書の書籍情報ページは下記です。こちらからサンプルファイルダウンロードやお問い合わせが可能です。

https://gihyo.jp/book/2022/978-4-297-12916-3

まえがき

「TypeScriptとReact/Next.jsでつくる実践Webアプリケーション開発」を手に取っていただきありがとうございます。

まず私がこの書籍の執筆を始めることになった背景を紹介します。私がReactと出会ったのは2014年ごろでした。当時、さまざまな思想を持ったJavaScriptライブラリが登場し、フロントエンド開発における技術要素は目まぐるしく変化していました。私は実務で初めてReactを導入した時に、そのシンプルな設計による開発者体験の良さを感じたのと同時に、当時まったく新しい概念であった仮想DOMやJSXの導入など革新的なライブラリであると感銘を受けました。その時登場した多くのライブラリは今では聞かないものとなっていますが、Reactは大きな開発者コミュニティによるサポートもありフロントエンド開発の中心技術として支持され続けています。

その後、ReactベースのフルスタックフレームワークNext.jsが登場しました。私がNext.jsを実践で活用したのは2020年の新規サービス開発プロジェクトでした。その時の開発メンバーが本書共著者の吉田健人さんと高林佳稀さんです。

そのWebアプリケーションではパフォーマンスやSEOが強い要件として求められました。そのような背景で私たちはサーバーサイドレンダリングや静的サイト生成の機能を持つNext.jsを採用しました。コンポーネントの設計と実装に関しては、Atomic DesignとStorybookを導入しました。Next.jsはフロントエンドの実装部分だけでなく、開発環境やデプロイ部分も簡便化してくれます。これまで時間をかけていた煩わしい作業がなくなり、私たちは効率性の高い開発体験を得ることができました。結果的に、拡張性が高く、パフォーマンスも優れたサービスを短期間でリリースできました。

このプロジェクトの経験を通じて培ったTypeScriptやNext.jsなどの技術要素とコンポーネント指向による設計手法は、今では私のWebアプリケーション開発を効率的に進めるための強力な武器となっています。

2021年、この実務を通じて得た開発手法をもっと広くエンジニアの方に知ってもらうために何か貢献できないか吉田さんと高林さんと話しました。ReactとNext.jsによる実践的な開発を想定して体系的に学べる書籍はまだ少ないこともあり、本書執筆を進めることになりました。

本書は、皆さんがNext.jsの基礎をしっかり理解できるように解説し、サンプルアプリケーション開発を通じて業務にそのまま役立てられる実践的なスキルを身につけられるように執筆されています。

また、私は近年日本だけでなく海外の開発プロジェクトにも数多く関わる中で、特にReactとNext.jsのシェアの強さを感じています。今後数年はフロントエンドの開発に従事される方にとって避けて通れない技術だと考えています。本書では読者の皆様が世界共通で評価されるフロントエンドスキルを学べることを目指しています。

本書が、皆様がより一層フロントエンドの領域で活躍できるきっかけとなれば幸いです。

2022年6月 著者を代表して 手島拓也

本書が想定している読者

本書は、ReactとNext.jsの基礎から始まり実践的なアプリケーション開発まで解説しています。このため、以下のWebフロントエンド開発に携わる読者を想定しています。

- ▶Reactをこれから学習するWebフロントエンドエンジニア
- ▶Reactは経験したことがあるがNext.jsは使ったことがないフロントエンドエンジニア
- ▶ReactとNext.jsの基本は理解しているが、より実践的なサービス開発をしたいフロントエンドエンジニア

アプリケーション開発の経験がない方でも大部分がわかるように書いていますが、後半のWebアプリケーション開発についてはフロントエンド開発の基礎知識がないと理解するのが難しい部分もあります。

本書が想定している前提知識

- ▶HTML/CSS/JavaScriptのフロントエンドに関する初歩的な知識や記述方法について理解している
- ▶コマンドラインに関する基本的な知識がある

これらについて自信がない方は、ほかの書籍やインターネット上で理解しておくことを推奨します。

本書の構成

本書は全部で7章の本編とAppendixから構成されています。

- ▶1章 Next.jsとTypeScriptによるモダン開発
  - ・Next.jsが必要とされるようになった背景とモダンフロントエンド開発について解説します。
- ▶2章 TypeScriptの基礎
  - ・TypeScriptの基礎文法について解説します。
- ▶3章 React/Next.jsの基礎
  - ・ReactとNext.jsの基本について解説します。
- ▶4章 コンポーネント開発
  - ・Atomic Designによるコンポーネントの設計および開発手法について解説します。
- ▶5章 アプリケーション開発1〜設計・環境設定〜
  - ・実践的なアプリケーションを題材に設計と環境設定について解説します。
- ▶6章 アプリケーション開発2〜実装〜

- 設計した実践的アプリケーションの実装について解説します。

▶7章 アプリケーション開発3〜リリースと改善〜

- デプロイやSEO・セキュリティなど、Next.jsアプリケーションのリリースに関して解説します。

▶Appendix

- 決済ツール、UIスナップショットテストツール、レスポンシブ対応、国際化ツールなどの発展的な内容を解説します。

謝辞

本書の執筆を通じて多くの方から助けをいただきました。

レビューをしていただいた上杉周作さん、寺嶋祐稀さん、牛嶋将尊さん、植村爽さん、中居宗太さんのおかげで、書籍の内容が充実したものとなりました。

特に、上杉さんにはNext.jsの開発元であるVercelにてご活躍されている背景から、大変多くの重要なご指摘をいただき多大な感謝と敬意を表します。

そして、ここに名前を挙げた以外にも多くの方にもご助力いただきました。

最後に、技術評論社の野田さんには執筆の初めから最後まで、辛抱強く付き添っていただきました。ありがとうございました。

目 次

Appendix

Next.jsのさらなる活用 405

1

Next.jsとTypeScriptによるモダン開発

本書で解説するNext.jsとTypeScriptはモダンなフロントエンド開発の流行とともに注目されるようになった技術です。

これらの技術は、複雑化・大規模化が進む現代のWebアプリケーション開発を支え、開発をより効率的なものにします。また、Next.jsの導入によって優れたユーザー体験を提供することが可能となっています。これらの要因から、近年人気を集めています。

本章ではNext.jsとTypeScriptの特徴と、これらがなぜ必要になったかを解説します。

1.1 Next.jsとTypeScript

Next.js*1は、オープンソースのWebアプリケーションフレームワークです。Webフロントエンドライブラリの Reactをベースに構築・開発されています。サーバーサイドレンダリングや静的なWebサイトの生成など、React*2をベースに、Webアプリケーション開発に便利な機能を追加しています。Reactベースではありますが、フロントエンドだけではなく、サーバーの機能も一部持ち合わせています。

Next.jsはReactでWebアプリケーションをつくる際に、最も人気のあるフレームワークです。Reactの公式ドキュメントにも、Node.js*3を用いてサーバーサイドでレンダリングしたWebサイトを構築する際のソリューションとして、Next.jsを推奨ツールの1つとして取り上げています*4。

従来のReactアプリケーションは、すべてのコンテンツをクライアントサイドのブラウザでレンダリングしていました。これはReactがWebフロントエンドのレンダリングに特化したライブラリであるためです。Next.jsは、Reactの機能をサーバーサイドでレンダリングされるアプリケーションにも拡張するために利用できます。

以下の図は、典型的なReactアプリケーションの構成に対して、Next.jsを導入した場合の構成がどのような違いがあるかを表しています。

*1 https://nextjs.org/
*2 https://ja.reactjs.org/
*3 https://nodejs.org/ja/
*4 https://ja.reactjs.org/docs/create-a-new-react-app.html

図1.1 Next.jsの構成

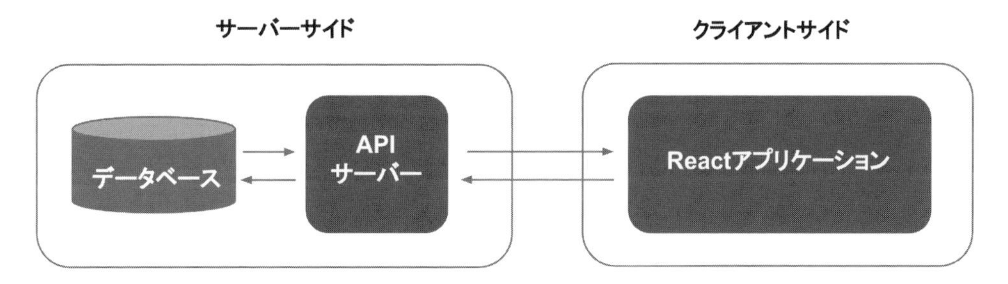

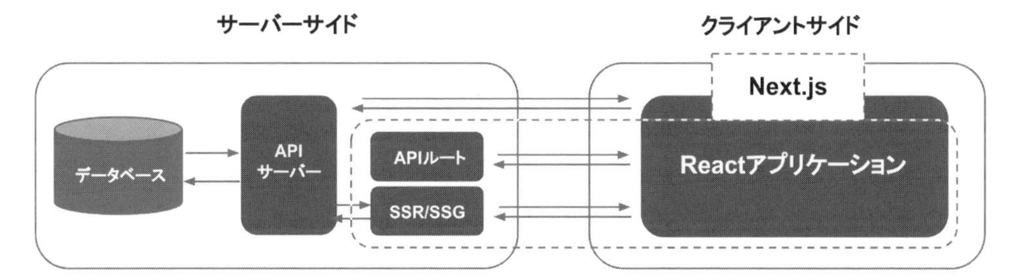

Next.jsはReactの機能性を活かしつつ、Reactだけではカバーできない領域を補う、実践的なWebフレームワークです。React単体よりも、より開発しやすく、より快適なユーザー体験（UX）を提供できるため、人気を集めています。詳しい機能は3.6で紹介します。

Next.jsの著作権および商標権は、Vercel社*5が所有しており、同社がオープンソースの開発を維持・主導しています。

*5 https://vercel.com/

図1.2 Next.jsのWebサイト

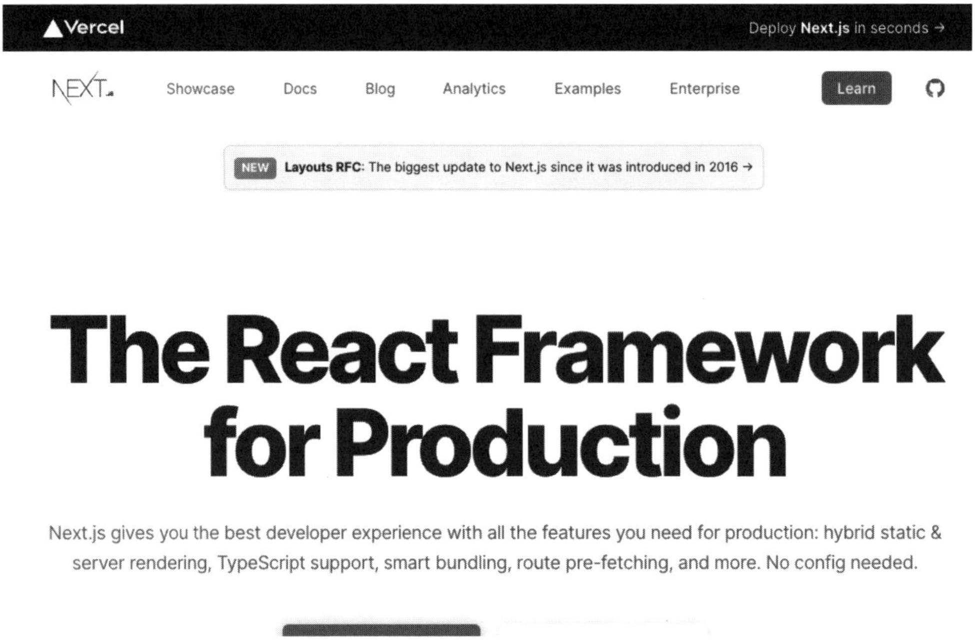

TypeScript*6はMicrosoftが中心となって開発を進める、JavaScriptに静的な型付け機能などを搭載したプログラミング言語です。もともとJavaScriptを拡張するAltJSの1つとして登場し、本書執筆時点ではモダンフロントエンド開発のプログラミング言語としてスタンダードになりつつあります。

＊6 https://www.typescriptlang.org/

図1.3 TypeScriptのWebサイト

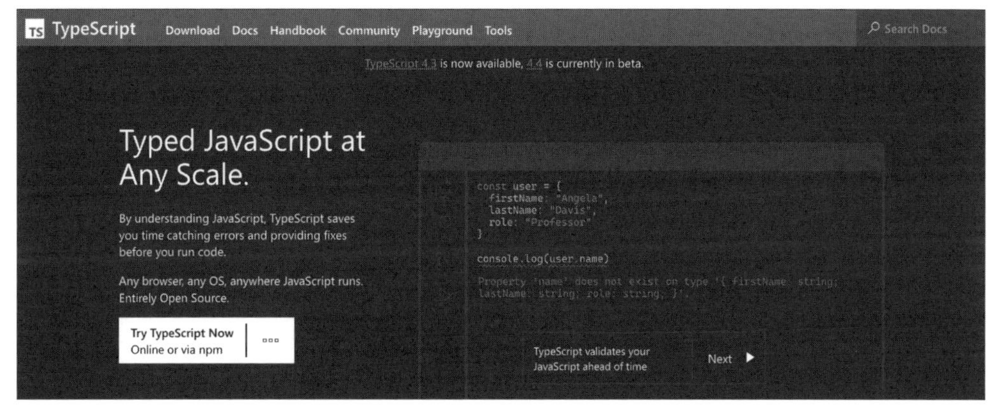

本書ではTypeScriptを用いて、Next.js（React）のWebアプリケーションを開発する方法を紹介します。この組み合わせは、高い開発効率と優れたユーザー体験を実現できる、モダンなフロントエンド開発の決定版ともいえるものです。

さて、先ほどから、Next.jsやTypeScriptを活用したモダンなフロントエンドとして紹介してきました。そもそも、モダンフロントエンド開発とは何なのでしょうか。また、どうして必要とされてきたのでしょうか。

現在はWebアプリケーション開発に欠かせないJavaScriptですが、もともとは今のような複雑な用途での利用は想定されていませんでした。それが、技術の進化や応用によって徐々に適用範囲を拡大し、今日のように利用されるようになってきました。

Next.jsやTypeScriptが利用される背景を理解するために、本章ではこれまでのフロントエンド技術の変遷を解説し、モダンなフロントエンド開発の設計思想について紹介します。

1.2 フロントエンド開発の変遷

その登場からモダンフロントエンドまで、フロントエンド開発の歴史を追っていきます。歴史の流れで、Next.jsとTypeScriptが人気を集めた理由が見えてきます。

1.2.1 JavaScript黎明期とjQueryの人気

JavaScriptの誕生は、1995年にさかのぼります。JavaScriptはNetscape社が開発したブラウザ上で動くスクリプト言語として登場しました。同時期にMicrosoftもWindowsにInternet Explorerを搭載し、JavaScriptに似ている言語JScriptが動作するブラウザを実装しました。しかし、JavaScriptと非互換な部分も多く、ブラウザ間で挙動が異なり開発者の頭を悩ませている状況になりました。

そのような背景からECMAという標準化団体によるJavaScriptの標準化策定が始まります。しかし、Mozilla（旧Netscape）、Microsoft、Adobe、Yahoo!など当時Webをリードする大企業の意見が分かれなかなか標準化が進みませんでした。

当時JavaScriptの有効な活用方法はフォームのバリデーション程度でした。それ以外の用途として、過度なアニメーションの実装やブラウザに負荷をかけてブラウザクラッシュを起こす実装が増え、JavaScriptは悪質なサイトを生み出す根源となってしまいました。そして、JavaScriptはセキュリティ上問題があるという認識が広まり、ブラウザの設定でJavaScriptを無効にすることを推奨するような声も一部で高まりました。次第に人々には受け入れられなくなり、結果的に当時JavaScriptはフロントエンドのお化粧程度の補助的な要素として利用されるだけというのが一般的になっていました。

しかし、2005年にGoogleが地図サービスGoogle Mapsをリリースしてこの常識は覆されます。Google Mapsは非同期でHTTP通信するAjaxを活用し、Webでインタラクティブなアプリケーションを実現しました。AjaxはAsynchronous JavaScript and XML[*7]の略で、JavaScriptを用いて非同期にデータ通信をする実装方法を指します。ページをリロードすることなく必要な部分だけサーバーから情報を取得しUIを更新するこの技術は今では当たり前のようにフロントエンドで利用されていますが、当時Webサイトのお化粧程度でしか使われていなかったJavaScriptが再注目されます。

このAjaxを活用したWebアプリケーションの開発は世界中に広まり、Gmailのようなメールアプリケーションやリアルタイム性の高い分析ツール、SNSの実装、ゲームの開発など、多くの開発でJavaScriptが活用されていきました。

さらにJavaScriptを多用したWebアプリケーションを普及させたきっかけとして、2008年Google Chromeの誕生が挙げられます。ChromeにはV8[*8]というJIT VM型のJavaScriptエンジンが搭載され、JavaScriptの実行速度が飛躍的に上がりました。

結果的にWebアプリは、ブラウザ上で動くアプリとして当時健在だったJavaアプレットやFlashなどでつくるアプリケーションと比べてもパフォーマンスが劣らなくなってきました。ブラウザさえあればインストール不要で実行できるJavaScriptを活用したWebアプリケーションはますます普及していきました。

このように、JavaScriptはもともと必ずしも良いイメージを持たれるわけではありませんでした。しかし、ブラウザの進化とともに多くの画期的なWebアプリケーションが生まれ、次第に人々の認識が変わり、世界中で多くのエンジニアに利用される、人気の高い言語へと生まれ変わりました。

---

*7　実際にはXMLではなくJSONが使われるのが一般的です。

*8　https://v8.dev/

jQuery全盛期

Ajaxの衝撃以降、Webアプリケーションの進化が続きます。従来よりも多機能なアプリケーションとしてRIA（リッチインターネットアプリケーション）と称され、クライアントサイドの実装としてAjaxや高度なDOM操作が求められました。

DOM（Document Object Model）はブラウザがHTMLを解釈した際に生成されるツリー構造のオブジェクトモデルです。ブラウザには、DOMの各ノードは操作をするためのAPIが提供されており、JavaScriptを用いて操作し、動的なUIの変更が可能です。

JavaScriptによる大規模開発のニーズは日に日に増していき、開発の現場ではフロントエンドエンジニアとしてJavaScriptでアプリケーションを開発する担当者を専任で設ける企業も多くなりました。

2014年ごろにMozilla、Microsoft、Apple、Googleなどの大手ブラウザベンダーによる最新のWeb標準実装および動作速度の高速化の競争が活発になります。第二次ブラウザ戦争と呼ばれ、各ブラウザベンダーが独自の実装を続け、JavaScriptエンジンやレンダリングエンジンの挙動に多くの差異が生まれてしまいました。また、並行してiPhoneやAndroidなどモバイル向けの端末もWebブラウザの機能を兼ね備えて急速に普及していきました。

各ベンダーが提供するブラウザの性能や機能が進化することは良いことですが、一般ユーザーが利用する端末側のブラウザの多様化に伴い、フロントエンドエンジニアの開発で対応しなければならない工数が多くなっていきます。Webアプリケーション開発時に、各ブラウザの挙動を理解して、テストと修正をする工数にかなりの時間を割くようになりました。そこで当時ブラウザ間の挙動の違いをある程度吸収してコードを書くことができるJavaScriptのライブラリ、jQuery*9が流行ります。たとえば、JavaScriptでAjaxやDOMのイベント操作などのコードを書く際に、クロスブラウザ互換を考慮し条件分岐を多用するおまじないのような長いコードを書く必要がありました。そのようなケースもjQueryを利用することで簡潔に記述可能になりました。

当時jQueryが画期的だったこととしては以下の点が挙げられます。

- **クロスブラウザ互換を実現できる**
- **DOMの操作が簡単にできる**
- **アニメーションを簡単に実装できる**
- **jQuery UIなど周辺ライブラリが充実している**

リッチなWebアプリケーションにおいて頻繁に使われるダイアログの実装やフォームの実装など、簡潔に実装するためのパッケージも提供され、このころ多くのフロントエンドエンジニアがjQueryを無条件に組み込むほど普及していました。

jQuery人気の低下

jQuery全盛期以降もますますフロントエンドに求められる要件は複雑化していきます。この流

*9　https://jquery.com/

れの中で、次第にjQueryは影を潜めていきました。なぜ、ここまで流行したjQueryが使われなくなったのでしょうか、以下のような背景があります。

- グローバルスコープを汚染する
- DOM操作の実装が複雑になりやすい
- ルーティングなど、複数ページのWebアプリケーションを実装するしくみがない
- ブラウザ間の挙動の違いが依然よりも顕著ではなくなり、ブラウザ互換コードが不要になってきた（ブラウザの標準化）

jQueryを用いると大規模アプリケーション開発においてJavaScriptのグローバルスコープが汚染されるという点が、特に問題視されました。これは、モダンなフロントエンド開発の軸となる、SPAやコンポーネント指向といった考え方と相性が良くありません。

こういった背景から、徐々にjQueryは悪だと揶揄される流れになっていきます。実際にはWebサイト制作のアニメーションをつけるようなJavaScriptの実装としてはまだまだ現役ですが、大規模なWebアプリケーションの開発ではjQueryを活用している事例は少なくなってきています。

1.2.2 SPAの登場とMVC/MVVMフレームワーク

シングルページアプリケーション（SPA）とは、起動時に一度HTML全体をロードし、以後はユーザーインタラクションに応じてAjaxで情報を取得し、動的にページを更新するWebアプリケーションのことです。

SPAは、従来型のHTML全体をページ遷移の度に読み込む方法よりも、より高速なUIの動作を実現できます。ネイティブアプリのような、より滑らかなユーザー体験を提供できるようになり、現在では多くのWebアプリケーションがSPAで実装されています。

ブラウザのURLを指定してサーバーからコンテンツを返す従来の方式ではなく、SPAではページ遷移をクライアントサイドで行います。その際に、Ajaxを使用して必要な時に必要に部分だけデータを取得してViewを表示するため、オーバーヘッドが軽減されます。

図1.4 従来のWebアプリケーションとSPA

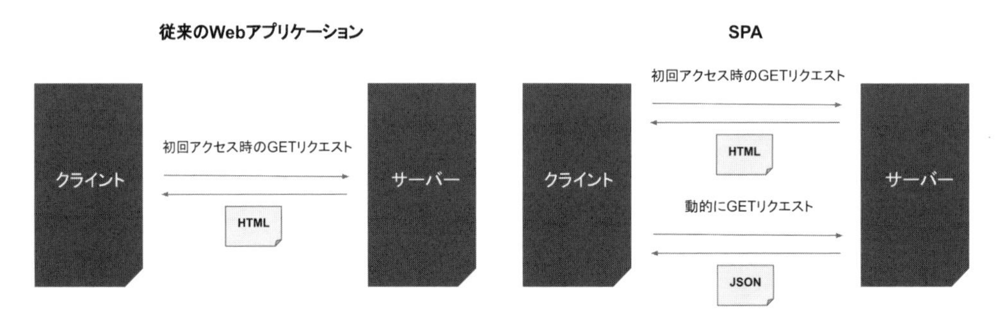

SPAの流行に合わせて、サーバーサイドの実装も変わりつつあります。

SPA以前はJavaのStruts*10や、Ruby on RailsなどサーバーサイドのMVCフレームワークが備えるビューの機能によってUIを実装するのが一般的でした。この形式では、サーバーサイドがビュー（HTMLの生成）までを担当し、都度HTMLをクライアントサイドに渡します。

SPAの登場によりJSON形式のAPIがサーバーサイドとフロントエンドのつなぎを担うという設計が普及していきます。サーバーサイドはJSONをクライアントサイドに渡し、そのJSONを元にクライアントサイドはビューを構築します。HTMLを逐一渡すのに比べ、JSONを渡す場合はビューの部分的な更新・高速な更新が可能になるメリットがあります。

Webフレームワークのスタイル	フロントエンドの役割	サーバーサイドの役割
Railsなどのスタイル（SPA以前）	補助的・限定的。	MVCすべてを担う。HTMLの生成まで担当。
ReactなどのSPA	ビューの構築など大きな役割を果たす。	シンプルな実装が好まれるように。JSONを返す。

Webアプリケーションではビューのロジックが複雑になりがちで、サーバーサイドのロジックとフロントエンドのロジックを分離しやすいJSON API形式で実装した方が疎結合を実現しやすくなります。加えて、フロントエンド（クライアントサイド）とサーバーサイドで担当者の役割の分担も容易になるメリットがあります。

また、JSON APIを用意しておくと、SPAでつくられたWebアプリケーション以外にクライアントアプリケーションとしてiOSやAndroidのネイティブアプリを実装する際に同じ構成を取れます。サーバーサイドはWebアプリケーション向けと同様のAPIさえ提供しておけば、同じアーキテクチャでプロダクト開発を進めることが可能です。

SPAを導入するメリットは以下が挙げられます。

- **ハイパフォーマンスなアプリケーションを提供できる**
- **サーバーサイドエンジニアとフロントエンドエンジニアの分業が容易になる**
- **JSON APIによる疎結合の設計ができる**
- **iOSやAndroidなどネイティブアプリクライアントに対してもAPIによる疎結合なシステム構成で対応可能になる**

一方デメリットとしては以下のようなことが挙げられます。

- **JavaScriptの読み込みとレンダリングが発生するため対策しないと初期表示に少し時間がかかる（Next.jsでは解決、3.7参照）**
- **フロントエンドの学習コストが高い**

*10 https://struts.apache.org/

- フロントエンドのコードの量が多くなる
- 経験のある人材の採用が難しい

上記のようなデメリットもあるので、一概にSPAの方が優れているとはいいきれません。アプリケーションやチームの特性に合わせて、技術アプローチの選択が必要になります。

SPAのしくみは、以下のような技術要素に支えられています。

- URLパスとViewのルーティング管理
- クライアントサイドでのブラウザ履歴管理によるページ遷移
- 非同期によるデータ取得
- Viewのレンダリング
- モジュール化されたコードの管理

Reactは、この中ではView関連に注目したライブラリです。このため、React Routerなどルーティング機能を持つライブラリを利用してSPAを実装するのが一般的です。ルーティングライブラリを入れることで、URLごとに特定のコンポーネントを出し分ける、表示を変えるといったページ遷移を実現するための動作が可能になります。

Next.jsはルーティング機能を内蔵し、ほかにもSPAのようなアプリケーションを開発するための便利な機能がまとまっています。

Column

SPA普及の裏で貢献したHistory API

History APIの登場もSPA促進の背景に大きなインパクトを与えています。History APIはHTML5に導入された機能で、ページの遷移・履歴をJavaScriptで扱えるようになりました。

通常SPAを実装する際にはReact Routerなどのルーティングライブラリを利用するのが一般的です。したがって、普段開発者としてあまりHistory APIを意識することは必要ないですが、履歴をブラウザに記録させる機能として`pushState`や`replaceState`という機能の存在を知っていて損はないでしょう。また、`popstate`というブラウザの戻る・進むボタンが押された際に発生したイベントなど実装に組み込むことができます。`scrollRestoration`というプロパティもあり、ブラウザの戻る・進むボタンが押され、履歴間の移動があった時のスクロール位置を制御できる機能もあります。

MVC/MVVM JavaScriptライブラリ乱立時代

2009年ごろからWebアプリケーションはSPAを代表に、複雑な要件を求められる傾向にあり、フロントエンド開発のパラダイムシフトが起きていきました。jQueryは次第に影を潜め、MVC/MVVMを活用したBackbone.js*11、AngularJS*12などの新たなWebアプリケーションフレームワーク、ライブラリが次々と出現します。

*11 https://backbonejs.org/
*12 https://angularjs.org

この時期、フロントエンド開発でJavaScriptが担う役割は飛躍的に大きくなりました。この状況でフレームワークなどが提供する設計指針なしに実装を進めると、非常に複雑でレガシー化を引き起こしやすいコードになってしまう懸念が出てきます。そこで、MVC設計*13という従来サーバーサイドで普及していたフレームワークの概念がフロントエンドに導入されました。

MVCフレームワークとして当時軽量で人気が高かったのがBackbone.jsでした*14。MVCモデルを導入することでビューとモデルが直接関連することがなくなり、複雑になりがちなフロントエンドのコードの役割を明確にし、疎結合な実装を実現できました。フロントエンドフレームワークのアーキテクチャが、メンテナンス性の高いフロントエンド開発を支えることが認知されていきます。

Backbone.jsの流行後、MVVMのライブラリが乱立し始めます。MVVMとはデータを管理するModel、画面表示に関するView、そしてデータと表示の橋渡しをするViewModelを用いたアーキテクチャです。jQueryでは、データの変更に応じてDOMを操作するコードを記述する必要がありました。MVVMではモデルからビューへのデータ連携、ビューからモデルへのデータの双方向バインディングを行うアーキテクチャで、DOM操作のコード不要でUIにデータの変更を反映させることができます。また、UIからの情報入力がデータと自動的に同期されるため、生産性の高いフロントエンドの実装が可能となりました。著名なライブラリとしては、AngularJS、KnockoutJS*15、Riot.js*16、Vue.js*17などがあります。

2015年ごろまでフロントエンドのライブラリ乱立時代は続きました*18。今でも上記で紹介したフレームワークベースのWebアプリケーションがスマートフォンのブラウザの中で当たり前のように動作しています。

このライブラリ乱立時代に登場したのが次に紹介するReactです。

1.2.3 Reactの登場とコンポーネント指向・状態管理

Reactは2013年にFacebookが公開したUIライブラリです。現在最も人気のあるフロントエンドのライブラリです*19。

モダンWebアプリケーション開発はフロントエンドのコードの記述量が増大し、可読性が悪く、メンテナンスが困難になりがちです。Reactはこのような問題を回避し、効率的に開発を進めるためにコンポーネントや状態管理などの設計をベースとした思想を取り込んでいます。

---

*13 データモデル層（M）、ユーザーインタフェース層（V）、その両者をつなぐコントローラー層（C）によるアーキテクチャ。

*14 Backbone.jsはデータバインディングとカスタムイベントを備えたデータ層を担うModel、配列情報を表すCollection、UIを担うViewで構成されます。また、サーバーサイドのアプリケーションと連携するためのJSON API連携などの機能をフレームワークとして備えています。

*15 https://knockoutjs.com/

*16 https://riot.js.org/

*17 https://jp.vuejs.org/index.html

*18 現在ではあまり利用されなくなったライブラリも多数存在します。

*19 2021年のState of JSの調査の利用率などを参考に判断。 https://2021.stateofjs.com/en-US/libraries/front-end-frameworks/

図1.5 ReactのWebサイト

Reactを利用することで、複雑なUIやインタラクションを短く簡潔に読みやすく書けるようになり、状態の管理もわかりやすくなります。

Reactの特徴としては以下のような点が挙げられます。

- **仮想DOM**
- **宣言的UI**
- **単一方向のデータの受け渡し**
- **コンポーネント指向・関数コンポーネント**
- **Fluxアーキテクチャとの親和性**

Reactの特に画期的であった点は仮想DOMとステート管理の設計といえるでしょう。仮想DOMは直接ブラウザの持つDOMのAPIを操作するのではなく、ノードが変更あった場合、変更前後の仮想DOMを比較して変更箇所を特定し、必要に応じてまとめて実際のDOMに変更を適用するという発想から生まれた技術です。パフォーマンスを向上させることも可能で、テストも容易になり、ブラウザの実装に依存しない形でDOMを組み立てられるため後にサーバーサイドでのコンポーネントレンダリングなどに応用されていきます。

ReactはAPIを小さく保つなど学習コストをむやみに増やさない設計をしています。しかし、きちんと使いこなすためには、JSX、データフローに関する知識、ライブラリ選定など多くの学習が必要です。また、ライブラリ固有の話ではないですが、フロントエンドの技術の進化に伴いモジュール化、ビルド、静的構文チェック、テストなどの開発環境のセットアップも必要になります。

大規模向け状態管理Flux

コンポーネント指向でアプリケーションの開発を進め、複雑化していくと、状態（ステート）の管理が重要になってきます。特に、状態管理が複雑になると、大規模向け状態管理（Large-scale State Management）の手段が必要です。

Facebookは当時一気に普及していたKnockoutJSやAngularJSを代表とするMVVMフレームワークが持つ双方向データバインディングの機能に対して問題提起をしました。双方向データバインディングアプリケーションを開発することはコードを簡潔化する良いメリットがありますが、多用し過ぎるとどこの変更がどこに影響を与えるかのトレースが難しく、コードの複雑性が上がるといったものでした。

そこで、2014年にFacebookはFluxアプリケーションアーキテクチャを提唱します。Fluxを使うことでデータの流れを単一方向に限定し、状態管理をよりわかりやすくできます。以下の図はFluxのデータフローの構造を示したものです。MVCのような設計上の指針として機能しますが、データのフローが単一方向であるのが特徴的です。

図1.6 Fluxアーキテクチャ

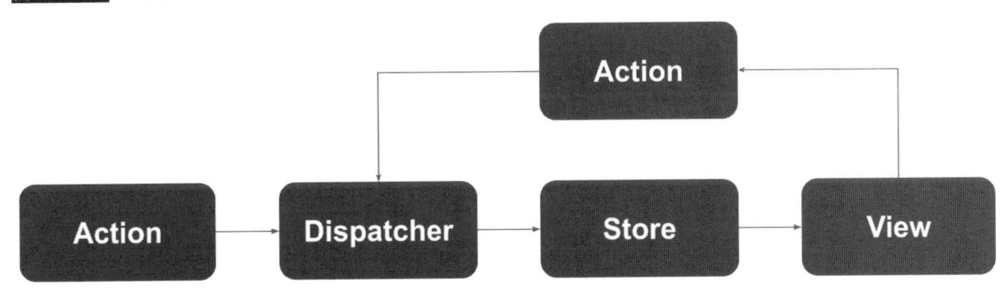

アプリケーションの表示を担うViewで必要となる状態の取得はStoreから行う一方で、状態の更新はActionというデータをDispatcherに渡すことで行うというように、取得と更新の役割が分担されています。

Fluxは、複雑化するフロントエンド開発に大きく影響を与えました。現在の状態管理ライブラリ、フレームワークの多くはFluxの考えを大なり小なり取り込んでいます。現在はFluxを発展的に継承したRedux[*20]というライブラリが人気です。

Reactが登場してから数年経ち今もなお人気で進化を遂げている理由として、仮想DOMの発明だけではなく、Fluxのような「データの流れ」に関する提唱も画期的であったことが挙げられます。このようにReactは世界中のフロントエンド開発に大きなインパクトを与えました。

1.2.4 Node.jsの躍進

Node.jsはサーバーサイドでJavaScriptを実行できる環境です。2009年にライアン・ダール氏によって開発されました。Google Chromeに搭載されているJavaScriptの実行エンジンV8を利用し

＊20 https://redux.js.org/

てつくられています。ノンブロッキングI/Oという多くのリクエストを遅延が少なく処理できる特性が注目され、現在では世界中多くの企業でNode.jsが活用されています。

これまでWebアプリケーションでは、Webサーバー側のプログラムはPHPやJavaなどの言語で開発し、フロントエンドはJavaScriptで開発することが一般的でした。Node.jsの登場によりフロントエンドのエンジニアが利用している言語をそのままサーバーサイドの実装を可能にするため、サーバーサイドとフロントエンド間のコードの共通化も可能になりました。また、結果的に、人材獲得の面でもメリットが生まれることになりました。

さらに、Node.jsは単にサーバーサイドでJavaScriptを実行する機能だけにとどまらず、進化を続けていきます。CLIツールなど、ローカルで活用するツールにもJavaScriptが使われるケースも増えています。

Node.jsの功績にはnpmというパッケージマネージャー、パッケージシステムの存在も上げられます。npm*21はフロントエンド開発にパッケージの概念を導入し、JavaScriptのエコシステムをつくり出しました。

npmによりもたらされた恩恵は以下の点が挙げられます。

- **モジュール読み込みの機構**
- **パッケージ管理**
- **ビルドシステム**
- **エンジニア採用における技術スタックの統一**

現在多くのOSSがnpmを通じて配布されており、アプリケーション側は利用するライブラリとバージョン指定を`package.json`で記述するだけで組み込むことが可能になっています。このしくみによりJavaScriptのプログラムがモジュールという単位で分割されるため、保守性や再利用性が向上します。

現在のフロントエンド開発では、モジュールを`import`しトランスパイルするためのビルドシステムも当たり前のように普及しました。このビルドシステムにより、多くのモジュールとして開発したものを1つの圧縮されたJavaScriptとしてブラウザにロードさせることが容易に実現できます。また、開発時・デプロイ時にビルドというプロセスを通りJavaScriptファイルを行うため、開発者はJavaScriptではなく、ほかの言語で記述可能なAltJSという発想も生まれました。

Column

CommonJSとESモジュール

JavaScriptのモジュール化の歴史はまだ浅く、その仕様に関してディスカッションが続けられています。現在利用されている代表的なモジュールの仕様にCommonJSとESモジュールがあります。Node.jsが早くから採用していたCommonJSが解決しようとした問題領域は以下の点でした。

- **モジュール機構がない**

*21 https://www.npmjs.com/

- 標準ライブラリがない
- Webサーバーやデータベースとの標準的なインタフェースがない
- パッケージのマネジメントシステムがない

以下がCommonJSモジュールの実装例です。モジュールの定義にmodule.exportsを使用し、読み込みにrequire()を使用します。

```
// util.jsというファイルの定義
module.exports.sum = (x, y) => x + y

// util.jsを読み込むmain.js
const { sum } = require('./util.js')
console.log(sum(5, 2)) // 7
```

一方、ES2015が発表されたころに、ESモジュールが仕様として策定されました。ESモジュールはCommonJSとは異なりJavaScriptの仕様を策定しているECMA標準化団体が推進するもので、公式なモジュールのしくみです。Internet Explorer以外のモダンなブラウザではESモジュールを標準で使用可能になりました。また、2019年ごろNode.jsでもESモジュールを標準で使用可能になりました。

ESモジュールでは以下のように、モジュールの定義にexportを使用し、読み込みにimportを使用します。

```
// util.jsというファイルの定義
export const sum = (x, y) => x + y

// util.jsを読み込むmain.js
import { sum } from './util.js'
console.log(sum(5, 2)) // 7
```

現在はESモジュールを利用するのが一般的になり、CommonJS形式で記述する機会は今後減るでしょう。

Column

Deno

DenoはJSConf EU 2018というカンファレンスにてNode.js作者であるライアン・ダール氏の講演「Node.jsに関する10の反省点」で発表された新しいJavaScript/TypeScriptのランタイムです。Nodeの名前のnoとdeを反対にしたネーミングです。

特にセキュリティ部分と、npmなどのパッケージ管理ツールを別途必要としない設計を採用している点がNode.jsと異なります。いくつかの例としてNode.jsとは以下のような点で違いがあります。

- ファイルやネットワークアクセスなどは明示的に宣言した場合のみ許可される
- TypeScriptがデフォルトで利用できる
- モジュール依存管理npmとpackage.jsonの廃止

▶ ESモジュール形式でURLを指定し`import`を行い、実行時にモジュール管理が行われる
▶ 実行環境は単一のバイナリファイルとして提供されている

そのほかNode.jsと比べて細かな違いが多く存在します。詳細に関してはDenoの公式サイト*[a]をご参照ください。
本書執筆時点では実験的な要素も多いですが、今後のDenoの動向については要注目です。

*a　https://deno.land/

1.2.5 AltJSの流行とTypeScriptの定番化

AltJSとは、コンパイルすることでJavaScriptが生成されるプログラミング言語です。JavaScriptはプログラミング言語として人気もありフロントエンドの開発では揺るがない地位を得ていましたが、JavaScriptの言語そのものに文法などの課題があると考える開発者も少なくありませんでした。2010年ごろから、CoffeeScript*[22]を筆頭に、JavaScriptではない言語でコードを記述し、それをJavaScriptにコンパイルする発想のAltJSが数多く生まれました*[23]*[24]。言語から言語にコンパイルすることをトランスパイルとも呼びます。

表1.1　AltJSの例（ほかにも多数）

言語名	特徴
TypeScript	Microsoftが開発。静的型宣言が特徴。2章で解説。
CoffeeScript	コードの量を減らす思想を持つAltJS。
ClojureScript	Cloujureという関数型プログラミング言語のAltJS。
Dart	Googleが開発をリードしているAltJSとしても使える言語。Flutterで利用されている。

TypeScriptもAltJSの1つであり、現在の開発で広く使われるようになりつつあります。
AltJSとは少し発想が異なりますが、Babel*[25]というツールも注目を浴びます。ECMAが毎年仕様の策定をしていく中、ブラウザベンダーの実装がその仕様に沿った機能を提供するまで時間がかかり、なかなか追いつきませんでした。Babelは新しいES6などの仕様のJavaScript読み込み、まだ標準実装されていないブラウザ向けにES5の形式で出力をするための、JavaScriptの最新仕様の先取りツールです。

*22　https://coffeescript.org/
*23　ClojureScript https://clojurescript.org/
*24　Dart https://dart.dev/
*25　https://babeljs.io/

1.2.6 ビルドツールとタスクランナー

ビルドという概念は現在のモダンフロントエンド開発に欠かせない存在となっています。

ビルドシステムとは、ソースコード上で読み込んでいるモジュールの依存を解決し、実行可能なJavaScriptの形式に変換するしくみです。このしくみはJavaScriptを利用したサーバーサイド・フロントエンド双方の開発でも利用されています。

2012年ごろ、Node.js、npmによりサーバーサイドJavaScriptのパッケージ管理が容易になり、そのしくみをフロントエンド開発に持ってこようとする動きが活発になります。RequireJS*26やBrowserify*27などがそれぞれAMD形式とCommonJS形式のモジュールをブラウザで利用可能にしたツールとして利用されるようになりました。

JavaScriptのトランスパイルも普及していく中、フロントエンドエンジニアの開発の環境は複雑化し、多くのタスクを実行する必要がありました。

たとえば、AltJSのトランスパイル、SCSSのCSSへの変換、画像の圧縮、デプロイなどのタスクです。そこでビルドのステップを管理し実行するためのタスクランナーGrunt*28やgulp*29が一時期流行します。

しかし、タスクランナーはツールの学習コストがかかったため、あまり使われなくなっていきます。パッケージを管理するnpmのスクリプトによるコマンド実行を利用する方針で置き換えられました。

2015年ごろからwebpack*30を筆頭にビルドツールの存在感が増します。ビルドツールは多くの機能を持ちフロントエンド開発の環境を劇的に変化させました。コマンドラインでビルドを実行可能で、必要なパラメータやプラグインを任意で組み込むことができます。

---

*26 https://requirejs.org/
*27 https://browserify.org/
*28 https://gruntjs.com/
*29 https://gulpjs.com/
*30 https://webpack.js.org/

図1.7 webpackのWebサイト

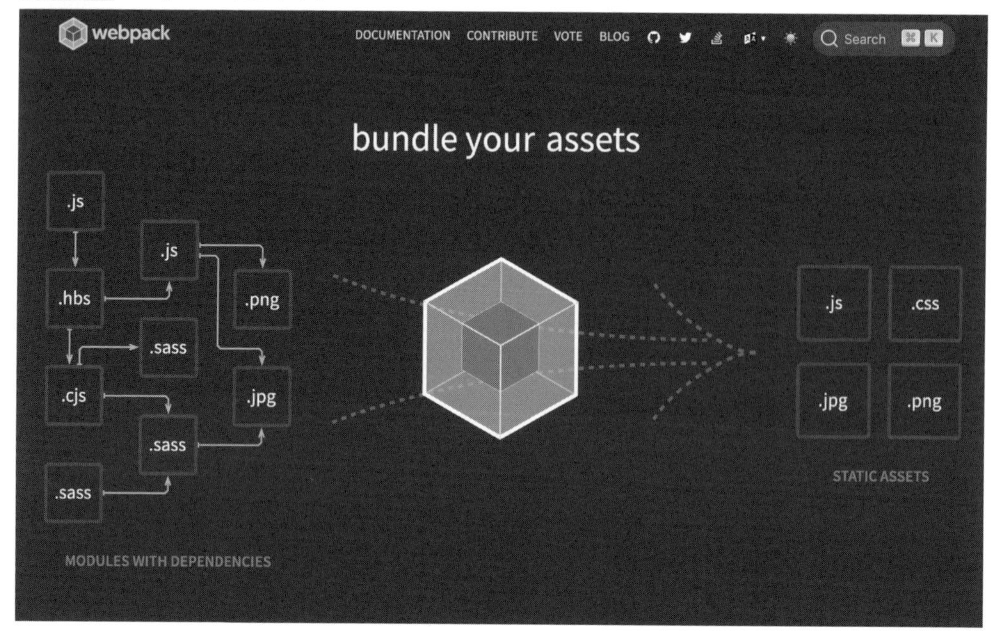

フロントエンド開発でwebpackを活用することのメリットを以下に挙げます。

- 利用している依存モジュールのバージョン管理と解決を自動化できる
- ファイルの結合やコードの圧縮などを自動化できる
- プラグイン機構によりさまざまなカスタマイズができる
- ホットリロードなど開発の効率化ツールを同梱している

最近ではESモジュールベースでライブラリの配布などに利用されている`rollup.js`*31や、Next.jsでも採用されている高速なRustベースのSWC*32というビルドツールも登場しています。

1.2.7 SSR/SSGの必要性

先述のようにSPAなどのクライアントサイドレンダリングは対策をしないと初期表示が遅いなど課題もあります。そこで重要なのがSSRやSSGです。

■ SSR

SSR（Server Side Rendering、サーバーサイドレンダリング）とは、サーバーサイドJavaScript実行環境で、リクエストに応じてページを生成しHTMLを返すことです*33。

*31 https://rollupjs.org/guide/en/
*32 https://nextjs.org/docs/advanced-features/compiler

Reactでは通常、ユーザーのブラウザがJavaScriptを実行し、JSONをもとにページを構築します。対して、SSRはサーバー側でこれを行い、HTMLを生成して返します。

Node.jsによりサーバーサイドでJavaScriptを実行できる環境が普及し、Reactを代表としたフロントエンドのコンポーネントが仮想DOMにより実装可能になった背景から、サーバー側でUIコンポーネントをレンダリングしてフロントエンドに返す実装方法が注目されました。

SPAに代表されるようなクライアントサイドでの実装と比べてSSRを導入することのメリットは以下のようなことが挙げられます。

- **レンダリングをサーバーサイドで行った結果を返すため、サイト表示の高速化が可能**
- **サーバーサイドでコンテンツを生成するため、SPAでは難しかったSEOを向上させることが可能**

一方、SSR化によるデメリットはいくつかあります。

- **Node.jsなどのサーバーサイドJavaScript実行環境が必要になる**
- **サーバーサイドでレンダリングするのでサーバーのCPU負荷が増える**
- **サーバーとクライアントでJavaScriptのロジックが分散してしまう可能性がある**

SSG

SSG（Static Site Generation、静的サイト生成）とは、事前に静的ファイルとして生成し、デプロイするしくみです。

SSRではサーバーへアクセスする度にHTMLを生成していたため、トラフィックが多い場合はサーバーの負荷についても考えなければいけません。SSG（静的サイト生成）の概念はSSRの弱点を補います。

たとえばブログのようなサイト構築を想定したケースなど、記事の詳細ページを事前にレンダリングした結果をサーバー上での処理なしに静的HTMLファイルとしてホスティングできます。それによって、より軽量で負荷に強いサービスの構築が可能になります。

*33 仮想DOMにもとづいたフレームワークを利用して、仮想DOMのレンダリングを行うと考えてください。

図1.8 SSG

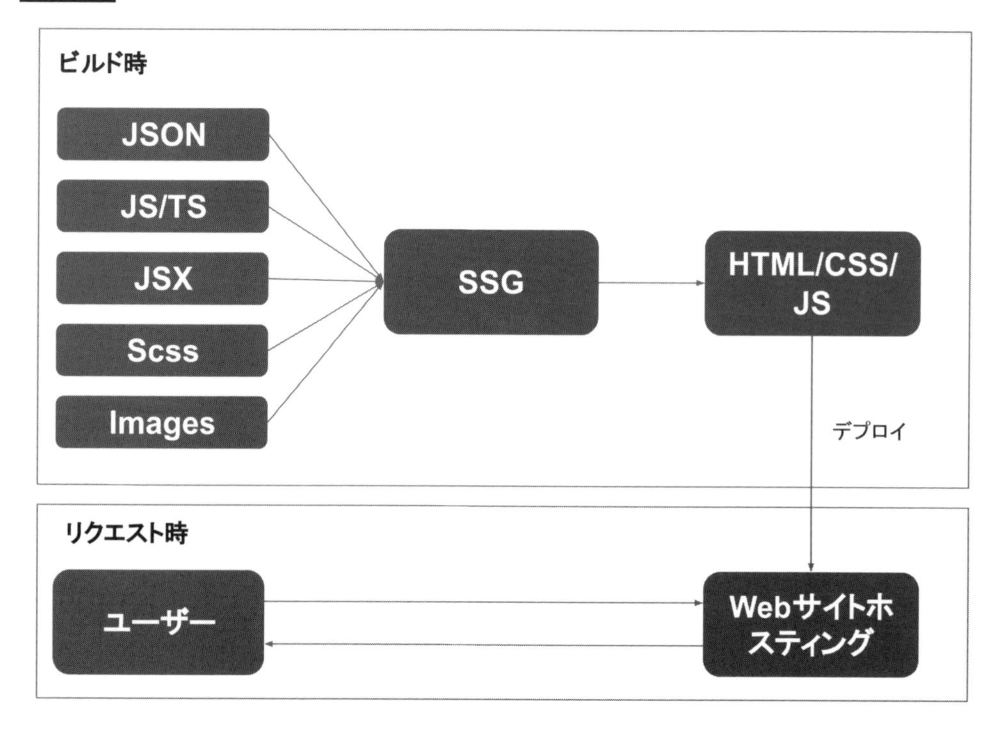

ただし、たとえばログインするユーザーによって表示を切り替える必要があるといった動的コンテンツを配信する必要がある場合は相性が悪く、利用に適したケースを判断して使い分ける必要性があります。SSRとSSGや使い分けについては、3.7でも解説します。

1.2.8 Next.jsの登場と受容

Next.jsは、Vercel社が開発した、Reactベースのモダンアプリのためのフルスタックフレームワークです。Reactの機能に加え、SSRやSSGなどの機能を実現しています。

従来モダンWebアプリケーションを開発する際には、ReactベースでReact Routerを使用しSPAとしてレンダリングするのが主流でした。Next.jsではアプリケーションの特性に合わせて、ページのレンダリングをサーバー側で行うこともできるため、SEOやパフォーマンスの面でも優れています。

Next.jsはこれまでフロントエンドエンジニアを悩ませていた複雑なフロントエンド開発環境を簡便化できるポイントを多く搭載しています。

- ▶ Reactのフレームワーク
- ▶ SPA/SSR/SSGの切り替えが容易

- 簡単なページルーティング
- TypeScriptベース
- デプロイが簡単
- 学習コストが少ない
- webpackの設定の隠蔽
- ディレクトリベースの自動ルーティング機能
- コードの分割・統合

以下の図が示すように、Next.jsはReactをベースに多くの機能を包含しています。

図1.9 Next.jsの全体像

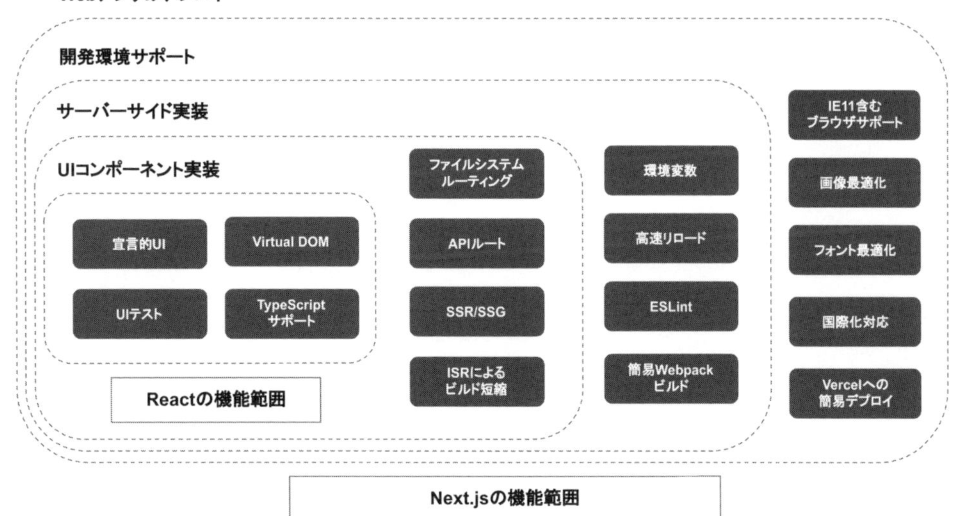

Next.jsの機能については3.6で詳しく解説します。

1.3 モダンフロントエンド開発の設計思想

フロントエンド開発の歴史で紹介したように、JavaScriptに関連した開発の環境は数年前と比べて劇的に変化しています。

本書でNext.jsとTypeScriptによるモダンフロントエンド開発を進める上で、その礎となる設計思想を紹介します。

1.3.1 フロントエンド技術の複雑化

Webの進化に応じてネイティブアプリと同等の機能やユーザー体験を提供できるようになってきています。そのような背景からフロントエンドが担う役割が数年前よりも増えてきています。最近のモダンフロントエンド開発をするためには以下のような多くの要素を学ぶ必要があります。

図1.10 モダンフロントエンドの技術要素

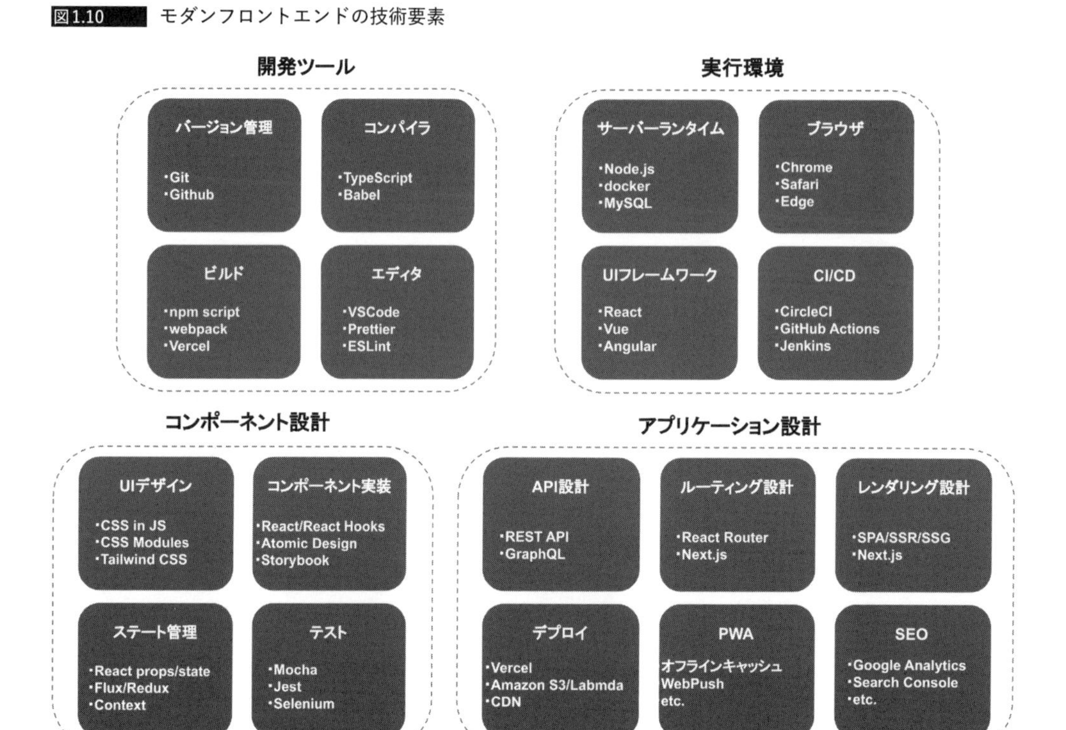

上記は本書執筆時点の人気のものを掲載しています。新しい技術要素が登場する度に要素は次々に更新されていきます。本書では上記の要素技術の中で特にTypeScript、React、Atomic Design、Next.jsを中心に扱い、実践的なアプリケーション開発の解説をします。

1.3.2 コンポーネント指向とは

モダンフロントエンド開発をする際には基本となる設計の考え方、コンポーネント指向について紹介します。

コンポーネントとは「再利用可能な部品」を表し、コンポーネントの組み合わせによりUIを実現していく設計アプローチがコンポーネント指向です。

コンポーネント設計

モダンフロントエンドに求められるスキルは、単にReactのようなライブラリをJavaScriptやTypeScriptで書けるというものではなく、コンポーネント設計をきちんと行うことができるのも重要です。

図1.11 典型的な検索結果ページのコンポーネント例

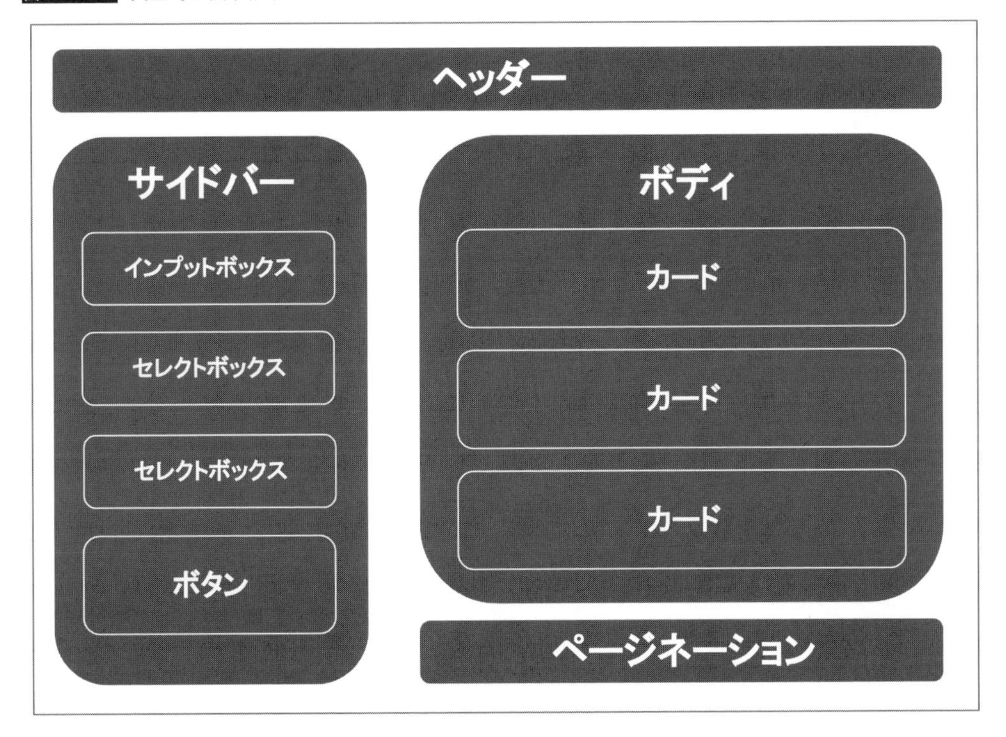

典型的な検索結果ページのコンポーネント例

複雑なUIを持つアプリケーションも再利用可能な部品の集合体であると考えられます。基本的にはDRY*34のプログラミングの原則に従います。コンポーネント設計をすることで以下のようなメリットが得られます。

- 部品の再利用が容易になる（疎結合になる）
- グローバルを汚染しない
- コードの可読性が上がる
- テストが容易になる

*34 Don't Repeat Your Self. 同じ意味のコードを繰り返し書かない、といった再利用を促進するための原則。

良いコンポーネント設計とはどのようなものでしょう。コンポーネントのあるべき姿は、できる限り抽象的であることです。開発するサービスには少なからず専門的なビジネスロジックとそれに付随するデータが必要になります。サービスや機能固有のロジックを含めてUI部品の実装をしてしまうと、再利用性が低くなりコンポーネントとしての恩恵を得られなくなります。

たとえば、ソーシャル連携認証ボタンの実装を考えてみましょう。FacebookやTwitterでログインできるよくあるボタンです。アイコンの横にラベルがあります。

図1.12 IconLabelButtonコンポーネントの例

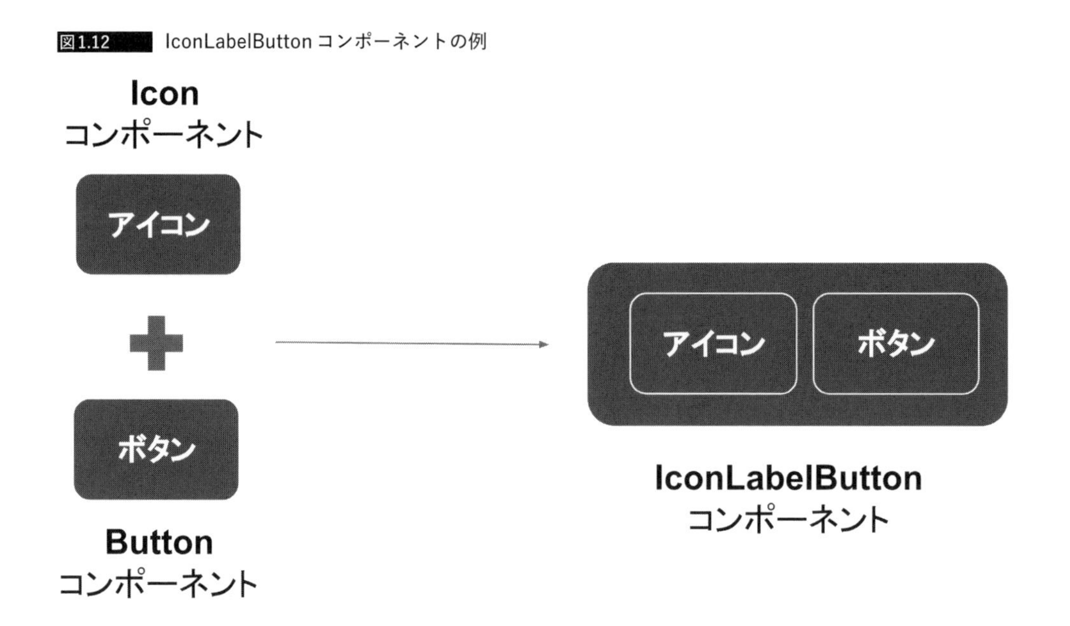

このコンポーネントを実装する際に、`FacebookButton`というコンポーネントとしてつくるのではなく、たとえば`IconLabelButton`といった将来ほかのソーシャル連携をサポートした際に再利用できる形が望ましいです。それぞれの種類の認証ボタンを別々にコンポーネントとして作成するのではなく、1つの認証用ボタンをコンポーネントとして実装し、そのコンポーネントに対してアイコンとラベルの情報を外側から渡して実装するアプローチをとっていきましょう。

コンポーネントが見た目の振る舞いを変更するためには、外部からそのコンポーネントに必要な値を受け入れる、もしくは、コンポーネント内の状態を変化させます。できる限りコンポーネントが利用するステートを別のコンポーネントに依存させない形で実現するのが重要です。コンポーネントはつまり値を渡した際のUIへの変換器とも言えます。コンポーネント指向で実装するということは、できる限り基礎的なコンポーネント部品を再利用可能な形でアプリケーションのコンテキストに依存させない形で実現することを意識しましょう。

コンポーネントの状態管理

実際にコンポーネントを集結させてアプリケーションとして動作させていくためには、コンポーネントが適切にデータを扱いUIに表示していく必要があります。

そのデータをコンポーネントでどのように扱うか、状態管理の基本概念としてReactのコンポーネントが持つpropsとstateを紹介します。

図1.13 Reactコンポーネントとは

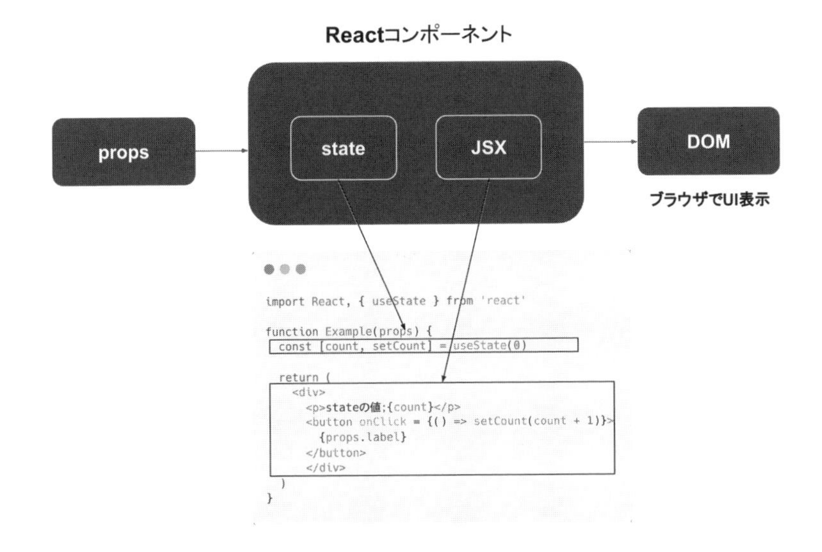

- props: コンポーネントの外側から受け取ることのできる値。コンポーネントの中で何かトリガーされた時に呼び出される関数を渡すことも可能。
- state: コンポーネント内部で保持するデータ。propsと異なりコンポーネントの外側から値を受け取ることはできず、外部からアクセスをしないもの。

propsは単一方向データフロー構造を持つことが特徴です。また、stateが影響を与えるのは、必ずそのコンポーネント自身もしくは配下のコンポーネントです。

これらの原則を守ることで、データは上から下方向に常に渡されることが約束され逆方向に渡されることがないため、予想しない副作用を回避できます。結果として疎結合な実装が可能になります。

たとえば、先に紹介したIconLabelButtonというコンポーネントの例を考えてみましょう。

図1.14 IconButtonLabelコンポーネント

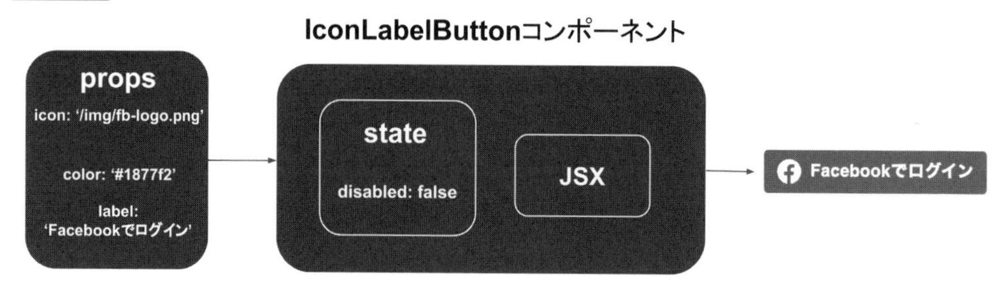

ソーシャル連携ボタンを作成する際に、**props**の値としてiconの画像、ボタンの色、ラベルを渡します。**props**を受け取ったコンポーネントはその情報を元にJSXで定義した通りUIを表示します。ボタンクリック後の二重連打防止のため、**disabled**というフラグを**state**としてコンポーネント内で状態を保持できます。

上記例はシンプルなものですが、このように**props**と**state**の活用のイメージを持てたでしょうか。

なおReactはコンポーネントの**state**の値を更新するためには、フック（React Hooks）と呼ばれる機能の1つ、**useState**関数などを通じて行います。**useState**に代表されるReactが公開しているAPIを利用することにより、本章で紹介した仮想DOMによるレンダリング効率化が行われます。Reactのコンポーネントの実装をする時は、このようなReactのお作法を守り、コンポーネントを、いつ再レンダリングが起きても問題ないように実装するのが大事です。**useState**などのフックの詳細については3.5をご参照ください。

コンポーネント間のデータのやりとり

Reactでは上記で解説したように**props**を通じて親から子の方向へデータの伝達が行われます。しかし、現実的にアプリケーションの実装をしてく中で上から下へデータが流れる**props**を飛び越えてコンポーネント間のデータの伝達を実装したいケースがあります。

シンプルな用途であれば、**props**を通じてコールバックを受け渡す方法が使えます。親コンポーネントが子コンポーネントでイベントが発生した際に呼び出す関数を事前に**props**として渡しておくという方法です。たとえば、フォーム部品を持つ親コンポーネントが子コンポーネントであるボタンが押された際に何か関数を実行したいケースで利用できます。

図1.15 子から親にコールバック関数を通じてデータを渡す

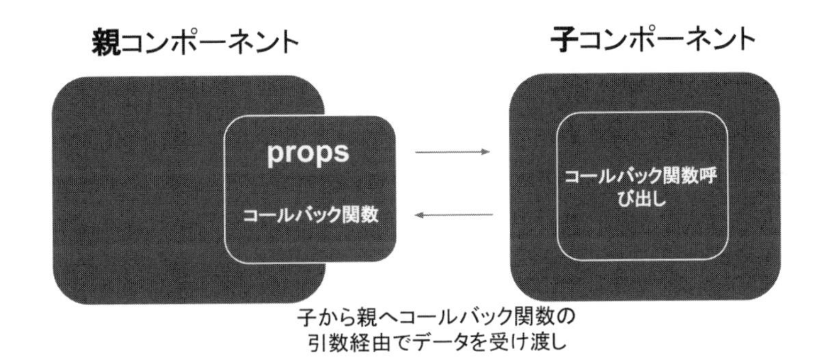

上記の例はシンプルなものですが、コールバックを多用したコードは複雑さを生み出します。もしUIの変更がされて、親コンポーネントと子コンポーネントの間にさらに別のコンポーネントを差し込むことになった場合はpropsを2段階に渡す必要が生じます。

また、親子関係にない兄弟間のコンポーネントのやりとりはどのように行えば良いでしょうか。たとえば、PC版のチャットアプリケーションのような画面イメージで、左側にチャットのスレッドが存在し、右側に選択したスレッドのチャット画面があるとします。この左右のコンポーネントは直接的に親子関係にあるコンポーネントではないですが、お互いがデータのやりとりをしたいケースは存在します。

図1.16 兄弟コンポーネントを持つチャットアプリケーション

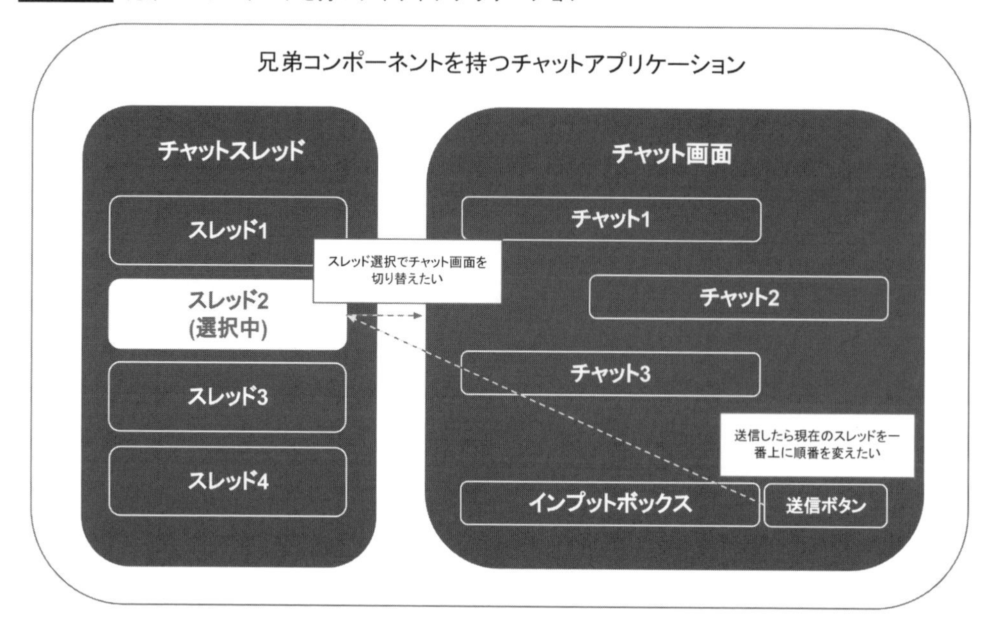

これらを上記のコールバック形式で実装する場合、兄弟それぞれ親をたどり、トップレベルのコンポーネントツリーを経由して**props**のチェインでコールバックのバケツリレーをすることで実現は可能です。しかし、コンポーネントツリーを経由するにあたって関係のないコンポーネントも兄弟コンポーネント間のやりとりのために**props**を受け付けなくてはならない必要性が出てしまいます。結果的に可読性の低いコードを生み出してしまう可能性があります。

そのような問題を解消する方法としてFluxもしくはContext*35を使用した2種類のアプローチがあります。これらはアプリケーション内のデータの受け渡しを効率的に行うためのアーキテクチャです。Fluxについては本章ですでに紹介したので、Contextの紹介をします。なお、本書の実践アプリケーションではContextを活用したアプローチを取ります。

たとえば、ログインを行うアプリケーションがあった際に、ヘッダーやそのほかの箇所にユーザー情報をコンポーネントを横断して表示したいケースは頻繁にあります。また、アプリケーションで表示する言語の設定や、UIテーマの設定なども設定した値がアプリケーションを構成する多くのコンポーネントに関係があるようなケースもあります。そのようなケースにおいて、Contextを利用することでコンポーネント間のデータのやりとりを**props**を経由せずに行うことが可能です。

利用方法としてはまず共有するためのデータを含むContextを作成し、ProviderによりContextを適用するスコープを定めます。そして、データを利用するコンポーネント内では、**useContext**を呼び出すことで値を取得できます。

*35 ReactはContextのためのAPIが用意されています。Reactのv16.3で導入されました。

図1.17 Contextの利用イメージ

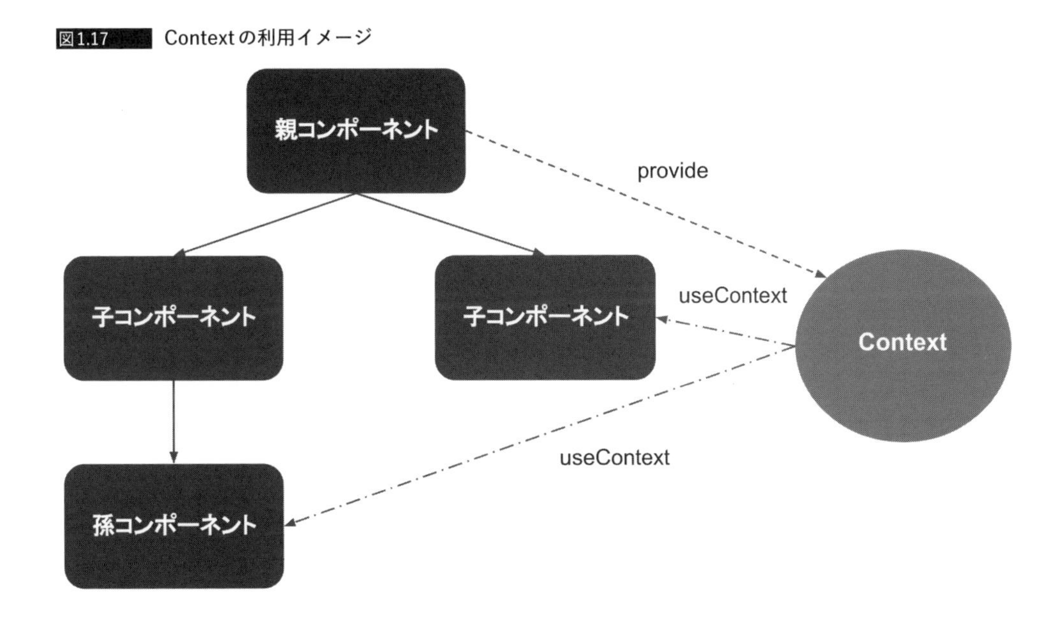

Contextを利用する目的は`props`によるバケツリレーを避けることです。Contextは、Providerで指定したReactコンポーネント配下のツリーに対して「グローバル」にアクセスができるしくみではあるため、必要以上に利用すると可読性が低くなりえます。`props`を利用するケースと適宜必要に応じて使い分けていきましょう。

Column

Fluxのライブラリ Redux

Fluxはアーキテクチャの名前ですが、ReduxはFluxアーキテクチャに影響を受けた実装（ライブラリ）の1つの名前です。ほかにもいくつかFluxライブラリはありますが、Reduxはその中でも一番人気があります。拡張のためのライブラリも豊富に存在するため、ReactベースのアプリケーションでFluxベースの状態管理を実現するにはお勧めです。

Fluxとの大きな違いは、Reducerと呼ばれるStateとActionを受け取りStateの値を変更できる要素があるのが特徴です。細かな違いについてはReduxの開発者であるDan Abramov自身がstackoverflow[*a]にコメントしています。彼は現在FacebookのReactの開発チームにジョインしています。

*a https://stackoverflow.com/a/32920459

Atomic Designとコンポーネントの粒度

コンポーネント設計をする上で、どの範囲までをコンポーネントとして定義するかについて悩むことが多々あるでしょう。普段よく閲覧しているポータルサイトのようなWebサイトなどを見たときにも、コンポーネントをどのように区切るのが適切か悩むというのはよくあることです。

コンポーネント設計の粒度に関してチーム内で共通認識がとられていない状況では、数が多くなっていくにつれてコンポーネントの再利用性やコードの可読性が下がってきてしまいます。

従来Webサイトのデザインはページという単位でとらえられていました。時代の流れとともにリッチなアプリケーションとしてのWebが広がっていく中で、ページ単位のデザインは非効率になってきています。

Atomic Designの提唱者であるブラッド・フロスト氏は、UIはページ単位ではなく機能とコンポーネントでとらえるべきであるというコンセプトを公開*36しました。

Atomic Designとは、以下の図*37のようにコンポーネントをそれぞれの粒度でカテゴライズし、より円滑にコンポーネント指向で開発を進めるためのガイドラインのようなものです。

図1.18 Atomic Designの概念を示す図

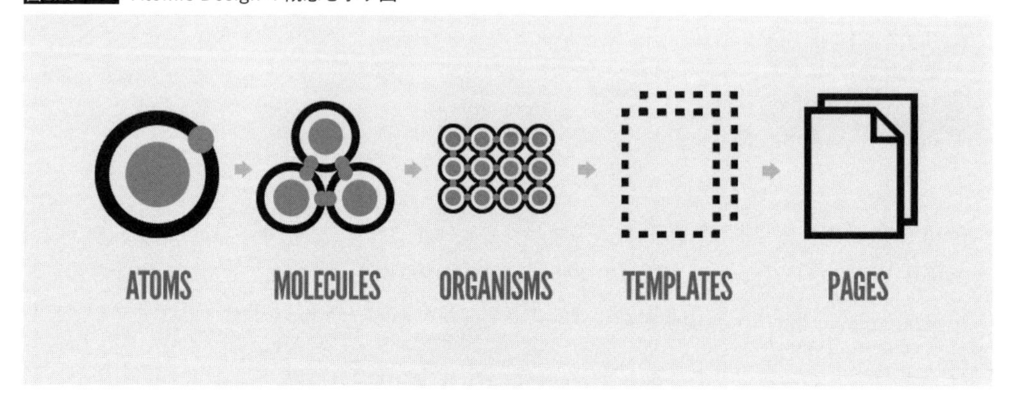

Atomic Designの導入は、チーム内で共通認識が取れた状態で拡張性の高いコードを記述する手助けになります。

細かな分類のしかたは開発プロジェクトの指針によって変わりますが、一般的には以下のような解釈がされています。ただし、チームによって細かな分類の定義は異なるため、あくまで1つの定義の例として紹介をします。

- **Atoms- UIの最小単位。それ以上機能的に分割できないもの。ボタンなど**
- **Molecules - 1つ以上のAtom（Atoms）を組み合わせてつくられる要素。検索フォームなど**
- **Organisms - 1つ以上のMoleculesを組み合わせてつくられる要素。ヘッダーなど**
- **Templates - Organismsを組み合わせて1つの画面として成り立つもの**
- **Pages - Templateにアプリケーションとして動作するデータが注ぎ込まれたもの**

Atomic Designについて詳しくは4章で扱います。また、本書の実践サンプルアプリケーション

*36 https://bradfrost.com/blog/post/atomic-web-design/

*37 ブラッド・フロスト氏のブログ記事「Atomic Design | Brad Frost（https://bradfrost.com/blog/post/atomic-web-design/）」より引用。

もAtomic Designの原則を取り入れて実装をされています。

■───Storybook―コンポーネントのカタログ化

Storybook*38はコンポーネントをカタログ化して、管理できる開発ツールです。

図1.19 StorybookのWebサイト

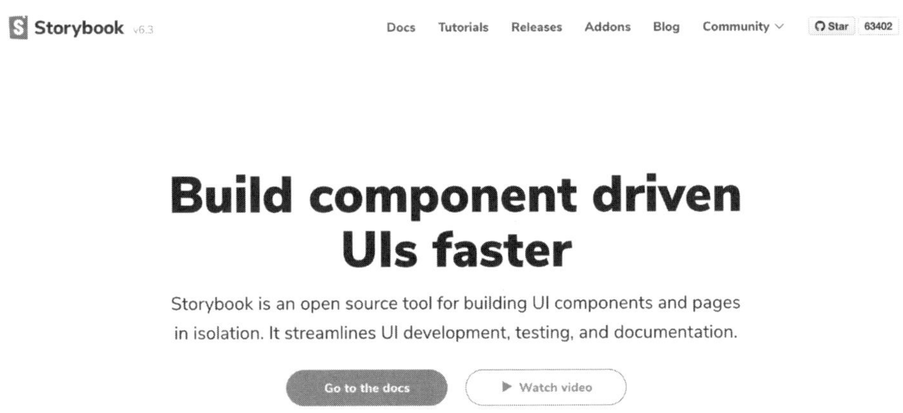

プロダクト開発で、デザイナーとフロントエンドエンジニアの円滑なコミュニケーションは必要不可欠です。しかし、実際に開発を進める上で、コミュニケーションの円滑化をどのように実現するかは悩ましい問題です。

特にコンポーネント指向の開発では、個々のコンポーネントの見た目やコンポーネントの一覧をすばやく確認できることが望ましいです。

Storybookでは、コンポーネントを誰でも確認できる形でカタログ化することで、双方の行き違いを限りなく少なくできます。また、インタラクティブにコンポーネントが必要とする値を変更できるため、振る舞いの確認やテストも可能です。Reactを含むJavaScriptの主要なライブラリをサポートしています。

ReactなどのUIを構築するライブラリを使用してアプリケーション開発をする場合、通常コンポーネントを設計していきます。Storybookを使用することで個別のコンポーネント単体の動作・UIの確認ができます。また、それらを組み合わせたコンポーネントも実装もできるので、コンポーネント原則に逸脱しない形で開発を進めることを支援します。

Storybookを利用することで以下のようなメリットが得られます。

▶ **コンポーネント設計を強制できる**

*38 https://storybook.js.org/

- コンポーネントのUIの確認を容易にできる
- 開発者間での分業をしやすくする
- デザイナー、エンジニア間で共通認識が取れやすくなる
- コンポーネントに渡す値を動的に変更し振る舞いを確認できる
- コンポーネントのユニットテスト・スナップショットテストが容易になる

Atomic DesignとStorybookは相性が良く、Storybookを利用する実際の現場の多くはAtomic Designの要素を取り入れているでしょう。4章で、Storybookの実際の利用方法について解説します。

1.3.3 Next.jsがなぜ必要になってきているか

本章では、昨今モダンフロントエンドの開発が複雑化してきている背景と、実装をするにあたって必要な要素を紹介しました。

フロントエンドエンジニアの仕事の内容は単にReactのコンポーネントの実装だけに止まりません。Webアプリケーションを実装する際には考えなくてはならないことが非常に多くあることがおわかりいただけたでしょうか。コンポーネントの設計はもちろんのこと、ほかにも本章では詳細を紹介しなかったデプロイ、テスト、画像最適化、SEO対策などさらに学ばなくてはならない要素が存在します。

モダンなWebアプリケーションの経験があるエンジニアでない限り、何もガイドなしにゼロから考案することは難しいでしょう。Next.jsはこのような複雑化しているモダンフロントエンド開発に必要な豊富な機能を一通り備えています。フレームワークやCLIを通じて、煩わしいタスクを、意識することなく自動、もしくはわずかな操作で処理します。

Next.jsは、2016年10月25日にVercel社（当時はZeitという名称）の創業者らがオープンソースプロジェクトとして公開しました。2017年3月に、ビルド効率を高め、スケーラビリティを向上させたNext.js 2.0が発表されました。2018年9月には、エラー処理を改善し、ReactのコンテキストAPIをサポートして動的なルート処理を改善したバージョン7.0が発表されました。

2020年3月に発表されたバージョン9.3では、さまざまな最適化とグローバルなSassおよびCSSモジュールのサポートが含まれていました。2020年7月に発表されたNext.jsバージョン9.5では、インクリメンタルな静的再生成（ISR: Incremental Static Regeneration）などの新機能が追加されました。そして、2021年10月に発表されたバージョン12では、Rustコンパイラ（SWC）によるビルドの高速化や、柔軟にリクエスト処理を追加できるミドルウェアのしくみが導入されています。また、ESモジュールをURL経由でインポート可能な実験的な機能など多くの拡張が導入されました。

開発者向けのフレームワークを提供している会社としては珍しく2021年6月には約113億円の資金調達も実施し、本書執筆時点で利用数も増加し続け勢いは止まりません。

Next.jsの開発者たちの思想としては、クライアントとサーバー間でコードを共有できるユニバー

サルなJavaScriptアプリケーションというものがあります。

Reactの特徴であるレンダリング関数とコンポーネントライフサイクルを活用することで、JavaScriptを利用してこれまでよりも効率的にアプリケーションを開発できる世界を実現しようとしています。さらに、Next.jsのSSRの機能を活用することで、Webブラウザの負担を軽減し、セキュリティ強化も可能です。SSRは、アプリケーションのどの部分に対しても、あるいはプロジェクト全体に対しても行うことができ、コンテンツが豊富なページを選んでSSRを行うなど柔軟な設計ができます。また、SSGを活用することでよりパフォーマンスの優れたWebアプリケーションの実現が可能です。

今後ますます高度なWebアプリケーションの実装が求められていく中、Next.jsはフレームワークの域を超えて、あって当たり前の必需品としての位置付けになっていくのではないでしょうか。

本書では、モダンフロントエンドを行う際に必要な要素を一つずつ解説し、Next.jsを用いて実践的なアプリケーションを構築していきます。

Column

Vue.jsとNuxt.js

Vue.jsは本書執筆時点でReactと同様に人気のJavaScriptライブラリです。Vue.jsは小規模から大規模なものまで段階的に使えるプログレッシブフレームワークという設計思想を持っています。

ReactはFacebook社が開発をリードしていますが、Vue.jsは2013年からEvan You[*a]という個人のクリエイターがリードしているプロジェクトです。

2020年9月にTypeScriptで書き直されたVue 3がリリースされ、これまで要望の多かったTypeScriptとの相性が改善しました。Vue Router[*b]、Vuex[*c]など公式でサポートされている周辺ライブラリも拡充されており、OSSのコミュニティとして成長をしています。

また、ReactのNext.jsに対応するものが、Vue.jsのNuxt.js[*d]です。Nuxt.jsはその名の通り、Next.jsに影響を受けてつくられたもので、ルーティングやSSR/SSGなど同様の機能を持ちます。

*a　https://twitter.com/youyuxi
*b　https://router.vuejs.org/
*c　https://vuex.vuejs.org/ja/
*d　https://ja.nuxtjs.org/

Column

Next.jsの対応ブラウザ

Next.jsは本体としてデフォルトでInternet Explorer 11とそのほかのモダンブラウザ（Edge、Firefox、Chrome、Safari、Operaなど）をサポートしています。特に追加の設定などは不要です。

ただし、Next.jsのフレームワークの上で任意に追加したコードが古いブラウザに対応指定な場合はカスタムでPolyfillを追加する必要があるので注意が必要です。その場合はページの初期化を担う<App>コンポーネントでカスタマイズするか、それぞれ個別のコンポーネント内でインポートする必要があります。

Column

Reactコンポーネントの復元 - Hydration

SSRやSSGではReactコンポーネントのレンダリングはブラウザへ返される前、すなわちサーバーサイドで実行されます。

クライアント側ではインタラクティブなReactアプリケーションとして動作させために、サーバー側で事前生成された静的なHTMLをロードした後、動的なReactコンポーネントへ復元します。

そのプロセスは、Hydration（ハイドレーション）と呼ばれます。水和や水分補給といったような意味を持つ言葉です。一度Reactのコンポーネントとして展開し静的になっているものを動的なものへ戻すイメージから、水分を得るという連想でこのワードが使われています。

図1.20 Hydrationとは

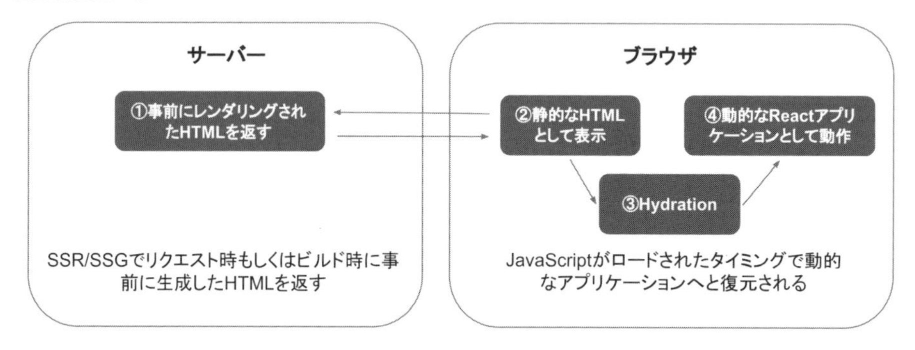

SSR/SSGで事前に生成されたHTMLがブラウザ上で読み込まれた際には、すぐに画面にUIが表示されます。

一方、Hydrationを行うにはJavaScriptの読み込みが必要です。このため、ページ初期化時のHTML表示とJavaScriptの実行のタイミングに差が生じる点は注意が必要です。Hydrationを備えない純粋なSPAの場合、JavaScriptのロードが完了するまで画面上には何も表示されない状態になります。それと比べるとユーザー体験としては良いものとなるでしょう。

Hydrationの実行は`ReactDOM`というモジュールの`hydrate()`というAPIで提供されています。詳細については公式のAPIドキュメント[*a]をご参照ください。

*a https://ja.reactjs.org/docs/react-dom.html#hydrate

2

TypeScriptの基礎

本章ではTypeScript登場の背景、基本的な機能の解説をします。

ここではWebフロントエンド開発、特にReactとNext.jsを利用した開発における最低限必要な知識を中心に扱っています。TypeScriptの高度な機能や応用事例に関しては割愛しているので、さらに詳しい機能を知りたい方はMicrosoft公式のTypeScriptのドキュメント*1をご参照ください。

2.1 TypeScriptの基礎知識

TypeScriptはMicrosoftが中心となって開発を進めている、オープンソースのプログラミング言語です。JavaScriptを拡張する形で設計されており、静的な型付け機能を搭載した、いわゆるAltJSです。モダンフロントエンド開発のスタンダードになりつつあります。

ここでは、その歴史や基本的な知識を解説します。

2.1.1 TypeScript登場の背景

年々Webアプリケーションの世界は進化しています。世界中で稼働するWebアプリケーションのフロントエンドはJavaScriptで記述されています。JavaScriptの利用量は膨大です。Webブラウザが直接解釈し実行できる唯一のプログラミング言語がJavaScriptであったため、JavaScriptは爆発的に人気を集めました。

進化を続けるWebアプリケーションの要求に対して、JavaScriptには機能的に不完全・未成熟なところも多くあります。そのため、ECMAに代表される標準化団体により、仕様の策定が繰り返されています。

ただし、JavaScriptは後方互換性を重視する言語で、仕様の抜本的な変更は難しいです。たとえば、JavaScriptの言語仕様にすぐに型を取り込むことは現実的ではありません。こういった課題を解決するために、AltJSと呼ばれる、JavaScriptに変換できるプログラミング言語が人気を集めます。AltJSはある言語をJavaScriptに変換するというしくみを持ち、JavaScriptの文法上の制約を一部回避できます。

「型」を持つかどうかはプログラミング言語の仕様上の非常に大きな差異となるポイントです。そこで、静的型付け言語を支持するMicrosoftにより、静的型付け言語でありながらJavaScriptに変換できるTypeScriptの開発が進められていきました。

大規模なWebアプリケーション開発において、型のない*2JavaScriptは課題が多い言語です。コンパイル時にエラーを検出できず、実行時にバグを生みやすい状況でした。特に大人数での開発では型がないことで意図しないバグが生じることが多かったです。2014年ごろ、JavaやC#などを参考に、JavaScriptの機能を拡張した静的型付け言語TypeScriptが考案されました。

TypeScriptは静的型付け言語で、コンパイル時エラー検出や型によるコードの安全性の向上など

*1 https://www.typescriptlang.org/docs/

*2 動的型付け言語はくだけた言い方で「型がない」と表現されることがあります。本書もこれに倣います。

が期待されます。通常、バグは発見が遅れるほどコストに与える影響が大きくなってしまいます。TypeScriptによるコンパイル時のエラー早期発見により、開発コストを下げることも実現します。また、それ以外にも大規模なWebアプリケーション開発に望ましい機能を備えています。現在は当たり前のように取り入れられているモジュールのしくみもTypeScriptは早くから先取りしました。大規模開発を見据えて高いモジュール性を持ち進化しています*3。

他の多くのAltJSが存在する中で、TypeScriptが覇権を握ったのは、2つの理由があると筆者は考えています。

- **開発生産性の高い静的型付け言語である**
- **JavaScriptの文法をそのまま拡張する上方互換言語（スーパーセット）**

型についてはここまで解説しました。

上方互換とは、つまりTypeScriptにおいてJavaScriptはそのまま動作するようにつくられているということです。このため、これまでJavaScriptでつくられていた大規模なアプリケーションを徐々に移行する形で導入が可能になります。この親和性の高さからJavaScriptの知識があれば、TypeScriptをそこまで導入コストをかけずに使い始められます。

2017年ごろ、GoogleもTypeScriptを社内の標準言語として承認し、主導しているAngular*4のコードもTypeScriptで実装されています。現在ではもともとJavaScriptで書かれていた多くの人気OSSライブラリも次々とTypeScriptに書き直されるか、もしくは、型情報が追加されて公開されており、世界的にもTypeScriptの利用が普及していきました。

開発するアプリケーションが大規模なものになるにつれて型機能による恩恵は多くなります。今後フロントエンドの開発がますます複雑になっていく中で、TypeScriptはフロントエンドの中心的な言語として使われていくでしょう*5。

2.1.2 TypeScriptとVisual Studio Code

TypeScriptは型があるために、IDEやコードエディターによる型情報表示や補完などの強力な機能が使いこなせます。

Microsoft製のエディターであるVisual Studio Code（VSCode）*6とTypeScriptは特に好相性です。補完機能を提供し、型情報表示や型によるコードチェックが容易にできます。

2.1.3 TypeScriptとJavaScriptの違い

TypeScriptはJavaScriptを拡張している上方互換言語です。つまり、まったく異なる言語ではな

*3 TypeScriptは独自に仕様を実装する他、ECMAScript（JavaScript）の仕様をブラウザに先駆けて実装することもあります。
*4 https://angular.io/
*5 型の恩恵を活かすための静的解析ツールFlowは、TypeScriptと似た用途で利用されます。現在はTypeScriptが主流であまり使われていません。 https://flow.org/
*6 https://code.visualstudio.com/

く、JavaScriptのコードはそのままTypeScriptのコードとして読み込めます。

たとえば、以下のJavaScriptのコードがTypeScriptのコードとして動作します。

```
function sayHello (firstName) {
  console.log('Hello ' + firstName)
}

let firstName = 'Takuya'
sayHello(firstName)
```

また、上記JavaScriptのコードの変数や引数に型情報を付与したTypeScriptのコードは以下のようになります。

```
// firstNameの後ろにstringの型をつけることで、文字列以外の値を渡せないようにします
function sayHello (firstName: string) {
  console.log('Hello ' + firstName)
}

let firstName: string = 'Takuya'
sayHello(firstName)
```

記述するコードにJavaScriptと比べて大きな違いはないことが直感的にわかります。TypeScriptは、JavaScriptに主に以下の機能を追加しています。

- 型定義
- インタフェースとクラス*7
- null/undefined安全
- 汎用的なクラスやメソッドの型を実現するジェネリック
- エディターによる入力補完
- そのほかのECMAで定義されているJavaScriptの最新仕様

特に大規模開発に適した機能を多く拡張しているため、複雑になりがちなモダンフロントエンドの現場ではTypeScriptを利用しない理由はありません。

TypeScriptで記述されたソースコードはビルドツールを通じて最終的にはJavaScriptに変換されます。したがって、JavaScriptで実装したものと比べてパフォーマンスも差異はなく、また古いブラウザをターゲットにしたトランスパイルが可能です。このため、実行環境などが導入の障壁になることはあまりないでしょう。

TypeScriptを採用するデメリットを挙げるとすれば、以下のような点です。

- プロジェクトの規模によってはコンパイルに時間がかかる
- チーム内にTypeScriptの経験者がいない場合、導入のための学習コストが多くかかってしまうことがある

*7 クラス構文自体はJavaScriptにも存在しますが、TypeScript独自の機能拡張が多いため、本書では追加と表現しています。

2.1.4 TypeScriptコマンドラインツールによるコンパイル

TypeScriptの実行環境構築を解説します。

まずは公式サイトからNode.jsをインストール*8します。Node.jsが手元の環境にインストールされるとパッケージ管理ツールのnpmもインストールされます。npmは、Node.jsのためのパッケージ管理ツールです。TypeScriptのコンパイルなどをコマンドラインで実行するためのCLIパッケージもnpmを通じてインストールができます。

以下の**npm**コマンドでTypeScriptのCLI（**tsc**）をインストールできます*9。

```
$ npm install -g typescript
```

TypeScriptのコンパイルを実行するためには**tsc**コマンドの引数にtsファイルを指定します。

2.1.3で示したコードを**sayHello.ts**というファイル名で保存し、コマンドラインで同じディレクトリ上に移動したのち以下のコマンドを実行してください。**--strictNullChecks**というチェックを厳格にするオプションを指定しています*10。

```
$ tsc --strictNullChecks sayHello.ts
```

正常実行された場合、同じディレクトリ上に**sayHello.js**という新しいファイルが生成されます。コンパイルエラーが起きると、そのエラー内容や箇所が表示されます。実行前にエラーが発見できるのは、非常に大きなメリットです。コードベースの規模が大きくなればなるほど恩恵を実感できます。

なお、実際のWebアプリケーション開発ではNext.jsなどのフレームワークがコンパイルを実行してくれます。通常は**tsc**コマンドを用いて個別に**.ts**ファイルのコンパイルを実行する必要はありません。

また、TypeScriptのコードを試すにはTS Playground*11というオンラインREPLツールも存在します。

2.2 型の定義

ここからは、TypeScriptの最大の機能ともいえる型の機能を解説していきます。TypeScriptはJavaScriptの文法に基本的に従うものの、型やクラスなど一部の記述が異なります。

TypeScriptでは変数や引数名の後ろに**: 型**のように型注釈（Type Annotations）と呼ばれる型情

*8　本書では、執筆時点の最新安定バージョン、v16.4.2を使用します。 https://nodejs.org/ja/download/
*9　環境によってはsudoなどが実行時に必要とされることがあります。適宜、お使いの環境に合わせてお試しください。
*10　CLIのコンパイルオプションについては2.6.4をご参照ください。
*11　https://www.typescriptlang.org/play

報を付与することで、変数や引数に格納する値を制限できます。なお、型注釈は変数のデータ型が明らかな場合など一部の条件では省略できます（2.3.1参照）。

```
// firstNameの後ろにstringの型をつけることで、文字列以外の値を渡せないようにできます
function sayHello (firstName: string) {
  console.log('Hello ' + firstName)
}

let firstName: string = 'Takuya'
sayHello(firstName)
```

型注釈に反する値を代入しようとした際には、TypeScriptのコンパイル時にエラーが発生します。たとえば、`string`型を受け取る定義をしたコードに`number`型の変数を代入するとコンパイル時に以下のようなエラーが発生します。

```
// number型を引数として渡した場合、コンパイル時に以下のエラーが発生します。この機能はJavaScriptにないものです。
// error TS2345: Argument of type 'number' is not assignable to parameter of type '
string'.
let age: number = 36
sayHello(age)
```

もう一つ、型定義の例を挙げます。文字列を定義し、その変数に対して関数として呼び出そうとした際にエラーが発生します。TypeScriptは静的型付けで、コンパイルが前提の言語なので、コンパイルエラーで種々の問題点を見抜けます。

```
const message = 'hello!'

// JavaScriptでは実行時にエラーが起きるのに対して、TypeScriptではコンパイル時に以下のようなエラーが発生します
// error TS2349: This expression is not callable. Type 'String' has no call signatures
.
message()
```

ここまで示したのは非常にシンプルな例です。これだけでは、TypeScriptのメリットはまだつかみづらいでしょう。

UI上のフォームやAPI経由で受け取った値をきちんと判定しないために思わぬエラーを起こすのは、実際の開発の現場でもあることです。こういった問題は、型を用いてデータの種類を制限・判別することで対処できます。TypeScriptでは文字列や数字といった型だけではなく、オブジェクトやクラス、関数などにも型定義情報を付与していくことが可能です。

TypeScriptではJavaScriptと異なり型で縛られた変数のやりとりを行う静的型チェック機能により安全に実装を進めることができます。複雑化するWeb開発では心強い機能です。

2.2.1 変数

TypeScriptは、型の定義以外は、JavaScriptと同じルールで変数を宣言します。

変数の宣言には、**var**、**let**、**const**を使用します。変数名の後に、**: 型**の記述を追加して、型注釈とします（省略可、2.3.1参照）。TypeScriptの変数は、JavaScriptと同じようにvarキーワードを使って宣言できます。スコープのルールや代入の挙動は、JavaScriptと同じです。ES6ではJavaScriptにletとconstというキーワードを使った、2つの新しい変数宣言が導入されました。JavaScriptのスーパーセットであるTypeScriptも、これらの新しいタイプの変数宣言をサポートしています。

```
var 変数: 型 = 値
let 変数: 型 = 値
const 変数: 型 = 値
```

```
let employeeName = 'John'
// or
let employeeName: string = 'John'
```

letを使って変数を宣言した場合、varで宣言された変数のスコープがその変数を含む関数まで利用できる状態になることとは異なり、ブロックスコープで宣言された変数は、その変数を含むブロック内でしか参照可能になりません。

```
function calc(isSum: boolean) {
  let a = 100
  if (isSum) {
    // aが定義された内側のブロックスコープ内の利用なのでエラーは起きません
    let b = a + 1
    return b
  }
  // error TS2304: Cannot find name 'b'.
  // varで定義した場合はエラーになりませんが、letで定義した際にはエラーになります
  return b
}
```

constはコンスタント（定数）を表す名の通り、値が変更できない定数を宣言します。一度代入されると再代入はできません。

const変数はlet変数と同じスコープルールを持っています。

```
const num: number = 100

// 値の再代入はコンパイラエラーになります
num = 200
```

現在のWebフロントエンド開発ではlet、constが主に用いられます。

2.2.2 プリミティブ型

JavaScriptでよく使われるプリミティブ型の`string`（文字列）、`number`（数値）、`boolean`（真偽値）はTypeScriptに対応する型があります。これらの型はJavaScriptの`typeof`演算子を使用した場合に表示される名前と同じものです。

```
let age: number = 36
let isDone: boolean = false
let color: string = '青'
```

異なる型の値を代入しようとした際にはエラーになります。上記のように型付けで代入された変数は以降静的な型付けの対象となります。

```
let mynumber: string = '200'
mynumber = '二百' // string型なので問題なく代入できる
mynumber = 200// string型の変数にnumber型を入れようとしてコンパイルエラーが起きる。 Type '
number' is not assignable to type 'string'.
```

2.2.3 配列

配列に型を指定するには、その配列を構成する型と`[]`の表記を用います。たとえば、`number`型の配列であれば`number[]`という構文を使用します。

```
const array: string[] = []
array.push('Takuya')
array.push(1) // 配列の型と合わないためエラーになります
```

この構文は、`string[]`などプリミティブ型以外にも、後述するインタフェースや型エイリアスなどにも対応します。`User[]`などの表記も可能です。

配列は、`[]`を用いたもの以外に、`Array<string>`のようなジェネリック（2.4.2参照）による表記も可能です。

`['foo', 1]`のような複数の型がある配列の場合は、Union型（2.4.3参照）やタプル*12を用いて次のようにも表記できます。

```
const mixedArray = ['foo', 1]
const mixedArrayU: (string|number)[] = ['foo', 1] // Union型
const mixedArrayT: [string, number] = ['foo', 1] // タプル
```

*12 https://www.typescriptlang.org/docs/handbook/2/objects.html#tuple-types

2.2.4 オブジェクト型

オブジェクトはキーとバリューによるデータ形式のインスタンスです。TypeScriptでは、以下のようにキー名と型のペアを指定して、オブジェクトの型を定義できます。

```
{ キー名1: 型1; キー名2: 型2; ... }
```

```
let 変数: { キー名1: 型1; キー名2: 型2; ... } = オブジェクト
const 変数: { キー名1: 型1; キー名2: 型2; ... } = オブジェクト
var 変数: { キー名1: 型1; キー名2: 型2; ... } = オブジェクト
```

例を示します。

```
// string型のnameとnumber型のageのみを持つオブジェクトの型を定義
const user: { name: string; age: number } = {
  name: 'Takya',
  age: 36
}

console.log(user.name)
console.log(user.age)
```

オブジェクトの型は一部またはすべてのプロパティを?を用いてオプショナル（省略可能）なプロパティとして指定できます。オプショナルなプロパティとして型定義されている場合、そのプロパティが存在しなくても問題なく動作します。

```
function printName(obj: { firstName: string; lastName?: string }) {
  // ...
}
// 以下のどちらのパターンでも正常に動作します
printName({ firstName: 'Takuya' })
printName({ firstName: 'Takuya', lastName: 'Tejima' })
```

オブジェクト型は記述が長くなるため、型エイリアス（2.3.3参照）とともに用いることが多いです。

2.2.5 any

TypeScriptにはanyという特別な型があります。名前の通りすべての型を許容する型です。特定の値に対して型チェックのしくみを適用したくない場合に利用します。

```
let user: any = { firstName: 'Takuya' }
// 以下の行のコードはいずれもコンパイラエラーが起こりません
user.hello()
user()
user.age = 100
```

```
user = 'hello'

// 他の型への代入を行ってもエラーが起きません
const n: number = user
```

anyを利用すると型チェックの機能が動作しなくなります。そのため、TypeScriptを利用している恩恵を受けられなくなります。JavaScriptプロジェクトをTypeScriptに移行する過程*13でない限り、基本方針としてはanyを使用しないことが望ましいです。

2.2.6 関数

TypeScriptの関数では引数と戻り値に対して型を定義できます。

```
function(引数1: 型1, 引数2: 型2...): 戻り値{
    // ...
}
```

以下のコードは関数の引数と戻り値にstringの型を定義している例です。

```
function sayHello(name: string): string {
  return `Hello ${name}`
}
sayHello('Takuya')
```

オプショナルな引数も定義できます。オプショナルな引数は、引数名の末尾に?をつけます。

```
function sayHello(name: string, greeting?: string): string {
  return `${greeting} ${name}`
}

// 以下はどちらも問題なく動作します
sayHello('Takuya') // Takuya
sayHello('Takuya', 'Hello') // Hello Takuya
```

引数定義の際にデフォルトの値を指定可能です。関数の呼び出し元がその引数を指定しない場合に値がセットされます。

```
function sayHello(name: string, greeting: string = 'Hello'): string {
  return `${greeting} ${name}`
}

// 以下はどちらも問題なく動作します
sayHello('Takuya') // Hello Takuya
sayHello('Takuya', 'Hey')  // Hey Takuya
```

*13 JavaScriptからTypeScriptに移行するときは、型の情報がなにもないところからはじまるので、anyを用いて段階的に移行していく戦略が用いられることが多いです。

引数や戻り値の型にはあらゆる型を指定できます。関数を引数に取る関数の型を指定する例を示します。

```
// 名前とフォーマット関数を引数として受け取りフォーマットを実行してコンソール出力を行う関数を定義します
function printName(firstName: string, formatter: (name: string) => string) {
  console.log(formatter(firstName))
}

// sanを末尾につける名前のフォーマット関数を定義します
function formatName(name: string): string {
  return `${name} san`
}

printName('Takuya', formatName) // Takuya san
```

アロー関数の場合は次のように型を指定します。

```
(引数名: 引数の型): 戻り値の型 => JavaScriptの式
```

```
let sayHello = (name: string): string => `Hello ${name}`
```

関数の型

ここまで、関数の引数や戻り値に型をつける内容を主に紹介しました。TypeScript（JavaScript）は引数などにも関数を利用できます*14。関数それ自体の型を記入するときの書き方を紹介します。

次のような記法で関数の型を示せます。**引数名**は実際の関数の引数名と対応する必要はありません。

```
(引数名: 引数の型) => 戻り値の型
```

例を示します。**singBirds**は、**引数が文字列で戻り値が配列（文字列の配列）の関数**を引数に取ります。

```
function genBirdsInfo(name: string): string[]{
  return name.split(',')
}

// 関数の型を利用
// (x: string) => string[]
function singBirds(birdInfo: (x: string) => string[]): string{
  return birdInfo('hato, kiji')[0] + ' piyo piyo'
}

console.log(singBirds(genBirdsInfo)) // "hato piyo piyo"
console.log(singBirds('dobato')) // 型が合わないためエラー
```

*14 関数をほかの変数と同様に扱えることをFirst-class function、第一級関数と呼びます。

2.3 基本的な型の機能

TypeScriptの型の機能のうち、基本的なものを紹介します。

2.3.1 型推論

TypeScriptでは明示的な変数の初期化を行うと、型推論により、自動的に型が決定される機能があります。

```
const age = 10
console.log(age.length) // エラー: ageはnumber型なのでlengthプロパティはありません

const user = {
  name: 'Takuya',
  age: 36
}
console.log(user.age.length) // エラー: ageはnumber型なのでlengthプロパティはありません
```

関数の戻り値も同様です。

```
function getUser() {
  return {
     name: 'Takuya',
     age: 36
  }
}
const user = getUser()
console.log(user.age.length) // エラー: ageはnumber型なのでlengthプロパティはありません
```

配列の値も推論されるので、明示的に`string`であると設定しなくても、以下のforループでは`string`型として扱われます。

```
const names = ['Takuya', 'Yoshiki', 'Taketo']

names.forEach((name) => {
  // string型として扱われるので、関数名を間違えている呼び出しはコンパイル時エラーになります
  // 本来は toUpperCase が正しいです
  console.log(name.toUppercase())
})
```

また、TypeScriptの型推論は代入する先の変数の値の型が決まっている際に、代入する値と型が一致しない場合エラーになる推論機能もあります。以下はJavaScriptを実行する際に標準で持つ`window`オブジェクトの関数の例です。

```
// window.confirm関数の返り型はbooelanを返すことをTypeScriptは知っているため
// 代入する関数の型が一致しない場合コンパイル時エラーになります
```

```
window.confirm = () => {
  // booleanをreturnしない限りエラーになります
  console.log('confirm関数')
}
```

TypeScriptは静的型付け言語ですが、優れた型推論があるため、型を書く煩雑さを大きく軽減できます。

2.3.2 型アサーション

TypeScriptが具体的な型を知ることのできないケースもあります。たとえば、**document.getElementById**というJavaScript（DOM）組み込みの関数をそのまま使用する場合、TypeScriptは**HTMLElement**（もしくは**null**）が返ってくるということしかわかりません*15。**HTMLElement**でも、それが**div**なのか、**canvas**なのかでできる操作は異なります。ただ、TypeScript上では**document.getElementById()**で取得できるものの型を関知できないので、**div**だったら**canvas**だったらと自動で判定して処理してはくれません。

次のコードはJavaScriptではエラーになりませんが、TypeScriptではコンパイルエラーになります。**document.getElementById()**が返すのは**HTMLElement**で、**HTMLCanvasElemet**ではないので型が合わないというエラーがでます。

```
const myCanvas = document.getElementById('main_canvas')
console.log(myCanvas.width) // error TS2339: Property 'width' does not exist on type '
HTMLElement'.
```

もし開発者が対象のIDを持つDOMノードが、**HTMLElement**の中でも**HTMLCanvasElement**であることを知っている場合には、明示的に型を指定できます*16。以下のように**as**を指定する型アサーションの機能を使用して、より具体的な型を指定できます。

```
変数 = 値 as 型
```

```
const myCanvas = document.getElementById('main_canvas') as HTMLCanvasElement
```

TypeScriptで型アサーションが認められるのは、対象となる型に対してより具体的になる型か、または、より汎化される型に変換するケースです。このルールは保守的で、複雑なアサーションを行いたいケースでうまく実現できない可能性があります。このような場合には、まず**any**に変換し、次に目的の型に変換する2段階のアサーションで実現ができます。

*15 TypeScriptはDOM（HTML）やJavaScriptの関数などの型の情報を**d.ts**という形式で保持しています。 https://github.com/microsoft/TypeScript/tree/main/lib

*16 **HTMLCanvasElement**は**HTMLElement**を継承しています。

```
const result = (response as any) as User
```

ただし、型アサーションは実行時にエラーを引き起こす可能性が生じるため注意が必要です。以下の例ではnumber型としてキャストを行っている想定でコードを記述し、コンパイル時エラーは起きないですが、実行時エラーになってしまいます。

```
const hoge: any = 'test'
const fuga: number = hoge as number
// コンパイル時にはnumber型として扱ってエラーが起きないですが、実行時に実際はstring型が渡されるため以下のエラーが起きます
// TypeError: fuga.toFixed is not a function
console.log(fuga.toFixed(2))
```

2.3.3 型エイリアス

これまで型については変数や引数の定義時に直接インラインで記述する方法を紹介しました。ただ、同じ型を何度も利用するのに取り回しが効かない、コード内の記述が煩雑になってしまうという課題があります。

型エイリアスは、型の指定の別名（エイリアス）をもうける機能です。型エイリアスによって、型の定義に名前を付けられます。その名前を参照して、同じ型を複数回利用できます。

typeキーワードで、指定します。

```
type 型名 = 型
```

プリミティブ型に別名を与えるような使い方ができます。型名は大文字始まりにすることが一般的です。

```
type Name = string
```

以下はxとyの座標プロパティを持つPointという型エイリアスを定義している例です。

```
type Point = {
  x: number;
  y: number;
}

function printPoint(point: Point) {
  console.log(`x座標は${point.x}です`)
  console.log(`y座標は${point.y}です`)
}

printPoint({ x: 100, y: 100})
// 型があっていてもプロパティ名が異なるとエラー
// printPoint({ z: 100, t: 100})
```

関数自体の型も型エイリアスで定義可能です。以下の例ではstringを引数として受け取ってstringの型を返す、与えられた文字列をフォーマットするような関数の型を定義しています。型エイリアスを用いたことで、コードの記述がシンプルになる箇所があり、見通しが良くなります。

```
type Formatter = (a: string) => string

function printName(firstName: string, formatter: Formatter) {
  console.log(formatter(firstName))
}
```

また、オブジェクトのキー名を明記せずに型エイリアスを定義できます。これはインデックス型（2.5.5参照）と呼ばれる型エイリアスで、キー名やキー数が事前に定まらないケースのオブジェクトを定義したいときに便利です。

```
{ [] : 型名 }
```

下記の例では、key（オブジェクトのキー）に文字列、オブジェクトの値に文字列を求めます*17。

```
type Label = {
  [key: string] : string
}
```

上記型エイリアスを指定して、画面に表示する文字を定義するオブジェクトのキーと値を以下のように定義できます。

```
const labels: Label = {
  topTitle: 'トップページのタイトルです',
  topSubTitle: 'トップページのサブタイトルです',
  topFeature1: 'トップページの機能1です',
  topFeature2: 'トップページの機能2です'
}

// 値部分の型が合わないためエラー
const hoge: Label = {
    message: 100
}
```

2.3.4 インタフェース

TypeScriptのインタフェースは型エイリアスと似ている機能ですが、より拡張性の高いオープンな機能を持っています。クラス（2.3.5）とともに用いることが多いです。インタフェース（interface）でオブジェクト型を定義するには以下のように利用します。typeと似ていますが、

*17 オブジェクトのキーに文字列を指定（[key: strin]）しても、オブジェクトのキーは常に文字列になるため大きな意味はありません。

=がいらない、必ず{で型の定義が始まるなどいくつか違いがあります。

```
interface 型名 {
    プロパティ1: 型1;
    プロパティ2: 型2;
    // ...
}
```

実際に使ってみましょう。座標xとyを持つPointインタフェースを作成し、後から座標zを加える例です。

```
interface Point {
  x: number;
  y: number;
}

function printPoint(point: Point) {
  console.log(`x座標は${point.x}です`)
  console.log(`y座標は${point.y}です`)
  console.log(`z座標は${point.z}です`)
}

interface Point {
  z: number;
}

// 引数のオブジェクトにzが存在しないためコンパイル時にエラーになります
printPoint({ x: 100, y: 100})

// 問題なく動作します
printPoint({ x: 100, y: 100, z: 200})
```

ここでPointに後から、zを追加したように、インタフェースは拡張可能です。型エイリアスを利用した際には後から同名での型定義はできません。

インタフェースは、クラスの振る舞いの型を定義し、implementsを使用してクラスに実装を与えること（委譲）が可能です。

```
interface Point {
  x: number;
  y: number;
  z: number;
}

// クラスがインタフェースをimplementsした際に、zが存在しないためコンパイル時エラーになります
class MyPoint implements Point {
  x: number;
  y: number;
}
```

プロパティの定義に?を使用すると、オプショナル（省略可能）なプロパティになります。

```
interface Point {
  x: number;
  y: number;
  z?: number;
}

// エラーは発生しません
class MyPoint implements Point {
  x: number;
  y: number;
}
```

また、インタフェースではextendsを使ってほかのインタフェースを拡張可能です。

```
interface Colorful {
  color: string;
}

interface Circle {
  radius: number;
}

// 複数のインタフェースを継承して新たなインタフェースを定義できます
interface ColorfulCircle extends Colorful, Circle {}

const cc: ColorfulCircle = {
  color: '赤',
  radius: 10
}
```

オブジェクトの型を定義する際にインタフェースと型エイリアスどちらも利用が可能で、継承に関する細かな機能の違いはあるもののほぼ同等の機能を持ちます。

ただし、TypeScriptの設計思想としてこの2つの機能は少し異なる点があります。

インタフェースはクラスやデータの一側面を定義した型、つまり、インタフェースにマッチする型でもその値以外にほかのフィールドやメソッドがある前提でのものです。一方、型エイリアスはオブジェクトの型そのものを表すものです。

オブジェクトそのものではなく、クラスやオブジェクトの一部のプロパティや関数含む一部の振る舞いを定義するものであれば、インタフェースを利用するのが適していると言えます。

2.3.5 クラス

TypeScriptはES2015でJavaScriptに導入されたクラス記法に対して型付けが可能です。

```
class クラス名{
  フィールド1: 型1;
  フィールド2: 型2;
  //...
}
```

```
class Point {
  x: number;
  y: number;

  // 引数がない場合の初期値を指定します
  constructor(x: number = 0, y: number = 0) {
    this.x = x
    this.y = y
  }

  // 戻り値がない関数を定義するためにvoidを指定します
  moveX(n: number): void {
    this.x += n
  }

  moveY(n: number): void {
    this.y += n
  }
}

const point = new Point()
point.moveX(10)
console.log(`${point.x}, ${point.y}`) // 10, 0
```

クラスは`extends`を用いてほかのクラスを継承できます。以下、上記の定義した`Point`クラスを継承する例です。

```
class Point3D extends Point {
  z: number;

  constructor(x: number = 0, y: number = 0, z: number = 0) {
    // 継承元のコンストラクタを呼び出す
    super(x, y)
    this.z = z
  }

  moveZ(n: number): void {
    this.z += n
  }
}

const point3D = new Point3D()
// 継承元のメソッドを呼び出すことができます
point3D.moveX(10)
point3D.moveZ(20)
console.log(`${point3D.x}, ${point3D.y}, ${point3D.z}`) // 10, 0, 20
```

インタフェースに対して`implements`を利用することで、クラスに対する実装の強制が可能です。`User`というインタフェースを実装するクラスの例を示します。

```
// 頭のIはインタフェースであることを示すためのもの
interface IUser {
  name: string;
  age: number;
```

```
  sayHello: () => string; // 引数なしで文字列を返す
}

class User implements IUser {
  name: string;
  age: number;

  constructor() {
    this.name = ''
    this.age = 0
  }

  // インタフェースに定義されているメソッドを実装しない場合、コンパイル時エラーになります
  sayHello(): string {
    return `こんにちは、私は${this.name}、${this.age}歳です。`
  }
}

const user = new User()
user.name = 'Takuya'
user.age = 36
console.log(user.sayHello()) // 'こんにちは、私はTakuya、36歳です。'
```

アクセス修飾子

TypeScriptのクラスはアクセス修飾子（Access Modifiers）として`public`、`private`、`protected`があります。これらを付与することで、メンバやメソッドのアクセスの範囲を制御できます。アクセス修飾子を指定しない場合は`public`として扱われます。

```
class BasePoint3D {
  public x: number;
  private y: number;
  protected z: number;
}

// インスタンス化を行った場合のアクセス制御の例です
const basePoint = new BasePoint3D()
basePoint.x // OK
basePoint.y // コンパイル時エラーが起きます。privateであるためアクセスできません
basePoint.z // コンパイル時エラーが起きます。protectedもアクセスできません

// クラスを継承した際のアクセス制御
class ChildPoint extends BasePoint3D {
  constructor() {
    super()
    this.x // OK
    this.y // コンパイル時エラーが起きます。privateであるためアクセスできません
    this.z // protectedは問題なくアクセスできます
  }
}
```

クラスの基本的な機能を紹介しました。JavaScriptのクラスとの違いや、詳細な機能については各種ドキュメントを参照してください。

2.4 実際の開発で重要な型

これまでTypeScriptの基本的な仕様について解説をしました。TypeScriptにはまだまだ多くの機能があります。本書ではすべてを解説はしませんが、実際の開発でも役立つものをいくつかピックアップして紹介します。

2.4.1 Enum型

Enumを利用することで、名前のついた定数セットを定義できます。EnumはJavaScriptにはない機能で、TypeScriptが拡張した機能の1つです。列挙型とも呼ばれることがあります。

JavaScriptでは以下のような定義を見かけることがあります。

```
const Direction = {
  'Up': 0,
  'Down': 1,
  'Left': 2,
  'Right': 3
}
```

これを、TypeScriptでは以下のように`enum`を用いて定数を定義できます。Enumがあると、列挙した値以外を代入できない型を定義できます。例で示した、上下左右の方向など、ある値のみを受け付けたいときに利用します。

```
enum Direction {
  Up,
  Down,
  Left,
  Right
}

// enum Directionを参照
let direction: Direction = Direction.Left
// 2という数字が出力されます
console.log(direction)

// enumを代入した変数に別の型の値を代入しようとするとエラーになります
direction = 'Left' // stringを入れようとするとエラー
```

コンソールに出力された`Direction.Left`の値は`2`になります。特に指定しなかった場合、Enumは定義された順番に沿ってゼロから数字が自動的にインクリメントされて設定されます（数値ベースのEnum型）。

TypeScriptでは、数値ベース以外に、文字列ベースのEnum型も使用できます。文字列ベースのEnum型では、各メンバに対して特定の文字列で定数を初期化する必要があります。

```
enum Direction {
  Up = 'UP',
  Down = 'DOWN',
  Left = 'LEFT',
  Right = 'RIGHT'
}

// たとえばAPIのパラメータとして文字列が渡されたケースを想定します
const value = 'DOWN'
// 文字列からEnum型に変換します
const enumValue = value as Direction

if (enumValue === Direction.Down) {
  console.log('Down is selected')
}
```

文字列ベース（文字列列挙型）の場合、自動インクリメントの動作はありませんが、文字列で渡される値とEnumの定数値を比較する際に便利です。

Enumと似たような機能にUnion型（2.4.3）があります。Union型でもおおよそ同等のことが実現でき、Union型を好む開発者もいます。

2.4.2 ジェネリック型

ジェネリック（Generic、ジェネリクス）とは、クラスや関数において、その中で使う型を抽象化し外部から具体的な型を指定できる機能です。外側から指定される型が異なっても動作するような汎用的なクラスや関数を実装する際に便利です。

以下、任意の型の配列と、呼び出す度に配列を順番に取り出していく関数を持つクラスをつくってみます。ジェネリックを使用したコード例を紹介します。

```
// Tはクラス内で利用する仮の型の名前です
class Queue<T> {
  // 内部にTの型の配列を初期化します
  private array: T[] = []

  // Tの型の値を配列に追加します
  push(item: T) {
    this.array.push(item)
  }

  // Tの型の配列最初の値を取り出します
  pop(): T | undefined {
    return this.array.shift()
  }
}

const queue = new Queue<number>() // 数値型を扱うキュー生成します
queue.push(111)
queue.push(112)
queue.push('hoge') // number型ではないのでコンパイル時エラーになります
```

```
let str = 'fuga'
str = queue.pop() // strはnumber型ではないのでコンパイル時エラーになります
```

上記のように、ジェネリック型は、型を外側から指定して振る舞うクラスを記述するのに便利です。本書で解説するReactのコンポーネントもジェネリック型のクラスとして定義されており、コンポーネントが受け取るpropsの型を外側から定義が可能です。

2.4.3 Union型とIntersection型

TypeScriptの型は組み合わせて利用できます。少し複雑な型を表現したい際に、指定した複数の型の和集合を意味するUnion型と積集合を意味するIntersection型というものがあります。それぞれ、|と&を使用して型を定義できます。変数や戻り値の型、また、型エイリアスに対して指定可能です。

Union型は指定したいずれかの型に当てはまれば良い型が生成されます。

```
// 変数や引数の宣言時にUnion型を指定して、numberもしくはstringを受け付けることができます
function printId(id: number | string) {
  console.log(id)
}
// numberでも正常に動作します
printId(11)
// stringでも正常に動作します
printId('22')
```

これを型エイリアスとして定義できます。

```
type Id = number | string

function printId(id: Id) {
  console.log(id)
}
```

さらに、型エイリアスどうしを掛け合わせて新たな型を定義できます。

```
type Identity = {
  id: number | string;
  name: string;
}

type Contact = {
  name: string;
  email: string;
  phone: string;
}

// 和集合による新たなUnion型の定義をします
// IdentityもしくはContactの型を受けることが可能です
type IdentityOrContact = Identity | Contact
```

```
// OK
const id: IdentityOrContact = {
  id: '111',
  name: 'Takuya'
}

// OK
const contact: IdentityOrContact = {
  name: 'Takuya' ,
  email: 'test@example.com',
  phone: '012345678'
}
```

一方、Intersection型は複数の型をマージして1つとなった型（すべての型定義の内容を合わせた型）を生成します。以下の例では2つの型を組み合わせています。3つ以上の型の組み合わせも可能です。

```
// 先述のIdentityとContactを定義
// 積集合による新たなIntersection型の定義をします
// IdentityとContactの両方のすべてのプロパティがマージされた型として扱います
type Employee = Identity & Contact

// OK
const employee: Employee = {
  id: '111',
  name: 'Takuya',
  email: 'test@example.com',
  phone: '012345678'
}

// エラー: Contact情報のみでの変数定義はできません。idが必要です
const employeeContact: Employee = {
  name: 'Takuya',
  email: 'test@example.com',
  phone: '012345678'
}
```

2.4.4 リテラル型

|でデータを区切るリテラル型を用いると、決まった文字列や数値しか入らない型という制御が可能です。

```
変数: 許可するデータ1 | 許可するデータ2 | ...
```

たとえば、データの状態を示す値などです。これもTypeScriptで制御できます。

```
let postStatus: 'draft' | 'published' | 'deleted'
postStatus = 'draft' // OK
postStatus = 'drafts' // 型宣言にない文字列が割り当てられているため、コンパイル時エラー
```

リテラル型は数字に対しても使えます。以下は、関数の戻り値を型情報として定義する際に数値リテラル型を使用する例です。

```
// -1、0、1 いずれかしか返さない型情報を定義します
function compare(a: string, b: string): -1 | 0| 1{
  return a === b ? 0: a > b ? 1: -1
}
```

2.4.5 never型

never型は、決して発生しない値の種類を表します。たとえば、常に例外を発生させる関数などで決して値が返されることのない戻り値の型を**never**として定義できます。

```
// エラーが常に返るような関数で決して値が正常に返らない場合にnever型を指定します
function error(message: string): never {
  throw new Error(message)
}

function foo(x: string | number | number[]): boolean {
  if (typeof x === 'string') {
    return true
  } else if (typeof x === 'number') {
    return false
  }
  // neverを利用することで明示的に値が返らないことをコンパイラに伝えることができます
  // neverを使用しないとTypeScriptはコンパイルエラーになります
  return error('Never happens')
}
```

neverのより有効な使い方として、if文やswitch文でTypeScriptの型の条件分岐に漏れがないことを保証するようなケースがあります。以下は、Enumで定義した各ページのタイプとそのタイプに応じたタイトルを返す関数を実装した例です。関数内switch文でそれぞれのEnum型のチェックを行った後に明示的にnever型を使用することで、将来**PageType**が新しく追加された際にswitch文の実装が漏れているとコンパイルエラーを発生させることができます。

```
// 将来的にも定数が追加されるの可能性のあるenum型を定義します
enum PageType {
  ViewProfile,
  EditProfile,
  ChangePassword,
}

const getTitleText = (type: PageType) => {
  switch (type) {
    case PageType.ViewProfile:
      return 'Setting'
    case PageType.EditProfile:
      return 'Edit Profile'
    case PageType.ChangePassword:
```

```
      return 'Change Password'
    default:
      // 決して起きないことをコンパイラに伝えるnever型に代入を行います
      // これによって仮に将来PageTypeのenum型に定数が新規で追加された際に
      // コンパイル時にエラーが起きるためバグを未然に防ぐ対応を行うことができます
      const wrongType: never = type
      throw new Error(`${wrongType} is not in PageType`)
  }
}
```

2.5 TypeScriptのテクニック

TypeScriptを使用する上で知っておくと便利な少し高度な機能を紹介します。

2.5.1 Optional Chaining

ネストされたオブジェクトのプロパティが存在するかどうかの条件分岐を簡単に記述できるOptional Chainingという機能があります*18。これまで安全なコードを書くために`null`または`undefined`をチェックするためのif条件分岐を記述したり`obj.prop1 && obj.prop1.prop2`といったチェックをしたりする必要がありました。

以下のようにOptional Chainingの機能により`?`をプロパティアクセス時に用いることで`null`または`undefined`になりうるオブジェクトに対して安全に処理を記述できます。

```
// nullになり得るsocialというプロパティの型を定義します
interface User {
  name: string
  social?: {
    facebook: boolean
    twitter: boolean
  }
}

let user: User

user = { name: 'Takuya', social: { facebook: true, twitter: true } }
// trueが出力されます
console.log(user.social?.facebook)

user = { name: 'Takuya' }
// socialが存在しないケースでも以下のコードは実行時エラーになりません
console.log(user.social?.facebook)
```

*18 TypeScript 3.7から導入。

2.5.2 Non-null Assertion Operator

コンパイラオプション`--strictNullChecks`を指定してコンパイルする場合、TypeScriptは通常`null`の可能性のあるオブジェクトへのアクセスはエラーとして扱います。`null`でないことを示したいとき、Non-null Assertionという機能で、明示的にコンパイラに問題がないことを伝えられます。Non-nullを示したい変数などに`!`を記します。

```
// userがnullの場合、実行時エラーになる可能性があるプロパティへのアクセスはコンパイルエラー
// !を用いて明示的に指定することでコンパイルエラーを抑制
function processUser(user?: User) {
  let s = user!.name
}
```

`?`を使用するOptional Chainingと少し似ていますが、このNon-null AssertionはあくまでTypeScriptのコンパイラにエラーを起こさなくて良いとマークするだけで実行時にエラーが起きてしまう可能性があります。一方Optional Chainingは、トランスパイルされて生成されるJavaScriptに`null`チェックのコードを追加するため、実行時にエラーは起きません。

2.5.3 型ガード

TypeScriptでif文やswitch文の条件分岐にて型のチェックを行った際、その条件分岐ブロック以降は変数の型を絞り込まれる推論が行われます。これが、型ガードです。

`number`と`string`のUnion型で定義された引数を`typeof`を用いて`string`型の判定をするif文を記述したとします。ifブロック以降の引数である変数は自動的に`number`型であると扱われます。

```
function addOne(value: number | string) {
  if (typeof value === 'string') {
    return Number(value) + 1
  }
  return value + 1
}

console.log(addOne(10)) // 11
console.log(addOne('20')) // 21
```

型ガードの機能を用いると、実行時エラーを引き起こしやすい`as`を使用する型アサーションよりも安全に型を利用したコードを書けます。

オプショナルのプロパティとして定義された値をif文で絞り込む際も同様に型ガードの機能により、if文の中では`null`安全なプロパティとして扱うことができます。以下、後述の`--strictNullChecks`のコンパイルオプションを有効化している場合の例です。

```
// オプショナルプロパティでinfoを定義します
type User = {
```

```
  info?: {
    name: string;
    age: number;
  }
}

let response = {}
// responseはJSON形式のAPIレスポンスが代入されている想定。Userに型アサーションします
const user = (response as any) as User

// オプショナルのプロパティへの型ガードを行う
if (user.info) {
  // オプショナルプロパティ配下のプロパティであるuser.info.nameにアクセスしてもエラーが起きません
  // もしifの条件がない場合は Object is possibly 'undefined'. というエラーが発生します
  console.log(user.info.name)
}
```

2.5.4 keyofオペレーター

型に対して**keyof**オペレーターを用いると、その型が持つ各プロパティの型のUnion型を返せます。以下の例のように**keyof**の結果はリテラル型のUnion型として扱われるため、オブジェクトに存在するキーを使用して何か関数の処理を行いたい際などに安全に実装できます。

```
interface User {
  name: string;
  age: number;
  email: string;
}
type UserKey = keyof User // 'name' | 'age' | 'email' というUnion型になる

const key1: UserKey = 'name' // 代入可能です
const key2: UserKey = 'phone' // コンパイル時エラーが起こります

// 第1引数に渡したオブジェクトの型のプロパティ名のUnion型と、第2引数で渡す値の型が一致しない場合型エラーになります
// T[K]によりキーに対応する型が戻り値の型となります（たとえば上記Userのageをkeyに渡した場合、戻り値の方はnumberになります）
function getProperty<T, K extends keyof T>(obj: T, key: K): T[K] {
  return obj[key]
}

const user: User = {
  name: 'Takuya',
  age: 36,
  email: 'test@example.com'
}

// nameは型のキーに存在するため正しくstring型の値が返ります
const userName = getProperty(user, 'name')

// genderはオブジェクトのキーに存在しないため、コンパイル時エラーになります
const userGender = getProperty(user, 'gender')
```

2.5.5 インデックス型

インデックス型（Index signature）を用いると、オブジェクトのプロパティが可変のとき、まとめて型を定義できます。それぞれのプロパティに対応する型を定義できないとき、簡単に記述できます。

```
// プロパティ名を任意のnumberとして扱う型の定義の例です
type SupportVersions = {
  [env: number]: boolean;
}

// stringのプロパティに定義した場合エラーが起きます
let versions: SupportVersions = {
  102: false,
  103: false,
  104: true,
  'v105': true // -> errorになります
}
```

2.5.6 readonly

TypeScriptでは型エイリアス、インタフェース、クラスにおいて`readonly`プロパティを指定できます。`readonly`を指定されたプロパティは変更不可になります。

```
type User = {
  readonly name: string;
  readonly gender: string;
}

let user: User = { name: 'Takuya', gender: 'Male' }

// 以下の代入を行った際にコンパイル時エラーが発生します
user.gender = 'Female'
```

JavaScriptの再代入不可の機能として`const`の機能がありますが、用途が異なります。`const`は変数の代入に対して行う宣言、`readonly`はオブジェクトやクラスのプロパティに対して行う宣言でコンパイル時にエラーを検知できます。

また、`Readonly`型というジェネリック型も存在します。以下のように`Readonly`型に型エイリアスを指定すると、すべてのプロパティが変更不可の型が作成されます。

```
type User = {
  name: string;
  gender: string;
}

type UserReadonly = Readonly<User>

let user: User = { name: 'Takuya', gender: 'Male' }
```

```
let userReadonly: UserReadonly = { name: 'Takuya', gender: 'Male' }

user.name = 'Yoshiki' // OK
userReadonly.name = 'Yoshiki' // コンパイル時エラーが発生します
```

2.5.7 unknown

unknownはanyと同じくどのような値も代入できる型です*19。しかし、anyと異なり、代入された値はそのまま任意の関数やプロパティにアクセスできません。typeofやinstanceofなどを利用して型安全な状況をつくることで、変数の値にアクセスを行い関数などの処理を実行できます。

```
// anyと同様にどんな値でもunknownとして代入することができます
const x: unknown = 123
const y: unknown = 'Hello'

// 関数やプロパティにアクセスした際に、unknown型そのままではコンパイル時にエラーが発生します
// error TS2339: Property 'toFixed' does not exist on type 'unknown'.
console.log(x.toFixed(1))
// error TS2339: Property 'toLowerCase' does not exist on type 'unknown'.
console.log(y.toLowerCase())

// 型安全な状況下で関数やプロパティにアクセスして実行できます
if (typeof x === 'number') {
  console.log(x.toFixed(1)) // 123.0
}

if (typeof y === 'string') {
  console.log(y.toLowerCase()) // hello
}
```

このようにunknownは任意の型を代入できるというanyと同様の性質を持ち、より型が不明な値を示すという機能を強調したものです。変数を利用する際には型を指定することでanyではできなかったコンパイル時エラーを事前に検知できます。結果的に、anyを使用するよりも安全なコードを書くことができます。

2.5.8 非同期のAsync/Await

非同期処理APIのPromiseの簡易的な構文にあたるものがAsync/Awaitの機能です。この機能はTypeScriptというよりもECMAScriptの仕様の範囲です。以下に簡単に概要としてのサンプルコードを紹介します。TypeScriptでasync/awaitを使う参考としてください。

```
// 非同期関数の定義します
function fetchFromServer(id: string): Promise<{success: boolean}> {
  return new Promise(resolve => {
```

*19 TypeScript 3.0で導入された型です。

```
    setTimeout(() => {
      resolve({success: true})
    }, 100)
  })
}

// 非同期処理を含むasync functionの戻り値の型はPromiseとなります
async function asyncFunc(): Promise<string> {
  // Promiseな値をawaitすると中身が取り出せる（ように見える）
  const result = await fetchFromServer('111')
  return `The result: ${result.success}`
}

// await構文を使うためにはasync functionの中で呼び出す必要があります
(async () => {
  const result = await asyncFunc()
  console.log(result)
})()

// Promiseとして扱う際は以下のように記述します
asyncFunc().then(result => console.log(result))
```

2.5.9 型定義ファイル

TypeScriptでWebアプリケーションの開発をしている最中に、JavaScriptで記述された外部ライブラリを読み込みたいケースは多いでしょう。TypeScriptではJavaScriptのライブラリを読み込んで実行できますが、型定義情報がない場合は型安全にコードを書くことができません。

そこでTypeScriptにはJavaScriptのモジュールに対して、型情報を付与できる型定義ファイルというしくみがあります。

導入には大まかに次の2つの方法があります。

- @typesに代表される公開されている型定義ファイルを導入する
- 型定義ファイルを自作する

型定義ファイルの導入

1つ目は`@types/[ライブラリ名]`として公開されている型定義ファイルをインストールする方法です。現在TypeScriptの普及に伴い、著名なJavaScriptライブラリの多くがnpmリポジトリに型定義情報を公開しています。 たとえば、jQueryを利用するときは以下のようにnpmで`@types/jquery`を読み込むことで、型情報を付与したjQueryを扱うことができます。

```
$ npm install --save-dev @types/jquery
```

また上記のようにインストールを行わなくても、ライブラリ内に同梱されている場合もあります。その場合は別途npmでインストールする必要はありません。

型定義ファイルの作成

依存しているJavaScriptのライブラリが型定義ファイルを同梱していなかったり、公開されていなかったりするケースもあるはずです。

その場合は、自身で`.d.ts`という拡張子の型定義ファイルを設置し、読み込むこともできます。以下の例は自身のプロジェクトにJavaScriptのコードがあり、`.d.ts`を定義してそのコードをTypeScriptから利用するものです。

`./lib/hello.js`というJavaScriptのユーティリティ関数がある想定です。

```
exports.hello = function(name) {
  console.log(`Hello, ${name}`)
}
```

`./lib/hello.d.ts`という型定義ファイルを作成します。

```
export function hello(name: string): void
```

上記のように定義ファイルを設置しておくことにより、JavaScriptのユーティリティ関数が型情報を持つTypeScriptのコードとして動作します。

```
import { hello } from './lib/hello'

// エラー: nameの引数を渡していないため、コンパイルエラーが発生します
hello()
```

なお、本書では型定義ファイルの導入を主に用い、型定義ファイルの作成を以後の章で行うことはありません。

2.6 TypeScriptの開発時設定

TypeScriptで開発を進める際に、便利な設定ファイル`tsconfig.json`と開発ツールprettier、ESLintについて紹介します。

2.6.1 tsconfig.json

TypeScriptではコンパイルに必要なオプションやコンパイル対象となるファイルの情報などを`tsconfig.json`に記述します。IDE・エディターでも、この設定ファイルを元に補完やエラーが検知されるため、活用すべきです。`tsc --init`コマンドを実行することでデフォルトの`tsconfig.json`ファイルが作成されます。プロジェクトルートに配置しましょう。

以下では本書サンプルコードで使用している`tsconfig.json`を紹介します。

```
{
  "compilerOptions": {
    "target": "es5",
    "lib": [
      "dom",
      "dom.iterable",
      "esnext"
    ],
    "allowJs": true,
    "skipLibCheck": true,
    "strict": false,
    "strictNullChecks": true,
    "forceConsistentCasingInFileNames": true,
    "noEmit": true,
    "esModuleInterop": true,
    "module": "esnext",
    "moduleResolution": "node",
    "resolveJsonModule": true,
    "isolatedModules": true,
    "jsx": "preserve",
    "baseUrl": "src"
  },
  "include": [
    "next-env.d.ts",
    "src/**/*.ts",
    "src/**/*.tsx"
  ],
  "exclude": [
    "node_modules"
  ]
}
```

`tsconfig.json`の詳細なオプションについては公式ドキュメント*20をご参照ください。

主要なコンパイルオプションについては2.6.4で紹介します。

2.6.2 Prettier

Prettier*21を利用することで、スペースのインデントの数を合わせたり、ダブルクオートもしくはシングルクオートにそろえたりなど、コードのフォーマットを自動で行うことができます。特に複数人で同じファイルを変更する際には共通のコードフォーマットを利用してPrettierを実行することでコンフリクトの少ない開発が可能となりますのでお勧めです。この項ではPrettierの導入方法を簡単に解説します。

以下のコマンドでPrettierをインストールします。

```
npm install prettier --save-dev
```

*20 https://www.typescriptlang.org/tsconfig

*21 https://prettier.io/

プロジェクトのディレクトリ配下に.prettierrcというファイルを作成します。このファイルに以下のようなコードフォーマットの設定値を記載します。

```
{
  // コードの末尾にセミコロンを入れるか
  "semi": false,
  // オブジェクト定義の最後のカンマを無しにするか
  "trailingComma": "none",
  // 文字列の定義などクオートにシングルクオートを使用するか
  "singleQuote": true,
  // 行を改行する際の文字数
  "printWidth": 80
}
```

package.json内のscriptsの項目に以下のよう行を記述します。

```
{
  "scripts": {
    ...
    "prettier-format": "prettier --config .prettierrc 'src/**/*.ts' --write"
  }
}
```

以下のコマンドを実行することで、src以下のすべてのTypeScriptのソースコードに対してフォーマットが実行されます。

```
$ npm run prettier-format
```

2.6.3 ESLint

ESLintはJavaScriptやTypeScriptのコードを解析し、問題がある箇所を指摘しコードの品質を高めるためのツールです。prettierはコードをフォーマット（整形出力）することに主たる目的を置いていますが、一方ESLintはコードを解析し問題を検知すること（リント）を主な目的としています。多くのモダンフロントエンド開発プロジェクトではprettierとESLintを併用していることが多いです。

ESLintはたとえば、コードの中に使用されていない変数がある場合などエラーを出力してくれます。ほかにも、if分の条件式内で比較ではなく代入になっているか検知できたり、関数で使用されていない引数を定義していたりというエラーを検知します。100以上のさまざまなルールに対してコードの解析でき、設定をカスタマイズできます。また、独自のESLintルールを作成し、組み込むことも可能です。

.eslintrc.jsというファイルで設定を記述します。

```
{
  "rules": {
```

```
    "semi": ["error", "always"],
    "quotes": ["error", "double"]
  }
}
```

上記の設定ファイルのsemiとquotesはそれぞれセミコロンとクオートをどのように扱うか表すルールの設定です。配列の最初の値はエラーレベルを表しています。

- offまたは0の場合、ルールはオフ
- warnまたは1の場合、ルールを警告として扱う
- errorまたは2の場合、ルールをエラーとして扱う

2つ目の値はそれぞれのルールに渡す設定値です。詳しいルールの説明に関しては公式ドキュメントのルール一覧ページ*22にリストされています。

ESLintのルールはプラグインとしても豊富に公開されており、npmコマンドによりインストールすることで、プロジェクトに簡単に取り込むことができます。ESLintのインストール方法やより詳しいESLintの利用方法については公式ドキュメント*23をご参照ください。

2.6.4 コンパイルオプション

TypeScriptのコンパイルコマンドやtsconfigに指定するオプションについていくつか主要なものを紹介します。TypeScript CLIのより詳細な使い方については公式ドキュメント*24をご参照ください。

noImplicitAny

型が指定されておらず、TypeScriptが文脈から型を推測できない場合、コンパイラは通常、デフォルトでanyを使用します。これを暗黙的なanyと呼びます。しかし、anyは型のチェックが行われないため通常できる限り利用は避けたいところです。そこで、コンパイルのオプションであるnoImplicitAnyを使用することで、暗黙的なanyを使用した場合にエラーを起こすよう設定を変更できます。

たとえば以下のような引数の型を定義していない関数がある場合、noImplicitAnyのオプションをオンにして実行するとエラーになります。

```
// noImplicitAnyオプションを指定してコンパイルを実行すると以下の引数の型定義がない場合エラーとなります。
// error TS7006: Parameter 'word' implicitly has an 'any' type.
function hello(word) {
  console.log(`Hello, ${name}`)
```

*22 https://eslint.org/docs/rules/
*23 https://eslint.org/docs/user-guide/getting-started
*24 https://www.typescriptlang.org/docs/handbook/compiler-options.html

```
}

hello('Takuya')
```

strictNullChecks

strictNullChecksというコンパイルオプションを利用すると、nullやundefinedを厳格に扱うようになります。オプションを指定していない場合、変数にnullやundefinedを何も明示しなくても許容されます。一方、オプションをオンにしてnullやundefinedを利用する場合、Union型や省略可能引数を使って明示的にnullやundefinedを許容するような書き方が必要になります。

```
let date: Date
date = new Date()
// strictNullChecksを有効化にしている場合、nullを代入しようとする際にコンパイルエラーが発生します
// error TS2322: Type 'null' is not assignable to type 'Date'.
date = null
```

nullの代入を許容する場合は以下のように記述する必要があります。

```
// nullを明示的に許容するように型を定義します
let date: Date | null
date = new Date()
// コンパイルエラーは起きません
date = null
```

本章で登場した!を使用するNon-null assertionという機能もこのオプションが有効になっている際に利用できる機能です。よりTypeScriptの型チェックによる恩恵を受けられます。

非常に有用なオプションで、本書ではtscを初めて利用したときにも指定しています。読者の皆さんも、ぜひ開発時は有効にしていただきたいです。

本書では有効化を前提として3章以降のサンプルコードを解説します。

target

コンパイルオプションtargetを使用すると、TypeScriptがコンパイルを行った際にどのバージョンのECMAScriptで出力するかを指定できます。たとえば、Internet Explorer 11など少し古いブラウザをサポートする場合は以下のようにes5を指定することで、ECMAScript 5準拠のJavaScriptに変換されます。

```
$ tsc --target es5 sayHello.ts
```

Column

コーディングスタイルガイド

開発チーム内でコードのスタイルガイドを統一することは多くのメリットがあります。

- スペースやインデントなどコードスタイルの一貫性を持つことで不要なコミットを減らすことができる
- プログラムを実際に実行する前にエラーを検知可能で、潜在的エラーや品質の低いコードを早期に修正できる
- マニュアルでコーディングガイドを遵守する必要なく、ツールを用いて整形することで時間の節約ができる

prettierやESLintなど便利なツールは存在するものの、たとえば、スペースの数やセミコロンを付けるか付けないかなど、どのようなスタイルガイドに従うのが良いでしょうか。実はTypeScriptの推奨のスタイルガイドではセミコロンをつける一方、Next.jsではセミコロンを付けていません。

結論としては、スタイリングガイドにはそれぞれの考え方があるため、唯一のガイドはありません。ただし、以下のような一般的に普及しているJavaScriptとTypeScriptのスタイルガイドは存在します。

- JavaScript Standardスタイルガイド[*a]: セミコロンを省略する書き方が特徴のモダンなスタイルガイド
- Airbnbスタイルガイド[*b]: Airbnbが公開しているスタイルガイド。多くはベストプラクティスとなっている
- Googleスタイルガイド[*c]: Googleが公開しているスタイルガイド。TypeScriptについても公開されている
- TypeScript Deep Diveスタイルガイド[*d]: TypeScriptで人気の高いスタイルガイド

Next.jsはv11.0以降、ESLintの設定をデフォルトで持つようになりました。Reactベースのものを拡張した、独自のESLintのプラグインである`eslint-plugin-next`を搭載しています。Next.jsのESLintルールの詳細については公式サイト[*e]をご覧ください。

このように多くのスタイルガイドが存在し、どれがベストか優劣をつけがたいものです。実際の開発の現場ではチーム内で共通のルールの認識が取れていることが大事です。

*a https://github.com/standard/standard
*b https://github.com/airbnb/javascript
*c https://github.com/google/styleguide
*d https://typescript-jp.gitbook.io/deep-dive/styleguide
*e https://nextjs.org/docs/basic-features/eslint#eslint-plugin

Column

TypeScriptのコンパイラ

`tsc`というコマンドを実行した際にTypeScriptのコンパイラはソースコードを解析し、JavaScriptに変換をしています。その際にコンパイラはどのような処理をしているのでしょうか。コンパイラは以下の主要なパーツが順番に動作して実行されています。

1. Scanner: TypeScriptのソースコードを読み取り、それぞれの文法の要素を位置の情報を持つトークンに変換する処理を行う
2. Parser: Scannerが作成したトークンを受け取り、抽象構文木（AST）に変換する
3. Binder: ASTを元に型チェックの基本となるSymbolを作成する
4. Checker: 型チェックを実行する。コンパイラで最大のパーツ（本書執筆時点4万行以上のコード）
5. Emitter: ASTとCheckerの結果を元にTypeScriptからJavaScriptに変換し、出力する

本書ではコンパイラの実装の詳細については記述しませんが、興味のある方はTypeScript Deep Diveのコンパイラの章*[a]が参考になるでしょう。

*a　https://typescript-jp.gitbook.io/deep-dive/overview

Column

import type

現在、TypeScriptの開発ではESモジュール*[a]が採用されることが多いです。

TypeScriptのESモジュールには独自の拡張があります。型のみを`import`する`import type`です。

```
// APIPropsという型のみをimportする
import type {APIProps} from './api'
```

型のみを`import`するため、JavaScriptに変換する際にはこのコードはそのまま消えます。

詳しい使い方はドキュメント*[b]を参照してください。

*a　https://www.typescriptlang.org/docs/handbook/modules.html#import
*b　https://www.typescriptlang.org/docs/handbook/release-notes/typescript-3-8.html

3

React/Next.jsの基礎

本書のテーマであるReactとNext.jsの基本的な使い方について解説します。

実際の開発に必要な範囲での解説が中心なので、網羅的な内容が知りたい方はReact*1、Next.js*2それぞれのドキュメントをお読みください。

Next.jsはReactベースのフレームワークで、開発にはReactの知識があることが望ましいです。

3.1 React入門

3.1ではReactの基本的な使い方について、サンプルコードとともに説明していきます。

はじめにReactを使ったコンポーネントの書き方や基本的なテクニックについて説明し、フック（React Hooks）について説明します。

3.1.1 Reactの始め方

実際にReactを使ったコードをローカルで試してみましょう。

Reactの環境構築にはいくつか方法がありますが、今回はCreate React App*3を使用します。Create React Appは、Reactの開発元であるFacebookが公開している、React向けの環境構築ツールです。

`npx create-react-app [プロジェクト名]`を実行すると、Reactのプロジェクトを自動で構築します*4。この時に`--template`引数を与えると、ほかのコードテンプレートを使用したプロジェクトを構築できます。今回はTypeScriptで型が付けられたプロジェクトを作成するために、`--template typescript`を指定します。

react-sampleというプロジェクト名で作成しましょう。下記の内容を実行するとreact-sampleというディレクトリが作成され、ディレクトリ以下にReactのプロジェクトが構築されます。もし実行中に`create-react-app`のインストールを確認する表示が出た場合は、`y`を押した後にEnterを押すとパッケージがインストールされて実行が継続します。

```
# create-react-appでReactのプロジェクトを構築する
$ npx create-react-app@latest react-sample --template typescript
```

まずは、そのままプロジェクトのコードを動かしてみましょう。作成されたreact-sampleの中に移動し、`npm run start`を実行します。コマンドを実行すると開発サーバーが立ち上がり、自動でブラウザの新しいタブが開いてページが表示されます。自動でタブが開かない場合は、ターミ

*1 https://ja.reactjs.org/docs/getting-started.html
*2 https://nextjs.org/docs/getting-started
*3 https://github.com/facebook/create-react-app
*4 npxコマンドは、npmに付属するコマンド実行用のユーティリティコマンドです。後に続くコマンド/パッケージがローカルにインストールされている場所を探して実行します。ローカルにない場合はリモートから取得して実行します。パッケージ名の後ろに@を入れると使用するバージョンを指定できます。最新のものを使用する場合は`@latest`と指定します。

ナルの表示を参考に`Local:`と表示されている行のURLにアクセスします。

```
# プロジェクトのルートディレクトリ直下に移動し、開発サーバーを起動する
$ cd react-sample
$ npm run start

...

Compiled successfully!

You can now view react-sample in the browser.

  Local: http://localhost:3000
  On Your Network: http://192.168.0.11:3000

Note that the development build is not optimized.
To create a production build, use npm run build.

webpack compiled successfully
No issues found.
```

以下の画像のようなページが表示されていれば環境構築は完了です。

図3.1 環境構築直後のデフォルトのページ

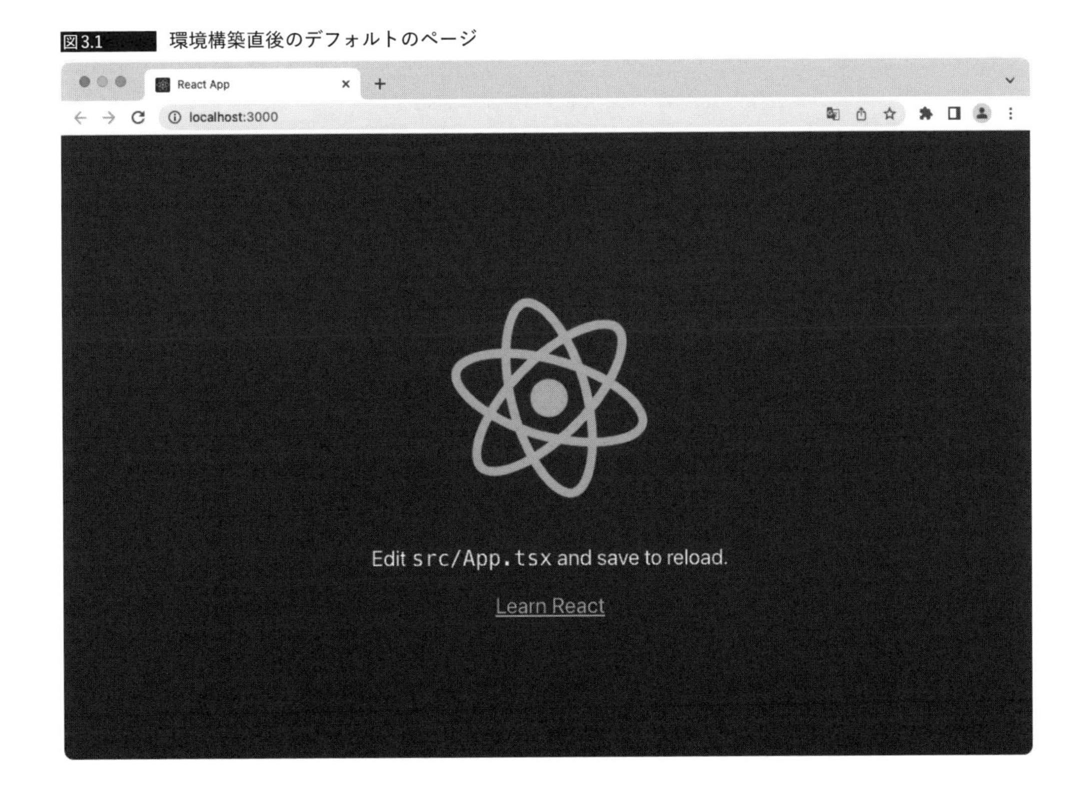

3.1.2 Reactの基本

Create React Appでプロジェクト構築直後は、以下のような構成[*5]になっています。これらのコードがビルドされ、最終的には結合・最小化されたHTML/CSS/JavaScriptのコードとなって出力されます[*6]。

```
.
├── README.md
├── package.json
├── public
│   ├── favicon.ico
│   └── index.html
├── src
    ├── index.tsx
    ├── index.css
    ├── App.css
    └── App.tsx
```

Reactを使ったコードはどのように書かれているのか、初期コードをもとに説明します。

ブラウザでページを開くと、public/index.htmlをひな型にしたページが表示されます。そこで、src/index.tsxをビルドしたJavaScriptが実行されます[*7]。src/index.tsxを見ると、書かれているコードは基本的にはTypeScriptのものですが、**render**の引数にはHTMLタグのようなものが与えられています。通常のJavaScriptやTypeScriptならエラーになるはずの構文です。

リスト 3.1 src/index.tsxを一部省略しコメントを追加

```
import React from 'react'
import ReactDOM from 'react-dom/client'
import App from './App' // App.jsからApp関数を取り込んでいる
//...

const root = ReactDOM.createRoot(
  // index.htmlにあるrootをIDに持つ要素を指定している
  document.getElementById('root') as HTMLElement
)

root.render(
  // 描画するJSXタグを指定している
  <React.StrictMode>
    {/* Appはsrc/App.tsxからインポートしたものを使用している */}
    <App />
  </React.StrictMode>
)
```

これはこのコードがJSXというJavaScriptを拡張した構文を採用していて、ビルド時に純粋なJavaScriptへと変換されるため可能な記述です。ひとまず、JSXはJavaScriptやTypeScript中に

---

*5　重要なファイルのみ抜粋。

*6　npm run buildでビルドした成果物をbuildディレクトリ以下に出力できます。

*7　実際にはビルドされるため、別ファイルに書き出されています。

HTMLのタグをそのまま書き込めるものだと考えてください*8。ここで使われている`<React.StrictMode><App />...`はJSXタグと呼ばれるものです。JavaScript中でHTMLタグやコンポーネントを扱うために、JSXで追加された構文です。

さて、このJSXタグをもう少し見ていきましょう。トップにある`React.StrictMode`は不適切なコードを検知するためのヘルパーです。その下の`App`は、`src/App.tsx`からインポートしたものを使用しています。

`src/App.tsx`を見ると、`App`は関数で、JSXタグを用いてHTMLの要素を返しています。ここに書かれている要素が、現在ブラウザで表示されている内容です。

リスト3.2 src/App.tsxを一部省略しコメントを追加

```
import React from 'react'
import logo from './logo.svg'
import './App.css'

// 関数でAppというコンポーネントを定義している
function App() {
  // AppコンポーネントではHTML要素を返している
  return (
    <div className="App">
      <header className="App-header">
        <img src={logo} className="App-logo" alt="logo" />
        <p>
          Edit <code>src/App.tsx</code> and save to reload.
        </p>
        ...
      </header>
    </div>
  );
}

// 定義したAppをデフォルトエクスポートしている
export default App
```

src/index.tsxに戻り、`render`を見ると`ReactDOM.createRoot`関数によって作成される`root`オブジェクトのメソッドになっています。`ReactDOM.createRoot`の引数では`root`というIDを持つ要素を指定しています。public/index.htmlを見ると、同じIDを持つ`div`タグがあります。ブラウザでページを表示した時、実際にReactで書かれた内容がページに反映されるには以下のような手順が発生します。

1. public/index.htmlが読み込まれて、ブラウザに描画される
2. ブラウザがJavaScriptのコードを取得し、Reactを使ったコードの実行を開始する
3. `render()`で与えられたAppを、`root`オブジェクト作成時に与えられた`root`というIDを持つ要素以下に描画する

*8 JSXについて詳しく知りたい方は、Reactのドキュメントを参照してください。 https://ja.reactjs.org/docs/introducing-jsx.html https://ja.reactjs.org/docs/jsx-in-depth.html

```
<!DOCTYPE html>
<html lang="en">
  <head>
    ...
    <title>React App</title>
  </head>
  <body>
    <noscript>You need to enable JavaScript to run this app.</noscript>
    <div id="root">
      <!-- Reactのコンポーネントはこれ以下に表示される -->
    </div>
    ...
  </body>
</html>
```

ブラウザの開発者ツールでページの構造について見てみると、`root`というIDを持つ`div`タグ以下に`App`で定義された要素が展開されているのが確認できます。開発者ツールを表示するには、ページ上で右クリックをして、検証や調査というメニューをクリックします。

図3.2 Reactの描画をChromeの開発者ツールで確認

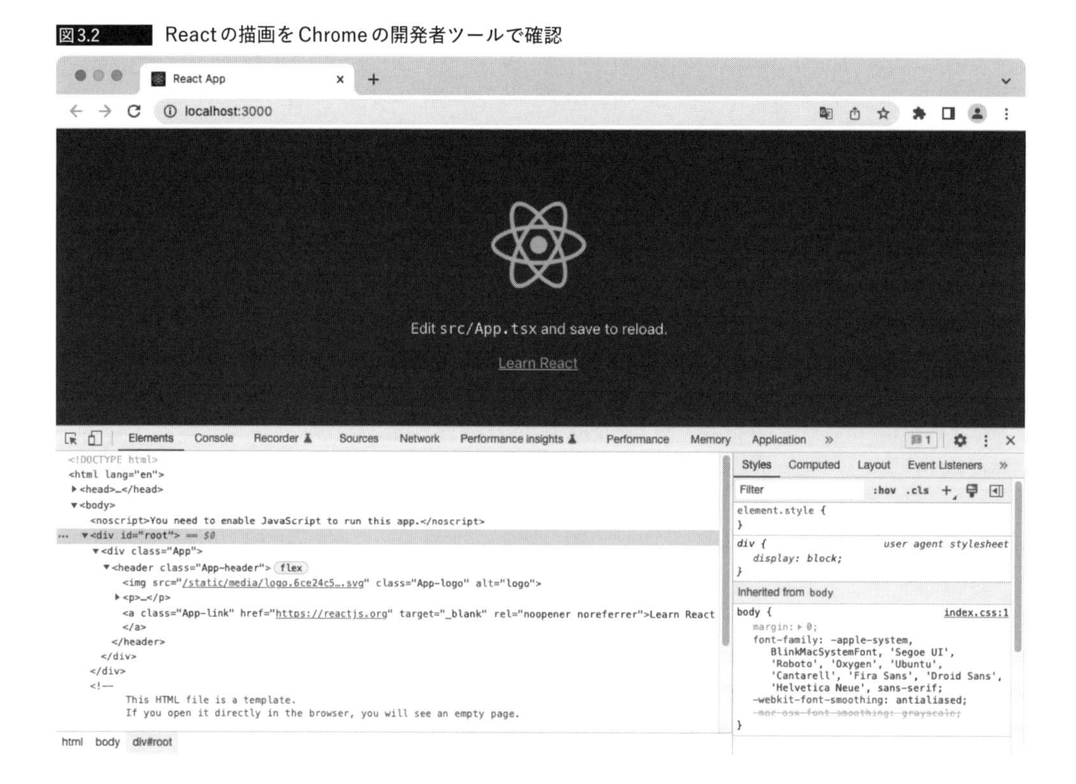

この`App`はコンポーネントと呼ばれ、Reactではコンポーネントを実装することで画面に表示する内容を構築していきます。

React の基本のキーワード

ここまで紹介した内容を少し整理します。

React での開発は、一般的に JavaScript/TypeScript を拡張した JSX を用います。JSX は JavaScript/TypeScript 中に HTML タグを直接書き込める機能です。TypeScript で JSX を使う場合は、`.tsx`の拡張子を用い、TSX と呼びます[*9]。

```
let MyReactComponent = <div id='myreact'></div>
```

Web ページに React で生成した内容を表示するには、`ReactDOM.createRoot`にコンテナ（HTML/DOM での設置先）を渡して`root`オブジェクトを作成し、`render`メソッドに要素を渡します[*10]。

```
const root = ReactDOM.createRoot(コンテナ);

root.render(要素);
```

要素（React 要素、3.2.1 参照）は先述の React コンポーネントを構成する部品のことです。今の時点では、JSX 中の HTML タグで構成されたものが要素だと考えてください。たとえば、下記のように`render`に HTML タグをそのまま指定したような場合も動作します。src/index.tsx を編集して試せます。

リスト 3.3 src/index.tsx の ReactDOM.render の編集例

```
const root = ReactDOM.createRoot(
  document.getElementById('root') as HTMLElement
);

root.render(
 <h1>見出し</h1>
);
```

3.1.3 React のコンポーネントを作成する

実際にコンポーネントを実装してみましょう。src 以下に components ディレクトリを作成、その中に Hello.tsx というファイルを追加して、以下のコードを実装します。

リスト 3.4 src/components/Hello.tsx

```
// Helloはクリックするとアラートを出すテキストを返します
const Hello = () => {
  // クリック時に呼ばれる関数
  const onClick = () => {
    // アラートを出す
```

*9 .tsx の文法上の注意はこちらを参照してください。 https://www.typescriptlang.org/docs/handbook/jsx.html
*10 詳細な使い方は API リファレンスを参照してください。 https://ja.reactjs.org/docs/react-dom.html#render

```
    alert('hello')
  }
  const text = 'Hello, React'

  // テキストを子に持つdiv要素を返す
  return (
    // divのonClickにクリック時のコールバック関数を渡す
    <div onClick={onClick}>
      {text}
    </div>
  )
}

// 外部からHelloを読み込めるようにエクスポートする
export default Hello
```

`Hello`コンポーネントを表示するために、src/index.tsxを以下のように修正します*11。

リスト3.5 src/index.tsx

```
import ReactDOM from 'react-dom'
import './index.css'
// Appの代わりにHelloをインポートする
// import App from './App'
import Hello from './components/Hello'

ReactDOM.render(
  <React.StrictMode>
    {/* AppからHelloに置き換える */}
    <Hello />
  </React.StrictMode>,
  document.getElementById('root')
)
```

ファイルを保存しページを表示すると、以下の画像のような内容が表示されます。

図3.3 Helloコンポーネントの描画

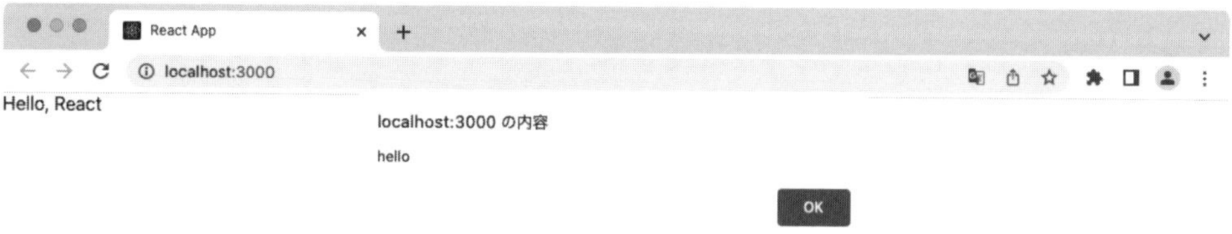

`npm run start`で立ち上げた開発サーバーを起動している間は、コードが保存されたタイミングでブラウザに表示されているページが自動的に更新されます。以降のReactコンポーネントのコードに関しても、新しくコンポーネント用のファイルを作成し、src/index.tsxで使用するコン

*11 本章で他に紹介するコンポーネントも、ここでのHelloを参考に適宜編集して利用してください。

ポーネントを切り替えると、ブラウザで確認できます。

3.2 Reactにおけるコンポーネント

Reactにおけるコンポーネントについて説明します。

コンポーネント（Reactコンポーネント）とは、React要素やほかのコンポーネントを組み合わせたものです。ページに表示されているUIの一部を切り出したもの、とひとまず考えてください。

`Hello`コンポーネントは`div`に対応するReact要素を返しています。Reactではコンポーネントを作成し、また組み合わせることによってUIを実装していきます。コンポーネントで実装した内容は、最終的にブラウザでは対応するHTMLタグなどに変換されて表示されます。

図3.4 コンポーネントとDOMツリーの対応

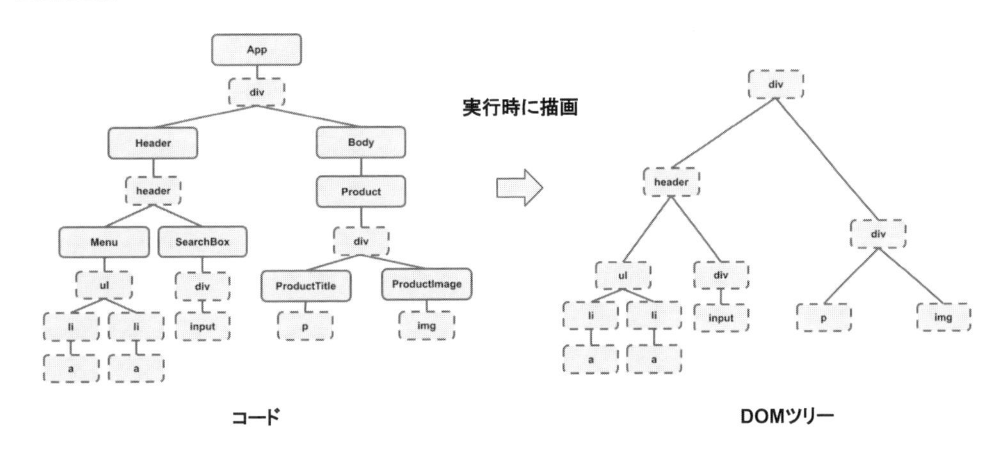

JSXで書かれたコンポーネントがブラウザで表示するまでの流れについて簡単に説明します。

まず、JSXのコードはブラウザでは直接解釈できません。そのため、webpack*12によって、JavaScriptのコードに変換されます。この時、JSXで実装したコンポーネントはJavaScriptのオブジェクトとして表現されます。

変換されたJavaScriptのコードを、ブラウザが読み込み・実行することで画面への描画が始まります。

JavaScriptのコードからブラウザの表示内容を書き換えるにはDOMにアクセスしますが、Reactの描画エンジンではまず仮想DOMに構築します。仮想DOMとはメモリ上に保存された模式的なDOMツリーのことです。そして、前回構築した時の仮想DOMと比較し、差分があるところだけ実際のDOMを更新します。変更が必要な部分だけ実際にDOMを更新することで、高速な描画を実

*12 JavaScriptのビルドツールです。ビルドツールはいくつかあり、Next.jsではSWCが主に用いられます。

現しています[*13]。

3.2.1 React要素

ここまで出てきたReact要素は**div**や**span**などのHTML要素に対応するもので、ReactでUIを構築する上での最小単位です。

JSX上のReact要素はHTMLとおおよそ同じように記述、使用できます。

```
// タグ内に直接文字を書けます
<span>Hello, React!</span>
```

ただし、JSX中のReact要素とHTMLタグにはいくつか異なる部分があります。

JSXでは中括弧**{}**を使うことで、JavaScriptの値を埋め込むことができます。埋め込んだ値は描画時にテキストとして表示されます。ここまで出てきた**{/* */}**の表記はJSのコメントを埋め込んでいると考えてください。

```
// 中括弧{}の中にJavaScriptの値を埋め込むことができます
// 以下の場合、『こんにちは、Reactさん』と表示されます
const name = 'React'
<span>こんにちは、{name}さん</span>
```

また、HTMLの一部の属性などはそのままでは使えません。たとえば以下のようなHTMLと同様のReactコンポーネントを実装する場合を考えます。

```
<div style='padding: 16px; background-color: grey;'>
  <label for="name">名前</label>
  <input id="name" class="input-name" type="text">
</div>
```

HTML要素の属性で使われている**class**や**for**はJavaScriptでは予約語にあたるため、そのままでは使えません。JSXでは代わりに**className**や**htmlFor**を使用します。そのほかの属性でも**onclick**や**onchange**が**onClick**,**onChange**となるようにキャメルケースで表現します。

例を示します。**style**属性の部分に注目してください。**style**属性を使って要素のスタイルを指定するとき、HTMLでは文字列を与えていましたが、Reactではプロパティ名をキーとするオブジェクトで表します。**style**では、中括弧{}が二重になっていることに注意してください。一段目は属性に文字列以外の値を埋め込むために必要な中括弧で、二段目がオブジェクトを表す中括弧です。**style**中のプロパティ名も同様にキャメルケースで表現します。

*13　仮想DOMについて詳細はドキュメントを参照してください。 https://ja.reactjs.org/docs/faq-internals.html

リスト 3.6 src/components/Name.tsx

```
import React from 'react'

// 名前を入力するためのテキストボックスを返す
const Name = () => {
  // input要素のonchangeイベントに対するコールバック関数を定義します
  const onChange = (e: React.ChangeEvent<HTMLInputElement>) => {
    // 入力されたテキストをコンソールに表示します
    console.log(e.target.value)
  }

  return (
    // styleオブジェクトのキーはキャメルケースになります
    <div style={{padding: '16px', backgroundColor: 'grey'}}>
      {/* forの代わりにhtmlForを使います */}
      <label htmlFor="name">名前</label>
      {/* classやonchangeの代わりに、classNameやonChangeを使います */}
      <input id="name" className="input-name" type="text" onChange={onChange} />
    </div>
  )
}

export default Name
```

3.2.2 コンポーネント（Reactコンポーネント）

Reactにおいて、コンポーネントは見た目と振る舞いをセットにしたUIの部品の単位です。React要素やほかのコンポーネントを組み合わせたものを返します。

コンポーネントは関数やクラスを用いて実装します。現在は関数を使った関数コンポーネントを使用するのが主流です。

- 関数コンポーネント（デファクト）
- クラスコンポーネント

リスト 3.7 はコンポーネントを使った例です。ここでは`Text`と`Message`の2つのコンポーネントを実装しています。コンポーネントの名前は大文字から始まるパスカルケース*14の必要があり、`text`や`message`などと表すと、コンポーネントとして認識されません。

リスト 3.7 src/components/Message.tsx

```
// 無名関数でコンポーネントを定義し、Textという変数に代入する
// Textコンポーネントは親から`content`というデータを受け取る
const Text = (props: {content: string}) => {
  // propsからcontentという値を取り出す
  const { content } = props
  // propsで渡されたデータを表示する
  return <p className="text">{content}</p>
}
```

*14 UserViewやMessagePatternのように単語の先頭を大文字にし、つなげるときも大文字にする表記方法。アッパーキャメルケースとも呼ばれる。

```
// 同様に定義したコンポーネントをMessageという変数に代入する
const Message = (props: {}) => {
  const content1 = 'This is parent component'
  const content2 = 'Message uses Text component'

  return (
    <div>
      {/* contentというキーでコンポーネントにデータを渡す */}
      <Text content={content1} />
      {/* 違うデータを渡すと、違う内容が表示される */}
      <Text content={content2} />
    </div>
  )
}

// Messageコンポーネントをデフォルトエクスポートする
export default Message
```

`Text`コンポーネントでは`p`タグの中にテキストを入れたものを表示します。この時、表示したい文字列をそのまま書いてしまうと、このコンポーネントはその文字列を表示するためだけのコンポーネントになってしまいます。表示する文字列は外部から与えられた方が、さまざまな場所でコンポーネントを使用できるので、コードの再利用性が高まります。

コンポーネントに外部から値を与えるにはpropsを使います。propsは、コンポーネントを使用する親から渡されるデータです。関数コンポーネントでは、関数の引数のオブジェクトに親から渡されたデータが入っています。コンポーネントを使用する側は属性に同じ名前でデータを渡します。

propsは親から子へデータを一方通行で渡すものです。propsの中身を子から書き換えることはできません。書き換えをしようとするとエラーが発生します。この制約があることで、データがさまざまな場所で変更されません。デバッグが容易になります。もしコンポーネント中で表示内容を変更したい場合は、親からコールバック関数を渡してイベントやデータを通知できます。また、後述するフック（3.5参照）を使うことで、コンポーネントの中に内部状態を持てます。

コンポーネントを使用する際は、開始タグと閉じタグでほかの要素やコンポーネントを囲むことができます。

この場合はpropsの中の`children`にその要素が渡されます。以下のコードではParentコンポーネントでContainerを使用する際に`p`要素を囲んでいます。この囲んだ`p`要素がContainerの`children`に与えられます。

リスト3.8 src/components/ContainerSample.tsx

```
// Containerは赤背景のボックスの中にタイトルと子要素を表示します
const Container = (props: { title: string; children: React.ReactElement }) => {
  const { title, children } = props

  return (
    <div style={{ background: 'red' }}>
      <span>{title}</span>
```

```
      {/* propsのchildrenを埋め込むと、このコンポーネントの開始タグと閉じタグで囲んだ要素を表示⏎
します */}
      <div>{children}</div>
    </div>
  )
}

const Parent = () => {
  return (
    // Containerを使用する際に、他の要素を囲って使用する
    <Container title="Hello">
      <p>ここの部分が背景色で囲まれます</p>
    </Container>
  )
}

export default Parent
```

Column

関数コンポーネントとクラスコンポーネント

執筆現在では、関数コンポーネントの方がクラスコンポーネントより主流になりつつあります。

当初、関数コンポーネントは親からpropsを受け取りJSXを返すだけのコンポーネントで、後述する内部状態やライフサイクルを扱えませんでした。

しかし、React 16.8からReact Hooks（フック、3.5参照）が導入されたことで、関数コンポーネントでも内部状態やライフサイクルを扱えるようになりました。これによって、クラスコンポーネントでしか表現できなかったコンポーネントが関数コンポーネントでも記述できるようになりました。

関数コンポーネント+フックと比べたとき、クラスコンポーネントには以下のような問題点があります。

- コールバック関数で`props`や`state`に参照するためには、事前に`this`コンテキストをバインドする必要がある
- ライフサイクルを扱うためのメソッドが多くて複雑である
- 状態をセットにして、振る舞いをほかのコンポーネントと共通化するのが困難

フックを使用した関数コンポーネントを使用することで、上の問題点が解消されシンプルにコンポーネントを記述できるようになりました。

そのため、現在では関数コンポーネントが主流となっています。

3.3 Reactにおける型

Reactで使用する型について、直前のコンポーネントを元に説明します。関数コンポーネントは任意のオブジェクトを`props`として引数に取り、`JSX.Element`型の値を返す関数になります。そのため、引数の`props`へ型注釈を加えることで、親コンポーネントから与えることのできる値を制

限できます。childrenを取る場合は、childrenの型はReact.ReactNode[*15]を指定します。

リスト 3.9 src/components/ContainerSample.tsx

```
import React from 'react'

// Containerのpropsの型を定義します
type ContainerProps = {
  title: string
  children: React.ReactNode
}

const Container = (props: ContainerProps): JSX.Element => {
  const { title, children } = props

  return (
    <div style={{ background: 'red' }}>
      <span>{title}</span>
      {/* propsのchildrenを埋め込むと、このコンポーネントの開始タグと閉じタグで囲んだ要素を表示⏎
します */}
      <div>{children}</div>
    </div>
  )
}

const Parent = (): JSX.Element => {
  return (
    // Containerを使用する際に、他の要素を囲って使用する
    <Container title="Hello">
      <p>ここの部分が背景色で囲まれます</p>
    </Container>
  )
}

export default Parent
```

上のようにコード中に型注釈を加えても問題なくビルドが通り、ページが表示されます。ここで試しに以下のようにParent中でContainerに与えるtitleを削除します。

リスト 3.10 src/components/ContainerSample.tsx

```
...

const Parent = () => {
  return (
    {/* Containerからtitleを省く */}
    <Container>
      <p>ここの部分は背景色で囲まれています</p>
    </Container>
  )
}
```

すると、ビルド時に型チェックが失敗するため以下のようなエラーが表示されます。また、開発

*15 React要素やコンポーネントなどを指す広範な型。 https://github.com/DefinitelyTyped/DefinitelyTyped/blob/d1c6213f3a87daa9233abd1ad75508446cf80e20/types/react/index.d.ts#L230

サーバーを起動しているターミナル上やエディター上でも同種のエラーが確認できます。

図3.5 ブラウザ上での型エラー確認

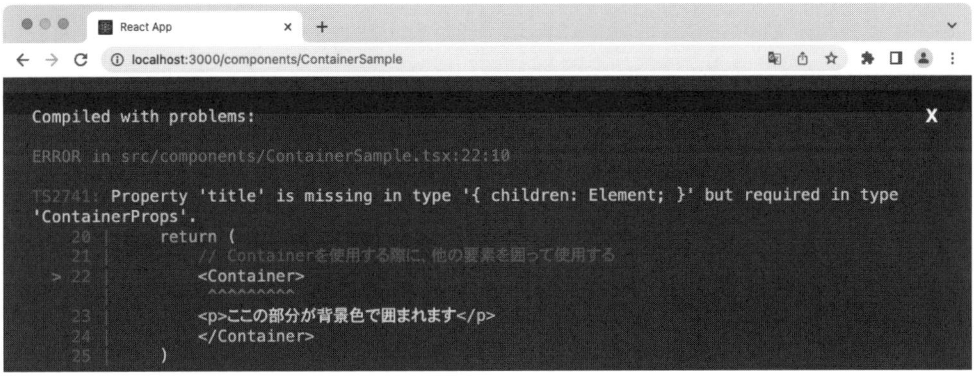

```
React App
localhost:3000/components/ContainerSample

Compiled with problems:

ERROR in src/components/ContainerSample.tsx:22:10

TS2741: Property 'title' is missing in type '{ children: Element; }' but required in type
'ContainerProps'.
  20 |     return (
  21 |         // Containerを使用する際に、他の要素を囲って使用する
> 22 |         <Container>
     |          ^^^^^^^^^
  23 |         <p>ここの部分が背景色で囲まれます</p>
  24 |         </Container>
  25 |     )
```

図3.6 VSCode上での型エラー確認

型注釈を使用することで、コンポーネントに必要なpropsが渡されているかを静的に検査できます。

Column

FCとVFC

Reactを触ったことがある方なら、以下のようにpropsに型注釈をせず、コンポーネントにFCやVFCを指定する表記を見たことがあるかもしれません。

リスト3.11 src/components/ContainerSample.tsx

```
import React from 'react'

// React17以前ではFCを指定した場合、
// childrenがpropsに暗黙的に含まれています
type ContainerProps = {
  title: string
}

const Container: React.FC<ContainerProps> = (props) => {
  const { title, children } = props

  return (
    <div style={{ background: 'red' }}>
      <span>{title}</span>
      <div>{children}</div>
    </div>
  )
}

// React17以前ではchildrenを使用しない場合、VFCを指定します
const Parent: React.VFC = () => {
  return (
    <Container>
      <p>ここの部分は背景色で囲まれています</p>
    </Container>
  )
}
```

定義したコンポーネントを代入する変数にFCやVFCなどの型を指定します。FCとVFCの違いは、FCはchildrenがpropsの中で暗黙的に定義され、VFCでは定義されません。そのため、childrenを取るコンポーネントをFC、取らないコンポーネントにはVFCの型を付けていました。しかし、React 18からはVFCが非推奨となり、FCからはchildrenが削除されました。そのため、どのコンポーネントもFCの型を指定し、childrenを使用する際にはpropsの型の中で指定する必要があります。

リスト3.12 src/components/ContainerSample.tsx

```
import React from 'react'

// React18からのコンポーネントへの型指定方法
// VFCが非推奨になり、FCでの暗黙的なchildrenの定義が無くなりました
type ContainerProps = {
  title: string
  children: React.ReactNode
}

const Container: React.FC<ContainerProps> = (props) => {
  const { title, children } = props

  return (
    <div style={{ background: 'red' }}>
      <span>{title}</span>
      <div>{children}</div>
    </div>
  )
}

...
```

しかし、FCも以下のような点で使われない傾向にあります。

- FCで暗黙的に定義されるdisplayNameやdefaultPropsは近年使用されない、または非推奨
- propsの型定義にジェネリックを使用した場合、FCに適切な型を指定できない

現在は、本書で示したように、propsに型を明示するのが一般的です。

```
const Container = (props: ContainerProps) => { //...
```

3.4 Context（コンテキスト）

propsでは親から子のコンポーネントへ任意のデータを渡せます。もう一つのデータの渡し方としてContextがあります。

Contextを使用することで、データを親から直接渡さなくてもコンポーネントが必要なデータを参照できます。

たとえばログインしているユーザーの情報はアプリ内のさまざまなコンポーネントで参照する可能性があるため、propsよりContextの方が適しています。

propsを使う場合は、必要なコンポーネントにたどり着くまでpropsを使って伝搬させる必要があります。まったく同じデータをそのままpropsで渡していく方法をpropsバケツリレーと呼んだりします。

`Context`では`Provider`と`Consumer`という2つのコンポーネントを使用します。`Provider`に

データを渡し、Consumerがデータを受け取ります。

まず、createContext()という関数を呼び出してContextを作成します。第1引数に指定した値はContextが渡すデータのデフォルト値です。データを渡す時は、Context.Providerというコンポーネントのpropsのvalueにデータを渡します。データを参照するには、Context.Consumerというコンポーネントを追加し、その子要素として関数を指定すると、その引数からデータを参照できます。

以下のコード例では、Pageコンポーネントから孫コンポーネントのTitleコンポーネントへContextを使って文字列を渡しています。このように1段ずつpropsの受け渡しをしなくても、データを子孫要素へ渡すことができます。

リスト3.13 src/components/ContextSample.tsx

```
import React from 'react'

// Titleを渡すためのContextを作成します
const TitleContext = React.createContext('')

// Titleコンポーネントの中でContextの値を参照します
const Title = () => {
  // Consumerを使って、Contextの値を参照します
  return (
    <TitleContext.Consumer>
      {/* Consumer直下に関数を置いて、Contextの値を参照します */}
      {(title) => {
        return <h1>{title}</h1>
      }}
    </TitleContext.Consumer>
  )
}

const Header = () => {
  return (
    <div>
      {/* HeaderからTitleへは何もデータを渡しません */}
      <Title />
    </div>
  )
}

// Pageコンポーネントの中でContextに値を渡します
const Page = () => {
  const title = 'React Book'

  // Providerを使いContextに値をセットします。
  // Provider以下のコンポーネントから値を参照できます
  return (
    <TitleContext.Provider value={title}>
      <Header />
    </TitleContext.Provider>
  )
}

export default Page
```

Providerは入れ子にでき、その場合はConsumerから見て一番近いProviderのデータを取得します。また、useContextフック（3.5.4）では、Consumerを使わずにContextのデータを参照できます。

3.5 React Hooks（フック）

React Hooks*16は、フック（Hook）によって関数コンポーネント中で状態やライフサイクルを扱うための機能です*17。

フックは扱う対象や機能によって複数の種類があります。Reactが公式で提供しているフックは10種類あり、またフックを組み合わせてカスタムフック（独自フック）を実装できます。

フックの導入によりクラスコンポーネントと同等な機能を持つ関数コンポーネントを記述できるようになりました。コンポーネント内の状態とロジックをフックに切り出せます。これによって、コンポーネントのコードをきれいに保つことができ、コードの再利用性を高めることができます。

ここでは、まずReactの公式のフックを、最後にカスタムフックの実装について紹介します*18。

3.5.1 useStateとuseReducer―状態のフック

useStateとuseReducerは状態を扱うためのフックです。これらのフックを使用することでコンポーネントは内部状態を持ち、その状態の変化に応じて表示を変更できます。

useState

useStateは名前の通り状態を扱うためのフックです。

useState()で1つの新しい状態を作成します。第1引数に渡した値が初期状態になります。useState()の戻り値は配列で、配列の1番目に現在の状態を保持する変数、2番目に更新関数が入っています。

```
const [状態, 更新関数] = useState(初期状態)
```

更新関数を呼び出すと状態が変化し、フックがあるコンポーネントは再描画されます。更新関数を呼ぶには、引数に値を渡す方法と関数を渡す方法の2種類があります。値を渡した場合はその値が次の状態となり、関数を渡した場合は関数の戻り値が次の状態になります。また、その関数の引数には現在の状態が入っています。

以下のコードはカウンターのコンポーネント例です。ボタンをクリックすると、カウントが変化します。

*16 https://ja.reactjs.org/docs/hooks-intro.html

*17 React 16.8で導入されました。

*18 フックについてはAPIリファレンスも参照してください。 https://ja.reactjs.org/docs/hooks-reference.html

```
import { useState } from 'react'

type CounterProps = {
  initialValue: number
}

const Counter = (props: CounterProps) => {
  const { initialValue } = props
  // カウントを保持する1つの状態をuseState()で宣言します。引数には初期値を指定します。
  // countが現在の状態、setCountが状態を更新する関数です。
  const [count, setCount] = useState(initialValue)

  return (
    <div>
      <p>Count: {count}</p>
      {/* setCountを呼ぶことで状態を更新します */}
      <button onClick={() => setCount(count - 1)}>-</button>
      <button onClick={() => setCount((prevCount) => prevCount + 1)}>+</button>
    </div>
  )
}

export default Counter
```

useState()の使い方を見てみましょう。propsのinitialValueを渡すことで、その値を初期状態とします。戻り値の配列の1番目のcountが状態、2番目のsetCountが更新関数です。

p要素の中にcountを埋め込むことで、現在のカウントを表示します。そのため、最初の描画は、初期値のinitialValueの値が表示されます。ボタンをクリックしてコールバック関数が呼ばれると、setCountが呼ばれてcountが更新されます。countが更新されると再描画が発生し、表示も変化します。

1つ目のボタンでは、setCountに値を渡しているため、引数として渡した値がそのまま次の状態となります。2つ目では、値の代わりに関数を渡しています。関数の引数のprevCountには現在のカウントが入っています。関数の実行結果は現在の状態に1を足したものなので、結果としてカウントを1増加させたのが次の状態となります。

■――――useReducer

useReducerは状態を扱うための、もう一つのフックです。useReducerを使うことで複雑な状態遷移をシンプルに記述できます。また、配列やオブジェクトなどの複数のデータをまとめたものを状態として扱う場合に用いられることが多いです。useStateよりも複雑な用途に向いています。

useStateでは更新関数に次の状態を直接渡していましたが、useReducerでは更新関数（dispatch）にactionと呼ばれるデータを渡します。

現在の状態とactionを渡すと次の状態を返すreducerという関数を用います[*19]。

*19　ここで示すuseReducerの利用例は使わない一部の引数を省略しています。詳しくはReactのドキュメントを参照してください。

useReducer()の戻り値の配列の1番目は現在の状態で、2番目がdispatch関数です。dispatch関数にactionを渡すことで状態を更新できます。

reducerが現在の状態とactionを元に次の状態を決定します。

```
reducer(現在の状態, action){
  return 次の状態
}

const [現在の状態, dispatch] = useReducer(reducer, reducerに渡される初期状態)
```

以下のコードは、先ほどの例をuseReducerで書き直し、機能を追加したものです。カウントを2倍する機能とカウントをリセットする機能を追加しています。

useStateと同様にuseReducer()でフックの宣言をしています。useReducerの第1引数にはreducer関数を渡し、第2引数に初期値を渡します。

```
import { useReducer } from 'react'

// reducerが受け取るactionの型を定義します
type Action = 'DECREMENT' | 'INCREMENT' | 'DOUBLE' | 'RESET'

// 現在の状態とactionにもとづいて次の状態を返します
const reducer = (currentCount: number, action: Action) => {
  switch (action) {
    case 'INCREMENT':
      return currentCount + 1
    case 'DECREMENT':
      return currentCount - 1
    case 'DOUBLE':
      return currentCount * 2
    case 'RESET':
      return 0
    default:
      return currentCount
  }
}

type CounterProps = {
  initialValue: number
}

const Counter = (props: CounterProps) => {
  const { initialValue } = props
  const [count, dispatch] = useReducer(reducer, initialValue)

  return (
    <div>
      <p>Count: {count}</p>
      {/* dispatch関数にactionを渡して、状態を更新します */}
      <button onClick={() => dispatch('DECREMENT')}>-</button>
      <button onClick={() => dispatch('INCREMENT')}>+</button>
      <button onClick={() => dispatch('DOUBLE')}>×2</button>
      <button onClick={() => dispatch('RESET')}>Reset</button>
    </div>
```

```
  )
}

export default Counter
```

ボタンが押されたら**dispatch**関数を使い**action**を発出します。**setState()**の時と比べ、状態の更新を呼び出す方は、具体的な状態に依存していないためコードをシンプルに保つことができます。状態を更新するロジックをコンポーネント外の関数に切り出しているため、テストが容易になります。

3.5.2 useCallbackとuseMemo—メモ化のフック

useCallbackと**useMemo**はメモ化[*20]用のフックです。値や関数を保持し、必要のない子要素のレンダリングや計算を抑制するために使用します。

これらのフックについて説明する前に、まずReactの再描画のタイミングとメモ化コンポーネントについて説明します。Reactのコンポーネントは次のようなタイミングで再描画が発生します。

- propsや内部状態が更新された時
- コンポーネント内で参照しているContextの値が更新された時
- 親コンポーネントが再描画された時

親コンポーネントが再描画されると無条件に子のコンポーネントが描画されます。このため、上位のコンポーネントで再描画が発生すると、それ以下のすべてのコンポーネントで再描画が発生します。この再描画の伝搬を止めるのに、メモ化コンポーネントを使用します。メモ化コンポーネントは親コンポーネントで再描画が発生したとしても、propsやcontextの値が変化しない場合は親コンポーネントによる再描画が発生しません。

メモ化コンポーネントは関数コンポーネントを**memo**関数でラップすると作成できます。以下はメモ化コンポーネントを使った例です。親コンポーネントでカウンターを実装しており、子コンポーネントの**Fizz**と**Buzz**にそれぞれフラグを渡しています。**Fizz**は通常の関数コンポーネントですが、**Buzz**は**memo**関数でラップしたメモ化コンポーネントです。

リスト 3.14 src/components/Parent.tsx

```
import React, { memo, useState } from 'react'

type FizzProps = {
  isFizz: boolean
}

// Fizzは通常の関数コンポーネント
// isFizzがtrueの場合はFizzと表示し、それ以外は何も表示しない
```

*20 ある関数の計算結果を保持し、同一の呼び出しがあった場合は保持しておいた結果を返すといった計算結果を再利用する最適化手法。

```
// isFizzの変化に関わらず、親が再描画されるとFizzも再描画される
const Fizz = (props: FizzProps) => {
  const { isFizz } = props
  console.log(`Fizzが再描画されました, isFizz=${isFizz}`)
  return <span>{isFizz ? 'Fizz' : ''}</span>
}

type BuzzProps = {
  isBuzz: boolean
}

// Buzzはメモ化した関数コンポーネント
// isBuzzがtrueの場合はBuzzと表示し、それ以外は何も表示しない
// 親コンポーネントが再描画されても、isBuzzが変化しない限りはBuzzは再描画しない
const Buzz = memo<BuzzProps>((props) => {
  const { isBuzz } = props
  console.log(`Buzzが再描画されました, izBuzz=${isBuzz}`)
  return (
    <span>
    {isBuzz ? 'Buzz' : ''}
    </span>
  )
})

// この形式でexportしたときはimport { Parent } from ... で読み込む
export const Parent = () => {
  const [count, setCount] = useState(1)
  const isFizz = count % 3=== 0
  const isBuzz = count % 5=== 0

  console.log(`Parentが再描画されました, count=${count}`)
  return (
    <div>
      <button onClick={() => setCount((c) => c+1)}>+1</button>
      <p>{`現在のカウント: ${count}`}</p>
      <p>
        <Fizz isFizz={isFizz} />
        <Buzz isBuzz={isBuzz} />
      </p>
    </div>
  )
}
```

図3.7 メモ化コンポーネントの例

このコンポーネントを表示させてみると、カウントが増加する度にParentとFizzが再描画されていることが確認できます。Fizzの表示内容はisFizzが変わる前後で変化しますが、isFizzが前回と変わらない場合でもFizzが再描画しています。一方、BuzzはisBuzzが変化するタイミングだけ再描画をしていることがわかります。このようにメモ化コンポーネントを使用することで、コンポーネントの再描画を抑制できます。もし同じ内容のログが連続して表示される場合は、src/index.tsxからReact.StrictModeを外してみてください。

しかし、メモ化コンポーネントに関数やオブジェクトを渡すと、また親の再描画によってコンポーネントの再描画が発生します。以下のコードではBuzzのpropsに新しくonClickというコールバック関数を追加しています。

```
// 先のコード例のtype BuzzProps以降を編集
type BuzzProps = {
  isBuzz: boolean
  // propsにonClickを追加
  onClick: () => void
}
```

```
const Buzz = memo<BuzzProps>((props) => {
  const { isBuzz, onClick } = props
  console.log(`Buzzが再描画されました, izBuzz=${isBuzz}`)
  return (
    <span onClick={onClick}>
      {isBuzz ? 'Buzz' : ''}
    </span>
  )
})

export const Parent = () => {
  const [count, setCount] = useState(1)
  const isFizz = count % 3=== 0
  const isBuzz = count % 5=== 0

  // この関数はParentの再描画の度に作成される
  const onBuzzClick = () => {
    console.log(`Buzzがクリックされました isBuzz=${isBuzz}`)
  }
  console.log(`Parentが再描画されました, count=${count}`)

  return (
    <div>
      <button onClick={() => setCount((c) => c + 1)}>+1</button>
      <p>{`現在のカウント: ${count}`}</p>
      <p>
        <Fizz isFizz={isFizz} />
        <Buzz isBuzz={isBuzz} onClick={onBuzzClick} />
      </p>
    </div>
  )
}
```

図3.8　メモ化コンポーネントに関数を渡す場合

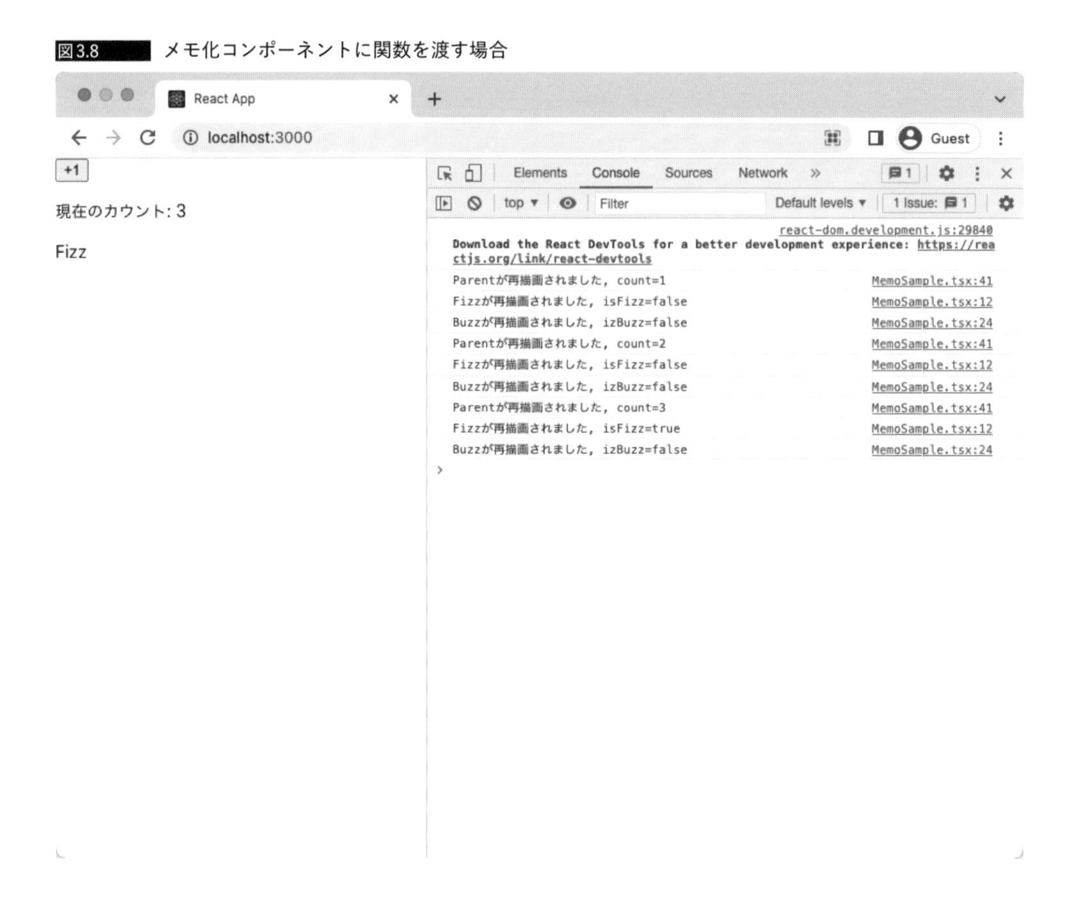

これは、再描画の度にParentで新しくつくられた関数がBuzzに渡されるので、再描画が発生してしまいます。再描画を抑制するには、同じ関数を渡す必要があります。また、オブジェクトや配列などもコンポーネント内で作成すると、描画の度に新しいものがつくられるため、再描画が発生する原因となってしまいます。

useCallbackやuseMemoは、関数や値をメモ化します。これらのフックを使うことで、メモ化コンポーネントに関数やオブジェクトを渡しても再描画を抑制できます。

useCallback

useCallbackは関数をメモ化するためのフックです。以下のコードはカウンターを使ったサンプルで、子コンポーネントでボタンを定義しています。ボタンには親からコールバック関数が与えられており、ボタンを押すとそれぞれの関数に応じてカウントを更新します。double関数では、関数の実装をuseCallbackでラップしています。また、IncrementButtonとDoubleButtonのコンポーネントはメモ化コンポーネントです。

それぞれのボタンをクリックすると、カウントが変化します。DecrementButtonとIncrem

entButtonはカウントが変化する度に再描画が発生しています。DecrementButtonは、memo関数でラップしていない普通の関数コンポーネントなので、Parentの再描画が行われる度にDecrementButtonの再描画も行われます。IncrementButtonはmemoでラップされたコンポーネントですが、propsのonClickはParentが描画する度に新しくなります。そのため、Parentが再描画されると同様に再描画が行われます。

DoubleButtonに渡すonClickは、コールバック関数をuseCallbackでラップしています。useCallbackの第1引数は関数で、第2引数は依存配列です。関数の再描画が行われる時に、useCallback()は依存配列の中の値を比較します。依存配列の中の値がそれぞれ前の描画時と同じ場合は、useCallback()はメモ化している関数を返します。もし、依存配列の中の値で異なるものがあれば、現在の第1引数の関数をメモに保存します。そのため、依存配列の中の値に異なるものがある時は、新しい関数を返します。今回は依存配列が空であるため、初期描画時に生成された関数を常に返します。そのため、DoubleButtonに渡される関数も毎回同じになるため、親の再描画によるDoubleButtonの再描画は発生しません。

```
import React, { useState, useCallback } from 'react'

type ButtonProps = {
  onClick: () => void
}

// DecrementButtonは通常の関数コンポーネントでボタンを表示する
const DecrementButton = (props: ButtonProps) => {
  const { onClick } = props

  console.log('DecrementButtonが再描画されました')

  return <button onClick={onClick}>Decrement</button>
}

// IncrementButtonはメモ化した関数コンポーネントでボタンを表示する
const IncrementButton = React.memo((props: ButtonProps) => {
  const { onClick } = props

  console.log('IncrementButtonが再描画されました')

  return <button onClick={onClick}>Increment</button>
})

// DoubleButtonはメモ化した関数コンポーネントでボタンを表示する
const DoubleButton = React.memo((props: ButtonProps) => {
  const { onClick } = props

  console.log('DoubleButtonが再描画されました')

  return <button onClick={onClick}>Double</button>
})

export const Parent = () => {
  const [count, setCount] = useState(0)
```

```
  const decrement = () => {
    setCount((c) => c - 1)
  }
  const increment = () => {
    setCount((c) => c + 1)
  }
  // useCallbackを使って関数をメモ化する
  const double = useCallback(() => {
    setCount((c) => c * 2)
    // 第2引数は空配列なので、useCallbackは常に同じ関数を返す
  }, [])

  return (
    <div>
      <p>Count: {count}</p>
      {/* コンポーネントに関数を渡す */}
      <DecrementButton onClick={decrement} />
      {/* メモ化コンポーネントに関数を渡す */}
      <IncrementButton onClick={increment} />
      {/* メモ化コンポーネントにメモ化した関数を渡す */}
      <DoubleButton onClick={double} />
    </div>
  )
}
```

■———useMemo

useMemoでは値のメモ化をします。第1引数は値を生成する関数を、第2引数には依存配列を渡します。

useCallbackと同様にuseMemoはコンポーネントの描画時に依存配列を比較します。依存配列の値が前の描画時と異なる場合は、関数を実行し、その結果を新しい値としてメモに保存します。もし、依存配列の値がすべて同じであれば関数は実行されず、メモしている値を返します。

リスト3.15はuseMemoを使ったサンプルです。テキストボックスに文字を入力してボタンを押すと、itemsに文字列が追加されて、今まで追加された文字列を1行ずつ表示します。また、表示されている文字数の総和も表示しています。

リスト3.15 src/components/UseMemoSample.tsx

```
import React, { useState, useMemo } from 'react'

// `import { UseMemoSample } from ...`で利用
export const UseMemoSample = () => {
  // textは現在のテキストボックスの中身の値を保持する
  const [text, setText] = useState('')
  // itemsは文字列のリストを保持する
  const [items, setItems] = useState<string[]>([])

  const onChangeInput = (e: React.ChangeEvent<HTMLInputElement>) => {
    setText(e.target.value)
  }

  // ボタンをクリックした時に呼ばれる関数
  const onClickButton = () => {
    setItems((prevItems) => {
```

```
      // 現在の入力値をitemsに追加する、この時新しい配列を作成して保存する
      return [...prevItems, text]
    })
    // テキストボックスの中の値を空にする
    setText('')
  }

  // numberOfCharacters1は再描画の度にitems.reduceを実行して結果を得る
  const numberOfCharacters1 = items.reduce((sub, item) => sub + item.length, 0)
  // numberOfCharacters2はuseMemoを使い、itemsが更新されるタイミングでitems.reduceを実行し↩
て結果を得る
  const numberOfCharacters2 = useMemo(() => {
    return items.reduce((sub, item) => sub + item.length, 0)
     // 第2引数の配列の中にitemsがあるので、itemsが新しくなった時だけ関数を実行してメモを更新し↩
ます
  }, [items])

  return (
    <div>
      <p>UseMemoSample</p>
      <div>
        <input value={text} onChange={onChangeInput} />
        <button onClick={onClickButton}>Add</button>
      </div>
      <div>
        {items.map((item, index) => (
          <p key={index}>{item}</p>
        ))}
      </div>
      <div>
        <p>Total Number of Characters 1: {numberOfCharacters1}</p>
        <p>Total Number of Characters 2: {numberOfCharacters2}</p>
      </div>
    </div>
  )
}
```

numberOfCharacters1はreduce関数を直接呼び、その結果を代入しています。一方、numberOfCharacters2はuseMemoを使い、引数の関数の中でreduceを呼び、結果を返しています。

numberOfCharacters1は、描画ごとにreduce関数が呼ばれて更新されます。そのため、テキストボックスに文字を入力した場合でもreduce関数が呼ばれます。しかし、numberOfCharacters1はテキストボックスに入力された値とは無関係に求められる値であるため、描画する度にreduceを呼ぶのは意味がありません。また、配列が大きくなるにつれ一回あたりの計算量が増えるため、パフォーマンス低下につながります。

実際はitemsが変更された時だけ計算すれば十分です。numberOfCharacters2はuseMemoを使っており、第2引数に与えたitemsが変更された時に、第1引数の関数を実行して値を得ます。そのため、itemsが新しくなる場合にのみ計算し値を更新します。

このように、useMemoはuseCallbackと同様に値をメモ化することで子要素の描画を抑制するためだけでなく、不必要な計算を削減するためにも使われます。

3.5.3 useEffectとuseLayoutEffect—副作用のフック

副作用のためのフックを紹介します。副作用はコンポーネントの描画とは直接関係のない処理のことです。例としては描画されたDOMを手動で変更、ログを出力、タイマーのセット、データの取得などがあります。

Reactにおいては、この副作用を適切に管理することが重要です。

useEffect

`useEffect`は副作用を実行するために使用するフックです。

これらの処理をそのまま関数コンポーネントの中で実行すると、処理の中で参照しているDOMが描画により置き換わってしまったり、状態を更新してまた再描画が発生したり、無限ループになる可能性があります。

`useEffect()`を使うと、propsや`state`が更新され、再描画が終わった後に処理が実行されます。依存配列を指定することで、特定のデータが変化した時だけ処理を行うように設定できます。

以下のコードは`useEffect`を使ったサンプルです。`Clock`コンポーネントは現在時刻を表示します。1秒ごとに時間が更新され、ドロップダウンメニューを選択することで時刻の表記を変更できます。時刻表記の設定はlocalstorageに保存されます。リロード後はlocalstorageに保存されたデータを読み出し、最後に選択した値を表示します。このサンプルでは2種類の用途で、3つの`useEffect`を使っています。

リスト3.16 src/components/Clock.tsx

```
import React, { useState, useEffect } from 'react'

// タイマーが呼び出される周期を1秒にする
const UPDATE_CYCLE = 1000

// localstorageで使用するキー
const KEY_LOCALE = 'KEY_LOCALE'

enum Locale {
  US = 'en-US',
  JP = 'ja-JP',
}

const getLocaleFromString = (text: string) => {
  switch (text) {
    case Locale.US:
      return Locale.US
    case Locale.JP:
      return Locale.JP
    default:
      return Locale.US
  }
}

export const Clock = () => {
  const [timestamp, setTimestamp] = useState(new Date())
```

```
  const [locale, setLocale] = useState(Locale.US)

  // タイマーのセットをするための副作用
  useEffect(() => {
    // タイマーのセット
    const timer = setInterval(() => {
      setTimestamp(new Date())
    }, UPDATE_CYCLE)

    // クリーンアップ関数を渡し、アンマウント時にタイマーの解除をする
    return () => {
      clearInterval(timer)
    }
    // 初期描画時のみ実行する
  }, [])

  // localstorageから値を読み込むための副作用
  useEffect(() => {
    const savedLocale = localStorage.getItem(KEY_LOCALE)
    if (savedLocale !== null) {
      setLocale(getLocaleFromString(savedLocale))
    }
  }, [])

  // localeが変化した時に、localstorageに値を保存するための副作用
  useEffect(() => {
    localStorage.setItem(KEY_LOCALE, locale)
    // 依存配列にlocaleを渡し、localeが変化する度に実行するようにする
  }, [locale])

  return (
    <div>
      <p>
        <span id="current-time-label">現在時刻</span>
        <span>:{timestamp.toLocaleString(locale)}</span>
        <select
          value={locale}
          onChange={(e) => setLocale(getLocaleFromString(e.target.value))}>
          <option value="en-US">en-US</option>
          <option value="ja-JP">ja-JP</option>
        </select>
      </p>
    </div>
  )
}
```

1つ目のuseEffectではタイマーの初期化処理を実行しています。タイマーの設定にはsetInterval関数を使っており、周期的に処理を実行します。そのため、初期化処理は初期描画時のみに行われるべき処理です。

この場合は、useEffectの第2引数に空の配列を渡します。useEffectの第2引数は依存配列で、useCallback/useMemoと同様に毎描画時に中身をチェックして、前回の描画時と異なる場合にのみ第1引数の関数が実行されます。空の配列を渡した場合は、初期描画が終わった直後にのみ実行され、その後の再描画では実行されません。

useEffectの第1引数の関数の中でsetIntervalを呼び出し、タイマーをセットします。setIntervalに渡すコールバック関数では、setTimestampを呼び出し、状態を更新します。これで、1秒ごとに再描画が行われ、現在時刻の表示を更新します。1つ目のuseEffectに渡される関数は戻り値として関数を返しています。

これは、クリーンアップ関数と呼ばれるもので、次のuseEffectが実行される直前またはアンマウント時に実行されます。1つ目のuseEffectの依存配列は空なので、コンポーネントがアンマウントされた時だけクリーンアップ関数が実行されます。ここでは、タイマーの設定を解除しています。アンマウント時にタイマーを解除しないと、親コンポーネントでClockコンポーネントの呼び出しがなくなり表示されなくなった後でも、タイマーが動作し続けます。これは、バグやメモリリークの原因となります。そのため、クリーンアップ関数でこのような処理を実行する必要があります。

2つ目と3つ目はlocalstorageの読込・保存に関する処理を実行しています。localstorageの関数は同期的に実行され、読み込む/書き込むデータが大きいほど時間がかかります。描画関数中に直接localstorageを使用すると、描画の遅延が発生してしまいます。そのため、useEffectの中でlocalstorageを使用します。

2つ目のuseEffectは、localstorageに保存していた値を状態に読み込む処理なので、1つ目と同様に初期描画直後の1回だけ実行します。

3つ目のuseEffectでは、localstorageへの保存処理を実行しています。描画ごとに保存する必要はなく、ドロップダウンメニューが選択してlocaleが更新された時だけ保存されるようにするため、依存配列にlocaleを渡します。

useLayoutEffect

useEffectと似たようなフックにuseLayoutEffectがあります。これは、useEffectと同じように副作用を実行するためのフックですが、実行されるタイミングが違います。

useEffectは描画関数が実行し、DOMが更新され、画面に描画された後で実行します。一方、useLayoutEffectはDOMが更新された後、画面に実際に描画される前に実行されます。

先ほどのサンプルコード（**リスト3.16**）の2つ目のuseEffectでは、localstorageに保存されている値を読み込んでlocaleに保存します。localeはuseStateで初期値が渡されています。そのため、初期描画ではデフォルト値のUS表記で表示され、その直後でlocalstorageに保存されていた表記に変化します。そのため、毎回リロードする度に一瞬だけUS表記で表示されてしまい、チラついているように見えます。サンプルコード中の2つ目のuseEffectをuseLayoutEffectに書き換えると、初期描画が反映される前にlocalstorageからデータが読み込まれるため、チラツキをなくすことができます。しかし、useLayoutEffectで実行する処理は同期的に実行されるため、重い処理を実行すると画面への描画が遅れるので注意する必要があります。

```
useLayoutEffect(() => {
  const savedLocale = localStorage.getItem(KEY_LOCALE)
  if (savedLocale !== null) {
```

```
    setLocale(getLocaleFromString(savedLocale))
  }
}, [])
```

useEffect、useLayoutEffectを使うことで副作用に関する処理を、描画をブロックせず適切なタイミングで呼び出せます。

Column

React18におけるuseEffect・useLayoutEffectの挙動

useEffect, useLayoutEffectの第2引数に空配列を渡すと初期描画のタイミングでのみ実行されると説明しました。しかし、React 18からは一部挙動が異なる部分があります。React 18で<React.StrictMode>以下のコンポーネント内で宣言されたuseEffect, useLayoutEffectは安全でない副作用を見つけるために、コンポーネントは2回描画されます。そのため、空配列を渡した場合において、マウント時にuseEffectやuseLayoutEffectが2回呼ばれます。また、クリーンアップ関数も1回呼ばれることになります。1回のみの実行を保証したい場合は、useRefなどを使って前に実行されたかどうかを保持することで対処できます。

なお、本番環境や<React.StrictMode>で囲まれていないコンポーネントに関しては、この挙動は発生しません。

```
const mounted = React.useRef(false)
useEffect(() => {
  if(mounted.current) {
    // すでに実行済みの場合は何もしない
    return
  }
  mounted.current = true

  // 1回だけ実行したい副作用の実行
  const data = fetch(...)
}, [])
```

3.5.4 useContext—Contextのためのフック

useContextはContextから値を参照するためのフックです。useContextの引数にContextを渡すことで、そのContextの値を取得できます。

```
import React, { useContext } from 'react'

type User = {
  id: number
  name: string
}

// ユーザーデータを保持するContextを作成する
const UserContext = React.createContext<User | null>(null)
```

```
const GrandChild = () => {
  // useContextにContextを渡すことで、Contextから値を取得する
  const user = useContext(UserContext)

  return user !== null ? <p>Hello, {user.name}</p> : null
}

const Child = () => {
  const now = new Date()

  return (
    <div>
      <p>Current: {now.toLocaleString()}</p>
      <GrandChild />
    </div>
  )
}

const Parent = () => {
  const user: User = {
    id: 1,
    name: 'Alice',
  }
  return (
    // Contextに値を渡す
    <UserContext.Provider value={user}>
      <Child />
    </UserContext.Provider>
  )
}
```

3.5.5 useRefとuseImperativeHandle—refのフック

useRefは書き換え可能なrefオブジェクトを作成します。refには大きく分けて次の2つの使い方があります。

- データの保持
- DOMの参照

1つ目がデータの保持です。関数コンポーネント中でデータを保持するためにはuseStateやuseReducerがありますが、これらは状態を更新する度に再描画が発生します。refオブジェクトに保存された値は更新しても再描画が発生しません。そのため、描画に関係ないデータを保持するのに使われます。データはref.currentから読み出したり書き換えたりします。2つ目の使い方はDOMの参照です。refをコンポーネントに渡すと、この要素がマウントされた時、ref.currentにDOMの参照がセットされ、DOMの関数などを呼び出すことができます。

以下は画像アップローダーのサンプルコードです。「画像をアップロード」と書かれたテキストをクリックするとファイル選択ダイアログが表示されます。画像を選択した後に「アップロードする」と書かれたボタンをクリックすると、一定時間の後に画像がアップロードされたメッセージが

表示されます。

ここでは、2つのrefを使用しています。1つ目はinput要素の参照を保持するためのinputImageRefで、input要素のrefにinputImageRefを渡しています。このinput要素はスタイル定義で見えないようになっています。p要素がクリックされたら、inputImageRef.current.click()を呼び出すことで、inputをクリックするイベントをDOMへ発行して、ダイアログを開くことができます。

2つ目のrefのfileRefは選択されたファイルオブジェクトを保持します。ファイルが選択されるとinput要素のonChangeイベントが呼ばれるため、このコールバック関数の中でfileRef.currentにアップロードされたファイルを代入します。ファイルを選択した後にボタンをクリックすると、一定時間した後にファイル名とファイルがアップロードされた旨がテキストとして表示されます。実際にこのコンポーネントを実行させると、初期描画の後で次に描画されるのはメッセージが表示されるタイミングです。画像が選択された時やボタンがクリックされた時には再描画が発生しません。これは、状態ではなくrefを使って値を読み書きしているためです。

```
import React, { useState, useRef } from 'react'

const sleep = (ms: number) => new Promise((resolve) => setTimeout(resolve, ms))

const UPLOAD_DELAY = 5000

const ImageUploader = () => {
  // 隠されたinput要素にアクセスするためのref
  const inputImageRef = useRef<HTMLInputElement | null>(null)
  // 選択されたファイルデータを保持するref
  const fileRef = useRef<File | null>(null)
  const [message, setMessage] = useState<string | null>('')

  // 「画像をアップロード」というテキストがクリックされた時のコールバック
  const onClickText = () => {
    if (inputImageRef.current !== null) {
      // inputのDOMにアクセスして、クリックイベントを発火する
      inputImageRef.current.click()
    }
  }
  // ファイルが選択された後に呼ばれるコールバック
  const onChangeImage = (e: React.ChangeEvent<HTMLInputElement>) => {
    const files = e.target.files
    if (files !== null && files.length > 0) {
      // fileRef.currentに値を保存する。
      // fileRef.currentが変化しても再描画は発生しない
      fileRef.current = files[0]
    }
  }
  // アップロードボタンがクリックされた時に呼ばれるコールバック
  const onClickUpload = async () => {
    if (fileRef.current !== null) {
      // 通常はここでAPIを呼んで、ファイルをサーバーにアップロードする
      // ここでは擬似的に一定時間待つ
      await sleep(UPLOAD_DELAY)
      // アップロードが成功した旨を表示するために、メッセージを書き換える
```

```
      setMessage(`${fileRef.current.name} has been successfully uploaded`)
    }
  }

  return (
    <div>
      <p style={{ textDecoration: 'underline' }} onClick={onClickText}>
        画像をアップロード
      </p>
      <input
        ref={inputImageRef}
        type="file"
        accept="image/*"
        onChange={onChangeImage}
        style={{ visibility: 'hidden' }}
      />
      <br />
      <button onClick={onClickUpload}>アップロードする</button>
      {message !== null && <p>{message}</p>}
    </div>
  )
}
```

useRefに関連するフックとしてuseImperativeHandleがあります。これはコンポーネントにrefが渡された時に、親のrefに代入される値を設定するのに使います。useImperativeHandleを使うことで、子コンポーネントが持つデータを参照したり、子コンポーネントで定義されている関数を親から呼んだりできます。

以下はメッセージを表示するサンプルコードです。Parentコンポーネント中のボタンをクリックすると、Childコンポーネントのmessageが更新されてメッセージが表示されます。ChildはforwardRef関数でラップされています。これは、子コンポーネントで親から渡されたrefを参照するために使います。そして、子コンポーネントでuseImperativeHandleを呼び出しています。第1引数には親から渡されたrefを渡し、第2引数ではオブジェクトが返す関数を定義します。この関数の戻り値が親のrefにセットされます。また、第3引数に依存配列を渡すことができ、useMemoと同様に特定のデータが変化した時だけオブジェクトを更新するといったことができます。ChildのuseImperativeHandleではshowMessage関数を定義しており、この関数が呼ばれるとChildのmessageが更新され、Child内でメッセージが表示されます。Parentでは、refオブジェクトをつくりChildの属性として渡しています。そして、ボタンがクリックされたらref経由でshowMessage関数を呼び出しています。

```
import React, { useState, useRef, useImperativeHandle } from 'react'

const Child = React.forwardRef((props, ref) => {
  const [message, setMessage] = useState<string | null>(null)

  // useImperativeHandleで親のrefから参照できる値を指定
  useImperativeHandle(ref, () => ({
    showMessage: () => {
      const date = new Date()
```

```
      const message = `Hello, it's ${date.toLocaleString()} now`
      setMessage(message)
    },
  }))

  return <div>{message !== null ? <p>{message}</p> : null}</div>
})

const Parent = () => {
  const childRef = useRef<{ showMessage: () => void }>(null)
  const onClick = () => {
    if (childRef.current !== null) {
      // 子のuseImperativeHandleで指定した値を参照
      childRef.current.showMessage()
    }
  }

  return (
    <div>
      <button onClick={onClick}>Show Message</button>
      <Child ref={childRef} />
    </div>
  )
}
```

useImperativeHandleを使うことで、コンポーネントの関数を親から好きなタイミングで明示的に呼び出せます。しかし、親コンポーネントが子コンポーネントに依存しているため、あまり頻繁に使われません。多くの場合はpropsで代用ができ、この場合はmessageをChildが保持するのではなく、Parentが持つことで解消できます。

3.5.6 カスタムフックとuseDebugValue

これまで、Reactの公式が提供しているフックを紹介しました。フックを使ったサンプルコードでは、フックをコンポーネントのトップレベルで呼んでいました。ループ、条件分岐、コールバック関数の中ではフックを呼び出すことができません。このような場所でフックを呼び出すようなコードを書くと、ビルドエラーまたは実行時エラーが発生します。これは、描画ごとに呼び出されるフックの数と順番を同じにするためで、フックを使うためのルールです。

フックを使用する関数を新たに定義して、それを関数コンポーネントのトップレベルで呼び出すことができます。このような関数を実装することで、複数のフックを組み合わせたカスタムフックを実装できます。フックをもう少し柔軟に使いたいときは、このカスタムフックが助けになります。

以下はテキストボックスに文字を入力して、入力された文字が表示されるコンポーネントのサンプルです。関数コンポーネント外でuseInputというカスタムフックを定義しています。カスタムフックの名前は、慣習的に基本的なフックと同様にuseから始まる名前にします。

```
import React, { useState, useCallback, useDebugValue } from 'react'

// input向けにコールバックと現在の入力内容をまとめたフック
const useInput = () => {
  // 現在の入力値を保持するフック
  const [state, setState] = useState('')
  // inputが変化したら、フック内の状態を更新する
  const onChange = useCallback((e: React.ChangeEvent<HTMLInputElement>) => {
    setState(e.target.value)
  }, [])

  // デバッグ用に値を出力する
  // 値は開発者ツールのComponentsタブに表示される
  useDebugValue(`Input: ${state}`)

  // 現在の入力内容とコールバック関数だけ返す
  return [state, onChange] as const
}

export const Input = () => {
  const [text, onChangeText] = useInput()
  return (
    <div>
      <input type="text" value={text} onChange={onChangeText} />
      <p>Input: {text}</p>
    </div>
  )
}
```

useInputでは、input要素のonChangeが呼ばれたら内部の状態を更新するためuseStateとuseCallbackを組み合わせています。そして、必要なデータや関数だけreturnで返しています。Inputコンポーネントではカスタムフックを呼び出して、状態と関数を取得し、input要素に渡しています。実際にこのコードを動かすと、入力されたテキストと同じ内容がテキストボックスの下に表示されます。カスタムフックを定義することで、関数コンポーネント内でのフックの定義がまとまりコードがきれいになるのみならず、複数のコンポーネントで使われるようなロジックを共有化できます。

サンプルコード中のuseInputでuseDebugValueを呼び出しています。React公式が提供しているフックの最後の1つで、その名の通りデバッグ用途に使われるフックです。このフックはReact Developer Toolsという、ブラウザの拡張機能を使ったReactアプリ開発の支援ツールと組み合わせて使います。フックが実行される度に引数のデータがReact Developer Toolsへと渡され、そのデータはReact Developer ToolsのComponentsタブで確認できます。

図3.9 useDebugValueのサンプル

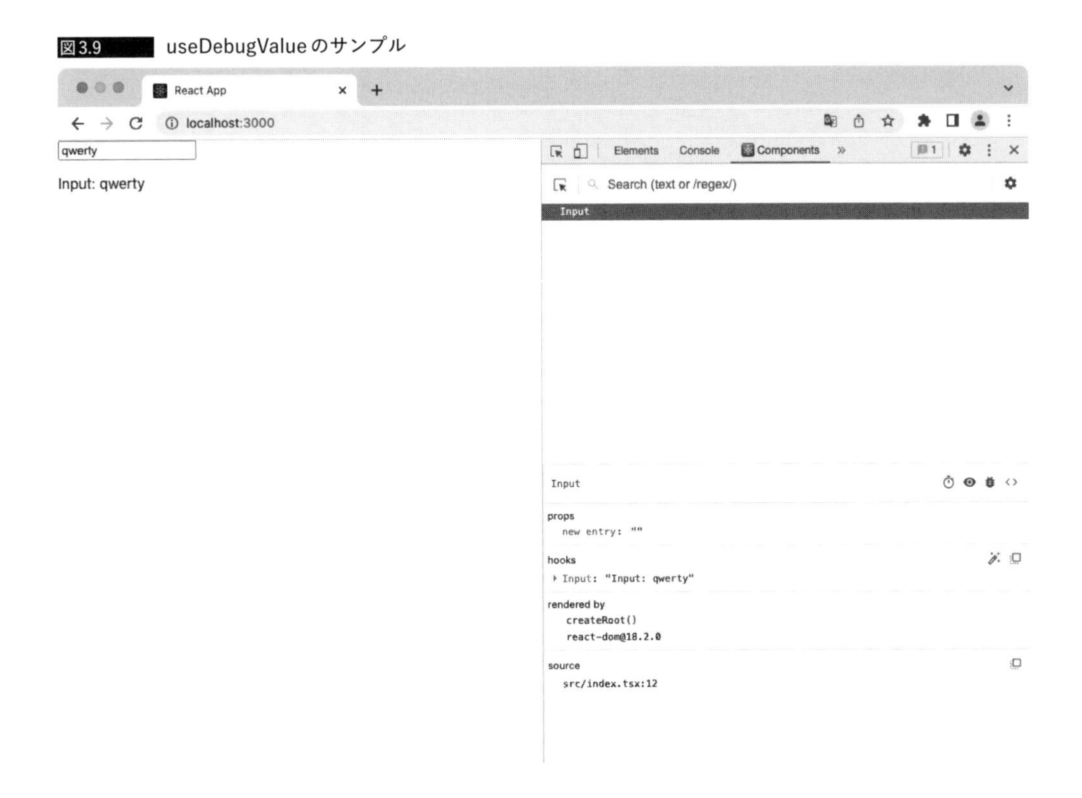

3.6 Next.js入門

本書のメイントピックであるNext.jsの使い方や機能の説明をしていきます。Next.jsを使用することで、Reactをベースに、より優れたUXのWebアプリケーションを開発できます。たとえば、Reactのページ遷移の快適さなどを維持しつつ、ページ単位でSSR（サーバーサイドレンダリング）、静的サイト生成（SSG）を容易に利用できます。

3.6ではNext.jsの使い方、代表的な機能について説明していきます。

3.6.1 プロジェクトのセットアップ

Next.jsをローカルで動かすためにさっそく環境構築をしてみましょう。Reactの場合はCreate React Appというツールを使いましたが、Next.jsでは同様にCreate Next AppというCLIツールがあります。**create-next-app <プロジェクト名>**で新しいNext.jsのプロジェクトが作成されます。**--ts**オプションを付けると、TypeScript向けのプロジェクトが作成されます[*21]。

*21　npxの実行について許可を求められた場合は、yを入力して許可してください。

```
# next-sampleという名前で新規のNext.jsプロジェクト作成
$ npx create-next-app@latest --ts next-sample
```

プロジェクトの中に移動しアプリを動かしてみます。devスクリプト（`npm run dev`）で開発サーバーが立ち上がります*22。

```
$ cd next-sample
# 開発サーバーを起動
$ npm run dev

> next-sample@0.1.0 dev
> next dev

ready - started server on 0.0.0.0:3000, url: http://localhost:3000
wait - compiling...
event - compiled client and server successfully in 1792ms (125 modules)
```

ログの表示によると`http://localhost:3000`でサーバーが立ち上がっているので、ブラウザからこのURLを入力して以下の画像のようなページが表示されたら成功です。

図3.10 Nextプロジェクトのセットアップ

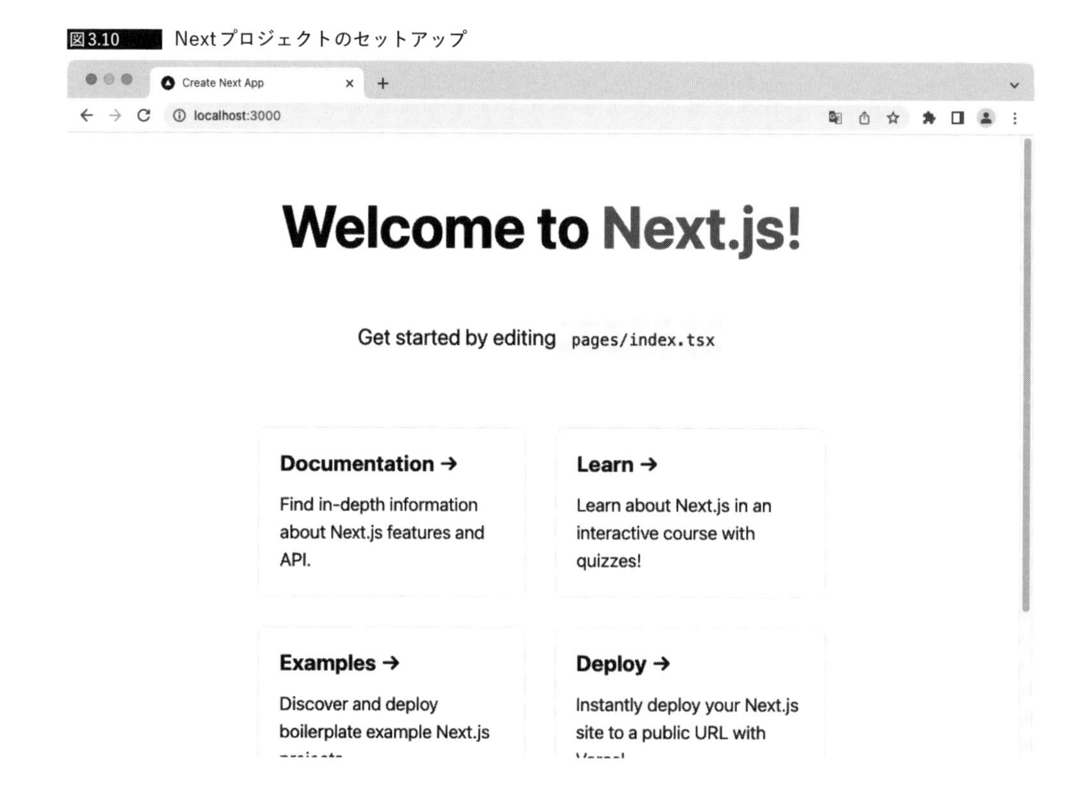

*22 npm runで実行できる処理のことをscripts（npmスクリプト）と呼びます。package.jsonに処理内容を書き込みます。

devスクリプトの場合は開発サーバーが立ち上がります。この時プロジェクトの中のコードを編集して保存をすると、裏でビルドが走りサーバーを再起動せずに編集内容を反映できます。buildはプロジェクトのコードをビルドし、その結果を.next以下に保存します。そして、startを使うことで.nextのデータを元にサーバーを立ち上げます。

```
# プロジェクトをビルドする
$ npm run build
# ビルドした生成物を元にサーバーを立ち上げる
$ npm run start
```

3.6.2 プロジェクトの基本的な構成

create-next-appを実行した直後は以下のような構成になっています。

pagesディレクトリにはページコンポーネントやAPIのコードを配置します。pages/index.tsxは先ほどブラウザで表示されたページの内容をコンポーネントとして実装しています。publicディレクトリには画像などの静的ファイルを配置します。stylesディレクトリにはcssファイルを配置します。アプリ全体のスタイリングに関するglobals.cssとページ専用のHome.module.cssなどがあります。*.module.cssはコンポーネントを定義するファイルから読み込まれ、クラス名やIDがほかのファイルで定義したものと衝突することを防ぐために、ファイルごとに、クラス名やIDへ接頭辞や接尾辞がビルド時に自動で付けられます。

```
├── node_modules
├── pages
│   ├── _app.tsx
│   ├── api
│   │   └── hello.js
│   └── index.tsx
├── public
│   ├── favicon.ico
│   └── vercel.svg
├── styles
│   ├── Home.module.css
│   └── globals.css
├── README.md
├── package.json
└── package-lock.json
```

3.7 Next.jsのレンダリング手法

Next.jsではページごとにレンダリング手法を切り替えることができます。Next.jsで使用可能なレンダリング手法には次の4つがあります。

▶ 静的サイト生成（SSG: Static Site Generation）

・本書では静的サイト（Static）もSSGに含む

▶ クライアントサイドレンダリング（CSR: Client Side Rendering）
▶ サーバーサイドレンダリング（SSR: Server Side Rendering）
▶ インクリメンタル静的再生成（ISR: Incremental Static Regeneration）*23

すべてのページで、事前レンダリング可能な部分は事前レンダリングを行います。

3.7.1 静的サイト生成（SSG）

SSGではビルド時にAPIなどからデータを取得して、ページを描画して静的ファイルとして生成します。

ビルド時に`getStaticProps`という関数が呼ばれ、その関数の中でAPIコールなどを行い、ページの描画に必要な`props`を返します。その後、この`props`をページコンポーネントに渡して描画します。描画結果は静的ファイルの形でビルド結果に保存されます。ページにアクセスがあった場合には、もともと生成していた静的ファイルをクライアントに送り、ブラウザはそれを元に描画します。ブラウザでの初期描画後は普通のReactアプリケーション同様に、APIなどからデータを取得して描画を動的に変化できます。

図3.11 SSGのビルド時の流れ

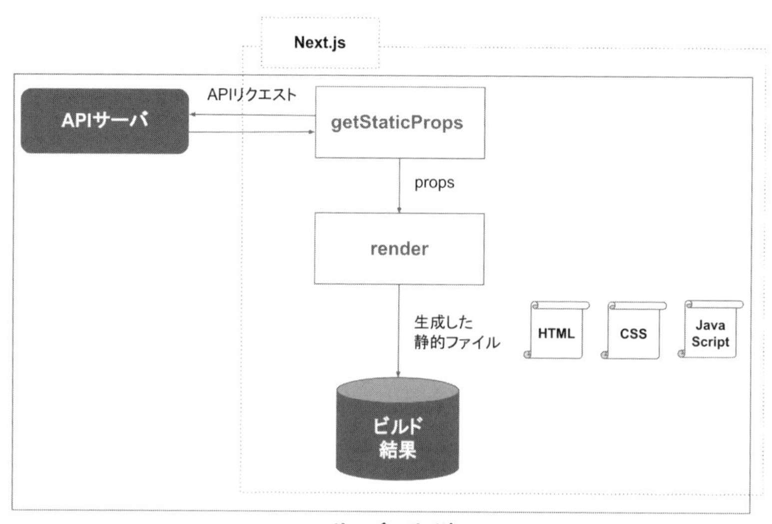

*23 ISRのうち、Next.js 12.2から利用可能になったOn-demand ISRについては本書では解説しません。 https://nextjs.org/blog/next-12-2

図3.12 SSGの描画時の流れ

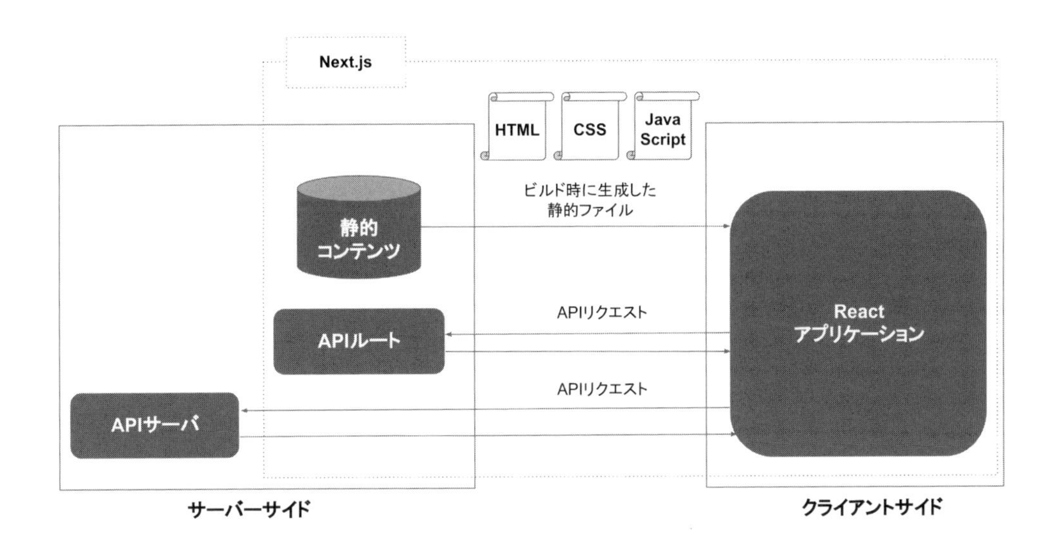

SSGは、アクセス時は静的ファイルをクライアントに渡すだけなので初期描画が高速です。一方でビルド時のみデータ取得を行うため、初期描画で古いデータが表示される可能性があります。リアルタイム性が求められるようなコンテンツにはあまり適しません。

ビルド後に表示内容が変更されないページ、または初期描画以降にデータを表示できるようなページに対してSSGが優れています。パフォーマンスに優れるため、Next.jsにおいてはSSRよりSSGが推奨されます。

本書では、厳密にはSSGと異なるStaticというページの形態も、SSGとして解説します*24。

3.7.2 クライアントサイドレンダリング（CSR）

CSRはビルド時にデータ取得を行わず、ページを描画して保存します。そして、ブラウザで初期描画した後に非同期でデータを取得して、追加のデータを描画します。

もともとのReactアプリケーションの流れに近いような描画方法です。ページを描画するのに必要なデータは後から取得して反映するため、SEOにあまり有効ではありません。

CSRはSSG、SSR、ISRと組み合わせて利用されます*25。CSRのみの利用はなく、基本的にはSSG、SSR、ISRと組み合わせるものと考えてください。

初期描画がそこまで重要ではなく、リアルタイム性が重要なページに適しています。

*24 ～Propsによるデータ取得をしないStaticに対して、SSGではビルド時に`getStaticProps`でデータ取得を行うのが最大の違いです。ただし、本書では用途や特徴が近いことから区別せず、基本的にはStaticもSSGと呼びます。3.8でも解説します。

*25 本書でもSSG、SSR、ISRと異なり、単体ではページにおける利用方法を解説しません（3.8参照）。

3.7.3 サーバーサイドレンダリング（SSR）

SSRでは、ページへのアクセスがある度サーバーで`getServerSideProps`を呼び出し、その結果の`props`を元にページをサーバー側で描画してクライアントへ渡します。

図3.13 SSRの描画時の流れ

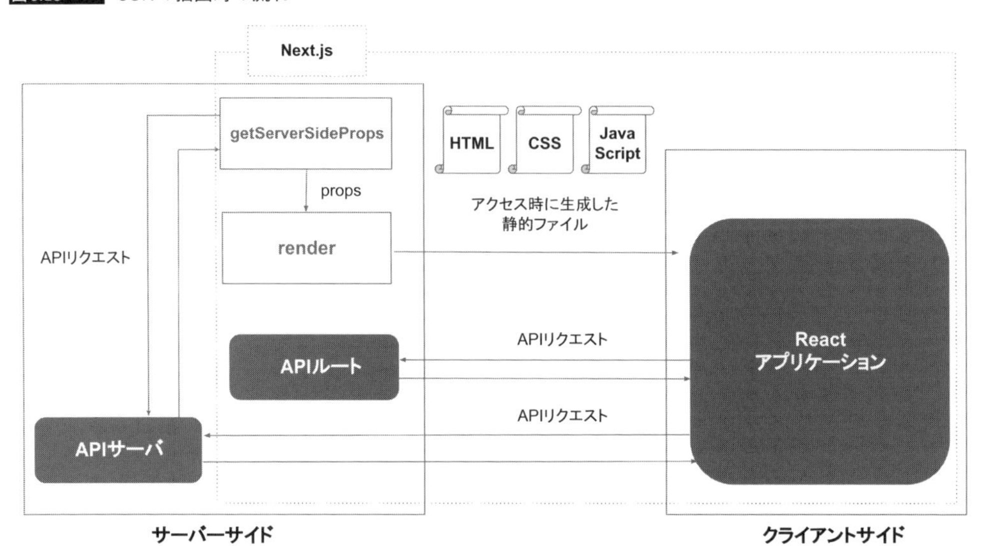

アクセスごとにサーバーでデータを取得して描画するため、常に最新のデータを元にしてページの初期描画ができ、SEOへの有用性が期待できます。しかし、サーバーで一定の処理があるため、ほかの手法に比べると低レイテンシに陥る可能性があります。

最新価格が表示される製品ページなど、常に最新のデータを表示させたい場合にSSRが適しています。

3.7.4 インクリメンタル静的再生成（ISR）

ISRはSSGの応用ともいうべきレンダリング手法です。事前にページを生成して配信しつつ、アクセスに応じてページを再度生成して新しいページを配信できます。

ページへアクセスがあると、事前にレンダリングしてある、サーバーに保存されているページのデータをクライアントへ渡します。このデータに有効期限を設定でき、有効期限が切れた状態でアクセスがあった場合は、バックグラウンドで再度`getStaticProps`の実行とページ描画をし、サーバーに保存されているページデータを更新します。

図3.14 ISRの描画時の流れ

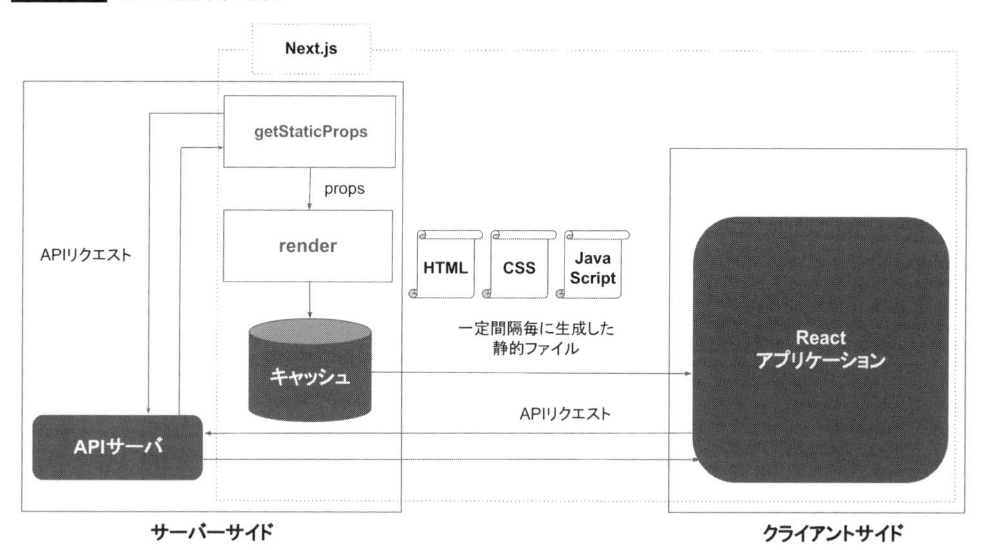

SSRと違ってリクエスト時にサーバー側での処理がないため、SSG同様にレイテンシを高く保つことができ、かつある程度最新のデータを元にしたページを初期描画で表示できます。SSGとSSRの中間のようなレンダリング手法ともいえるでしょう。

3.8 ページとレンダリング手法

Next.jsの基礎となるページを解説します。

`pages`ディレクトリ以下に配置したTSXなどのファイルは、1つのファイルが1つのページに対応します。これらのファイルはReactコンポーネントを返す関数を定義し、その関数をエクスポートします。エクスポートする関数とファイル名は慣習的に同一の名前にします。

次に示す。`pages/sample.tsx`を作成し、`npm run start`で開発サーバーを実行すると`0.0.0.0:3000/sample`というURLでアクセスできます。

リスト3.17 pages/sample.tsx

```
// 型注釈がなくてもビルドに通るため省略
function Sample() {
  return <span>サンプルのページです。</span>
}

export default Sample
```

たとえば`pages/index.tsx`というファイルがありますが、これは`/`へのアクセス時に返すページを実装しています*26。

ファイル内部でコンポーネントのほかに実装する関数やその関数の返す値によって、レンダリング手法が切り替わります。それぞれのページがどのタイプに設定されているかは、ビルド時の結果で確認できます。

```
$ npm run build

...

Page Size First Load JS
┌ ○ /404 194B 72kB
├ ● /isr (ISR: 60Seconds) 544B 72.4 kB
├ ● /posts/[id] 601B 72.4 kB
├ ├ /posts/1
├ ├ /posts/2
├ └ /posts/3
├ ● /ssg 476B 72.3 kB
└ λ /ssr 477B 72.3 kB
+ First Load JS shared by all 71.8 kB
  ├ chunks/framework-6e4ba497ae0c8a3f.js 42kB
  ├ chunks/main-c7e30e1aff19cdb7.js 27.8 kB
  ├ chunks/pages/_app-2a6512a4e9d2ac85.js 1.23 kB
  └ chunks/webpack-45f9f9587e6c08e1.js 729B

λ (Server) server-side renders at runtime (uses getInitialProps or getServerSideProps
)
○ (Static) automatically rendered as static HTML (uses no initial props)
● (SSG) automatically generated as static HTML + JSON (uses getStaticProps)
  (ISR) incremental static regeneration (uses revalidate in getStaticProps)
```

ビルド結果のServerがSSR、StaticとSSGがSSG*27、ISRがISRを示します。CSRはすべてのpagesのタイプと併用でき、基本的にはこれらのタイプに属するものなので、ビルド結果には表示されません。

3.8.1 Next.jsのページとデータ取得

先述のように、Next.jsでは実装する関数やその関数の返す値によって、pagesのレンダリング手法が切り替わります。レンダリング手法を決定する主な要素はデータ取得の関数です。

*26 index.tsxは特権的なファイルで、indexではなく/に配置されます。
*27 先述のように本書ではStaticをSSGに含みます。

種別	データ取得に使う主な関数	データ取得タイミング	補足
SSG	getStaticProps	ビルド時（SSG）	データ取得を一切行わない場合もSSG相当。
SSR	getServerSideProps	ユーザーのリクエスト時（サーバーサイド）	getInitialPropsを使ってもSSR。
ISR	revalidateを返すgetStaticProps	ビルド時（ISR）	ISRはデプロイ後もバックグラウンドビルドが実行される。
CSR	上記以外の任意の関数（useSWRなど）	ユーザーのリクエスト時（ブラウザ）	CSRはSSG/SSR/ISRと同時に利用可能。

pagesはその種別によってデータ取得に使える関数が異なるとも言えます。

ページコンポーネントですべての表示部分を実装する必要はありません。ページ間で共通に使用するコードやUIパーツはpagesディレクトリ外に定義し、インポートして使用できます。

3.8.2 SSGによるページの実装

まず、SSGによるページの実装について見ていきます*28。pages以下に新たにssg.tsxという名前のファイルを追加し、ページコンポーネントを実装します。Next.jsでページを実装する場合は、ページのルートコンポーネントをexport defaultでエクスポートします。

リスト3.18 pages/ssg.tsx

```
// 型のために導入
import { NextPage } from 'next'
// Next.jsの組み込みのコンポーネント
import Head from 'next/head'

// ページコンポーネントのpropsの型定義（ここでは空）
type SSGProps = {}

// SSG向けのページを実装
// NextPageはNext.jsのPages向けの型
// NextPage<props>でpropsが入るPageであることを明示
const SSG: NextPage<SSGProps> = () => {
  return (
    <div>
      {/* Headコンポーネントで包むと、その要素は<head>タグに配置されます */}
      <Head>
        <title>Static Site Generation</title>
        <link rel="icon" href="/favicon.ico" />
      </Head>
      <main>
        <p>
          このページは静的サイト生成によってビルド時に生成されたページです
        </p>
      </main>
    </div>
```

*28 ここでは、getStaticPropsを使っていないので、厳密にはStaticです。

```
  )
}

// ページコンポーネントはexport defaultでエクスポートする
export default SSG
```

NextPageはpagesのための型です*29。受け付けるpropsを決め、NextPage<Props>のように指定します。

npm run buildでビルドを実行後、npm run startでサーバーを起動してブラウザからhttp://localhost:3000/ssgにアクセスすると実装したページの表示を確認できます。

3.8.3 getStaticPropsを用いたSSGによるページの実装

ファイル内にgetStaticPropsという関数を定義してエクスポートをすると、その関数はビルド時に実行されます。getStaticPropsは戻り値としてpropsを返すことができ、その値がページコンポーネントへ渡されて描画されます。以下のようにpages/ssg.tsxにgetStaticPropsを追加して、再度ビルドを実行します。

リスト 3.19 pages/ssg.tsx

```
import { GetStaticProps, NextPage, NextPageContext } from 'next'
import Head from 'next/head'

// ページコンポーネントのpropsの型定義
type SSGProps = {
  message: string
}

// SSGはgetStaticPropsが返したpropsを受け取ることができる
// NextPage<SSGProps>はmessage: stringのみを受け取って生成されるページの型
const SSG: NextPage<SSGProps> = (props) => {
  const { message } = props

  return (
    <div>
      <Head>
        <title>Static Site Generation</title>
        <link rel="icon" href="/favicon.ico" />
      </Head>
      <main>
        <p>
          このページは静的サイト生成によってビルド時に生成されたページです
        </p>
        <p>{message}</p>
      </main>
    </div>
  )
}
```

*29 NextPageの型の定義です。 https://github.com/vercel/next.js/blob/937ab16b780dc2bc755fa9c032ffe498c79b5af6/packages/next/types/index.d.ts

```
// getStaticPropsはビルドに実行される
// GetStaticProps<SSGProps>はSSGPropsを引数にとるgetStaticPropsの型
export const getStaticProps: GetStaticProps<SSGProps> = async (context) => {
  const timestamp = new Date().toLocaleString()
  const message = `${timestamp} にgetStaticPropsが実行されました`
  console.log(message)
  return {
    // ここで返したpropsを元にページコンポーネントを描画する
    props: {
      message,
    },
  }
}

export default SSG
```

`npm run build`を実行すると、`getStaticProps`の中にある`console.log`がビルド中に実行されたことを確認できます。再び`npm run start`を実行して、ページを表示すると`getStaticProps`で返したpropsを使ってページを表示していることがわかります。

```
$ npm run build
...
[ ] info - Generating static pages (0/3)2021-11-10 0:31:10 にgetStaticPropsが実行されまし
た
info - Generating static pages (3/3)
...
```

ちなみに、`npm run dev`を使って開発サーバーを立ち上げている場合は最新のコードを使ってページを表示するため、リクエストがある度に`getStaticProps`が実行されてサーバーでページを生成します。

```
$ npm run dev

...
ready - started server on 0.0.0.0:3000, url: http://localhost:3000
event - compiled successfully in 1756ms (159 modules)
wait - compiling /ssg...
event - compiled successfully in 112ms (172 modules)
2021-11-10 0:37:28 にgetStaticPropsが実行されました!!
2021-11-10 0:37:30 にgetStaticPropsが実行されました!!
```

`getStaticProps`はエクスポート（`export`）する必要があり、非同期関数として`async`とともに定義する必要があります。`getStaticProps`の引数には`context`[*30]が与えられます。`context`にはビルド時に使用できるデータが含まれています。

*30 ReactのContextとは別物です。

```
export async function getStaticProps(context) {
  return {
    props: {}
  }
}
```

contextは実行関連[*31]の情報がまとまったオブジェクトです。context.localeのような形でアクセスします[*32]。

パラメータ	内容
params	パスパラメータ。SSGの場合はgetStaticPaths関数を別途定義した時に参照可能。
locale	現在のロケール情報（可能な場合）。
locales	サポートしているロケールの配列（可能な場合）。
defaultLocale	デフォルトのロケールのデータ（可能な場合）。
preview	Preview Modeか。
previewData	Preview ModeでsetPreviewDataによってセットされたデータ。

3.8.4 getStaticPathsを使った複数ページのSSG

3.8.2では1ファイルで1ページのSSGを行う方法を説明しました。一つずつページをつくっていくと、ユーザープロフィールや投稿ページなどの表示するデータのみが違うページが複数あるケースに対応できません。

```
// 次の場合ユーザーごとにtsxを個別にはつくれない
https://example.com/user/ユーザー名
```

この場合はNext.jsの動的ルーティング（Dynamic Routing）機能が役立ちます。パスパラメータを使って複数ページを1つのファイルで生成できます。動的ルーティングは次の2要素から成り立ちます。

- [パラメータ].tsxのような[]で囲んだ特別なファイル名
- getStaticPropsとあわせてgetStaticPathsを利用する

getStaticPathsはgetStaticProps実行前に呼ばれる関数で、生成したいページのパスパラメータの組み合わせ（paths）とフォールバック（fallback）を返します。pathsはパスパラメータの組み合わせを表し、配列の要素1つが1つのページに対応します。fallbackはgetStaticPathsが生成するページが存在しない場合の処理を記載します。

---

*31 表中のPreview Modeはヘッドレス CMSとの連携時などに役立つ機能です。本書では利用しません。 https://nextjs.org/docs/advanced-features/preview-mode

*32 ロケール情報は、next.config.jsでi18nの設定をした場合に取得できます。

```
export async function getStaticPaths() {
  return {
    paths: [
      { params: { ... } }
    ],
    fallback: false // trueもしくは'blocking'を指定可能
  }
}
```

pages/postsディレクトリを新たに作成し、[id].tsx（pages/posts/[id].tsx）というファイルを作成します。角括弧で囲んでいる部分がパスパラメータを表しています。ファイルを作成後、**リスト 3.20**の内容を実装します。

リスト 3.20のgetStaticPathsでは、idがそれぞれ1、2、3であるパスパラメータを返しています。このファイルはpages/posts/[id].tsxなので、/posts/1、/posts/2、/posts/3の3つのパスのページを生成します。

複数のパスパラメータを使う場合、pathsの要素のそれぞれに追加のパラメータを加えます。pathsのそれぞれの要素に対してgetStaticPropsが呼ばれ、ページが生成されます。getStaticPropsではcontextのparamsからパスパラメータを参照できます。

リスト 3.20 pages/posts/[id].tsx

```
// 型を利用するためにインポート
import { GetStaticPaths, GetStaticProps, NextPage } from 'next'
import Head from 'next/head'
import { useRouter } from 'next/router' // next/routerからuseRouterというフックを取り込⏎
む
import { ParsedUrlQuery } from 'querystring'

type PostProps = {
  id: string
}

const Post: NextPage<PostProps> = (props) => {
  const { id } = props
  const router = useRouter()

  if (router.isFallback) {
    // フォールバックページ向けの表示を返す
    return <div>Loading...</div>
  }

  return (
    <div>
      <Head>
        <title>Create Next App</title>
        <link rel="icon" href="/favicon.ico" />
      </Head>
      <main> <p> このページは静的サイト生成によってビルド時に生成されたページです。
        </p>
        <p>{`/posts/${id}に対応するページです`}</p>
      </main>
    </div>
```

```
  )
}

// getStaticPathsは生成したいページのパスパラメータの組み合わせを返す
// このファイルはpages/posts/[id].tsxなので、パスパラメータとしてidの値を返す必要がある
export const getStaticPaths: GetStaticPaths = async () => {
  // それぞれのページのパスパラメータをまとめたもの
  const paths = [
    {
      params: {
        id: '1',
      },
    },
    {
      params: {
        id: '2',
      },
    },
    {
      params: {
        id: '3',
      },
    },
  ]

  // fallbackをfalseにすると、pathsで定義されたページ以外は404ページを表示する
  return { paths, fallback: false }
}

// パラメータの型を定義
interface PostParams extends ParsedUrlQuery {
  id: string
}

// getStaticPaths実行後にそれぞれのパスに対してgetStaticPropsが実行される
export const getStaticProps: GetStaticProps<PostProps, PostParams> = async (context⏎
) => {
  return {
    props: {
      // paramsにgetStaticPathsで指定した値がそれぞれ入っている
      id: context.params!['id'],
    },
  }
}

export default Post
```

getStaticPathsのfallbackをfalseで返すと、pathsで与えられなかったパスに対しては404ページを表示します。たとえば/posts/4にアクセスした場合は404ページが表示されます*33。

fallbackにtrueを指定した場合は、最初のリクエストとそれ以降のリクエストで挙動が異なります。まず、一番初めに訪れたユーザーに対してはフォールバックページを最初に表示します。これはページコンポーネントのpropsが空の状態で描画されたページです。サーバーサイドでは

*33 fallback: trueにした場合、pathに含まれないものも[id].tsxが処理します。posts/4にアクセスすると、「/posts/4に対応するページです」と返されます。

リクエストのパスに対する`getStaticProps`を実行します。`getStaticProps`が返したpropsはページを表示しているクライアントに送られ、再描画をします。また、サーバーサイドでpropsを元にページを描画し、その結果を保存します。その後、同じパスに対してリクエストが来た場合には保存しているページを返します。

Column

useRouter―ルーティングのためのフック

`useRouter`は関数コンポーネント内でルーティング情報にアクセスするためのフックです。Next.jsの`next/router`からインポートできます。

ルーティング情報の取得のほか、`router.push`でページ遷移にも利用できます。

リスト 3.21 pages/page.tsx

```
import { useRouter } from 'next/router' // インポート
import { useEffect } from 'react' // 副作用を伴う処理用に導入

const Page = () => {
  const router = useRouter() // useRouterの使用

  // 以下のコメント部分のコメントを解除すると/userouterに移動するようになる
  /*
  useEffect( () => {
      router.push('/userouter')
  })
  */

  return <span>{router.pathname}</span>
}

export default Page
```

詳細は公式ドキュメント[*a]を参照してください。

*a https://nextjs.org/docs/api-reference/next/router

3.8.5 SSRによるページの実装

SSRでは、アクセスする度にサーバーでページを描画して、その結果をクライアントで表示します。SSGの`getStaticProps`に対し、SSRでは`getServerSideProps`を定義します。

SSRではページを描画する前に`getServerSideProps`が呼ばれて、この関数が返したpropsを元にページを描画します。

`pages/ssr.tsx`を新たに作成して、以下のコードを追加します。`npm run build`を実行してビルドを行い、`npm run start`でサーバーを起動して`/ssr`にアクセスするとSSRで描画されたページが表示されます。アクセスする度に表示されている内容が変わるため、毎回サーバーで`getServerSideProps`が呼ばれて、ページが描画されていることがわかります。

リスト 3.22 pages/ssr.tsx

```
import { GetServerSideProps, NextPage } from 'next'
import Head from 'next/head'

type SSRProps = {
  message: string
}

const SSR: NextPage<SSRProps> = (props) => {
  const { message } = props

  return (
    <div>
      <Head>
        <title>Create Next App</title>
        <link rel="icon" href="/favicon.ico" />
      </Head>
      <main>
        <p>
          このページはサーバーサイドレンダリングによってアクセス時にサーバーで描画されたページで↩
す。
        </p>
        <p>{message}</p>
      </main>
    </div>
  )
}

// getServerSidePropsはページへのリクエストがある度に実行される
export const getServerSideProps: GetServerSideProps<SSRProps> = async (
  context
) => {
  const timestamp = new Date().toLocaleString()
  const message = `${timestamp} にこのページのgetServerSidePropsが実行されました`
  console.log(message)

  return {
    props: {
      message,
    },
  }
}

export default SSR
```

`getServerSideProps`の引数の`context`では、`getStaticProps`の`context`で参照できるデータに加え、リクエストの情報などを参照できます*34。一部を表に示します。

*34 Data Fetching: getServerSideProps | Next.js https://nextjs.org/docs/api-reference/data-fetching/get-server-side-props#context-parameter

パラメータ	内容
req	http.IncomingMessageのインスタンスでリクエストの情報やCookieを参照できます。
res	http.ServerResponseのインスタンスでCookieをセットしたり、レスポンスヘッダーを書き換えたりに使えます。
resolvedUrl	実際にアクセスがあったパス。
query	そのクエリをオブジェクトにしたもの。

3.8.6 ISRによるページの実装

インクリメンタル静的再生成（ISR）はSSGの応用ともいえるレンダリング手法です。特徴としてページの寿命を設定でき、寿命を過ぎたページについては最新の情報での再生成を試みて、静的ページを配信しつつ情報を更新できます。

ISRには**revalidate**を返す**getStaticProps**を用います。**getStaticProps**で**revalidate**を返すとその値が有効期間となり、有効期間が過ぎたページは再生成されます。

以下がISRを使ったコード例です。**getStaticProps**を定義します。**getStaticProps**ではpropsに加えて**revalidate**を返します。**revalidate**はページの有効期間を秒数で表したものを返します。

リスト3.23 pages/isr.tsx

```
import { GetStaticPaths, NextPage, GetStaticProps } from 'next'
import Head from 'next/head'
import { useRouter } from 'next/router'

type ISRProps = {
  message: string
}

// ISRPropsを受け付けるNextPage（ページ）の型
const ISR: NextPage<ISRProps> = (props) => {
  const { message } = props

  const router = useRouter()

  if (router.isFallback) {
    // フォールバック用のページを返す
    return <div>Loading...</div>
  }

  return (
    <div>
      <Head>
        <title>Create Next App</title>
        <link rel="icon" href="/favicon.ico" />
      </Head>
      <main>
        <p>このページはISRによってビルド時に生成されたページです。</p>
```

```
        <p>{message}</p>
      </main>
    </div>
  )
}

export const getStaticProps: GetStaticProps<ISRProps> = async (context) => {
  const timestamp = new Date().toLocaleString()
  const message = `${timestamp} にこのページのgetStaticPropsが実行されました`

  return {
    props: {
      message,
    },
    // ページの有効期間を秒単位で指定
    revalidate: 60,
  }
}

export default ISR
```

一番初めにページへアクセスした場合はSSGの場合と同様で、フォールバックページを表示してサーバー側で実行した**getStaticProps**を元にクライアントで再描画します。

それ以降のリクエストに対しては、**revalidate**で指定した時間内の時はサーバーサイドで描画して保存したページ（同じページ）を返します。有効期間を過ぎた後にリクエストがあった場合は、そのリクエストに対しては現在保存しているページを返します。そして、**getStaticProps**を実行しページを描画して、新しいキャッシュとして保存します。

3.9 Next.jsの機能

ページ以外の、Next.jsの基本的な機能や使い方について解説します*35。

3.9.1 リンク

Next.jsには**next/link**や**next/image**など組み込みのコンポーネントや機能が用意されています。これらはTSX中で**import**して利用できます。

Next.jsではアプリ内のほかのページへ遷移するためにLinkコンポーネントがあります*36。

Linkコンポーネントを使用してページ遷移した場合は、通常のページ遷移のように遷移先のページのHTMLファイルなどを取得して描画するのではなく、クライアントサイドで新しいページを描画します。新しいページを描画するために必要なデータはあらかじめ非同期に取得されていま

*35 本書で利用するものの、基本的な解説が中心です。詳しくはNext.jsのAPIリファレンスを確認してください。
https://nextjs.org/docs

*36 next/link | Next.js https://nextjs.org/docs/api-reference/next/link

す*37。そのため、高速なページ遷移が可能です。

Linkコンポーネントを使う際には、`<a>`タグをLinkコンポーネントでラップします。

```
// Linkコンポーネントを使用するため、next/linkからインポートする
import Link from 'next/link'

...

{/* /ssrへ遷移するためのリンクを作成する */}
<Link href="/ssr">
  <a>Go TO SSR</a>
</Link>
```

クエリパラメータも指定する場合、`href`の文字列でそのまま指定する以外にオブジェクトを使っても指定できます。

```
<Link href="/ssg?keyword=next">
  <a>GO TO SSG</a>
</Link>

{/* hrefに文字列を指定する代わりにオブジェクトを指定できます */}
<Link
  href={{
    pathname: '/ssg',
    query: { keyword: 'hello' },
  }}>
  <a>GO TO SSG</a>
</Link>
```

a要素の代わりにボタンなどを使用すると、Linkの子コンポーネントに`onClick`コールバックが渡され、コールバックが呼ばれるとページが遷移します*38。

```
<Link href="/ssg">
  {/* aの代わりにbuttonを使うと、onClickが呼ばれたタイミングで遷移します */}
  <button>Jump to SSG page</button>
</Link>
```

また、`router`オブジェクトの`push`メソッドを呼ぶことでも、ページ遷移できます。

```
import { useRouter } from 'next/router'

...

const router = useRouter()

const onSubmit = () => {
```

*37 SSRの`getServerSideProps`で得られるpropsに関しては、遷移時にサーバーから取得します。

*38 しかし、本来のHTMLのセマンティクスを考えれば、リンクの部分はa要素を使う方が望ましいはずです。SEOへの影響もあるかもしれません。基本的にはaを利用できないか検討すべきでしょう。

```
  // /ssrへ遷移します
  router.push('/ssr')

  // 文字列の代わりにオブジェクトで指定できます
  // /ssg?keyword=helloへ遷移します
  router.push({
    pathname: '/ssg',
    query: { keyword: 'hello' },
  })
}
```

そのほかrouterオブジェクトには、リロードを行うreload()やページを戻るためのback()などのメソッドや、ページの遷移開始・完了などのイベントを購読するためのメソッドがあります。

```
const router = useRouter()

// 呼ぶとページがリロードされます
router.reload()

// 呼ぶと前のページに戻ります
router.back()

// 遷移開始時のイベントを購読します
router.events.on('routeChangeStart', (url, { shallow }) => {
  // urlには遷移先のパスが与えられます
  // shallowはシャロールーティング(パスのみが置き換わる遷移)の場合はtrueになります
})

// 遷移完了時のイベントを購読します
router.events.on('routeChangeComplete', (url, { shallow }) => {
  // urlには遷移先のパスが与えられます
  // shallowはシャロールーティング(パスのみが置き換わる遷移)の場合はtrueになります
})
```

3.9.2 画像の表示

Next.jsはビルトインの機能で画像のパフォーマンスを最適化できます*39。

近年Webページ内のコンテンツで画像が占める割合は大きくなってきているため、パフォーマンス向上のため画像表示の最適化は非常に重要です。

Next.jsで画像を表示するにはnext/imageのImageコンポーネントを使用します。imgタグではなく、Imageコンポーネントを用いることで、画像を読み込む際にサーバーサイドで画像の最適化を行います。

Imageはimgを拡張したようなコンポーネントで、渡す値（属性）は基本的にはimgタグと同様のものを渡します。しかし、widthとheightを渡さないとエラーが発生します*40。

例としてimgタグとImageコンポーネントをそれぞれ使用した場合について比較してみます。

*39 Basic Features: Image Optimization | Next.js https://nextjs.org/docs/basic-features/image-optimization

*40 静的インポートしたとき、layout=fillを渡すときは例外です。

`public/images/`以下に任意の画像を配置し、それを表示するページをpages/image-sample.tsxに作成します。

`Image`コンポーネントで画像を表示するには`img`タグ同様、`src`に画像のパスを渡します。

この時、プロジェクト内で参照できるローカルの画像に対しては、`import`でインポート（静的インポート）した画像ファイルを`src`に与えることができます。静的インポートした画像を`Image`コンポーネントで使う場合は`width`と`height`を省略できます。

リスト 3.24 pages/image-sample.tsx

```
import { NextPage } from 'next'
import Image from 'next/image'
// 画像ファイルをインポートする
import BibleImage from '../public/images/bible.jpeg'

const ImageSample: NextPage<void> = (props) => {
  return (
    <div>
      <h1>画像表示の比較</h1>
      <p>imgタグで表示した場合</p>
      {/* 通常のimgタグを使用して画像を表示 */}
      <img src="/images/bible.jpeg" />
      <p>Imageコンポーネントで表示した場合</p>
      {/* Imageコンポーネントを使用して表示 */}
      {/* パスを指定する代わりに、インポートした画像を指定 */}
      <Image src={BibleImage} />
      <p>Imageで表示した場合は事前に描画エリアが確保されます</p>
    </div>
  )
}

export default ImageSample
```

ブラウザで確認すると、同じように画像が表示されていることがわかります。開発者ツールからそれぞれのタグに渡されたパスを確認すると、`img`タグで表示している方は静的ファイルとして提供されている画像のパスを指していますが、`Image`コンポーネントで表示している方は`/_next/image`以下を参照していることを確認できます。また、ファイルサイズは元の画像と比べると半分以下になっています。

図3.15 imgタグとImageコンポーネントの比較

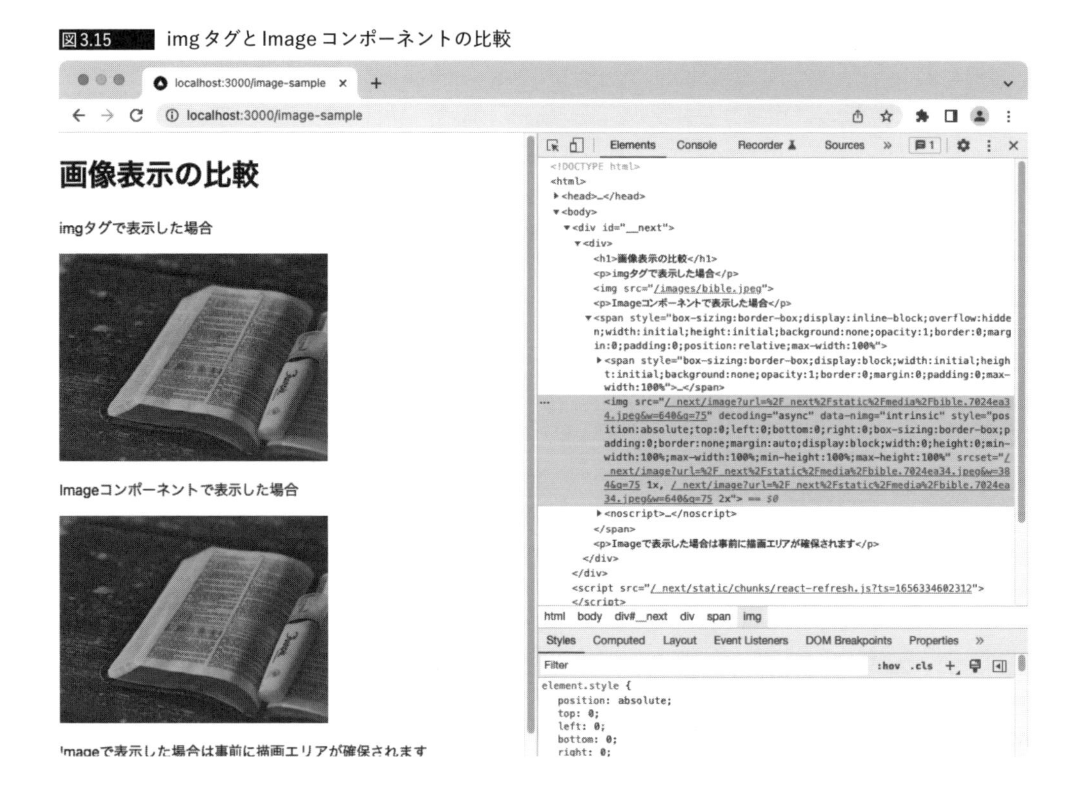

Imageコンポーネントを使用すると、ブラウザの情報を元に最適化した画像を提供します。たとえば、WebP対応ブラウザにはWebP形式の画像を提供したり、ブラウザの画面サイズに応じて適切な大きさの画像を提供したりします。

また、画像の描画方法についてもいくつか異なります。Imageコンポーネントは初期段階でビューポートに表示されていない画像は描画せず、スクロールしてビューポートに近づいた段階で画像の取得・描画を開始します[*41]。以下のように画像が読み込み中は画像を表示する領域が確保されています。これにより、画像の描画前後でレイアウトが崩れることを防いでいます。

*41 レイジーロードや遅延読み込みと呼ばれます。ビューポートはブラウザの表示部分です。

図3.16 画像読み込み時の表示

そのほか、Imageコンポーネントはいくつかのパラメータをpropsに渡せます。

layoutではビューポートの変化に応じて画像をリサイズするかを設定できます。デフォルトはintrinsicです。

- intrinsicはビューポートが画像サイズより小さい時、ビューポートに応じてリサイズした画像を表示。
- responsiveはビューポートに応じてリサイズした画像を表示。
- fixedはwidthとheightに準拠し、ビューポートの大きさによらず同じサイズの画像を表示。
- fillは親要素に合わせた画像を表示。

placeholderでは画像読み込み中に表示する内容を指定できます。emptyを指定すると画像の領域のみ確保し何も表示せず、blurを指定するとぼかし画像を表示します。import文で読み込んだローカルの画像の場合はぼかし画像が自動生成されて表示されますが、パスで指定した場合や外部の画像の場合はblurDataURLに表示するぼかし画像のURLを指定する必要があります。

図3.17 画像読み込み時にぼかし画像を表示

placeholderに何も指定しない場合　　placeholderにblurを指定した場合

外部リソースの画像を表示する場合も、`src`に文字列のパスを指定できます。このとき、次の2点に注意する必要があります。1つ目は、静的ファイルとは違い画像サイズを事前に取得できないため、`layout`が`fill`以外の場合は`width`と`height`を与えてサイズを指定する必要があることです。2つ目は、外部リソースの画像を表示する場合、デフォルトでは最適化した画像を表示できません。そのため、next.config.jsのdomainsに最適化を許可する画像のドメインを追加するか、Imageコンポーネントの`unoptimized`に`true`を渡して最適化を無効化する必要があります。

```
// next.config.js
/** @type {import('next').NextConfig} */
const nextConfig = {
  reactStrictMode: true,
  images: {
    // example.com以下の画像をImageコンポーネントで表示するために追加する
    domains: ['example.com'],
  }
}

module.exports = nextConfig
```

3.9.3 APIルート

`pages/api`以下に置いたファイルではAPI（JSONベースのWeb API）を定義します。ページと同様にファイルの場所によってパスが決まります*42。

ページで使う簡易的なAPIの実装、プロキシとして利用できます。ビルド時はこのAPIを使うことができないため、SSGの`getStaticPaths`や`getStaticProps`から呼ぶことはできません。

*42 API Routes: Introduction | Next.js https://nextjs.org/docs/api-routes/introduction

以下のコードをpages/api/hello.tsに置いて、サーバーを起動後に/api/helloを呼ぶとハンドラが実行されます。

リスト3.25 pages/api/hello.ts

```
import type { NextApiRequest, NextApiResponse } from 'next'

type HelloResponse = {
  name: string
}

// /api/helloで呼ばれたときのAPIの挙動を実装する
export default (req: NextApiRequest, res: NextApiResponse<HelloResponse>) => {
  // ステータス200で{"name": "John Doe"}を返す
  res.status(200).json({ name: 'John Doe' })
}
```

CSRでアクセスします。fetchでapiにアクセスするときは、副作用が発生するので、useEffect内で処理をしています。

リスト3.26 pages/sayhello.tsx

```
import {useState, useEffect} from 'react'

function Sayhello(){
    // 内部で状態を持つためuseStateを利用
    const [data, setData] = useState({name: ''})
    // 外部のAPIにリクエストするのは副作用なのでuseEffect内で処理
    useEffect(() =>{
        // pages/api/hello.tsの内容にリクエスト
        fetch('api/hello')
          .then((res) => res.json())
          .then((profile) => {
              setData(profile)
          })
    }, [])

    return <div>hello {data.name}</div>
}

export default Sayhello
```

3.9.4 環境変数/コンフィグ

Next.jsはビルトインで環境変数のための.envファイルを処理できます。プロジェクトルートに置いてある環境変数ファイル.envは自動で読み込まれ、コード上で参照できます[*43]。

.env含め、次の形式のファイルを参照できます。

- .env
- .env.local

*43 Basic Features: Environment Variables | Next.js https://nextjs.org/docs/basic-features/environment-variables

- .env.${環境名}
- .env.${環境名}.local

.localが付いているものは.gitignoreに追加されることを意図しており、APIキーなどの公開したくない値を保存するために使用します。

.envと.env.localは環境を問わず、常に使用できます。

.env.developmentと.env.development.localは開発サーバーを動かすときに、.env.productionや.env.production.localはビルド時や本番環境で動かすときに使用します。

読み込まれた環境変数は、サーバーサイドで実行する処理から参照できます。つまり、getServerSidePropsなどの関数やAPIハンドラ、ビルド時にSSGのページを描画する時、SSRのページをサーバーサイドで描画するときに環境変数の値を参照できます。再描画などで、クライアントサイドでアクセスした場合はundefinedになります。

クライアントサイドでもアクセスしたい値に関しては、環境変数の名前の頭にNEXT_PUBLIC_を付けます。

リスト 3.27 .env

```
# サーバーサイドのみで参照可能な変数
TEST=test1
# サーバーサイド・クライアントサイドの両方で参照可能な変数
NEXT_PUBLIC_TEST=test2
```

リスト 3.28 pages/EnvSample.tsx

```
import { NextPage } from 'next'
import Head from 'next/head'

const EnvSample: NextPage = (props) => {
  // サーバーサイドで描画する時は'test1'と表示され、クライアントサイドで再描画する時はundefined⏎
と表示される
  console.log('process.env.TEST', process.env.TEST)
  // 'test2'と表示される
  console.log('process.env.NEXT_PUBLIC_TEST', process.env.NEXT_PUBLIC_TEST)

  return (
    <div>
      <Head>
        <title>Create Next App</title>
        <link rel="icon" href="/favicon.ico" />
      </Head>
      <main>
        {/* サーバーサイド描画時は'test1'と表示され、クライアントサイドで再描画されると何も表示⏎
されない */}
        <p>{process.env.TEST}</p>
        {/* test2が表示される */}
        <p>{process.env.NEXT_PUBLIC_TEST}</p>
      </main>
    </div>
  )
}
```

```
// getStaticPropsは常にサーバーサイドで実行されるので、すべての環境変数を参照できる
export const getStaticProps: GetStaticProps = async (context) => {
  // 'test1'が表示される
  console.log('process.env.TEST', process.env.TEST)
  // 'test2'が表示される
  console.log('process.env.NEXT_PUBLIC_TEST', process.env.NEXT_PUBLIC_TEST)

  return {
    props: {},
  }
}

export default EnvSample
```

Column

React/Next.jsとライブラリの互換性

React/Next.jsに限らず、現在のJavaScriptの開発では多数のパッケージをnpmから取り入れることが一般的です。

多数のパッケージを導入する開発スタイルにはいくつか課題がありますが、ここでは各ライブラリの対応バージョンの齟齬、互換性問題を取り上げます。たとえば、React v18を導入して開発していて、あるパッケージを追加しようとしたのにReact v18に未対応で利用できない（React v17など古いバージョンが必要になる）ということがあります。

バージョンの非互換や未対応はJavaScriptに限った話ではないですが、多数のパッケージを取り入れる都合上、その問題に突き当たる可能性が低くありません。

特にReact/Next.jsのメジャーバージョンが変わったときなどは、この問題に巻き込まれやすいでしょう。

開発前の対策として、事前に使いたいライブラリと、それがReact/Next.jsのどのバージョンに対応しているかを調査しておきましょう。不用意に依存を増やすとバージョンアップ時に問題となることが多いので、自前で実装するというのも選択肢として考えられます。

開発に入ってからは、安定動作しているからと放置せず、定期的にパッケージのバージョンアップをすべきです。Reactは基本的には常に最新のリリースが安定版です。EOLを定めた複数バージョンの同時リリースや、LTSのようなしくみはありません。そのため、常に最新のReactを利用できるように準備をしておくべきです。

4

コンポーネント開発

Reactを使ったWebアプリは、たくさんのUIの部品から成り立っています。

ブラウザに表示する画面をつくる際、これらのパーツはページのいろいろな場所で独立して、あるいはほかのUIパーツを構成する一部品として利用されます。

このようなそれぞれのパーツをコンポーネントといいます。

コンポーネントを適切に切り出すと、UIデザインや実装が効率的になります。同じ機能を持つ部品を再利用できるため再実装の必要がなく、デザインや仕様の変更の際には該当コンポーネントを修正するだけで容易に対応できます。

コンポーネントを適切な形（粒度）に分割することによって、再利用性が高く、テストがしやすいコンポーネントを実装できます。本章ではよりよいコンポーネントを開発する上で必要な事柄について説明します。

なお、ここでのコンポーネントは必ずしもReactコンポーネントと一致するわけではありません。Reactのコード上の粒度と、コンポーネント設計の粒度が異なることもある点は注意してください。

4.1 Atomic Designによるコンポーネント設計

Reactでは、まず小さなパーツごとにコンポーネントを実装し、そこからそれらを組み合わせたより複雑なコンポーネントを実装していきます。

コンポーネントの分割を適切に行うことで、再利用性が向上します。さらに、共通のコンポーネントを整理して再利用することで、アプリ全体で一貫性のあるデザインを保てます。

コンポーネントを分割する上、その分割や管理の指針は重要です。どの程度からコンポーネントとして扱うか粒度はエンジニアによって判断が分かれることがあります。また、コンポーネントの`props`にどういうデータを渡すべきなのか、コンポーネントが独自のライフサイクルを持ちAPIを内部で呼ぶコードを入れるべきかなども議論になりがちです。

プロジェクト全体で指標があると、分割の粒度や振る舞いについて一定の合意のもとに開発できます。それぞれのコンポーネントの役割が明確になるので、再利用性を高め、複数人での開発がしやすくなります。

その指標として、Atomic Designがよく使われています。Atomic Designを中心にコンポーネントの考え方を紹介します。

4.1.1 Presentational ComponentとContainer Component

Atomic Designについて説明する前に、コンポーネントの考え方の参考になるPresentational ComponentとContainer Componentについて説明します。

これらの分類はAtomic DesignとともにReactではよく使われている、見た目と振る舞いを分離するためのコンポーネントのルールです。これらを分離することで、それぞれの責務を明確に分けることができ、またテストやデバッグが容易になりコードの保守性が高まります。

Presentational Component

リスト4.1はシンプルなボタンコンポーネントを実装したものです。

`Button`はラベルとボタンを表示しています。デザインを実装する上で必要な構造のコンポーネントを返しています。`props`からデータを受け取りそれぞれのコンポーネントに割り振っています。また、`className`を指定することでコンポーネントにスタイルを適用しています。どういった文章をラベルやボタンに表示するか、ボタンをいつ無効化するか、ボタンを押した時の挙動などは一切ここでは定義していません。あくまでpropsから渡されたデータを元にデザインを実装しています。

リスト4.1 Presentational Component

```
import './styles.css'

type ButtonProps = {
  label: string
  text: string
  disabled: boolean
  onClick: React.MouseEventHandler<HTMLButtonElement>
}

// ラベルとボタンを表示するコンポーネント
export const Button = (props: ButtonProps) => {
  const { label, text, disabled, onClick } = props

  // propsで渡されたデータを元に見た目を実装する
  return (
    <div className="button-container">
      <span>{label}</span>
      <button disabled={disabled} onClick={onClick}>
        {text}
      </button>
    </div>
  )
}
```

Presentational Componentは見た目を実装するコンポーネントです。

基本的に`props`で渡されたデータを元に適切なUIパーツを表示することだけをします。スタイルの適用もこのコンポーネントで行います。Presentational Componentの中では、内部に状態を持たせず、API呼び出しなどの副作用を実行しません。`props`のみに依存することで、同じ`props`に対して常に同じものが表示されるため、デザインに関してデバッグが容易になります。また、デザインだけを修正したい場合にも、振る舞いや外側の影響を考える必要がありません。

Container Component

対して、Container Componentではデザインは一切実装せずに、ビジネスロジックのみを担います。

Container ComponentではHooksを持たせて、状態を使って表示内容を切り替える、APIコールなどの副作用を実行するなどの振る舞いを実装します。また、Contextを参照しPresentational Componentへ表示に必要なデータを渡します。

リスト4.2は先ほどの`Button`を使用して、カウントをするボタンを実装したものです。`CountButton`では`Button`のみを返し、見た目の実装はしていません。その代わりに、Hooksを定義して状態やボタンが押された時の挙動を実装しています。また、状態に応じてポップアップの表示やAPIコールなどの副作用を実行します。

リスト4.2 Container Component

```
import { useState, useCallback } from 'react'
import { Button } from './button'

// ポップアップを表示するためのフック
const usePopup = () => {

  // 与えられたテキストを表示するポップアップを出現させる関数
  const cb = useCallback((text: string) => {
    prompt(text)
  }, [])

  return cb
}

type CountButtonProps = {
  label: string
  maximum: number
}

// クリックされた回数を表示するボタンを表示するコンポーネント
export const CountButton = (props: CountButtonProps) => {
  const { label, maximum } = props

  // アラートを表示させるためのフックを使う
  const displayPopup = usePopup()

  // カウントを保持する状態を定義する
  const [count, setCount] = useState(0)

  // ボタンが押された時の挙動を定義する
  const onClick = useCallback(() => {
    // カウントを更新する
    const newCount = count + 1
    setCount(newCount)

    if (newCount >= maximum) {
      // アラートを出す
      displayPopup(`You've clicked ${newCount} times`)
    }
  }, [count, maximum])

  // 状態を元に表示に必要なデータを求める
  const disabled = count >= maximum
  const text = disabled
    ? 'Can\'t click any more'
```

```
    : `You've clicked ${count} times`

  // Presentational Componentを返す
  return (
    <Button disabled={disabled} onClick={onClick} label={label} text={text} />
  )
}
```

Container Componentが親としてビジネスロジックを担い、子のPresentational Componentは親から渡された**props**をもとに表示のみを担います。Presentational ComponentとContainer Componentに分けることで、見た目と挙動で責務を分けることができ、コードの可読性や保守性が向上します。

続けて紹介するAtomic Designとあわせて、ファイル分割やコンポーネント設計の参考にしてください。

4.1.2 Atomic Design

Atomic Designは、もともとデザイン（デザインシステム*1）を構築するための方法論です。

Atomic Designではデザインを階層的に定義することで、一貫性を保ち、管理しやすくしています。Atomic Designはデザインを5つの階層に分けます。最小から最大の順で、Atoms、Molecules、Organisms、Templates、Pagesです。Atomsを組み合わせてMoleculesをつくる……というように下の階層の要素を組み合わせて上の階層の要素を構成します。

階層名	説明	例
Atoms	最小の要素。これ以上分割できない。	ボタン、テキスト。
Molecules	複数のAtomsを組み合わせて構築。	ラベル付きのテキストボックス。
Organisms	Moleculesよりもより具体的な要素。	入力フォーム。
Templates	ページ全体のレイアウト。	ページのレイアウト。
Pages	ページそのもの。	ページそのもの。

この分類がReactなどのコンポーネント開発と相性が良く、Atomic Designは広く用いられます。

Atomic Designはデザインで使われている方法論で、特定のフレームワークなどを強く意識したものではありません。このため、それぞれの階層でプログラム的にどういった役割・振る舞いを持つべきかは定義されていません。Reactのコンポーネントの分類で使用する際には、それぞれの階層でどういった役割を持つか定義する必要があります。

*1　統一感のある、効率的なデザインのためのシステム。デザインの指針の言語化、ビジュアルセットなど。

4.1.3 Atoms

Atomsは一番下の階層に位置し、ボタン・テキストなどのこれ以上分割できないコンポーネントを実装します。

基本的に状態や振る舞いを持たず、文章、色、大きさなどの描画に必要なパラメータは`props`から受け取ります。

また、大きさも親から制御できるようにするため、`props`を使ったり、CSSで親要素の大きさに依存させたりするように実装します。Atomsで定義したコンポーネントは汎用的に利用されることが多いため、特定のドメイン知識*2に依存しないコンポーネントを実装します。たとえば画像表示するコンポーネントを実装する際に、Atom*3では画像URLを含むユーザーオブジェクトを渡すのではなく、画像のURLという必要なデータのみをAtomに渡します。

4.1.4 Molecules

Moleculesは、ラベル付きのテキストボックスなど複数のAtomsを組み合わせて構築したUIコンポーネントです。

Moleculesでも基本的には状態や振る舞いを持たず、汎用的に使うため必要なデータは親から渡すようにします。複数のAtomsを配置して、必要なデータを子コンポーネントに渡し、それぞれの位置関係をCSSで指定します。

Moleculesは1つの役割を持ったUIのみを実装します。複数の役割を持つ場合は大きすぎます。

4.1.5 Organisms

Organismsは、サインインフォームやヘッダーなどのより具体的なUIコンポーネントを実装します。

ここではドメイン知識に依存したデータを受け取ったり、Contextを参照したり、独自の振る舞いを持つことができます。状態を持たせるなど副作用を実装する際は、前の項で説明したように見た目をPresentational Componentに実装し、ロジック部分をContainer Componentに実装します。つまり、1つの階層でも複数のファイルで実装されることがあるということです。

4.1.6 Templates

Templatesはページ全体のレイアウトを実装します。

複数のOrganism以下のコンポーネントを配置し、それぞれをCSSでレイアウトするといった役

*2 特定の領域の知識のこと。ここでは、アプリケーションや上の階層（Molecules）の用途や性質ぐらいの意味で考えてください。

*3 個別のAtomsをAtomと表現しています。

割を担います。

4.1.7 Pages

Pagesは最上位のコンポーネントでページ単位のUIコンポーネントを実装します。

レイアウトはTemplatesで実装しているので、ここでは状態の管理、`router`関係の処理、APIコールなどの副作用の実行、Contextに値を渡すなどを振る舞いに関するものを実装します。

Next.jsではページが最上位コンポーネントになっているので、Next.jsのページコンポーネントでPagesを実装します。

4.2 styled-componentsによるスタイル実装

styled-components*4はCSS in JS*5と呼ばれるライブラリの1つで、名前の通りJavaScript内にCSSを効率的に書くためのものです。コンポーネントにスタイルを適用するために用います。

styled-componentsではコンポーネントと同じファイルでスタイルを実装します。CSSファイルを作成して別のファイルで記述する必要がなく、CSSと同じ表現力でスタイルを定義できます。styled-componentsで定義したスタイルは実行時にユニークなクラス名が設定され、対象のコンポーネントのみにスタイルが適用されます。

styled-componentsを用いるとJavaScript/TypeScriptのコード、HTMLタグ、スタイルを1つのコンポーネントにまとめることができ、管理が容易になります。

Next.jsでstyled-componentsを使用するために必要な初期設定の方法と基本的な使い方の説明をしていきます。

4.2.1 styled-componentsをNext.jsに導入

3章で作成したプロジェクトを元に、Next.jsにstyled-componentsを導入します。`styled-components`パッケージと型定義の`@types/styled-components`をインストールします。

```
# 3章で作成したNext.jsプロジェクト内で実行する
$ npm install --save styled-components
$ npm install --save-dev @types/styled-components
```

`next.config.js`に以下の設定を追加します。

*4　https://styled-components.com/

*5　CSS-in-JSとも表記。ここで紹介したもののほかにVercelのstyled-jsx（https://github.com/vercel/styled-jsx）、emotion（https://emotion.sh/docs/introduction）などがあります。

リスト 4.3 next.config.js

```
/** @type {import('next').NextConfig} */
const nextConfig = {
  reactStrictMode: true,
  compiler: {
    styledComponents: true,
  },
}

module.exports = nextConfig
```

これでstyled-componentsを使用できるようになりました。

次に、SSRやSSG使用時にサーバーサイドでスタイルを適用させるための設定をします。`pages/_document.tsx`を新しく作成して、`getInitialProps`メソッドを記述します[*6]。

`pages/_document.tsx`はカスタムドキュメント[*7]と呼ばれるしくみで、デフォルトで生成されるページの設定のうち、`html`や`head`、`body`要素に関わる部分を上書きするためのものです[*8]。ここでは、スタイルを差し込む処理を追加しています[*9]。

リスト 4.4 src/pages/_document.tsx

```
import Document, { DocumentContext } from 'next/document'
import { ServerStyleSheet } from 'styled-components'

// デフォルトのDocumentをMyDocumentで上書き
export default class MyDocument extends Document {
  static async getInitialProps(ctx: DocumentContext) {
    const sheet = new ServerStyleSheet()
    const originalRenderPage = ctx.renderPage

    try {
      ctx.renderPage = () =>
        originalRenderPage({
          enhanceApp: (App) => (props) =>
            sheet.collectStyles(<App {...props} />),
        })

      // 初期値を流用
      const initialProps = await Document.getInitialProps(ctx)

      // initialPropsに加えて、styleを追加して返す。
      return {
        ...initialProps,
        styles: [
          // もともとのstyle
          initialProps.styles,
```

*6 ここで用いている`getInitialProps`は基本的には`_document`の初期化にのみ使うものだと考えてください。普段はあまり使いません。詳細はドキュメントを参照してください。 https://nextjs.org/docs/api-reference/data-fetching/get-initial-props

*7 https://nextjs.org/docs/advanced-features/custom-document

*8 カスタムAppがページの初期化を担うのに対して、カスタムドキュメントはページの`html`要素や`body`要素そのものを変更するという点で違いがあります。詳しくはドキュメントを参照してください。

*9 https://github.com/vercel/next.js/tree/canary/examples/with-styled-components

```
          // styled-componentsのstyle
          sheet.getStyleElement()
        ],
      }
    } finally {
      sheet.seal()
    }
  }
}
```

ここまでで準備は完了です。**pages/index.tsx**でstyled-componentsを試しに使ってみます。**styled.<要素名>**でどの要素かを指定し、その直後にテンプレート文字列を書きます。テンプレート文字列の中でスタイルを定義します。**styled-components**をインポートし、**h1**要素にスタイルを適用した**H1**コンポーネントを定義していきます。

リスト4.5 pages/index.tsx

```
import type { NextPage } from 'next'
import styles from '../styles/Home.module.css'
import styled from 'styled-components'

const H1 = styled.h1`
  color: red;
`

const Home: NextPage = () => {
  return (
    <div className={styles.container}>
      <main className={styles.main}>
        ...
        <H1>
          Welcome to <a href="https://nextjs.org">Next.js!</a>
        </H1>
      </main>
    </div>
  )
}

export default Home
```

サーバーを起動してブラウザで確認すると**Welcome to**の部分の色が赤に変わっています。これでstyled-componentsの導入は完了です。

図4.1 styled-componentsを使用したスタイル適用

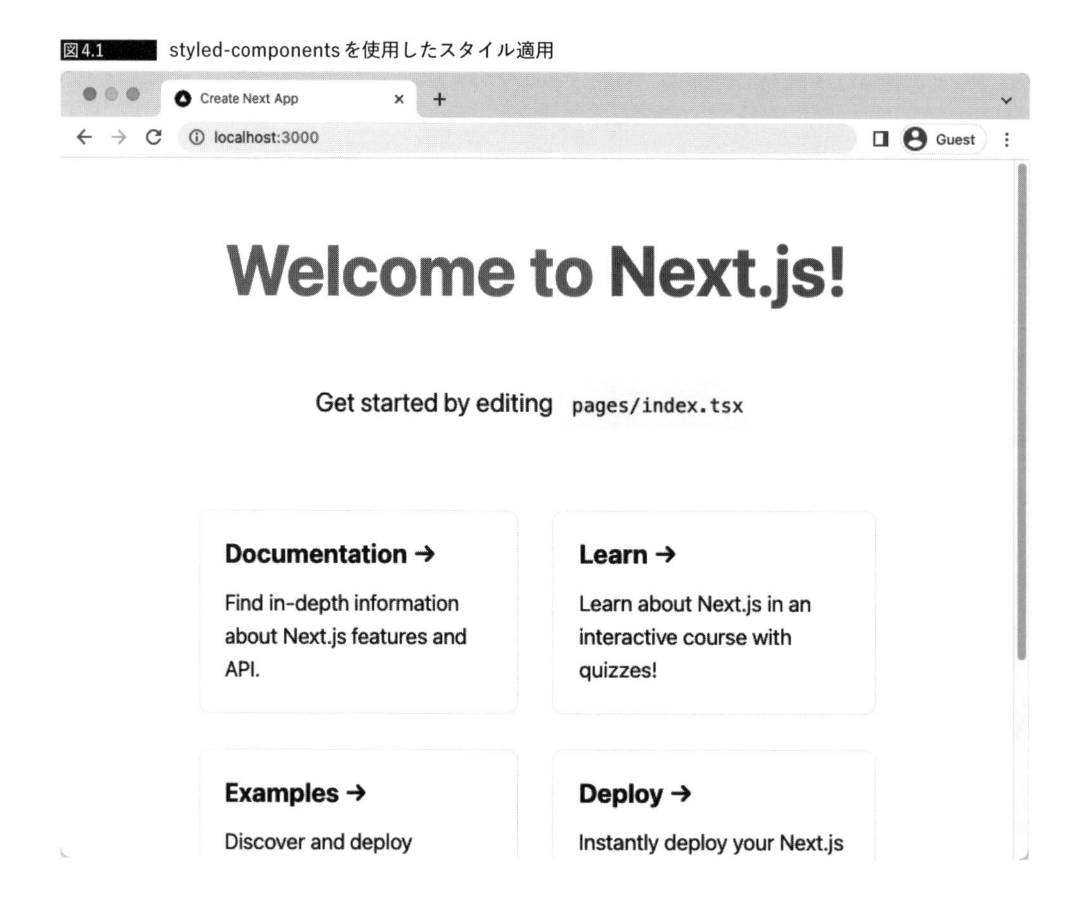

以後、詳細な使い方を紹介します。

4.2.2 styled-componentsを用いたコンポーネント実装

styled-componentsを使ってコンポーネントを実装するには、次の書式で指定します。

```
styled.要素名`スタイル`
```

リスト 4.6 はspan要素にスタイルを適用したBadgeコンポーネントを実装しています。

リスト 4.6 span要素にスタイルを適用

```
import { NextPage } from 'next'
import styled from 'styled-components'

// span要素にスタイルを適用したコンポーネント
const Badge = styled.span`
  padding: 8px 16px;
  font-weight: bold;
```

```
  text-align: center;
  color: white;
  background: red;
  border-radius: 16px;
`

const Page: NextPage = () => {
  return <Badge>Hello World!</Badge>
}

export default Page
```

propsを使う

親のコンポーネントに応じてCSSの内容を変えたいときには、propsを利用して、外部からスタイルを制御できます。

タグ名の直後にpropsの型を指定し、さらにスタイル中で${(props) => props.color}などでpropsから値を取り出す関数を埋め込みます。

リスト4.7はボタンの文字色と背景色をpropsで指定できるコンポーネントの例です。

リスト4.7 propsを使用しスタイルを制御

```
import { NextPage } from 'next'
import styled from 'styled-components'

type ButtonProps = {
  color: string
  backgroundColor: string
}

// 文字色と背景色がpropsから変更可能なボタンコンポーネント
// 型引数にpropsの型を渡す
const Button = styled.button<ButtonProps>`
  /* color, background, border-colorはpropsから渡す */
  color: ${(props) => props.color};
  background: ${(props) => props.backgroundColor};
  border: 2px solid ${(props) => props.color};

  font-size: 2em;
  margin: 1em;
  padding: 0.25em 1em;
  border-radius: 8px;
  cursor: pointer;
`

const Page: NextPage = () => {
  return (
    <div>
      {/* 赤色の文字で透明な背景のボタンを表示 */}
      <Button backgroundColor="transparent" color="#FF0000">
        Hello
      </Button>
      {/* 白色の文字で青色の背景のボタンを表示 */}
      <Button backgroundColor="#1E90FF" color="white">
        World
```

```
      </Button>
    </div>
  )
}

export default Page
```

mixinを使う

CSSの一連の定義を再利用したいケースがあります。styled-componentsのmixin*10ではCSSの定義を再利用できます。

`css`関数を使って別に定義したスタイルを`${style}`のようにして埋め込めます。**リスト4.8**は赤色のボーダーと青色文字のスタイルをそれぞれ定義して、それをボタンとテキストのスタイルに埋め込んだ例です。

リスト4.8 mixinを使いスタイルを再利用

```
import { NextPage } from 'next'
import styled, { css } from 'styled-components'

// 赤色のボーダーを表示するスタイル
const redBox = css`
  padding: 0.25em 1em;
  border: 3px solid #ff0000;
  border-radius: 10px;
`

// 青色文字を表示するスタイル
const font = css`
  color: #1e90ff;
  font-size: 2em;
`

// 赤色ボーダーと青色文字のスタイルをそれぞれ適用し、背景が透明なボタンコンポーネント
const Button = styled.button`
  background: transparent;
  margin: 1em;
  cursor: pointer;

  ${redBox}
  ${font}
`

// 青色文字のスタイルを継承し、ボールドでテキストを表示するコンポーネント
const Text = styled.p`
  font-weight: bold;

  ${font}
`

const Page: NextPage = () => {
  return (
    <div>
```

*10 Sassなどにもmixinがあります。

```
      {/* 青色文字で赤色ボーダーのボタンを表示 */}
      <Button>Hello</Button>
      {/* 青色文字のテキストを表示 */}
      <Text>World</Text>
    </div>
  )
}

export default Page
```

スタイルを継承する

スタイルを再利用したいとき、ある要素のスタイルを継承（引き継ぎ）するのも有用です。たとえば基本のボタン要素があるとき、それを多少変化させたボタン要素をつくりたいケースではもともとのボタン要素を引き継いだ方が実装が少なく済みます。

リスト 4.9 はすでに定義されている`Text`を拡張して、ボーダーを付け足した`BorderedText`を定義する例です。

リスト 4.9　コンポーネントを継承してスタイルを拡張

```
import { NextPage } from 'next'
import styled from 'styled-components'

// 青いボールド文字を表示するコンポーネント
const Text = styled.p`
  color: blue;
  font-weight: bold;
`

// Textを継承し、ボーダーのスタイルを加えたコンポーネント
const BorderedText = styled(Text)`
  padding: 8px 16px;
  border: 3px solid blue;
  border-radius: 8px;
`

const Page: NextPage = () => {
  return (
    <div>
      <Text>Hello</Text>
      <BorderedText>World</BorderedText>
    </div>
  )
}

export default Page
```

スタイルを別のコンポーネントで使用する

スタイルを定義したコンポーネントを別のHTML要素で使いたい場合、`props`の`as`に使いたい要素名を指定するとその要素で表示します。

リスト 4.10 はもともとp要素用だった`Text`コンポーネントをa要素で使用する例です。

リスト 4.10 asを使用して別の要素として使用する

```
import { NextPage } from 'next'
import styled from 'styled-components'

// 青色のテキストを表示するコンポーネント
const Text = styled.p`
  color: #1e90ff;
  font-size: 2em;
`

const Page: NextPage = () => {
  return (
    <div>
      {/* 青色のテキストを表示 */}
      <Text>World</Text>
      {/* 青色のリンクを表示  */}
      <Text as="a" href="/">
        Go to index
      </Text>
    </div>
  )
}

export default Page
```

Next.jsのコンポーネントにスタイルを使用する

デフォルトでは、styled-componentsで定義したスタイルは描画時にスタイルを作成し、classNameをコンポーネントに渡します。コンポーネント内の特定のコンポーネントにスタイルを適用したい場合は、class属性、つまりpropsに渡されるclassNameを任意のコンポーネントに渡します。

リスト 4.11 はnext/linkのLinkを使ったリンク用のコンポーネントにスタイルを適用する例です。Linkコンポーネントは外部からchildrenが与えられない場合、デフォルトでa要素を返します。しかし、Linkコンポーネントに渡したclassNameはa要素に渡されません。

そのため、まずLinkとa要素を組み合わせたBaseLinkコンポーネントを定義します。BaseLinkコンポーネントのpropsのclassNameは、トップレベルのLinkコンポーネントではなくa要素に渡します。そして、BaseLinkを継承してスタイルを適用したStyledLinkを定義します。こうすることで、定義したスタイルをa要素に反映できます。

リスト 4.11 特定のコンポーネントにスタイルを適用

```
import { NextPage } from 'next'
import Link, { LinkProps } from 'next/link'
import styled from 'styled-components'

type BaseLinkProps = React.PropsWithChildren<LinkProps> & {
  className?: string
  children: React.ReactNode
}

// Next.jsのリンクにスタイルを適用するためのヘルパーコンポーネント
// このコンポーネントをstyled-componentsで使用すると、
```

```
// 定義したスタイルに対応するclassNameがpropsとして渡される
// このclassNameをa要素に渡す
const BaseLink = (props: BaseLinkProps) => {
  const { className, children, ...rest } = props
  return (
    <Link {...rest}>
      <a className={className}>{children}</a>
    </Link>
  )
}

const StyledLink = styled(BaseLink)`
  color: #1e90ff;
  font-size: 2em;
`

const Page: NextPage = () => {
  return (
    <div>
      {/* 青色のリンクを表示する */}
      <StyledLink href="/">Go to Index</StyledLink>
    </div>
  )
}

export default Page
```

Theme（テーマ）

styled-componentsの**ThemeProvider**を使うことでテーマを設定できます。これは使用する色や文字・スペースの大きさをあらかじめ別の場所で定義しておき、**props**でスタイルを設定するときにそれらの値を参照できる機能です。

まず、**theme.ts**を作成しテーマを定義します。

リスト4.12 theme.ts

```
export const theme = {
  space: ['0px', '4px', '8px', '16px', '24px', '32px'],
  colors: {
    white: '#ffffff',
    black: '#000000',
    red: '#ff0000',
  },
  fontSizes: ['12px', '14px', '16px', '18px', '20px', '23px'],
  fonts: {
    primary: `arial, sans-serif`,
  },
}
```

そして、このテーマを**ThemeProvider**に渡します。**pages/_app.tsx**に**ThemeProvider**を追加して、それぞれのページコンポーネントがContext経由で参照できるようにします。

pages/_appはページの初期化のために用いられます。カスタムAppと呼ばれるもので、全ページに共通する処理をページ初期化時に追加するものと考えてください*11。グローバルCSSの追加、ページ遷移時のレイアウトの維持などのために使われます。

カスタムドキュメントはページ全体の構成（html要素やhead要素）を担うのに対して、カスタムAppはページ初期化時の処理を追加する役割です。

リスト4.13 pages/_app.tsx

```
import { AppProps } from 'next/app'
import { ThemeProvider } from 'styled-components'
import { theme } from '../theme'

const MyApp = ({ Component, pageProps }: AppProps) => {
  // styled-componentsでテーマを使用するためにThemeProviderを置く
  return (
    <ThemeProvider theme={theme}>
      <Component {...pageProps} />
    </ThemeProvider>
  )
}

export default MyApp
```

そしてテーマで定義した値を使用する際には、propsのthemeオブジェクトを参照します。

リスト4.14 themeで定義した値を使用

```
import { NextPage } from 'next'
import styled from 'styled-components'

const Text = styled.span`
  /* themeから値を参照してスタイルを適用 */
  color: ${(props) => props.theme.colors.red};
  font-size: ${(props) => props.theme.fontSizes[3]};
  margin: ${(props) => props.theme.space[2]};
`

const Page: NextPage = () => {
  return (
    <div>
      <Text>Themeから参照した色を使用しています</Text>
    </div>
  )
}

export default Page
```

テーマを使用するとアプリ全体で同じスタイルを使用でき、デザインの一貫性を保てます。また、スタイルの変更も一括でできるので容易になります。

*11 Appは全ページで初期化時に使われるコンポーネントです。詳しくはドキュメントを参照してください。
https://nextjs.org/docs/advanced-features/custom-app

4.3 Storybookを使ったコンポーネント管理

Storybook*12はUIコンポーネント開発向けの支援ツールです。コンポーネントのカタログを構築できます。「実際にコンポーネントを組み込んだ画面全体」ではなく、個々のコンポーネントごとに確認できます。

コンポーネントベースの開発では、いかに手軽に個々のコンポーネントを確認・一覧できるかが開発体験に大きな影響を与えます。Storybookを使用することで、独立した環境でUIコンポーネントの見た目や振る舞いを確認でき、コンポーネントの管理がしやすくなります。

また、デザイナーの方でも開発中にUIコンポーネントの実装を容易に確認でき、デザイン上の問題による手戻りを減らすことができます。4.3ではStorybookの基本的な使い方について説明していきます。

4.3.1 Storybookの基本的な使い方

Storybookをプロジェクトに導入します。Storybookは環境構築用のコマンド、`npx sb init`を実行することで、自動的に必要なパッケージをインストールして環境を構築します。Storybookを起動するためのスクリプトも自動で`package.json`に追加され、`npm run storybook`で起動します。起動が完了すると自動でブラウザの新しいページが開きStorybookが表示されます。

```
$ npx sb@latest init
$ npm run storybook

...

╭──────────────────────────────────────────────╮
│                                              │
│  Storybook 6.5.9 for React started           │
│  18s for manager and 18s for preview         │
│                                              │
│  Local: http://localhost:6006/               │
│  On your network: http://192.168.0.11:6006/  │
│                                              │
╰──────────────────────────────────────────────╯
```

Storybookは2カラム構成になっており、左のツリーから要素を選択すると右側にコンポーネントが表示されます。この選択した1つの要素はStoryと呼ばれ、Story単位で描画されます。

*12 https://storybook.js.org/

図4.2 Storybookの初期画面

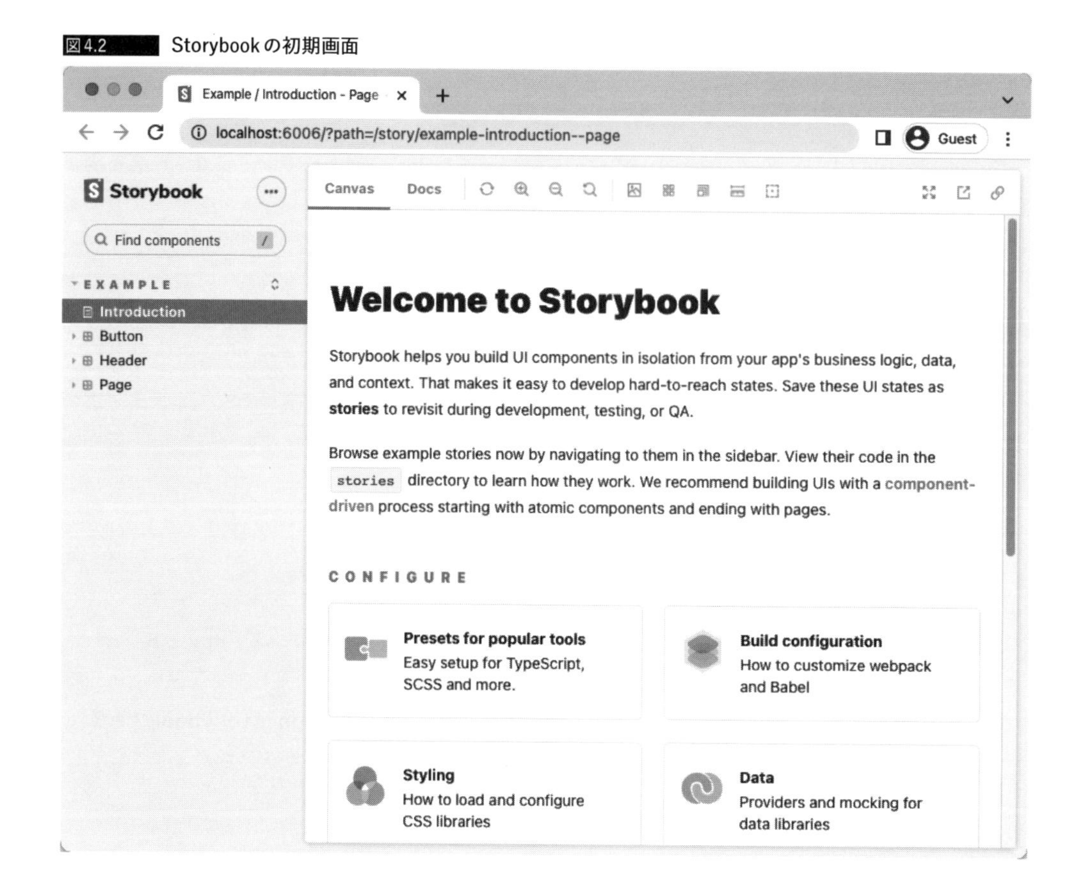

実際にコンポーネントをStorybookで表示する方法について説明します。まずは、例として表示対象となるコンポーネントを実装します。`components/StyledButton/index.tsx`というファイルをつくり、以下を記述します。`StyledButton`は`variant`によってボタンの色を制御できるボタンコンポーネントです。ここでの`variant`とは、コンポーネントのスタイルに、キーワードをもとにバリエーションを与える機能のことです。たとえば、基本的には同じスタイルで色だけ変えたいボタンや、緊急度などに応じてテキストの色だけ変えたいといったケースで活用します[13]。

リスト 4.15 components/StyledButton/index.tsx

```
import styled, { css } from 'styled-components'

const variants = {
  primary: {
    color: '#ffffff',
    backgroundColor: '#1D3461',
    border: 'none',
  },
```

*13 https://styled-system.com/variants

```
  success: {
    color: '#ffffff',
    backgroundColor: '#5AB203',
    border: 'none',
  },
  transparent: {
    color: '#111111',
    backgroundColor: 'transparent',
    border: '1px solid black',
  },
} as const

type StyledButtonProps = {
  variant: keyof typeof variants
}

export const StyledButton = styled.button<StyledButtonProps>`
  ${({ variant }) => {
    // variantに与えられたキーを元に、対応するスタイルを取得する
    const style = variants[variant]

    // cssを使い、複数のスタイルを返す
    return css`
      color: ${style.color};
      background-color: ${style.backgroundColor};
      border: ${style.border};
    `;
  }}

  border-radius: 12px;
  font-size: 14px;
  height: 38px;
  line-height: 22px;
  letter-spacing: 0;
  cursor: pointer;

  &:focus {
    outline: none;
  }
`
```

Storybookでこのコンポーネントを表示するために、**stories/StyledButton.stories.tsx**を作成します。コンポーネントに対応させた、**.stories.tsx**で終わるファイル名のファイルを作成します。以下のコードを記述します。**export default**として外部に公開しているのはメタデータオブジェクトというファイル内のStoryの設定です。

リスト4.16 stories/StyledButton.stories.tsx

```
import { ComponentMeta } from '@storybook/react'
import { StyledButton } from '../components/StyledButton'

// ファイル内のStoryの設定（メタデータオブジェクト）
export default {
  // グループ名
  title: 'StyledButton',
  // 使用するコンポーネント
```

```
  component: StyledButton,
} as ComponentMeta<typeof StyledButton>

export const Primary = (props) => {
  return (
    <StyledButton {...props} variant="primary">
      Primary
    </StyledButton>
  )
}

export const Success = (props) => {
  return (
    <StyledButton {...props} variant="success">
      Primary
    </StyledButton>
  )
}

export const Transparent = (props) => {
  return (
    <StyledButton {...props} variant="transparent">
      Transparent
    </StyledButton>
  )
}
```

まず、ストーリーのグループ名や表示したいコンポーネントをまとめた設定オブジェクトを定義しデフォルトエクスポートします。その後、Storybookで表示するコンポーネントを定義し、名前付きエクスポートします。それぞれの変数名がStoryの名前になります。

このコードを追加してStorybookを確認すると、`StyledButton`というグループが左に表示され、その中にそれぞれ`Primary`, `Success`, `Transparent`という3つのStoryがあります。

図4.3 Storybookでのボタンの表示

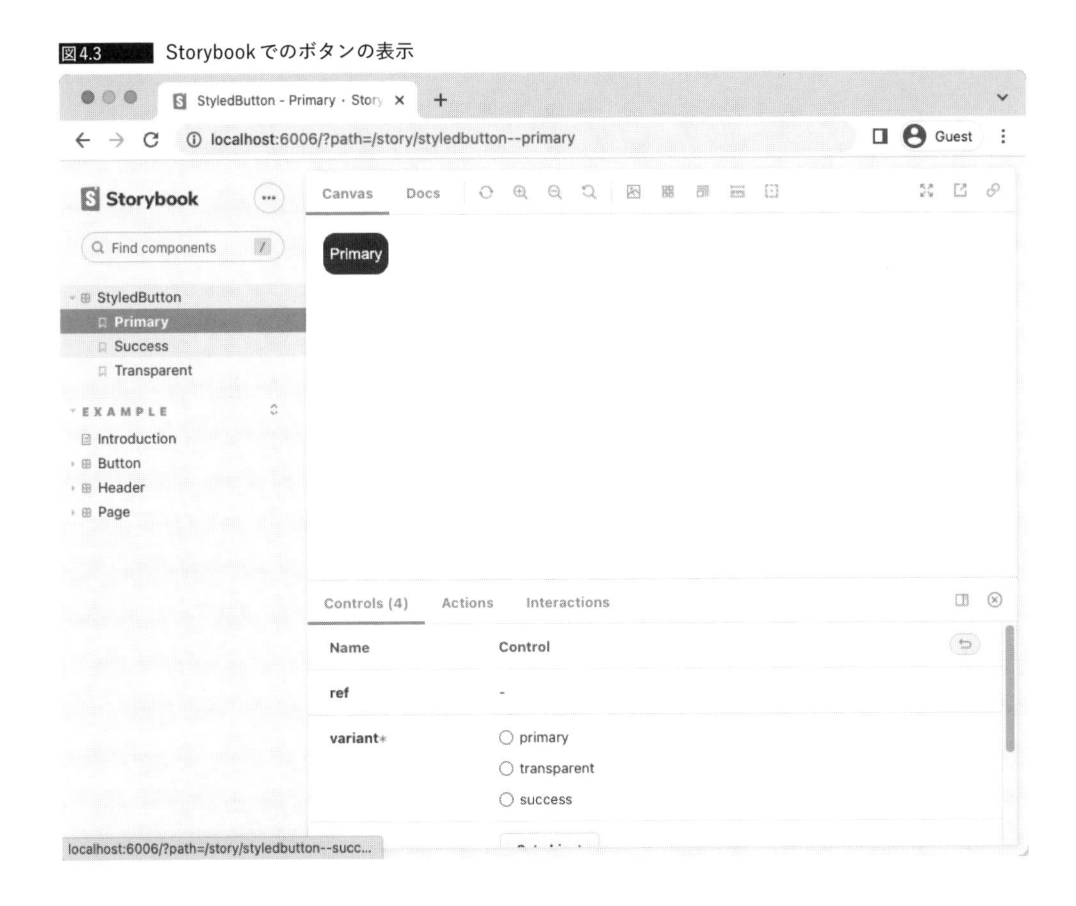

4.3.2 Actionを使用したコールバックのハンドリング

コンポーネントをクリックした際などに適切にコールバックが呼ばれるかどうかをStorybook上で確認できます。

メタデータオブジェクトの中に新しく`argTypes`を追加し、その中にチェックしたいコールバック名をキーとするオブジェクトを追加します。今回はボタンが押されたか確認をしたいので、`onClick`を設定します。そして、`onClick`の中の`action`へコールバックが呼ばれた際に表示したいメッセージを指定します。

```
export default {
  title: 'StyledButton',
  component: StyledButton,
  // 以下の行を追加
  // onClickが呼ばれたときにclickedというアクションを出力する
  argTypes: { onClick: { action: 'clicked' } },
} as ComponentMeta<typeof StyledButton>
```

Storybook上でボタンをクリックすると、右カラムの下にあるパネルのActionsタブでイベントが表示されます。

図4.4 StorybookでActionの使用

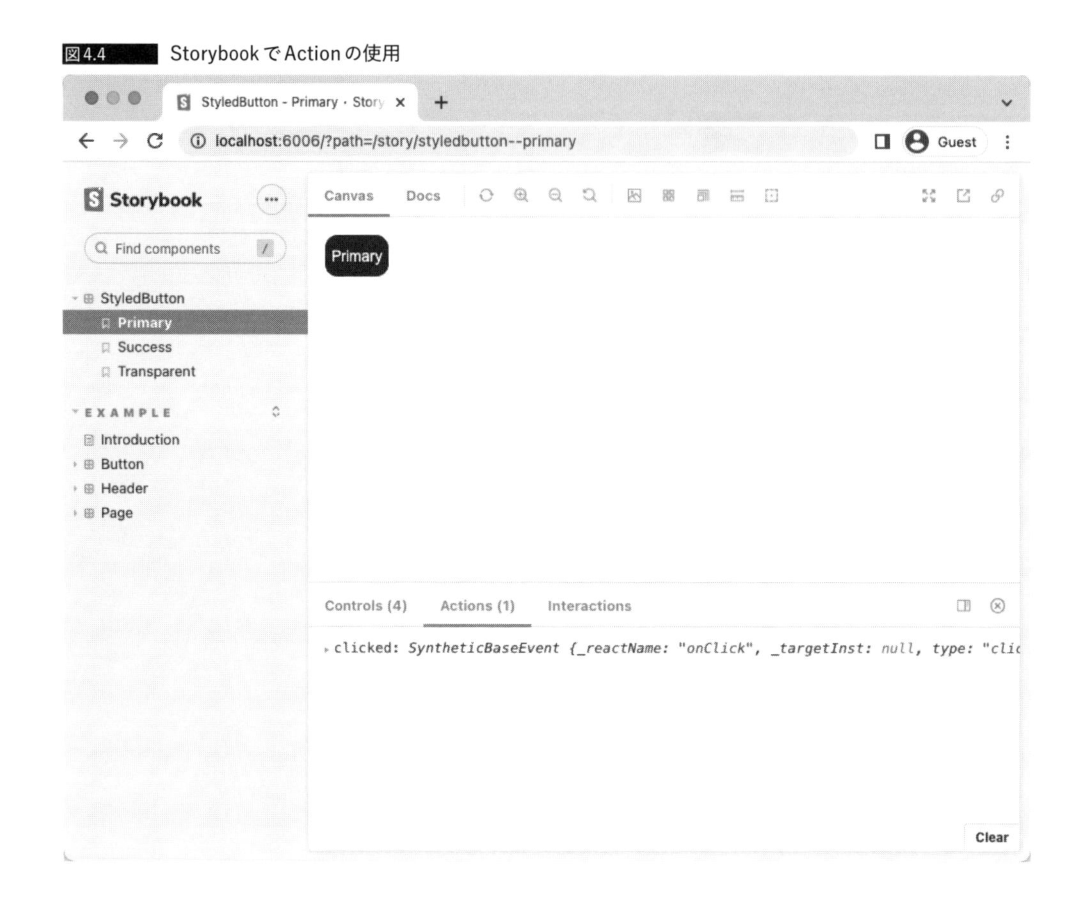

任意のデータをActionsで表示させたい場合は、メタデータで定義する代わりに`@storybook/addon-actions`の`actions`を手続き的に呼び出して出力できます。

この場合、まずインポートした`actions`にアクションの名前を渡して呼び出してActionを発出する関数を作成します。その後、コールバック中などでこの関数に任意のデータを渡して呼び出すことで、StorybookのActionsに出力できます。

リスト4.17 カスタムActionを使用するストーリー

```
import { useState } from 'react'
import { ComponentMeta } from '@storybook/react'
import { StyledButton } from '../components/StyledButton'
// 新しくactionをインポート
import { action } from '@storybook/addon-actions'

export default {
```

```
  title: 'StyledButton',
  component: StyledButton,
} as ComponentMeta<typeof StyledButton>

// incrementという名前でactionを出力するための関数をつくる
const incrementAction = action('increment')

export const Primary = (props) => {
  const [count, setCount] = useState(0)
  const onClick = (e: React.MouseEvent) => {
    // 現在のカウントを渡して、Actionを呼ぶ
    incrementAction(e, count)
    setCount((c) => c + 1)
  }

  return (
    <StyledButton {...props} variant="primary" onClick={onClick}>
      Count: {count}
    </StyledButton>
  )
}
```

図4.5 @storybook/addon-actionsを使ったActionの出力

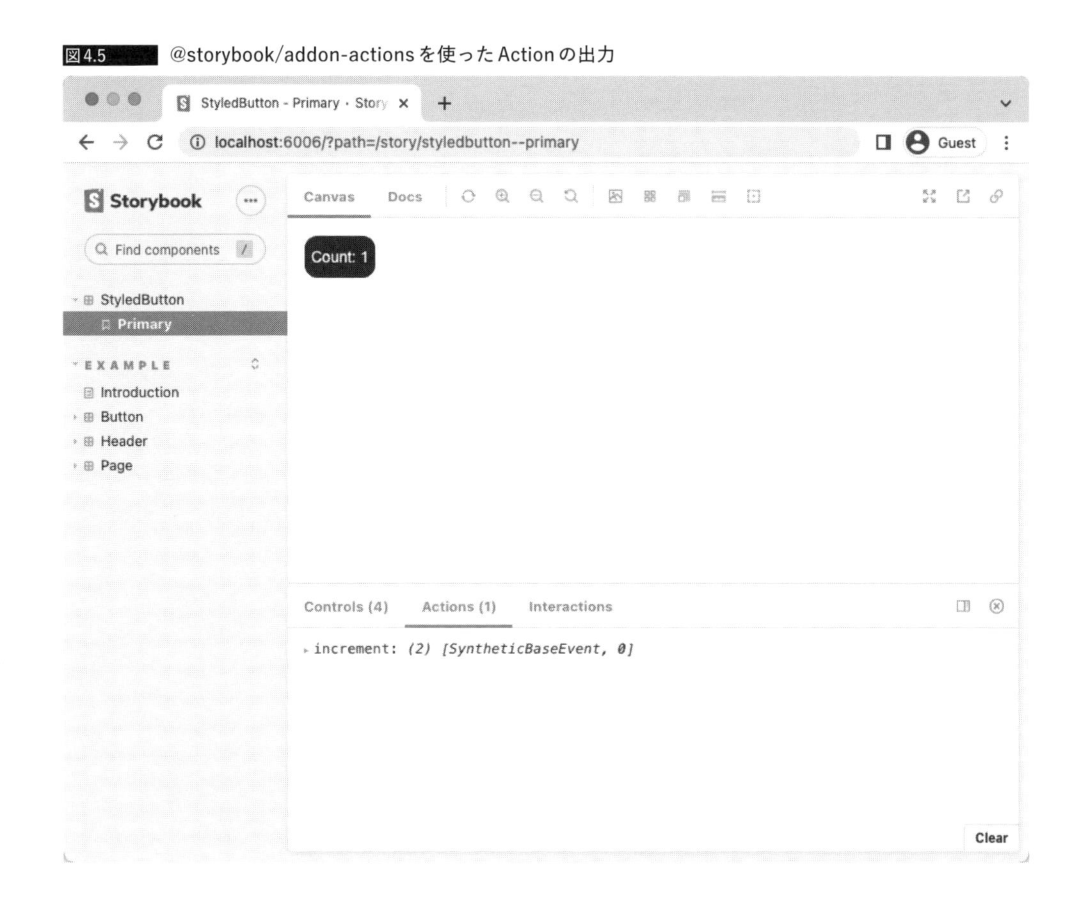

4.3.3 Controlsタブを使ったpropsの制御

Storybook の Controls タブではコンポーネントに渡す**props**を制御できます。その場合は Storybookからコンポーネントへ**props**を渡すため、テンプレートを作成し、各ストーリーをテンプレートの**bind**関数を使って作成します。制御したいデータはメタデータ中の**argTypes**で定義します。以下の例ではボタンの色と表示するテキストをStorybookから制御できるように設定しています。

Storybook上で確認するとControlsタブで**variant**と**children**のためのフィールドがあり、それらを変更するとコンポーネントの表示を変えることができます。

リスト 4.18 argTypesを使用してUIからpropsを制御するストーリー

```
import { ComponentMeta, ComponentStory } from '@storybook/react'
import { StyledButton } from '../components/StyledButton'

export default {
  title: 'StyledButton',
  component: StyledButton,
  argTypes: {
    // propsに渡すvariantをStorybookから変更できるように追加
    variant: {
      // ラジオボタンで設定できるように指定
      control: { type: 'radio' },
      options: ['primary', 'success', 'transparent'],
    },
    // propsに渡すchildrenをStorybookから変更できるように追加
    children: {
      // テキストボックスで入力できるように指定
      control: { type: 'text' },
    },
  },
} as ComponentMeta<typeof StyledButton>

// テンプレートコンポーネントを実装
// Storybookから渡されたpropsをそのままButtonに渡す
const Template: ComponentStory<typeof StyledButton> = (args) => <StyledButton {...↩
args} />

// bindを呼び出しStoryを作成
export const TemplateTest = Template.bind({})

// デフォルトのpropsを設定する
TemplateTest.args = {
  variant: 'primary',
  children: 'Primary',
}
```

図4.6 Storybookでpropsの切り替え

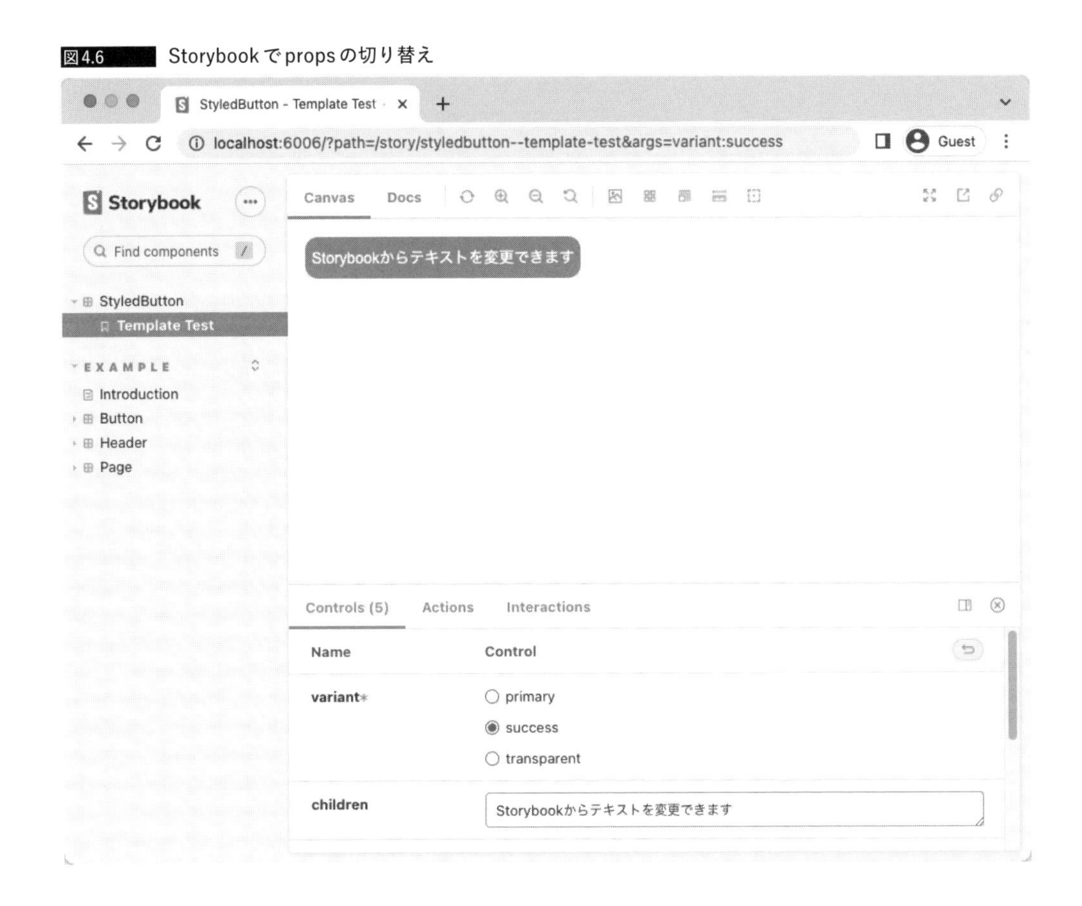

4.3.4 アドオン

Storybookではアドオンを追加することで機能を拡張できます。前の節で紹介したControlsやActionsは@storybook/addon-essentialsに含まれているアドオンです。npx sb initで初期化をした場合、@storybook/addon-essentialsはすでにインストールされているためこれらのアドオンを最初から使用できます。

新たにStorybookにアドオンを追加するには、パッケージをインストールし、.storybook/main.jsのオブジェクトのaddonsにアドオンを指定します。

```
$ # @storybook/addon-essentialsというアドオンを追加する
$ # npx sb initで初期化した場合には、既にインストールされている
$ npm install --save-dev @storybook/addon-essentials
```

```
module.exports = {
  stories: [
    '../stories/**/*.stories.mdx',
```

```
    '../stories/**/*.stories.@(js|jsx|ts|tsx)',
  ],
  addons: [
    // 必要に応じてインストールしたアドオンを追加する
    '@storybook/addon-links',
    '@storybook/addon-essentials',
  ],
}
```

ここでは、最初から追加されている`@storybook/addon-essentials`と`@storybook/addon-links`のみ紹介します。

`@storybook/addon-essentials`ではいくつかの機能を提供しています。Docsはストーリー上でドキュメントを表示する機能です。メタデータの元にドキュメントを自動生成して表示します。また、mdxファイルを別途定義して、その内容を表示できます。その場合はmdxファイルをインポートして、メタデータの`parameters`以下に追加します。

```
import MDXDocument from './StyledButton.mdx'

export default {
  title: 'StyledButton',
  component: StyledButton,
  ...
  parameters: {
    docs: {
      // ドキュメント用のmdxコンポーネントを指定
      page: MDXDocument,
    },
  },
} as ComponentMeta<typeof StyledButton>
```

````
<!-- StyledButton.mdx -->

import { StyledButton } from '../components/StyledButton'

## StyledButton

StyledButton はカスタムボタンコンポーネントです。`variant`でボタンの色を切り替えることができます。

- [Primary](#primary)
- [Success](#success)
- [Transparent](#transparent)

### Primary

```tsx
<StyledButton variant="primary">Primary</StyledButton>
```

<StyledButton variant="primary">Primary</StyledButton>

### Success

```tsx
````
````

````
<StyledButton variant="success">Success</StyledButton>
```

<StyledButton variant="success">Success</StyledButton>

### Transparent

```tsx
<StyledButton variant="transparent">Transparent</StyledButton>
```

<StyledButton variant="transparent">Transparent</StyledButton>
````

図4.7 StorybookのDocs

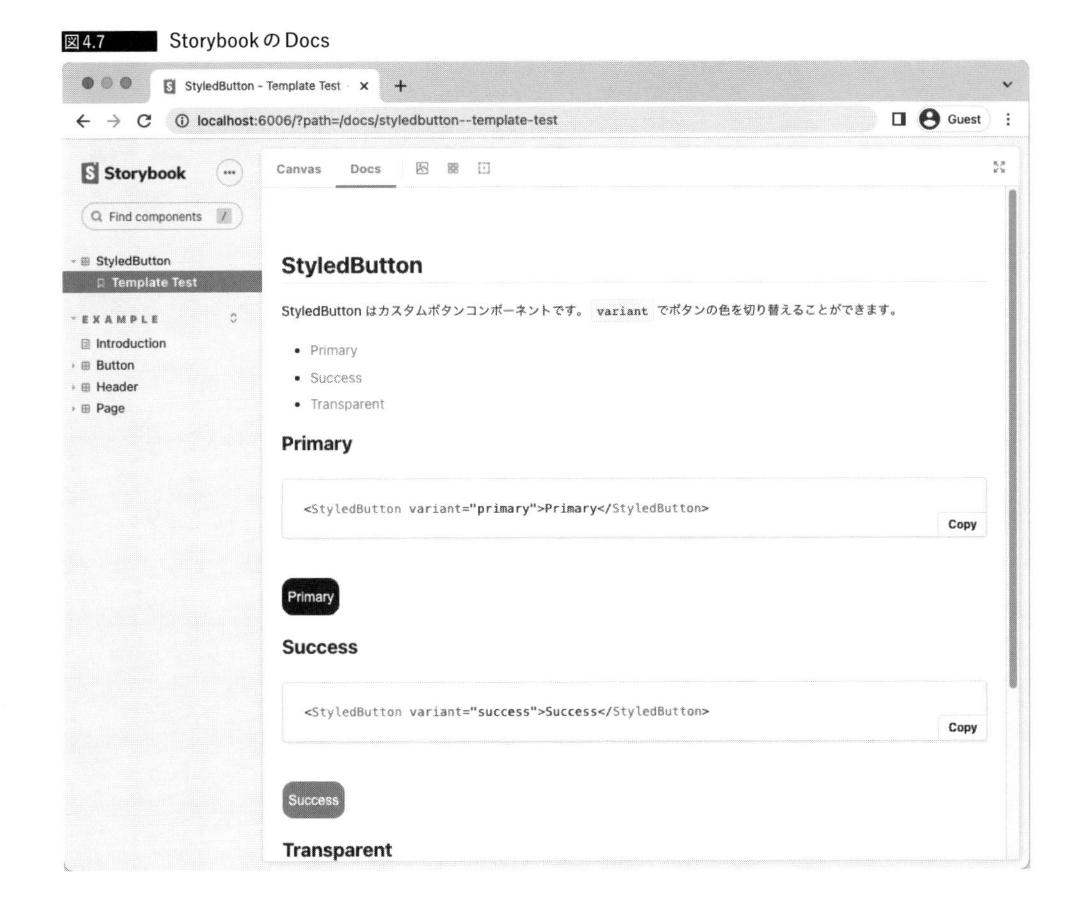

ViewportやBackgroundは、コンポーネントを表示する環境のビューポートや背景色を変更できる機能を追加します。これらは右カラムの上のツールバーから変更できます。
````

図4.8 StorybookでViewportやBackgroundの指定

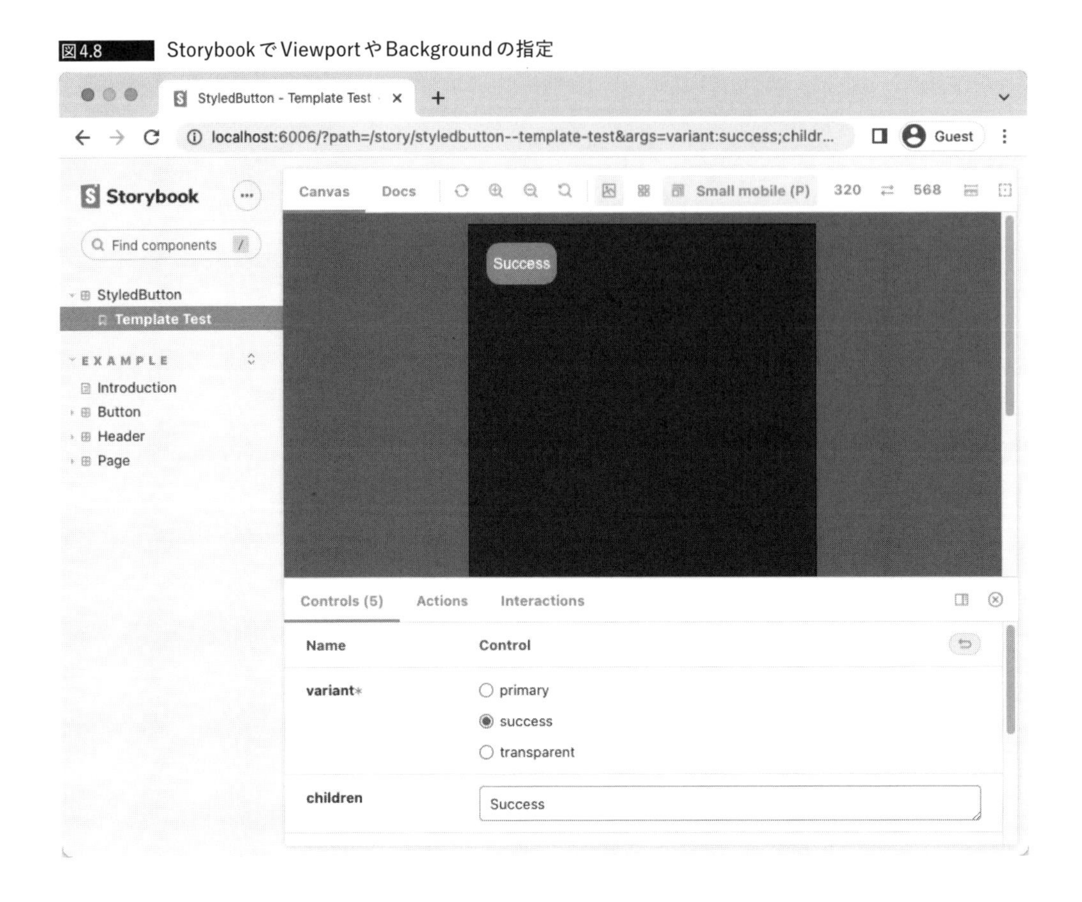

独自のビューポートや背景色を使用するには、`.storybook/preview.js`で設定します。

```
// .storybook/preview.js

export const parameters = {
  ...
  viewport: {
    viewports: {
      iphonex: {
        name: 'iPhone X',
        styles: {
          width: '375px',
          height: '812px',
        },
      },
    },
  },
  backgrounds: {
    values: [
      {
        name: 'grey',
        value: '#808080',
```

```
      },
    ],
  },
}
```

@storybook/addon-linksでは、ストーリー上で別のストーリーに遷移するためのリンク機能を追加します。linkTo関数に移動したいストーリーのパスを指定して呼び出すことで、別のストーリーに切り替えることができます。

リスト4.19 linkToを使用したストーリー間遷移

```
import { ComponentMeta } from '@storybook/react'
import { StyledButton } from '../components/StyledButton'
import { linkTo } from '@storybook/addon-links'

export default {
  title: 'StyledButton',
  component: StyledButton,
} as ComponentMeta<typeof StyledButton>

export const Primary = (props) => {
  // クリックしたらStyledButton/Successのストーリーへ遷移する
  return (
    <StyledButton {...props} variant="primary" onClick={linkTo('StyledButton', '↩
Success')}>
      Primary
    </StyledButton>
  )
}

export const Success = (props) => {
  // クリックしたらStyledButton/Transparentのストーリーへ遷移する
  return (
    <StyledButton {...props} variant="success" onClick={linkTo('StyledButton', '↩
Transparent')}>
      Primary
    </StyledButton>
  )
}

export const Transparent = (props) => {
  // クリックしたらStyledButton/Primaryのストーリーへ遷移する
  return (
    <StyledButton {...props} variant="transparent" onClick={linkTo('StyledButton', ↩
'Primary')}>
      Transparent
    </StyledButton>
  )
}
```

4.4 コンポーネントのユニットテスト

アプリケーション開発においてテストはコードの品質を高め、コードの変更による予期せぬバグの発生を防ぐのに有用です。Reactのコンポーネントに関しても、その振る舞いや描画についてテストを書くことができます。ここでは、Reactの公式が推奨しているReact Testing Libraryを使ったコンポーネントのユニットテストについて説明します。

4.4.1 Reactにおけるユニットテスト

Reactのコンポーネントのテストを書くために使うツールはいくつか存在します。執筆現在はReact Testing Library*14がReact公式で推奨されており、主流のツールとなっています。

React Testing LibraryはDOM Testing Libraryを使ってコンポーネントのテストを動かします。DOMという名前が付いている通り、コンポーネントを実際に描画して、その結果のDOMにアクセスをして正しく描画されているかテストします。React Testing Libraryにはそのために描画やイベント発行、DOMのプロパティへのアクセスなどの機能があります。React Testing Libraryを使うことで、見た目や振る舞いが正しく機能しているかテストできます。

4.4.2 テスト環境構築

まず、Next.jsのプロジェクトにテスト環境を構築します。`npm install`コマンドを使って必要なパッケージをインストールします。

```
# テストに必要なパッケージをインストールします
$ npm install --save-dev jest @testing-library/react @testing-library/jest-dom jest-environment-jsdom
```

プロジェクトルートに`jest.setup.js`を作成し、以下を記述します。

リスト4.20 jest.setup.js

```
import '@testing-library/jest-dom/extend-expect'
```

同じく`jest.config.js`を作成し、以下を記述します。

リスト4.21 jest.config.js

```
const nextJest = require('next/jest')

const createJestConfig = nextJest({ dir: './' })

const customJestConfig = {
  testPathIgnorePatterns: ['<rootDir>/.next/', '<rootDir>/node_modules/'],
  setupFilesAfterEnv: ['<rootDir>/jest.setup.js'],
  testEnvironment: 'jsdom',
}

module.exports = createJestConfig(customJestConfig)
```

*14 https://testing-library.com/docs/react-testing-library/intro/

最後に、`package.json`にテストを実行するためのスクリプトを追加します。

リスト 4.22 package.jsonに追記する

```
{
  ...
  "scripts": {
    ...
    "test": "jest"
  },
}
```

`npm run test`を実行してjestが起動すれば、環境構築は終わりです。現在はまだテストファイルが1つもないので、エラーを出してそのまま終了します。

```
$ npm run test
...
No tests found, exiting with code 1
Run with `--passWithNoTests` to exit with code 0
In /Users/.../next-sample
  79files checked.
  testMatch: **/__tests__/**/*.[jt]s?(x), **/?(*.)+(spec|test).[tj]s?(x) - 0matches
  testPathIgnorePatterns: /node_modules/, /.next/, /Users/.../next-sample/.next/, /
Users/.../next-sample/node_modules/ - 31matches
  testRegex: - 0matches
Pattern: - 0matches
```

4.4.3 React Testing Libraryによるコンポーネントのユニットテスト

ここではReact Testing Library使って実際にテストを書いていきます。今回は簡単な入力ボックスのコンポーネントをテスト対象とします。

次のコンポーネントはテキスト入力とボタンを描画し、テキストボックスに文字を入力でき、またボタンを押すことで入力する内容をリセットできます。`components/Input/index.tsx`を作成し、以下のコードを追加します。

リスト 4.23 components/Input/index.tsx

```
import { useState } from 'react'

type InputProps = JSX.IntrinsicElements['input'] & {
  label: string
}

export const Input = (props: InputProps) => {
  const { label, ...rest } = props

  const [text, setText] = useState('')

  const onInputChange = (e: React.ChangeEvent<HTMLInputElement>) => {
    setText(e.target.value)
  }
```

```
  const resetInputField = () => {
    setText('')
  }

  return (
    <div>
      <label htmlFor={props.id}>{label}</label>
      <input {...rest} type="text" value={text} onChange={onInputChange} />
      <button onClick={resetInputField}>Reset</button>
    </div>
  )
}
```

同じディレクトリにindex.spec.tsxを作成します。テストファイルは.spec.tsxまたは.text.tsxで終了するファイル名にしなければいけません。

次の**リスト4.24**にテストコードを示します。

describe関数を使うことでテストをまとめることができます。今回はInputコンポーネントのテストをするので、Inputという名前のグループを作成して、その中でテストを書いていきます。beforeEachとafterEach関数では、それぞれテスト実行前と実行後の処理を記述します。今回はテスト対象のコンポーネントをテスト前に描画して、テスト後にunmountを呼び出し、それを解放します。itの中では、実際のテストを書いていきます。

まずは、初期描画時に何もinput要素に入力されていないことを確認するテストを書きます。screen.getByLabelTextを使うことで、描画されているDOMから指定した名前のラベルに対応するinputを取得します。そのため、テスト対象ではinput要素とあわせてlabel要素も描画し、label要素のhtmlForにinput要素のidを指定する必要があります。expectに取得したinputのDOMを渡し、toHaveValueを実行することで、inputに指定した文字列が入力されているかテストします。toHaveValueに空文字列を渡しているので、ここではinputに何も入力されていないことをチェックしています。

リスト4.24 components/Input/index.spec.tsx

```
import { render, screen, RenderResult } from '@testing-library/react'
import { Input } from './index'

// describeで処理をまとめる
describe('Input', () => {
  let renderResult: RenderResult

  // それぞれのテストケース前にコンポーネントを描画し、renderResultにセットする
  beforeEach(() => {
    renderResult = render(<Input id="username" label="Username" />)
  })

  // テストケース実行後に描画していたコンポーネントを開放する
  afterEach(() => {
    renderResult.unmount()
  })

  // 初期描画時にinput要素が空であることをテスト
```

```
  it('should empty in input on initial render', () => {
    // labelがUsernameであるコンポーネントに対応するinputの要素を取得する
    const inputNode = screen.getByLabelText('Username') as HTMLInputElement

    // input要素の表示が空か確認する
    expect(inputNode).toHaveValue('')
  })
})
```

npm run testコマンドを実行してテストを実行します。テストが成功する場合PASSと表示され、失敗する場合はエラーが表示されます。

```
$ npm run test

> sample-next@0.1.0 test .../sample-next
> jest

 PASS components/Input/index.spec.tsx
  Input
    ✓ should empty in input on initial render (32 ms)

Test Suites: 1passed, 1total
Tests: 1passed, 1total
Snapshots: 0total
Time: 2.334 s
Ran all test suites.
```

もしlabel要素を使用しない場合は、input要素にaria-labelを指定することでも要素を取得できます。

```
export const Input = (props: InputProps) => {
  ...

  return (
    <div>
      <input {...rest} type="text" value={text} onChange={onInputChange} aria-label={
label} />
      <button onClick={resetInputField}>Reset</button>
    </div>
  )
}
```

次に、input要素に文字を入力した場合に正しく表示されるかチェックするテストを追加します。描画されている要素に文字を入力する場合は、fireEvent関数を使います。fireEvent関数の第1引数にinputのDOMを、第2引数のオブジェクトの中に入力する文字列を指定します。fireEventを呼ぶことで、対象のDOMのイベントを発行し、Inputコンポーネントがイベントを取得して状態を書き換えてinputの表示を更新します。

リスト 4.25 input.spec.tsxにテキスト入力のテストを追記

```
import {
  ...
  fireEvent
} from '@testing-library/react'

describe('Input', () => {
  ...

  // 文字を入力したら、入力した内容が表示されるかをテスト
  it('should show input text', () => {
    const inputText = 'Test Input Text'
    const inputNode = screen.getByLabelText('Username') as HTMLInputElement

    // fireEventを使って、input要素のonChangeイベントを発火する
    fireEvent.change(inputNode, { target: { value: inputText } })

    // input要素に入力したテキストが表示されているか確認する
    expect(inputNode).toHaveValue(inputText)
  })
})
```

最後に、ボタンが押されたときに、入力している文字列がクリアされるかテストします。同様に`button`のDOMも取得してイベントを発行させますが、`button`要素に対しては`label`がないため`getByLabelText`では取得できません。

代わりに`getByRole`関数を使います。これはDOMに`role`や`aria-label`などのロールが設定されている場合、ロールに応じてマッチするDOMを取得するための関数です。`button`にはデフォルトで`button`という`role`が暗黙的に指定されています。このため、`getByRole`でDOMを取得できます。

`getByRole`関数の第2引数のオブジェクトにボタンで表示しているテキストを指定して、どのボタンかを指定して取得します。buttonを取得した後は、`click`イベントを発行します。その後、`input`に何も表示されていないことをチェックします。

リスト 4.26 input.spec.tsxにクリアボタンのテストを追記

```
import {
  ...
  getByRole
} from '@testing-library/react'

describe('Input', () => {
  ...

  // ボタンが押されたら、入力テキストがクリアするかチェック
  it('should reset when user clicks button', () => {
    // 最初にinputにテキストを入力する
    const inputText = 'Test Input Text'
    const inputNode = screen.getByLabelText('Username') as HTMLInputElement
    fireEvent.change(inputNode, { target: { value: inputText } })

    // ボタンを取得する
    const buttonNode = screen.getByRole('button', {
```

```
      name: 'Reset',
    }) as HTMLButtonElement
    // ボタンをクリックする
    fireEvent.click(buttonNode)

    // input要素の表示が空か確認する
    expect(inputNode).toHaveValue('')
  })
})
```

4.4.4 非同期コンポーネントのユニットテスト

ここでは非同期処理を内包するようなコンポーネントのテストを書く方法について説明します。components/DelayInput/index.tsxを作成し、以下のコードを追加します。

リスト 4.27 components/DelayInput/index.tsx

```
import React, { useState, useCallback, useRef } from 'react'

type DelayButtonProps = {
  onChange: React.ChangeEventHandler<HTMLInputElement>
}

export const DelayInput = (props: DelayButtonProps) => {
  const { onChange } = props

  // 入力中かどうかを保持する状態
  const [isTyping, setIsTyping] = useState(false)
  // inputに表示するテキストを保持する状態
  const [inputValue, setInputValue] = useState('')
  // spanに表示するテキストを保持する状態
  const [viewValue, setViewValue] = useState('')
  // タイマーを保持するRef
  const timerRef = useRef<ReturnType<typeof setTimeout> | null>(null)

  const handleChange = useCallback((e: React.ChangeEvent<HTMLInputElement>) => {
    // 入力中のフラグをセットする
    setIsTyping(true)
    // inputに表示するテキストを更新する
    setInputValue(e.target.value)

    // もしtimerRefに以前設定したタイマーがある場合は先に解除する
    if (timerRef.current !== null) {
      clearTimeout(timerRef.current)
    }

    // 1秒後に実行するタイマーをセットする
    timerRef.current = setTimeout(() => {
      timerRef.current = null

      // 入力中のフラグを解除する
      setIsTyping(false)
      // spanに表示するテキストを更新する
      setViewValue(e.target.value)
      // onChangeコールバックを呼ぶ
```

```
      onChange(e)
    }, 1000)

  }, [onChange])

  // spanに表示するテキスト
  const text = isTyping ? '入力中...' : `入力したテキスト: ${viewValue}`

  return (
    <div>
      {/* data-testidはテスト中だけ使用するID */ }
      <input data-testid="input-text" value={inputValue} onChange={handleChange} />
      <span data-testid="display-text">{text}</span>
    </div>
  )
}
```

このコンポーネントはテキストボックスの横に入力した値を表示します。ただし、入力している間は「入力中」と表示し、入力し終わって1秒経過した後に入力した値を表示し、onChangeコールバックを呼びます。

ここでは以下の4つをテストで確認します。

- 初期の表示は空である
- 入力直後は「入力中」と表示される
- 入力して1秒経過した後に入力した内容が表示される
- 入力して1秒経過した後にonChangeコールバックが呼ばれる

テストを書いていきましょう。コンポーネントと同じディレクトリにindex.spec.tsxを作成します。

リスト4.28 components/DelayInput/index.spec.tsx

```
import { render, screen, RenderResult } from '@testing-library/react'
import { DelayInput } from './index'

// DelayInputコンポーネントに関するテスト
describe('DelayInput', () => {
  let renderResult: RenderResult
  let handleChange: jest.Mock

  beforeEach(() => {
    // モック関数を作成する
    handleChange = jest.fn()

    // モック関数をDelayButtonに渡して描画
    renderResult = render(<DelayInput onChange={handleChange} />)
  })

  afterEach(() => {
    renderResult.unmount()
  })
```

```
  // span要素のテキストが空であることをテスト
  it('should display empty in span on initial render', () => {
    const spanNode = screen.getByTestId('display-text') as HTMLSpanElement

    // 初期表示は空
    expect(spanNode).toHaveTextContent('入力したテキスト:')
  })
})
```

先ほどのテストと同様に**describe**関数内にDelayInputコンポーネントに関するテストをまとめ、**it**で個々のテストケースを書いていきます。また、**beforeEach**と**afterEach**ではそれぞれテストケースの前処理と後処理を記述します。

DelayInputコンポーネントは**onChange**コールバックを渡す必要があるため、**jest.fn()**関数で作成した関数オブジェクトを渡します。**jest.fn()**はモック関数を作成する関数で、コールバックが呼ばれたかどうかなどをテストできます。

1つ目のテストを見ていきましょう。1つ目のテストは、初期描画時に**span**が表示する内容が空であることをテストします。**getByTestId**を使い**span**を取得していますが、これは**data-testid**にマッチする要素を取得します。**data-testid**はテスト時に使用される**id**属性です。この属性は本番環境向けのビルドを実行する時に削除できます。詳しくは5.2.10をご参照ください。そして、取得した**span**の中身を**toHaveTextContent**を使い確認します。

次に2つ目のテストを書いていきます。2つ目のテストでは**input**の**onChange**イベントが発生した直後は、**span**が「**入力中...**」と表示するかテストします。最初に**input**を取得し、**fireEvent**関数を使い**onChange**イベントを発生させます。その後、**span**を取得して中身を確認します。

リスト 4.29 index.spec.tsxに入力中のテストを追記

```
import { render, screen, RenderResult, fireEvent } from '@testing-library/react'
import { DelayInput } from './index'

// DelayInputコンポーネントに関するテスト
describe('DelayInput', () => {
  ...

  // 入力直後はspan要素が「入力中...」と表示するかテスト
  it('should display 「入力中...」 immediately after onChange event occurs', () => {
    const inputText = 'Test Input Text'
    const inputNode = screen.getByTestId('input-text') as HTMLInputElement

    // inputのonChangeイベントを呼び出す
    fireEvent.change(inputNode, { target: { value: inputText } })

    const spanNode = screen.getByTestId('display-text') as HTMLSpanElement

    // 入力中と表示するか確認
    expect(spanNode).toHaveTextContent('入力中...')
  })
})
```

次に3つ目のテストを書いていきます。3つ目のテストは、入力してから1秒後に入力した内容がspanに表示されるかをテストします。さてテスト中ではどのように1秒待てば良いのでしょうか？　実際に1秒待機する処理を差し込むテストを書いて実行できます。しかし、このようなテストが増えるにつれテストを実行する時間が増大してしまうという問題が出てきます。これを防ぐには、jestのタイマーモックを使用する方法があります。タイマーモックを使うことで、実際に待たずともタイマーのコールバックを実行できます。使用するには、テスト前に`jest.useFakeTimers()`を呼び出してタイマーをモックのものに差し替えて、テスト後に`jest.useFakeTimers()`を呼び出してタイマーを戻します。そして、テスト中でタイマーが設定された後に`jest.runAllTimers()`を実行することで、タイマーのコールバックを実行します。

コードでは`jest.runAllTimers()`は`act`関数の中で実行しています。これは、タイマーのコールバック内で呼ばれる状態変更を反映することを保証します。このようにすることで、`act`関数の直後に描画内容をチェックできます。

リスト 4.30 index.spec.tsxにテキストの反映テストを追記

```
import { render, screen, RenderResult, fireEvent, act } from '@testing-library/↩
react'
import { DelayInput } from './index'

describe('DelayInput', () => {
  beforeEach(() => {
    // タイマーをjestのものに置き換える
    jest.useFakeTimers()

    ...
  })

  afterEach(() => {
    ...

    // タイマーを元のものに戻す
    jest.useFakeTimers()
  })

  ...

  // 入力して1秒後にテキストが表示されるかテスト
  it('should display input text 1second after onChange event occurs', async () => {
    const inputText = 'Test Input Text'
    const inputNode = screen.getByTestId('input-text') as HTMLInputElement

    // inputのonChangeイベントを呼び出す
    fireEvent.change(inputNode, { target: { value: inputText } })

    // act関数内で実行することにより、タイマーのコールバック中で起きる状態変更が反映されることを保↩
証する
    await act(() => {
      // タイマーにセットされたtimeoutをすべて実行する
      jest.runAllTimers()
    })

    const spanNode = screen.getByTestId('display-text') as HTMLSpanElement
```

```
    // 入力したテキストが表示されるか確認
    expect(spanNode).toHaveTextContent(`入力したテキスト: ${inputText}`)
  })
})
```

最後にonChangeが呼ばれるかを確認するテストを書きます。3つ目のテストと同様にact()とjest.runAllTimers()を使ってタイマーのコールバックを呼び出します。そして、jest.fn()で作成したモックが呼ばれたか確認します。

リスト4.31 index.spec.tsxにonChange呼び出しのテストを追記

```
import { render, screen, RenderResult, fireEvent, act } from '@testing-library/↩
react'
import { DelayInput } from './index'

describe('DelayInput', () => {
  ...

  // 入力して1秒後にonChangeが呼ばれるかテスト
  it('should call onChange 1second after onChange event occurs', async () => {
    const inputText = 'Test Input Text'
    const inputNode = screen.getByTestId('input-text') as HTMLInputElement

    // inputのonChangeイベントを呼び出す
    fireEvent.change(inputNode, { target: { value: inputText } })

    // タイマーの実行
    await act(() => {
      jest.runAllTimers()
    })

    // モック関数を渡し、呼ばれたか確認する
    expect(handleChange).toHaveBeenCalled()
  })
})
```

Column

Next.js 11以前のstyled-components/jest導入

Next.js 11以前ではBabelというコンパイラを使い、Next.jsのコードをブラウザで動くようなJavaScriptのコードへ変換していました。一方、Next.js 12からはSWC[*a]というコンパイラが導入され、デフォルトではこちらを使用するようになっています。

SWCはRustで書かれたコンパイラです。Babelよりパフォーマンスと信頼性が向上しています。Next.jsにSWCを導入したことにより、大規模なプロジェクトのビルドが5倍高速化されたとの結果も出ています。

Next.js 12.1.0からはstyled-componentsとjestにも対応したため、本文ではSWCの使用を前提とした環境構築の方法を説明しました。ただし、Next.js 11以前ではBabelを使用するため、これらを使うには異なる設定が必要です。

まず、styled-componentsの導入について説明します。styled-componentsをインストールする際に、babel-plugin-styled-componentsを追加でインストールします。

```
# Next.js 11以前の環境でstyled-componentsを導入するのに必要なパッケージを追加

$ npm install --save styled-components
$ npm install --save-dev @types/styled-components babel-plugin-styled-
components
```

そして、プロジェクトルートに.babelrcを作成し、以下を記述します。next/babelをプリセットとして設定することで、もともとのNext.jsが使用していたBabelの設定を継承しています。

```
{
   "presets":[
      "next/babel"
   ],
   "plugins":[
      [
         "styled-components",
         {
            "ssr":true
         }
      ]
   ]
}
```

次に、jestの導入について説明します。こちらも同様にbabel-jestというパッケージを追加でインストールします。

```
# Next.js 11以前の環境でjestを導入するのに必要なパッケージを追加

$ npm install --save-dev @testing-library/jest-dom @testing-library/react jest
babel-jest
```

そして、jest.setup.jsとjest.config.jsをプロジェクトルートに追加します。

```
// jest.setup.js

import '@testing-library/jest-dom/extend-expect'
```

```
// jest.config.js

module.exports = {
  testPathIgnorePatterns: ['<rootDir>/.next/', '<rootDir>/node_modules/'],
  setupFilesAfterEnv: ['<rootDir>/jest.setup.js'],
  transform: {
    '^.+\\.(js|jsx|ts|tsx)$': '<rootDir>/node_modules/babel-jest',
  },
  testEnvironment: 'jsdom',
}
```

*a　https://swc.rs/

5

アプリケーション開発1 ～設計・環境設定～

本章から7章まで、学習した内容を元に、実際にTypeScriptとNext.jsを用いて実践的なアプリケーションを開発していきます。

インクリメンタル静的再生成（ISR）とクライアントサイドレンダリング（CSR）を組み合わせた高速なWebサイトを目指します。

本章ではアプリケーションの仕様・設計と、開発環境構築について学習していきます。開発生産性、メンテナンス性の高い開発環境構築を目指します。

- TypeScriptを用いた型安全なアプリケーション
- ESLint/Prettierを用いた、コーディング規約準拠のコードフォーマット
- Storybookを使用し、コンポーネント指向で開発
- 各種ライブラリ（バリデーション等）を使用した生産性の高い開発
- ユニットテストによる保守性の高いコード

5.1 本章で開発するアプリケーション

開発環境構築の前に、まず本章以降で開発するアプリケーションについて説明します。

5.1.1 アプリケーションの仕様

シンプルなC2Cのコマースアプリケーションを開発していきます。ユースケース図は以下のようになっています。

- アクターは匿名ユーザー、購入者、出品者
- ユースケースは「商品を検索」、「商品を購入」、「商品を出品」、「出品者のプロファイルを表示」、「サインイン」
- 購入者と出品者のアカウントの違いはありません

図5.1 ユースケース

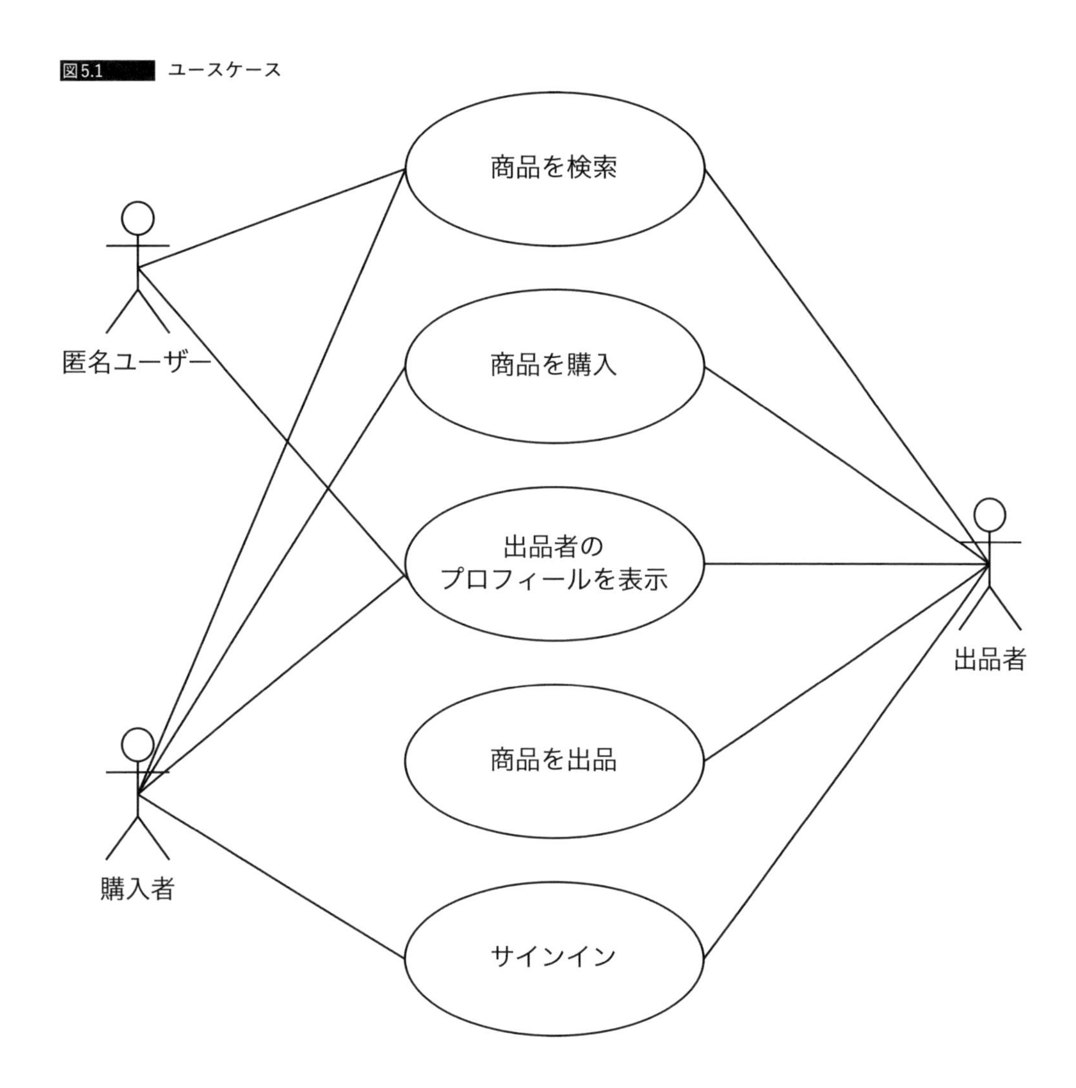

各ユースケースの詳細、関連ページについては以下のようになっています。決して大規模なアプリケーションではありませんが、どのアプリケーションにも必要な要素（認証、一覧表示・検索、投稿）を実装します。

ユースケース	詳細	関連ページ
商品を検索	商品一覧を表示	トップページ、検索ページ、商品詳細ページ
商品を購入	商品を買い物カートに入れ、購入	買い物カートページ
商品を出品	必要な情報を入力し商品を投稿	出品ページ
出品者のプロファイルを表示	出品者のプロファイル表示、出品者の商品一覧を表示	ユーザーページ
サインイン	ユーザー名とパスワードを入力して、システムにサインイン	サインインページ

5.1.2 アプリケーションのアーキテクチャ

本章で開発するアプリケーションの簡易のアーキテクチャ図は以下のようになります。

図5.2 簡易アーキテクチャ図

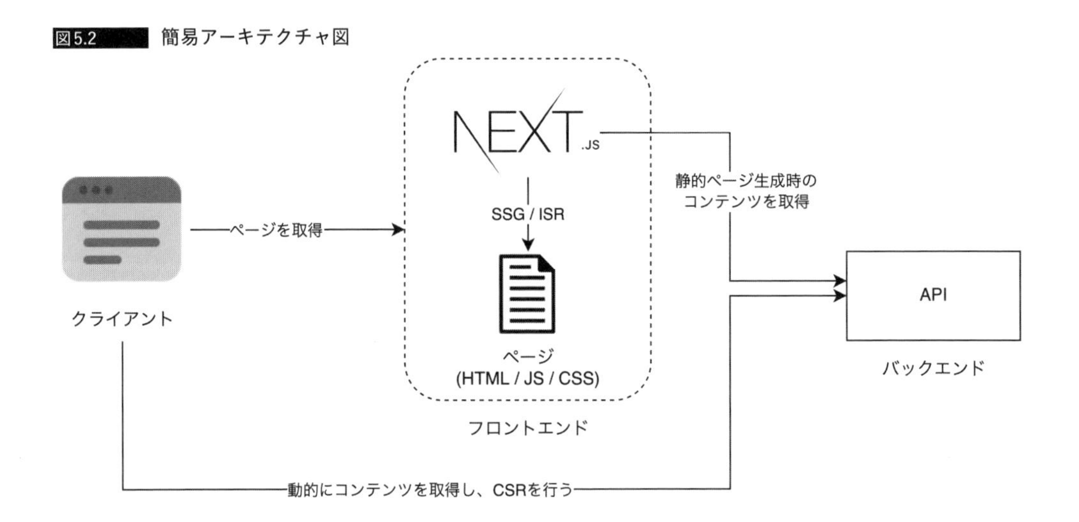

基本的にはAPIからコンテンツを取得し、静的サイト生成（SSG）を行い、配信するページをあらかじめ生成します。また必要に応じて、インクリメンタル静的再生成（ISR）によってページを定期的に更新していきます。

SSGだけでも、サイトは生成できそうです。しかしながら、ユーザー認証を必要とするページなど、ユーザーごとに個別に表示するコンテンツが異なる場合はSSGですべて補うことはできません。この対策として、SSGとCSR（クライアントサイドレンダリング）を併用します。

静的コンテンツで配信できる部分はビルド時に生成（SSG）し、個別のコンテンツに関してはクライアントサイドからAPIを用いて動的にページを表示（CSR）していきます。

たとえばユーザーが認証後のコンテンツを表示する例を考えます。ユーザーのアイコンもしくはユーザー名をサイト内のヘッダーに表示させる場合にはどのような実装をすれば良いでしょうか？

通常のサーバーサイドレンダリング（SSR[*1]）を用いた場合とSSG+CSRを用いた場合をシーケンス図で比較します。

図5.3 SSG+CSRのシーケンス図

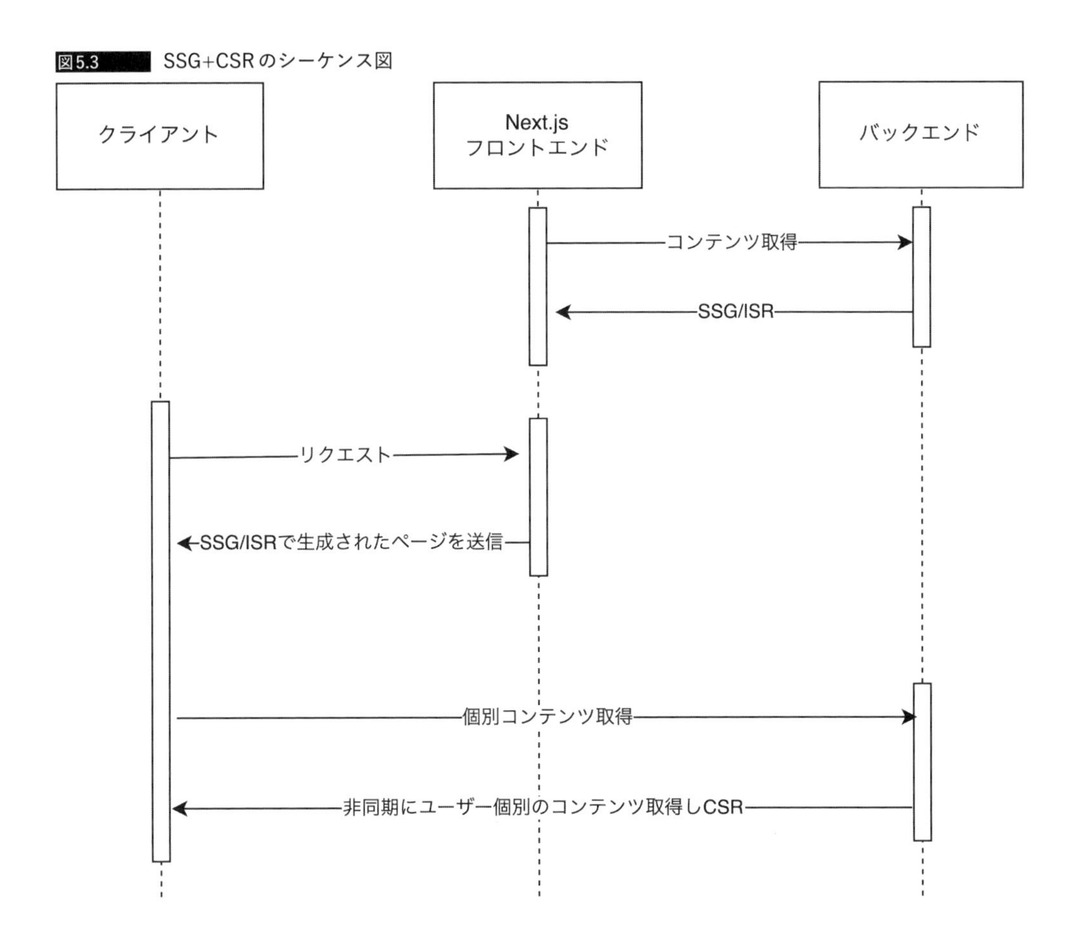

SSRのケースではユーザーの情報も含めてサーバーサイドですべての処理を行い、完成されたHTMLを生成しレスポンスとして送信します。

一方でSSG+CSRのケースでは、あらかじめSSGでページをビルドしておき、クライアントサイドからのリクエストで全ユーザーに対して共通で使用する部分のみ入ったページをまずレスポンスとして送信します。その後、CSRで各ユーザーに個別の内容を表示します。つまり、ビルド時に全コンテンツを乗せるのではなく、レスポンスがクライアントのブラウザへ返却された後でユーザー個別のコンテンツを非同期に取得し、レンダリングを行います。

SSRは一見シンプルですが、ユーザーごとにHTMLを生成する必要があり、大量のHTMLをキャッシュさせるのが難しいなどユーザー体験が損なわれがちです。

*1 以下SSRと呼ぶ。

対してSSG+CSRには、SSGで生成した部分（共通部分）はキャッシュさせて配信しつつ、必要な箇所だけCSRを用いてその場でレンダリング可能というメリットがあります。HTML等をCDNキャッシュさせることでTTFB*2が短縮されレイテンシが小さくなります。これにより、ページをより速く表示できユーザー体験が向上します。SSG+CSRは一見するとシングルページアプリケーション（SPA）と似たような構造に見えます。しかし、初期表示においてゼロからHTMLを構築していくSPAと違い、SSG+CSRはすでに共通部分がHTMLとして構築されているので初期表示のコストを抑えることができます。

この手法はデベロッパーの知識共有サイトDEV Community*3等でも使用されています。

5.2 開発環境構築

アプリケーションの開発環境を構築します。

5.2.1 Next.jsのプロジェクト作成

3章で学んだ`create-next-app`コマンドを使って、TypeScript対応のNext.jsアプリケーションのプロジェクトを作成します。ここではプロジェクト名は`nextjs-gihyo-book`とします*4。

```
$ npx create-next-app@latest --ts
Need to install the following packages:
  create-next-app
Ok to proceed? (y) y
✓ What is your project named? … nextjs-gihyo-book
// 省略
```

この状態で以下のコマンドで一度開発サーバーを起動し、`http://localhost:3000`にアクセスしてページが表示されるか確認します。

```
$ cd nextjs-gihyo-book
$ npm run dev
```

プロジェクト作成直後は`pages`がルートに存在するので、`src`ディレクトリを作成します。その後、`pages`ディレクトリと`styles`ディレクトリを`src`ディレクトリの中に移動させます。`src`ディレクトリにアプリケーションのソースコードを配置することで、アプリケーションのアーキテ

*2 Time To First Byte、最初の1バイトを受信するまでの時間。

*3 DEV Communityとはソフトウェア開発者のための知識共有のソーシャルサイトです。表示速度が非常に早いことで有名です。ページのほとんどを静的HTMLとしてCDNにキャッシュによる低レイテンシ化、レンダリングブロッキング要素の排除、ファーストビューに不要なJSやCSSの遅延ロード等さまざまな手法を用いて、高速なWebサイトを実現しています。https://dev.to/

*4 実行時、確認されることがあればyでyesを選択してインストールを進めてください。

クチャが複雑になりディレクトリの数が増えたとしてもシンプルな構成になります。完成形のプロジェクト構造は以下のようになります。

```
.
├── README.md
├── next-env.d.ts
├── next.config.js
├── package-lock.json
├── package.json
├── public
│   ├── favicon.ico
│   └── vercel.svg
├── src
│   ├── pages
│   │   ├── _app.tsx
│   │   ├── api
│   │   │   └── hello.ts
│   │   └── index.tsx
│   └── styles
│   ├── Home.module.css
│   └── globals.css
└── tsconfig.json
```

また`src`以下にアプリケーションのソースコードを配置した関係上、このままの状態ではアプリケーションのビルドができません。`tsconfig.json`を編集します。

`tsconfig.json`は次の通り編集します。

1. baseUrlオプションにsrcを指定し、基準となるディレクトリをsrcに変更。
2. includeオプションに"src/**/*.ts"、"src/**/*.tsx"を指定し、コンパイル対象とします。
3. TypeScriptの厳格な型チェックを行うためにstrictオプションをオンにします。

リスト 5.1 tsconfig.json

```
{
  "compilerOptions": {
    "target": "es5",
    "lib": [
      "dom",
      "dom.iterable",
      "esnext"
    ],
    "allowJs": true,
    "skipLibCheck": true,
    "strict": true,
    "forceConsistentCasingInFileNames": true,
    "noEmit": true,
    "esModuleInterop": true,
    "module": "esnext",
    "moduleResolution": "node",
    "resolveJsonModule": true,
    "isolatedModules": true,
    "jsx": "preserve",
```

```
    "incremental": true,
    "baseUrl": "src"
  },
  "include": [
    "next-env.d.ts",
    "src/**/*.ts",
    "src/**/*.tsx"
  ],
  "exclude": [
    "node_modules"
  ]
}
```

編集後、再び開発モードでサーバーを以下のコマンドで起動し、**http://localhost:3000**へアクセスし同じページが表示されれば設定は完了です。

```
$ npm run dev
```

5.2.2 styled-componentsの設定

本章で作成するアプリケーションはCSS-in-JSのライブラリであるstyled-componentsを使用します。Next.jsへの導入手法は4.2で解説していますが、本アプリケーションでも同様のことをします。

```
$ npm install styled-components
$ npm install --save-dev @types/styled-components
```

インストール後は**next.config.js**を作成し以下のように記述します。compilerオプションの**styledComponents**を有効化しておきましょう。

リスト5.2 next.config.js

```
/** @type {import('next').NextConfig} */
const nextConfig = {
  reactStrictMode: true,
  compiler: {
    // styledComponentsの有効化
    styledComponents: true,
  },
}

module.exports = nextConfig
```

pagesに**_document.tsx**を作成し、以下のように記述します。これでSSRでもstyled-componentsが動作します。

リスト5.3 pages/_document.tsx

```
import Document, { DocumentContext, DocumentInitialProps } from 'next/document'
import { ServerStyleSheet } from 'styled-components'

export default class MyDocument extends Document {
  static async getInitialProps(
    ctx: DocumentContext,
  ): Promise<DocumentInitialProps> {
    const sheet = new ServerStyleSheet()
    const originalRenderPage = ctx.renderPage

    try {
      ctx.renderPage = () =>
        originalRenderPage({
          enhanceApp: (App) => (props) =>
            sheet.collectStyles(<App {...props} />),
        })

      const initialProps = await Document.getInitialProps(ctx)

      return {
        ...initialProps,
        styles: [
          <>
            {initialProps.styles}
            {sheet.getStyleElement()}
          </>,
        ],
      }
    } finally {
      sheet.seal()
    }
  }
}
```

最後にpages/_app.tsxを編集し、createGlobalStyleを使って、グローバルにスタイルを適用させます*5。

リスト5.4 pages/_app.tsx

```
import { AppProps } from 'next/app'
import Head from 'next/head'
import { createGlobalStyle } from 'styled-components'

// グローバルのスタイル
const GlobalStyle = createGlobalStyle`
html,
body,
textarea {
  padding: 0;
  margin: 0;
  font-family: -apple-system, BlinkMacSystemFont, Segoe UI, Roboto, Oxygen,
    Ubuntu, Cantarell, Fira Sans, Droid Sans, Helvetica Neue, sans-serif;
```

*5 createGlobalStyleはグローバルなスタイルを定義するための styled-components のヘルパー関数です。 https://styled-components.com/docs/api#createglobalstyle

```
}

* {
  box-sizing: border-box;
}

a {
  cursor: pointer;
  text-decoration: none;
  transition: .25s;
  color: #000;
}

ol, ul {
  list-style: none;
}
`

const MyApp = ({ Component, pageProps }: AppProps) => {
  return (
    <>
      <Head>
        <meta key="charset" name="charset" content="utf-8" />
        <meta
          key="viewport"
          name="viewport"
          content="width=device-width, initial-scale=1, shrink-to-fit=no, maximum-↩
scale=5"
        />
        <meta property="og:locale" content="ja_JP" />
        <meta property="og:type" content="website" />
      </Head>
      <GlobalStyle />
      <Component {...pageProps} />
    </>
  )
}

export default MyApp
```

5.2.3 ESLintの設定

リントツールのESLintとフォーマッターのPrettier、その他プラグインをインストールします。これらのツールはソースコードの標準化や自動フォーマットを行い、ソースコードの品質を保つのに役に立ちます。今回は以下のプラグインをインストールします。

- typescript-eslint
- @typescript-eslint/eslint-plugin
- @typescript-eslint/parser
- eslint-plugin-prettier
- eslint-plugin-react

- eslint-plugin-react-hooks
- eslint-plugin-import

```
$ npm install --save-dev prettier eslint typescript-eslint @typescript-eslint/eslint-plugin @typescript-eslint/parser eslint-config-prettier eslint-plugin-prettier eslint-plugin-react eslint-plugin-react-hooks eslint-plugin-import
```

`.eslintrc.json`は個別にルールを取捨選択・カスタマイズ可能です。今回は簡略化のためにrecommendedなルールを採用します。**リスト5.5**の`"extends"`に以下のように羅列していきます。prettierのルールも編集しシングルクオートの`singleQuote`オプションや列のサイズの設定`printWidth`オプションを追加していきます。`import React from 'react'`はReact 17から不必要になったので、`react/react-in-jsx-scope`のルールをオフにしてあります。また`import/order`はimportの順番をアルファベット順に昇順で並べる設定にしています。

リスト5.5 .eslitrc.json

```
{
  "extends": [
    "next",
    "next/core-web-vitals",
    "eslint:recommended",
    "plugin:prettier/recommended",
    "plugin:react/recommended",
    "plugin:react-hooks/recommended",
    "plugin:@typescript-eslint/recommended",
    "plugin:import/recommended",
    "plugin:import/typescript"
  ],
  "rules": {
    "react/react-in-jsx-scope": "off",
    "import/order": [2, { "alphabetize": { "order": "asc" } }],
    "prettier/prettier": [
      "error",
      {
        "trailingComma": "all",
        "endOfLine": "lf",
        "semi": false,
        "singleQuote": true,
        "printWidth": 80,
        "tabWidth": 2
      }
    ]
  }
}
```

次はnpmスクリプトに`lint`コマンドと`format`を追加します。もともとあった`next lint`は上書きします。`next lint`はデフォルトでは`pages`、`components`、`lib`以下のファイルに適用されます。`--dir`オプションを追加することでそのディレクトリ以下のすべてのファイル（ここでは`src`以下）に適用されます。

コマンド	説明
npm run lint	リントを行い、ソースコードの問題を列挙する。
npm run format	ソースコードの問題を自動でフォーマットを行う

リスト5.6 package.jsonを編集する

```
{
  "name": "nextjs-gihyo-book",
  "version": "0.1.0",
  "private": true,
  "scripts": {
    "dev": "next dev",
    "build": "next build",
    "start": "next start",
    "lint": "next lint --dir src",
    "format": "next lint --fix --dir src"
  },
  // 省略
}
```

設定がすべて終わったら実際に`lint`コマンドを実行してみましょう。これにより多数のリントエラーを検出できます。

```
$ npm run lint

> nextjs-gihyo-book@0.1.0 lint
> next lint --dir src


./src/pages/api/hello.ts
10:29 Error: Insert `,` prettier/prettier

info - Need to disable some ESLint rules? Learn more here: https://nextjs.org/docs/
basic-features/eslint#disabling-rules
```

このエラーを、自動フォーマットを行う`format`コマンドを実行して修正します。実行後、prettierで出力されていたリントエラーが解消されていることがわかります。このアプリケーションのソースコードは本章以降で開発するアプリケーションには使用しないためこれ以上細かく修正しません。prettierはセミコロンのつけ忘れ等を自動で修正してくれる非常に便利なライブラリです。Gitのコミット前のフックに登録するなど積極的に使用していきましょう。

```
$ npm run format

> nextjs-gihyo-book@0.1.0 format
> next lint --fix src

✓ No ESLint warnings or errors
```

5.2.4 Storybookの設定

Storybookを導入します。Storybookの導入手法は4章で解説していますが、本アプリケーションでも同様に進めます。

Storybookのインストール

プロジェクトのルートディレクトリで生成します。

```
$ npx sb init

 sb init - the simplest way to add a Storybook to your project.

 •  Detecting project type. ✓

// 中略

To run your Storybook, type:

   npm run storybook

For more information visit: https://storybook.js.org
```

次にその他のプラグイン等のライブラリを導入します。

```
$ npm install --save-dev @storybook/addon-postcss tsconfig-paths-webpack-plugin @babel
/plugin-proposal-class-properties @babel/plugin-proposal-private-methods @babel/plugin
-proposal-private-property-in-object tsconfig-paths-webpack-plugin @mdx-js/react
```

Storybookを以下のコマンドで起動し、正しく画面が表示されるかを確認します。

```
$ npm run storybook
> nextjs-gihyo-book@0.1.0 storybook
> start-storybook -p 6006

// 中略

  ┌──────────────────────────────────────────────────┐
  │                                                  │
  │ Storybook 6.4.19 for React started               │
  │ 6.09 s for manager and 7.92 s for preview        │
  │                                                  │
  │ Local: http://localhost:6006/                    │
  │ On your network: http://192.168.150.109:6006/    │
  │                                                  │
  └──────────────────────────────────────────────────┘
```

図5.4 Storybook

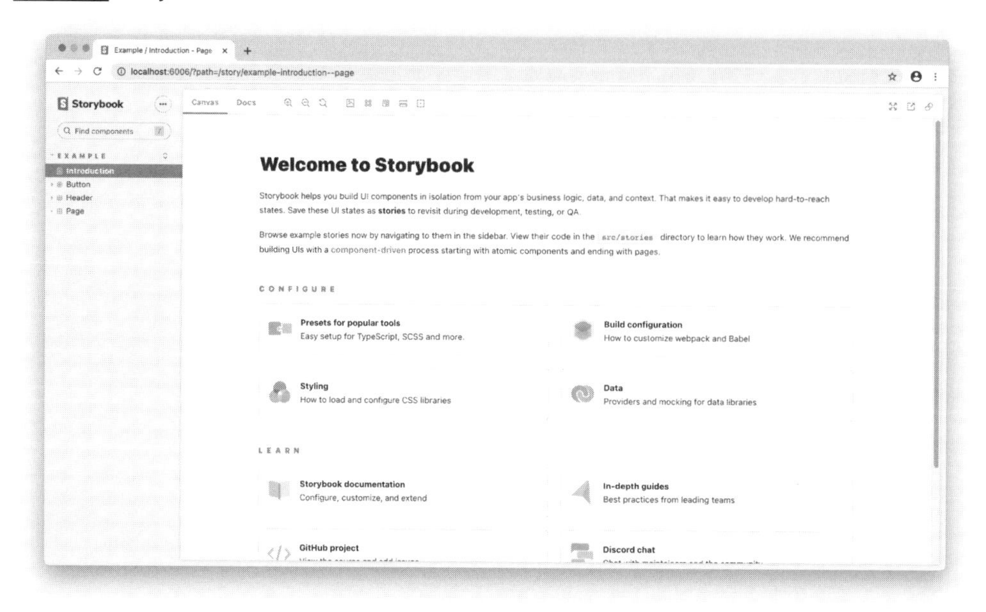

■―――アセット配置の準備

Storybookに対してアセットを配置するために、.storybook/publicを作成します。

```
$ mkdir .storybook/public
```

次に.storybook/main.jsを編集し、staticDirsオプションを追加します。これにより静的ファイルを配置するディレクトリを指定します。あわせてStorybookで使用する画像をpublicフォルダに配置します。画像はリポジトリ*6に置いてあるので、ダウンロードして.storybook/publicフォルダに保存してください。

リスト5.7 .storybook/main.js

```
module.exports = {
  ...
  staticDirs: ['public'],
}
```

■―――StorybookのThemeの設定

全体のThemeを設定します。Themeはフォントサイズ、文字列スペース、行の高さ、カラー、スペーシングをアプリケーション全体で統一するのに役に立ちます。

今後StorybookにStoryを追加していく前準備としても重要です。

*6 https://github.com/gihyo-book/ts-nextbook-app/tree/main/.storybook/public/images/sample

リスト5.8 src/themes/fontSizes.ts

```
// eslint-disable-next-line @typescript-eslint/no-explicit-any
const fontSizes: any = [12, 14, 16, 20, 24, 32]

// aliases
fontSizes.extraSmall = fontSizes[0]
fontSizes.small = fontSizes[1]
fontSizes.medium = fontSizes[2]
fontSizes.mediumLarge = fontSizes[3]
fontSizes.large = fontSizes[4]
fontSizes.extraLarge = fontSizes[5]

export default fontSizes
```

リスト5.9 src/themes/letterSpacings.ts

```
const letterSpacings: string[] = [
  '0.06px',
  '0.07px',
  '0.08px',
  '0.09px',
  '0.1px',
  '0.1px',
]

export default letterSpacings
```

リスト5.10 src/themes/lineHeights.ts

```
const lineHeights: string[] = [
  '17px',
  '19px',
  '22px',
  '26px',
  '28px',
  '37px',
  '43px',
]

export default lineHeights
```

リスト5.11 src/themes/space.ts

```
// eslint-disable-next-line @typescript-eslint/no-explicit-any
const space: any = ['0px', '8px', '16px', '32px', '64px']

// aliases
space.small = space[1]
space.medium = space[2]
space.large = space[3]

export default space
```

リスト5.12 src/themes/colors.ts

```
const colors = {
  primary: '#3f51b5',
  primaryDark: '#2c387e',
```

```
  primaryLight: '#6573c3',
  secondary: '#f50057',
  secondaryDark: '#ab003c',
  secondaryLight: '#f73378',
  border: '#cdced2',
  danger: '#ed1c24',
  gray: '#6b6b6b',
  black: '#000000',
  white: '#ffffff',
}

export default colors
```

リスト5.13 src/themes/index.ts

```
import colors from './colors'
import fontSizes from './fontSizes'
import letterSpacings from './letterSpacings'
import lineHeights from './lineHeights'
import space from './space'

export const theme = {
  space,
  fontSizes,
  letterSpacings,
  lineHeights,
  colors,
} as const
```

Storybookの設定ファイルの編集

次にStorybookの設定ファイルを編集し、Themeの適用、簡易のリセットCSS、Next.jsのnext/imageの差し替えを行います。`next/image`は画像を最適化してくれる画像コンポーネントですが、Storybook上では動作しないため、強制的に通常の画像と差し替えています。

リスト5.14 .storybook/preview.js

```
import { addDecorator } from '@storybook/react'
import { createGlobalStyle, ThemeProvider } from 'styled-components'
import { theme } from '../src/themes'
import * as NextImage from 'next/image'

export const parameters = {
  actions: { argTypesRegex: '^on[A-Z].*' },
  controls: {
    matchers: {
      color: /(background|color)$/i,
      date: /Date$/,
    },
  },
}

export const GlobalStyle = createGlobalStyle`
  html,
  body,
```

```
  textarea {
    padding: 0;
    margin: 0;
    font-family: -apple-system, BlinkMacSystemFont, Segoe UI, Roboto, Oxygen,
      Ubuntu, Cantarell, Fira Sans, Droid Sans, Helvetica Neue, sans-serif;
  }
  * {
    box-sizing: border-box;
  }
  a {
    text-decoration: none;
    transition: .25s;
    color: #000000;
  }
`

// Themeの適用
addDecorator((story) => (
  <ThemeProvider theme={theme}>
    <GlobalStyle />
    {story()}
  </ThemeProvider>
))

// next/imageの差し替え
const OriginalNextImage = NextImage.default;

Object.defineProperty(NextImage, 'default', {
  configurable: true,
  value: (props) => typeof props.src === 'string' ? (
    <OriginalNextImage {...props} unoptimized blurDataURL={props.src} />
  ) : (
    <OriginalNextImage {...props} unoptimized />
  ),
})
```

アドオンは`main.js`に追加していきます。`webpackFinal`の設定は必要なアドオンを導入し、tsconfigの設定を引き継ぐためのものです。

リスト5.15 .storybook/main.js

```
const TsconfigPathsPlugin = require('tsconfig-paths-webpack-plugin')
const path = require('path')

module.exports = {
  stories: [
    '../src/**/*.stories.mdx',
    '../src/**/*.stories.@(js|jsx|ts|tsx)'
  ],
  addons: [
    '@storybook/addon-links',
    '@storybook/addon-essentials',
    '@storybook/addon-postcss',
  ],
```

```
  staticDirs: ['public'],
  babel: async options => ({
    ...options,
    plugins: [
      '@babel/plugin-proposal-class-properties',
      '@babel/plugin-proposal-private-methods',
      '@babel/plugin-proposal-private-property-in-object',
    ],
  }),
  webpackFinal: async (config) => {
    config.resolve.plugins = [
      new TsconfigPathsPlugin({
        configFile: path.resolve(__dirname, '../tsconfig.json')
      }),
    ];

    return config
  },
}
```

5.2.5 React Hook Formの導入

React Hook Form[*7]はフォームバリデーションライブラリです。パフォーマンス・柔軟性・拡張性の面で優れています。

使いやすさはもちろん、自分で作成したカスタムのReact Componentのinput要素にも使用可能です。パフォーマンスの面でも再レンダリング数を最小限に抑えマウントを高速化し、優れたユーザーエクスペリエンスを提供しています。今回は「商品を出品」のユースケースでこのライブラリを使用します。React Hook Formはさまざまな機能や使い方がありますが、本章以降で使用する部分について、ここで簡単に紹介します。

```
$ npm install react-hook-form
```

まずは「名前」・「名字」のフォーム入力要素（`<input>`）、「カテゴリ選択」の選択要素（`<select>`）のフォームを例にReact Hook Formを組み込んでいきます。

ここで、React Hook Formが提供する`useForm`フック[*8]を活用します。`useForm`フックは`register`関数、`handleSubmit`関数、`errors`オブジェクトを返します。`register`関数はフォームの`<input>`・`<select>`にフックを登録して、状態を管理下に置けます。`handleSubmit`関数はフォームの`onSubmit`のイベントハンドラを登録するために使用します。`errors`オブジェクトはどの要素にバリデーションエラーが発生しているかを検知するために使用します。

```
import { useForm, SubmitHandler } from 'react-hook-form'
```

*7 https://react-hook-form.com/

*8 詳細はAPIドキュメントを参照してください。 https://react-hook-form.com/api/useform/

```
type MyFormData = {
  firstName: string
  lastName: string
  category: string
};

export default function App() {
  const { register, handleSubmit, formState: { errors }, } = useForm<MyFormData>()
  const onSubmit: SubmitHandler<MyFormData> = (data) => {
    console.log(data)
  }

  return (
    <form onSubmit={handleSubmit(onSubmit)}>
      <input {...register('firstName', { required: true })} placeholder="名前" />
      {errors.firstName && <div>名前を入力してください</div>}
      <input {...register('lastName', { required: true })} placeholder="名字" />
      {errors.lastName && <div>名字を入力してください</div>}
      <select {...register('category', { required: true })}>
        <option value="">選択...</option>
        <option value="A">カテゴリA</option>
        <option value="B">カテゴリB</option>
      </select>
      {errors.category && <div>カテゴリを選択してください</div>}
      <input type="submit" />
    </form>
  )
}
```

React Hook Formは、外部・自作のUIコンポーネントとの統合が容易です。コンポーネントがinputのrefを公開していない場合でもControllerコンポーネントを使用することでバリデーション可能です。

Controllerコンポーネントを用いて、renderのpropに外部・自作のUIコンポーネントを返すように指定します。そこでonChangeとvalueを外部・自作のUIコンポーネントに渡すと設定は完了です。

次の例では、Controllerを用いて、外部で定義したCheckboxコンポーネントにバリデーション機能を追加しています。

```
import { useForm, Controller, SubmitHandler } from 'react-hook-form'
import Checkbox from '@mui/material/Checkbox'

type MyFormData = {
  isChecked: boolean
}

export default function App() {
  const { handleSubmit, control, formState: { errors } } = useForm<MyFormData>()
  const onSubmit: SubmitHandler<MyFormData> = (data) => {
    console.log(data)
  }

  return (
```

```
    <form onSubmit={handleSubmit(onSubmit)}>
      <Controller
        name="isChecked"
        control={control}
        defaultValue={false}
        rules={{ required: true }}
        render={({ field: { onChange, value } }) => <Checkbox onChange={onChange} 
value={value} />}
      />
      {errors.isChecked && <label>チェックしてください</label>}
      <input type="submit" />
    </form>
  )
}
```

5.2.6 SWRの導入

SWR[*9]はVercelが開発している、データ取得のためのReact Hooksライブラリです。

データ取得を効率化でき、コンポーネントはデータの更新を継続的かつ自動的に受け取れます。CSRを効率的に実現するために導入します。

"SWR"という名前は、HTTP RFC 5861のstale-while-revalidate[*10]に由来しています。このRFCはHTTPリクエストとキャッシュに関するもので、簡単に説明するとキャッシュから表示するが、一定時間後に裏で非同期にキャッシュを更新するというしくみです。

SWRは、最初にキャッシュからデータを返し(stale)、次にフェッチリクエストを送り(revalidate)、最後に最新のデータを持ってくるという動作を可能にしています。これはキャッシュを利用しつつ、そのキャッシュを裏で更新できるため、キャッシュが古くならないまま高速化の恩恵を受けられます[*11]。

さらに、ライブラリとしてSWRは以下の特徴を備えています。

- 取得したデータのキャッシュ化
- 定期的なデータポーリング
- キャッシュとリクエストの重複排除
- 画面フォーカス時の再度データの更新
- ネットワーク回復時の再度データの更新
- エラーの再試行
- ページネーションとスクロールポジションの回復
- React Suspense

SWRは以下のコマンドでインストールします。

*9 https://swr.vercel.app/

*10 https://datatracker.ietf.org/doc/html/rfc5861/

*11 SWRの動作についてはMdNのCache-Controlの記事なども参照ください。 https://developer.mozilla.org/ja/docs/Web/HTTP/Headers/Cache-Control

```
$ npm install swr
```

SWRをどのように使用するのか、コード例を示します。例では、/api/userへリクエストし、返ってきた値をfetcherで処理しています。

```
import useSWR from 'swr'

type User = {
  name: string
}

const Profile = () => {
  const { data, error } = useSWR<User>('/api/user', fetcher)

  if (error) return <div>failed to load</div>
  if (!data) return <div>loading...</div>
  return <div>Hello {data.name}!</div>
}
```

useSWRフックはkey文字列とfetcher関数を受け取ります。keyはデータの一意な識別子（通常はAPIのURL）で、fetcherに渡されます。第2引数のfetcherは、データを返す任意の非同期関数が入ります。ネイティブで実装されているfetchや、ライブラリのAxiosなど他の関数を使うことも可能です。

このフックは、リクエストの状態にもとづいてdataとerrorの2つの値を返します。dataにはAPIのレスポンスが入っており、errorはAPIのリクエストが失敗したときに値が入るようになっています。

5.2.7 React Content Loaderの導入

React Content Loader[*12]はローディングのためのプレースホルダーを簡単に作成できるライブラリで、SVGを使ってローダーの形をカスタマイズ可能です。今回はアプリケーションのローディング表示のために導入します。

React Content Loaderは以下のコマンドでインストールします。

```
$ npm install react-content-loader
$ npm install --save-dev @types/react-content-loader
```

React Content Loaderの使い方は非常に簡単で、ローダーのsvgを<ContentLoader>コンポーネントで囲むだけで完了です。

```
import ContentLoader from 'react-content-loader'
```

*12 https://github.com/danilowoz/react-content-loader/

```
const MyLoader = () => (
  <ContentLoader viewBox="0 038070">
    <rect x="0" y="0" rx="5" ry="5" width="70" height="70" />
    <rect x="80" y="17" rx="4" ry="4" width="300" height="13" />
    <rect x="80" y="40" rx="3" ry="3" width="250" height="10" />
  </ContentLoader>
)
```

図5.5 MyLoaderのビュー

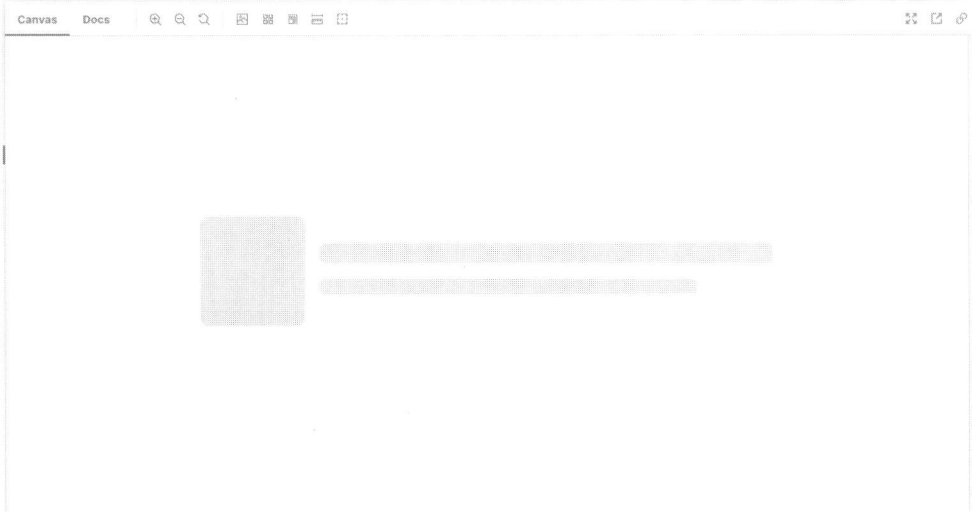

5.2.8 Material Iconsの導入

Material Icons*13はUIライブラリMaterial UI*14のコンポーネントの1つです。今回はアイコンの表示の用途でのみ使用します。Material Iconsは以下のコマンドでインストールします。Material UIが依存しているemotion*15関連のライブラリも合わせてインストールします。

```
$ npm install @mui/material @mui/icons-material @emotion/react @emotion/styled
```

Material Iconsの使用例を示します。今回は`<Home>`アイコンを利用します*16。`<Home>`アイコンの色とサイズを自由に変更するために`<span>`等でラップし、親のスタイルに従う（`inherit`）ようにつくります。これでカスタマイズが容易になります。

*13 https://mui.com/components/material-icons/
*14 Material UI（MUI）はReact向けのUIライブラリです。便利なUIコンポーネントが揃っています。 https://mui.com/
*15 https://emotion.sh/docs/introduction
*16 ここで使った以外にも、さまざまなアイコンが用意されています。

```
import HomeIcon from '@mui/icons-material/Home'

type HomeIconProps = {
  fontSize?: string
  color?: string
}

const HomeIconComponent = ({ fontSize, color }: HomeIconProps) => (
  <span style={{ fontSize, color }}>
    <HomeIcon fontSize="inherit" color="inherit" />
  </span>
)

export function HomeIcons() {
  return (
    <div style={{ display: 'flex', alignItems: 'center' }}>
      <HomeIconComponent />
      <HomeIconComponent fontSize="22px" />
      <HomeIconComponent fontSize="33px" />
      <HomeIconComponent color="red" />
      <HomeIconComponent fontSize="22px" color="#3f51b5" />
    </div>
  )
}
```

図5.6 HomeIconsのビュー

5.2.9 環境変数

Next.jsの環境構築に戻ります。環境変数の設定として`.env`ファイルを用意し、`create-next-app`で生成したプロジェクトのルートに配置します。`API_BASE_URL`は後に説明するJSON Server

（REST APIのダミーエンドポイントを生成するツール）のベースURL、NEXT_PUBLIC_API_BASE_PATHは次章で説明するNext.jsのURL Rewrite機能で使用する変数です。

リスト5.16 .env

```
API_BASE_URL=http://localhost:8000
NEXT_PUBLIC_API_BASE_PATH=/api/proxy
```

5.2.10 テスト環境構築

React/Next.jsのテスト環境構築は4.4で解説していますが、本アプリケーションでも同様のことをします。

```
$ npm install --save-dev @testing-library/jest-dom @testing-library/react jest jest-environment-jsdom
```

そして、jest.setup.jsとjest.config.jsをプロジェクトルートに追加します。

リスト5.17 jest.setup.js

```
import '@testing-library/jest-dom/extend-expect'
```

リスト5.18 jest.config.js

```
const nextJest = require('next/jest')
const createJestConfig = nextJest({ dir: './' })
const customJestConfig = {
  testPathIgnorePatterns: ['<rootDir>/.next/', '<rootDir>/node_modules/'],
  setupFilesAfterEnv: ['<rootDir>/jest.setup.js'],
  moduleDirectories: ['node_modules', '<rootDir>/src'],
  testEnvironment: 'jsdom',
}
module.exports = createJestConfig(customJestConfig)
```

package.jsonにテストを実行するためのスクリプトを追加します。

リスト5.19 package.json

```
{
  ...
  "scripts": {
    ...
    "test": "jest"
  },
  ...
}
```

以下のコマンドを実行してjestが起動すれば成功となります。

```
$ npm run test
> nextjs-gihyo-book@0.1.0 test
```

```
> jest

No tests found, exiting with code 1
```

最後にnext.config.jsに、ビルド時にReact Testing Libraryで使用するdata-testid属性を削除する設定を追加します。この属性は本番環境では必要がないので、reactRemovePropertiesというオプションを利用して削除します。

リスト 5.20 next.config.js

```
/** @type {import('next').NextConfig} */
const nextConfig = {
  reactStrictMode: true,
  compiler: (() => {
    let compilerConfig = {
      // styledComponentsの有効化
      styledComponents: true,
    }

    if (process.env.NODE_ENV === 'production') {
      compilerConfig = {
        ...compilerConfig,
        // 本番環境ではReact Testing Libraryで使用するdata-testid属性を削除
        reactRemoveProperties: { properties: ['^data-testid$'] },
      }
    }

    return compilerConfig
  })(),
}

module.exports = nextConfig
```

data-testidの利用

data-testidはテストコードにおいて特定の要素を取得する時に利用します。たとえば以下のような要素を探したい場合を考えます。

```
<div data-testid="custom-element" />
```

この時はscreen.getByTestId('custom-element')を使うことで、指定のdata-testidの属性を持つ要素を取得できます。

```
import { render, screen } from '@testing-library/react'

render(<MyComponent />)
const element = screen.getByTestId('custom-element')
```

要素を取ってくるのにclassやidを使わないのは、classやidはビルド時の圧縮で短く可読性の低いランダムな文字列に置き換えられる可能性があるからです。また、特にclassやidを属性として指定したくない場合にもdata-testidを用いることで解決します。

5.2.11 JSON Serverの設定

JSON Server*17とはREST APIのダミーエンドポイントを作成するためのツールです。今回のアプリケーション開発はフロントエンドの実装のみを行い、JSON Serverをバックエンドに使い開発を簡略化します。Next.jsで実装するアプリケーションとは独立したものです。

通常のJSON Serverの設定に加えて、カスタムでAPIをいくつか用意しています。今回使用するAPIは以下のようになっています。

API	パス	HTTPメソッド	説明
認証API	/auth/signin	POST	サインイン
認証API	/auth/signout	POST	サインアウト
ユーザーAPI	/users	GET	一覧取得
ユーザーAPI	/users/{id}	GET	個別取得
ユーザーAPI	/users/me	GET	認証済のユーザーを取得
プロダクトAPI	/products	GET, POST	一覧取得、新規追加
プロダクトAPI	/products/{id}	GET	個別取得
購入API	/purchases	POST	商品購入

以下の手順でJSON Serverが正しく起動するか確かめましょう。別のディレクトリに今回のアプリケーション開発のためにあらかじめ用意したコードをリポジトリからクローンします。

```
$ # Next.jsのアプリケーションとは別のディレクトリで作業する
$ git clone https://github.com/gihyo-book/ts-nextbook-json
$ cd ts-nextbook-json
$ npm ci
$ npm start
> json-server-deploy@1.0.0 start
> node server.js

Start listening...
http://localhost:8000
```

実際にcURLを使用して、JSON Serverが動作しているかを確認します。ここでは先ほど作成したusersのデータを取得するAPIをコールします。`curl -X GET -i http://localhost:8000/users`をコマンドラインに入力しHTTPレスポンスを表示します。`-X GET`はHTTPリクエストをGETメソッドで送信するオプション、`-i`はHTTPリクエストの結果のレスポンスヘッダーを表示するオプションです。

結果として3つの`users`のデータを取得できれば成功となります。

*17 https://github.com/typicode/json-server/

```
HTTP/1.1 200OK
X-Powered-By: Express
Vary: Origin, Accept-Encoding
Access-Control-Allow-Credentials: true
Cache-Control: no-cache
Pragma: no-cache
Expires: -1
X-Content-Type-Options: nosniff
Content-Type: application/json; charset=utf-8
Content-Length: 759
ETag: W/"2f7-BtGLI2pvNUZAuKFsUr9tdT48rXU"
Date: Sun, 11Jul 202106:34:32 GMT
Connection: keep-alive

[
  {
    "id": 1,
    "username": "taketo",
    "displayName": "Taketo Yoshida",
    "email": "taketo@example.com",
    "profileImageUrl": "/users/1.png",
    "description": "Lorem Ipsum is simply dummy text of the printing and typesetting
industry"
  },
  {
    "id": 2,
    "username": "takuya",
    "displayName": "Takuya Tejima",
    "email": "takuya@example.com",
    "profileImageUrl": "/users/2.png",
    "description": "Lorem Ipsum is simply dummy text of the printing and typesetting
industry"
  },
  {
    "id": 3,
    "username": "kourin",
    "displayName": "Yoshiki Takabayashi",
    "email": "kourin@example.com",
    "profileImageUrl": "/users/3.png",
    "description": "Lorem Ipsum is simply dummy text of the printing and typesetting
industry"
  }
]
```

またJSON Serverには画像パスのデータが保存されています。本体の画像はリポジトリ*18に置いてあるので、ダウンロードして`public`フォルダに保存してください。

JSON Serverの設定はこれで完了です。

以上で、設計・環境設定の説明を終わります。次章ではいよいよアプリケーションの実装に取り組みます。

*18 hhttps://github.com/gihyo-book/ts-nextbook-app/tree/main/public

Column

CSS in JSライブラリ

CSS in JSライブラリには本書で用いるstyled-components以外にもいくつかあります。

- Vercelのstyled-jsx*a
- 人気があり活発に開発されるemotion*b
- styled-componentsにユーティリティを追加するstyled-sytem*c
- propsベースのユーティリティ集xstyled*d
- テーマを機能の中心に据えたTheme UI*e

これらのライブラリはそれぞれ設計思想や機能が微妙に異なります。また、ライブラリの開発の活発さも温度差があり、残念ながらほとんど更新されていないものもあります。

いくつかの観点から、総合的に導入を検討すべきです。

- 書きやすさ
- 開発の活発さ
- 捨てやすさ（別ライブラリや自前実装などへの移行のしやすさ）

*a https://github.com/vercel/styled-jsx
*b https://emotion.sh/docs/introduction
*c https://styled-system.com/
*d https://xstyled.dev/
*e https://theme-ui.com/

6

アプリケーション開発2
～実装～

本章では、5章で作成したプロジェクトをベースに、アプリケーションそのものを実装していきます。

コード全部ではなく、特に重要な部分を抜き出して解説します。全体のソースコードは適宜サンプルファイルも参照してください。

6.1 アプリケーションアーキテクチャと全体の実装の流れ

開発において、アプリケーションアーキテクチャは開発生産性や一貫性を保つのに最も重要な要因となります。React/Next.jsアプリケーション開発においてもその考えは同じであり、Reactのコンポーネント指向に沿ってアプリケーションアーキテクチャを構築し、実装していきます。

主な実装の流れを説明します。

1. APIクライアントの実装
2. コンポーネント実装の準備
3. Atomic Designによるコンポーネント設計
4. Atomsの実装
5. Moleculesの実装
6. Organismsの実装
7. Templateの実装
8. ページの設計と実装
9. コンポーネントのユニットテスト

最初にAPIクライアントを実装します。前章で定義したJSON Serverをリクエスト先として利用します。

続けて、コンポーネント実装のための準備を説明します。レスポンシブデザインに対応したコンポーネントを手軽に実装するために、ユーティリティ関数や型、Wrapperコンポーネントなどを作成します。

準備が済んだら、いよいよ具体的にコンポーネントの制作に入ります。デザインの画面（デザインカンプ）から、Atomic Designに沿ってそれぞれコンポーネントに分割していきます。

分割後、各コンポーネントをStorybookでデザインを確認しながら実装していきます。

各コンポーネントを実装し終えた後は、コンポーネントを組み合わせながらページを実装していきます。

最後はコンポーネントのユニットテストを実装し、完了となります。

6.2 APIクライアントの実装

APIへの問い合わせを管理する、APIクライアントを実装します。Next.jsではAPIへリクエストを送るAPIクライアントを自前で実装することが多いです。

今回は前章で説明したJSON Serverをバックエンドとして使用します。本書ではAPIクライアントを次の方針で実装します。

- src/util以下にfetchをラップして使いやすくするfetcher関数を作成
- APIクライアントを、src/services/auth以下に、関数ごとにファイルを分割して実装
- アプリケーションで使用されるデータの型を定義

実装するAPIクライアントの関数の一覧は以下の通りになります。

関数名	API	パス
signin	認証API	/auth/signin
signout	認証API	/auth/signout
getAllUsers	ユーザーAPI	/users
getUser	ユーザーAPI	/users/{id}
getUser	ユーザーAPI	/users/me
getAllProducts, addProduct	プロダクトAPI	/products
getProduct	プロダクトAPI	/products/{id}
purchase	購入API	/purchases

6.2.1 fetcher関数

それぞれのAPIクライアントは定義したfetcher関数を利用してリクエストを送ります。この関数はfetch関数でリクエストを送信します。リクエストが失敗した場合は、例外をサーバーから返ってくるメッセージとともに投げます。

リスト6.1 src/utils/index.ts

```
export const fetcher = async (
  resource: RequestInfo,
  init?: RequestInit,
  // eslint-disable-next-line @typescript-eslint/no-explicit-any
): Promise<any> => {
  const res = await fetch(resource, init)

  if (!res.ok) {
    // レスポンスが失敗した時に例外を投げる
    const errorRes = await res.json()
```

```
    const error = new Error(
      errorRes.message ?? 'APIリクエスト中にエラーが発生しました',
    )

    throw error
  }

  return res.json()
}
```

6.2.2 APIクライアントの関数

APIクライアントの例として認証APIのsignin関数を実装します。src/services/auth下にsignin.tsを作成します。

第1引数のcontextはAPIのルートURLを指定します。ルートURLを固定しないのは静的サイト生成時のリクエストとクライアントサイドからのリクエストを分けるためです。第2引数のparamsはユーザー名（username）とパスワード（password）を受け取ります。リクエストが成功した際にはレスポンスヘッダーのSet-Cookieにトークンが設定されているので、これを利用して認証します。

リスト6.2 src/services/auth/signin.ts

```
// typesは後ほど定義
import { ApiContext, User } from 'types'
// 先ほど定義したsrc/utils/index.tsから読み込み
import { fetcher } from 'utils'

export type SigninParams = {
  /**
   * ユーザー名
   * サンプルユーザーのユーザー名は "user"
   */
  username: string
  /**
   * パスワード
   * サンプルユーザーのパスワードは "password"
   */
  password: string
}

/**
 * 認証API（サインイン）
 * @param context APIコンテキスト
 * @param params パラメータ
 * @returns ログインユーザー
 */
const signin = async (
  context: ApiContext,
  params: SigninParams,
): Promise<User> => {
  return await fetcher(
    `${context.apiRootUrl.replace(/\/$/g, '')}/auth/signin`,
```

```
    {
      method: 'POST',
      headers: {
        Accept: 'application/json',
        'Content-Type': 'application/json',
      },
      body: JSON.stringify(params),
    },
  )
}

export default signin
```

次にユーザーAPIの**getUser**関数を実装します。第1引数の**context**は先ほどの**signin**関数で使ったものと同じ引数を指定します。第2引数はオブジェクトを分割してユーザーIDを抽出しています。リクエストが成功した際にはユーザー情報をレスポンスとして取得できます。

リスト6.3 src/services/users/get-user.ts

```
import type { ApiContext, User } from 'types'
import { fetcher } from 'utils'

export type GetUserParams = {
  /**
   * ユーザーID
   */
  id: number
}

/**
 * ユーザーAPI（個別取得）
 * @param context APIコンテキスト
 * @param params パラメータ
 * @returns ユーザー
 */
const getUser = async (
  context: ApiContext,
  { id }: GetUserParams,
): Promise<User> => {
  /**
  // ユーザーAPI
  // サンプルレスポンス
  {
    "id": "1",
    "username": "taketo",
    "displayName": "Taketo Yoshida",
    "email": "taketo@example.com",
    "profileImageUrl": "/users/1.png",
    "description": "Lorem Ipsum is simply dummy text of the printing and ↩
typesetting industry"
  }
   */
  return await fetcher(
    `${context.apiRootUrl.replace(/\/$/g, '')}/users/${id}`,
    {
      headers: {
```

```
      Accept: 'application/json',
      'Content-Type': 'application/json',
    },
  },
  )
}

export default getUser
```

6.2.3 アプリケーションで使用されるデータの型

アプリケーションで使用されるデータの型を定義します。ユーザー（User）、商品（Product）、API呼び出しの際に使用されるContext（ApiContext）の型は以下のようになります。

リスト6.4 src/types/data.d.ts

```
// 商品のカテゴリ
export type Category = 'shoes' | 'clothes' | 'book'
// 商品の状態
export type Condition = 'new' | 'used'

// ユーザー
export type User = {
  id: number
  username: string
  displayName: string
  email: string
  profileImageUrl: string
  description: string
}

// 商品
export type Product = {
  id: number
  category: Category
  title: string
  description: string
  imageUrl: string
  blurDataUrl: string
  price: number
  condition: Condition
  owner: User
}

// API Context
export type ApiContext = {
  apiRootUrl: string
}
```

以上で、APIクライアントの実装の解説を終了します。本章で解説しないAPIクライアントのソースコードはリポジトリ[*1]にあります。ダウンロードしてご確認ください。

*1 https://github.com/gihyo-book/ts-nextbook-app/

6.2.4 開発環境のためのAPIリクエストプロキシ

オリジン間リソース共有（CORS）*2でのCookie送信を避けるために、Next.jsのRewrites機能*3を使用してプロキシの設定をします。

Next.jsのエンドポイントにリクエストを送信すると**json-server**のエンドポイントに変換されてリクエストが送信されます。Next.jsのRewrites機能を利用するには**next.config.js**を編集します。たとえば、**http://nextjsのホスト/api/proxy/signin**とリクエストを送った場合には**http://json-serverのホスト/signin**と変換されます。

リスト6.5 next.config.js

```
/** @type {import('next').NextConfig} */
const nextConfig = {
  reactStrictMode: true,
  compiler: (() => {
    let compilerConfig = {
      // styledComponentsの有効化
      styledComponents: true,
    }

    if (process.env.NODE_ENV === 'production') {
      compilerConfig = {
        ...compilerConfig,
        // 本番環境ではReact Testing Libraryで使用するdata-testid属性を削除
        reactRemoveProperties: { properties: ['^data-testid$'] },
      }
    }

    return compilerConfig
  })(),
  async rewrites() {
    return [
      {
        // ex. /api/proxy
        source: `${process.env.NEXT_PUBLIC_API_BASE_PATH}/:match*`,
        // ex. http://localhost:8000
        destination: `${process.env.API_BASE_URL}/:match*`,
      },
    ]
  },
}

module.exports = nextConfig
```

*2 オリジン間リソース共有（Cross-Origin Resource Sharing, CORS）は、あるオリジンのWebアプリケーションに対して、別のオリジンのサーバーへのアクセスをHTTPリクエストによって許可できるしくみを指します。

*3 Next.jsのRewrites機能は指定したURLパターンを内部で別のURLに変換する機能です。 https://nextjs.org/docs/api-reference/next.config.js/rewrites

6.3 コンポーネント実装の準備

コンポーネントの設計や実装の前に、下準備を済ませます*4。

使いやすいコンポーネントを実装するために、各種のユーティリティ関数や型を実装します。次のような機能を実現します。

- ▶ レスポンシブデザイン対応を簡潔な記述で実現する
- ▶ Themeの機能を使いやすくする
- ▶ これらの機能を型の機能を活かして実装する

また、レイアウトなどを効率化するWrapperコンポーネントも事前に実装します。

6.3.1 レスポンシブデザインに対応したコンポーネント

近年、スマートフォンなどのモバイル端末を利用したWebサイトへのアクセスがますます増えています。BroadbandSearchの調査*5によると、2021年現在では56%のユーザーがモバイル端末でWebサイトにアクセスしていることがわかります。現在、Webサイトを構築する上でモバイル端末でも見やすいUIを提供することは必須です。

モバイル対策にはいくつかの手段が考えられます。

- ▶ レスポンシブデザイン（デスクトップモバイルで同一ページを用意し、CSSで表示を切り替える）
- ▶ 別ドメイン/別階層などURLでモバイル向けのページを用意する（`mobile.example.com`や`example.com/mobile`など）

本書ではレスポンシブデザインを採用し、コンポーネントに適用する方法を解説します。

レスポンシブデザインとは、さまざまな画面やウィンドウサイズに応じて、適切にUIを表示するようなデザインを指します。たとえばデスクトップでは2カラムで表示していた画面を、スマホ向けの画面では1カラムで縦に並べるような調整をします。これはCSSで画面サイズに応じてレイアウトや、表示・非表示を切り替えることで実現します。

```
/* 画面サイズに応じてCSSを切り替える */
.container {
  display: flex;
  flex-direction: column; /*デフォルトでは縦並びで表示する */
}

/* @mediaで画面サイズなどを基準にCSSを出し分けられる */
```

*4 この実装はpropsからCSSを調整するxstyledやstyled-systemといったライブラリからインスパイアされたものです。ただ、これらがstyled-componentを使う上でデファクトになっていないので、簡易版を自前で実装しました。依存を少なくする、TypeScriptでの実装経験を増やすという効果も狙っています。

*5 https://www.broadbandsearch.net/blog/mobile-desktop-internet-usage-statistics

```
@media (min-width: 640px) {
  /* 640px以上の画面サイズの場合に適用するスタイル*/
  .container {
    flex-direction: row; /*画面サイズが640px以上は横並びになるように表示する*/
  }
}
```

基準となる画面サイズをブレークポイントと呼びます。ブレークポイントは自由に設定できますが、一般に以下のような基準を取ることが多いです。

- 0px〜640px：スマートフォン向け
- 641px〜1007px: タブレット向け
- 1008px〜: デスクトップ向け

また、サイズごとに名前をつけて管理するブレークポイントの基準もあります。smがsmall、mdがmiddleのように、それぞれ画面サイズの大きさを分類したものです。このような分類はtaiwindcss*6やBootstrap*7などで使われています。本書ではこちらを採用します*8。

画面幅	ブレークポイント名
640px〜767px	sm（small）
768px〜1023px	md（middle）
1024px〜1279px	lg（large）
1280px〜1525px	xl（extra large）

styled-componentsでレスポンシブデザインを実現する

Next.jsでstyled-components（4.2）を用いたレスポンシブデザインを実現する方法を解説します。

画面サイズ（ブレークポイント名）に応じて、別々のCSSプロパティの値を手軽に、かつ型を活かして設定できることを目指します。

次のような記法で利用できるコンポーネントを作成します。

```
// base（デフォルト）とsm（少画面サイズ）でそれぞれ別のサイズを設定
<Component fontSize={{ base: '12rem', sm: '10rem' }}>
</Component>

// baseなしで値だけでも適切に処理できる
<Component fontSize="12rem">
</Component>
```

*6 https://tailwindcss.com/docs/responsive-design

*7 https://getbootstrap.jp/docs/5.0/layout/grid/#grid-options

*8 ここでのサイズ例とブレークポイントの対応は書籍オリジナルです。画面幅の値やブレークポイント名、その関連付けなどはライブラリによって異なるので注意してください。

```
// 型を活かして値が不適なケースではエラーを出す
// Error
<Component textAlign="100px">
</Component>
```

これを実現するために、ブレークポイントごとにCSSプロパティの値を設定できる**Responsive**型、**Responsive**型から値を取り出す**toPropValue**関数を実装します。

Responsive型は通常のCSSの値、もしくはそれぞれのブレークポイントに対応したCSSの値のオブジェクトを指定できます。これにより**props**を通じて自由にレスポンシブに対応したCSSを指定できます。

toPropValueは**Responsive**型をメディアクエリ付きのCSSプロパティとその値に変換する関数です*9。この関数を通すことで任意の要素へCSSプロパティの値をブレークポイントごとに設定できます。たとえば`<Container flexDirection={{ base: 'column', sm: 'row' }}>`のように書くと、640px以上だと横並び（**row**）、それ以外だと縦並び（**colum**）になります。**toPropValue**の具体的な実装に関して本章にて後述します。

```
function toPropValue<T>(propKey: string, prop?: Responsive<T>): string {
    // "CSSプロパティ: 値;"を返す。
}
```

```
/**
 * Responsiveプロパティ
 * CSSプロパティの値をブレークポイントごとに設定できる
 * TはCSSプロパティの値の型
 */
type ResponsiveProp<T> = {
  base?: T // デフォルト
  sm?: T // 640px以上
  md?: T // 768px以上
  lg?: T // 1024px以上
  xl?: T // 1280px以上
}

/**
 * Responsive型はResponsiveプロパティもしくはCSSプロパティの値
 */
type Responsive<T> = T | ResponsiveProp<T>

/**
 * Responsive型をCSSプロパティとその値に変換
 * @param propKey CSSプロパティ
 * @param prop Responsive型
 * @returns CSSプロパティとその値 (ex. background-color: white;)
 */
function toPropValue<T>(propKey: string, prop?: Responsive<T>): string {
  /**
```

*9　4.2では主にCSSの値として用いましたが、CSSの値とプロパティを含んでも特に問題はありません。

```
    実装省略、後に本章で詳しく解説します。
    toPropValue('flex-direction', 'column')の場合は
    >> flex-direction: column;
    の文字列が返ってきます。

    toPropValue('flex-direction', { base: 'column', sm: 'row' })の場合は
    >> flex-direction: column;
    >> @media screen and (min-width: 640px) {
    >> flex-direction: row;
    >> }
    の文字列が返ってきます。
   */
}

interface ContainerProps {
  flexDirection?: Responsive<string>
}

const Container = styled.section<ContainerProps>`
  padding: 4em;
  display: flex;
  ${(props) => toPropValue('flex-direction', props.flexDirection)}
`

const Page: NextPage = () => {
  return (
    <>
      <Container flexDirection="column">
        {/* 常に縦並びになります */}
        <div>First item</div>
        <div>Second item</div>
      </Container>
      <Container flexDirection={{ base: 'column', sm: 'row' }}>
        {/* 640px以上だと横並び、それ以外だと縦並びになります */}
        <div>First item</div>
        <div>Second item</div>
      </Container>
    </>
  )
}
export default Page
```

■――styled-componentsでThemeに設定した値を利用する

これまで、レスポンシブデザイン対応を効率化するために、`Responsive`型と`toPropValue`関数を解説しました。

ここからは、styled-componentsでTheme（5.2.4）に設定した値を利用する方法を解説します。Themeへアクセスしやすくするために、`toPropValue`関数に機能を追加します。

`toPropValue`関数に`theme`の引数を追加し、Themeを少ない記述量で使うことを目指します。

たとえば`<Container marginBottom={1}>`のように書くと、Themeに指定した`const space: string[] = ['0px', '8px', '16px', '32px', '64px']`の2番目の要素の`8px`がCSSプロパティの値として使用されます。

Themeの値を利用したい場合、第3引数にThemeを渡し、第2引数の`Responsive`に対してThemeのキーを指定します。

```
function toPropValue<T>(propKey: string, prop?: Responsive<T>, theme?: AppTheme):
string {
    // "CSSプロパティ: 値;"を返す。
}
```

```
import { theme } from 'themes'

/**
 * Responsiveプロパティ
 * CSSプロパティの値をブレークポイントごとに設定できる
 * TはCSSプロパティの値の型
 */
type ResponsiveProp<T> = {
  base?: T // デフォルト
  sm?: T // 640px以上
  md?: T // 768px以上
  lg?: T // 1024px以上
  xl?: T // 1280px以上
}
type Responsive<T> = T | ResponsiveProp<T>

// Themeの型
type AppTheme = typeof theme
// Themeのキーの型
type SpaceThemeKeys = keyof typeof theme.space
// Themeのキーの型（SpaceThemeKeys）もしくは任意の文字列（'10px'など）
type Space = SpaceThemeKeys | (string & {}) // & {}を書くとエディターの補完が効くようになる

/**
 * Responsive型をCSSプロパティとその値に変換
 * @param propKey CSSプロパティ
 * @param prop Responsive型
 * @param theme AppTheme
 * @returns CSSプロパティとその値 (ex. background-color: white;)
 */
function toPropValue<T>(propKey: string, prop?: Responsive<T>, theme?: AppTheme):
string {
  /**
    実装省略、後に本章で詳しく解説します。
    toPropValue('margin-bottom', '8px', theme)の場合は
    >> margin-bottom: 8px;
    の文字列が返ってきます。

    toPropValue('margin-bottom', 1, theme)の場合は
    >> margin-bottom: 8px;
    の文字列が返ってきます。
    const space: string[] = ['0px', '8px', '16px', '32px', '64px']
    の2番目の要素が使われています。

    toPropValue('margin-bottom', { base: 1, sm: 2}, theme)の場合は
    >> margin-bottom: 8px;
    >> @media screen and (min-width: 640px) {
    >> margin-bottom: 16px;
    >> }
    の文字列が返ってきます。
    const space: string[] = ['0px', '8px', '16px', '32px', '64px']
   */
```

```
}

interface ContainerProps {
  flexDirection?: Responsive<string>
  marginBottom?: Responsive<Space>
}

const Container = styled.section<ContainerProps>`
  padding: 4em;
  display: flex;
  ${(props) => toPropValue('flex-direction', props.flexDirection, props.theme)}
  ${(props) => toPropValue('margin-bottom', props.marginBottom, props.theme)}
`

const Page: NextPage = () => {
  return (
    <>
      <Container flexDirection="column" marginBottom="8px">
        {/*
          - 常に縦並びになります
          - 下に8px(テーマ設定した2つ目の要素)のマージン
        */}
        <div>First item</div>
        <div>Second item</div>
      </Container>
      <Container flexDirection={{ base: 'column', sm: 'row' }} marginBottom={1}>
        {/*
          - 640px以上だと横並び、それ以外だと縦並びになります
          - 下に8px(テーマ設定した2つ目の要素)のマージン
            const space: string[] = ['0px', '8px', '16px', '32px', '64px']
        */}
        <div>First item</div>
        <div>Second item</div>
      </Container>
      <Container flexDirection={{ base: 'column', sm: 'row' }} marginBottom={{ base: 1
, sm: 2}}>
        {/*
          - 640px以上だと横並び、それ以外だと縦並びになります
          - 640px以上だと下に16pxのマージン
            それ以外は8pxマージン
            const space: string[] = ['0px', '8px', '16px', '32px', '64px']
        */}
        <div>First item</div>
        <div>Second item</div>
      </Container>
    </>
  )
}
export default Page
```

コンポーネントの記述を効率化するtoPropValueの実装

`toPropValue`関数を実装します。`toPropValue`はここまで概要を解説してきたように、レスポンシブデザイン対応、Theme対応の記述を完結にするためのユーティリティ関数です。

`toPropValue`は第1引数にはCSSプロパティの名前（`backgroud-color`、`margin`など)、第2引数には`Responsive`、第3引数にはThemeを指定します。この`toPropValue`関数を通して、Themeに設定された値やブレークポイントごとのCSSプロパティの値に変換できます。以下の実

装は本章を通して使用します。

リスト 6.6 src/utils/styles.ts

```
/* eslint-disable @typescript-eslint/no-explicit-any */
/* eslint-disable @typescript-eslint/ban-types */
import { theme } from 'themes'
import type { ResponsiveProp, Responsive } from 'types'

// Themeの型
export type AppTheme = typeof theme

type SpaceThemeKeys = keyof typeof theme.space
type ColorThemeKeys = keyof typeof theme.colors
type FontSizeThemeKeys = keyof typeof theme.fontSizes
type LetterSpacingThemeKeys = keyof typeof theme.letterSpacings
type LineHeightThemeKeys = keyof typeof theme.lineHeights

// 各Themeのキーの型
export type Space = SpaceThemeKeys | (string & {})
export type Color = ColorThemeKeys | (string & {})
export type FontSize = FontSizeThemeKeys | (string & {})
export type LetterSpacing = LetterSpacingThemeKeys | (string & {})
export type LineHeight = LineHeightThemeKeys | (string & {})

// ブレークポイント
const BREAKPOINTS: { [key: string]: string } = {
  sm: '640px', // 640px以上
  md: '768px', // 768px以上
  lg: '1024px', // 1024px以上
  xl: '1280px', // 1280px以上
}

/**
 * Responsive型をCSSプロパティとその値に変換
 * @param propKey CSSプロパティ
 * @param prop Responsive型
 * @param theme AppTheme
 * @returns CSSプロパティとその値 (ex. background-color: white;)
 */
export function toPropValue<T>(
  propKey: string,
  prop?: Responsive<T>,
  theme?: AppTheme,
) {
  if (prop === undefined) return undefined

  if (isResponsivePropType(prop)) {
    const result = []
    for (const responsiveKey in prop) {
      if (responsiveKey === 'base') {
        // デフォルトのスタイル
        result.push(
          `${propKey}: ${toThemeValueIfNeeded(
            propKey,
            prop[responsiveKey],
            theme,
          )};`,
        )
```

```
      } else if (
        responsiveKey === 'sm' ||
        responsiveKey === 'md' ||
        responsiveKey === 'lg' ||
        responsiveKey === 'xl'
      ) {
        // メディアクエリでのスタイル
        const breakpoint = BREAKPOINTS[responsiveKey]
        const style = `${propKey}: ${toThemeValueIfNeeded(
          propKey,
          prop[responsiveKey],
          theme,
        )};`
        result.push(`@media screen and (min-width: ${breakpoint}) {${style}}`)
      }
    }
    return result.join('\n')
  }

  return `${propKey}: ${toThemeValueIfNeeded(propKey, prop, theme)};`
}

const SPACE_KEYS = new Set([
  'margin',
  'margin-top',
  'margin-left',
  'margin-bottom',
  'margin-right',
  'padding',
  'padding-top',
  'padding-left',
  'padding-bottom',
  'padding-right',
])
const COLOR_KEYS = new Set(['color', 'background-color'])
const FONT_SIZE_KEYS = new Set(['font-size'])
const LINE_SPACING_KEYS = new Set(['letter-spacing'])
const LINE_HEIGHT_KEYS = new Set(['line-height'])

/**
 * Themeに指定されたCSSプロパティの値に変換
 * @param propKey CSSプロパティ
 * @param value CSSプロパティの値
 * @param theme AppTheme
 * @returns CSSプロパティの値
 */
function toThemeValueIfNeeded<T>(propKey: string, value: T, theme?: AppTheme) {
  if (
    theme &&
    theme.space &&
    SPACE_KEYS.has(propKey) &&
    isSpaceThemeKeys(value, theme)
  ) {
    return theme.space[value]
  } else if (
    theme &&
    theme.colors &&
    COLOR_KEYS.has(propKey) &&
```

```
    isColorThemeKeys(value, theme)
  ) {
    return theme.colors[value]
  } else if (
    theme &&
    theme.fontSizes &&
    FONT_SIZE_KEYS.has(propKey) &&
    isFontSizeThemeKeys(value, theme)
  ) {
    return theme.fontSizes[value]
  } else if (
    theme &&
    theme.letterSpacings &&
    LINE_SPACING_KEYS.has(propKey) &&
    isLetterSpacingThemeKeys(value, theme)
  ) {
    return theme.letterSpacings[value]
  } else if (
    theme &&
    theme.lineHeights &&
    LINE_HEIGHT_KEYS.has(propKey) &&
    isLineHeightThemeKeys(value, theme)
  ) {
    return theme.lineHeights[value]
  }

  return value
}

function isResponsivePropType<T>(prop: any): prop is ResponsiveProp<T> {
  return (
    prop &&
    (prop.base !== undefined ||
      prop.sm !== undefined ||
      prop.md !== undefined ||
      prop.lg !== undefined ||
      prop.xl !== undefined)
  )
}

function isSpaceThemeKeys(prop: any, theme: AppTheme): prop is SpaceThemeKeys {
  return Object.keys(theme.space).filter((key) => key == prop).length > 0
}

function isColorThemeKeys(prop: any, theme: AppTheme): prop is ColorThemeKeys {
  return Object.keys(theme.colors).filter((key) => key == prop).length > 0
}

function isFontSizeThemeKeys(
  prop: any,
  theme: AppTheme,
): prop is FontSizeThemeKeys {
  return Object.keys(theme.fontSizes).filter((key) => key == prop).length > 0
}

function isLetterSpacingThemeKeys(
  prop: any,
  theme: AppTheme,
```

```
): prop is LetterSpacingThemeKeys {
  return (
    Object.keys(theme.letterSpacings).filter((key) => key == prop).length > 0
  )
}

function isLineHeightThemeKeys(
  prop: any,
  theme: AppTheme,
): prop is LineHeightThemeKeys {
  return Object.keys(theme.lineHeights).filter((key) => key == prop).length > 0
}
```

`toPropValue`で使用される型を定義します。`Responsive`型は通常のCSSプロパティの値もしくはそれぞれのブレークポイントに対応したCSSプロパティの値のオブジェクトを指定できます。

他にもCSSプロパティの値をUnion型としていくつか定義します。たとえば`Responsive<CSSPropertyAlignItems>`として指定した場合、`center`等の値はコード補完で利用できます*10。

リスト 6.7 src/types/styles.d.ts

```
/**
 * Responsiveプロパティ
 * CSSプロパティの値をブレークポイントごとに設定できる
 * TはCSSプロパティの値の型
 */
export type ResponsiveProp<T> = {
  base?: T // デフォルト
  sm?: T // 640px以上
  md?: T // 768px以上
  lg?: T // 1024px以上
  xl?: T // 1280px以上
}
export type Responsive<T> = T | ResponsiveProp<T>

/**
 * Flex
 */
type SelfPosition =
  | 'center'
  | 'end'
  | 'flex-end'
  | 'flex-start'
  | 'self-end'
  | 'self-start'
  | 'start'

type ContentPosition = 'center' | 'end' | 'flex-end' | 'flex-start' | 'start'

type ContentDistribution =
  | 'space-around'
  | 'space-between'
```

*10 TypeScriptの型システムの都合で`string & {}`の指定を加えないと、型推論がうまくはたらきません。参考にStack Overflowでこの話題を取り扱ったリンクを掲載します。 https://stackoverflow.com/questions/61047551/typescript-union-of-string-and-string-literals。

```
  | 'space-evenly'
  | 'stretch'

type CSSPropertyGlobals =
  | '-moz-initial'
  | 'inherit'
  | 'initial'
  | 'revert'
  | 'unset'

export type CSSPropertyAlignItems =
  | CSSPropertyGlobals
  | SelfPosition
  | 'baseline'
  | 'normal'
  | 'stretch'
  // コードの自動補完
  | (string & {})

export type CSSPropertyAlignContent =
  | CSSPropertyGlobals
  | ContentDistribution
  | 'center'
  | 'end'
  | 'flex-end'
  | 'flex-start'
  | 'start'
  | 'baseline'
  | 'normal'
  | (string & {})

export type CSSPropertyJustifyItems =
  | CSSPropertyGlobals
  | SelfPosition
  | 'baseline'
  | 'left'
  | 'legacy'
  | 'normal'
  | 'right'
  | 'stretch'
  | (string & {})

export type CSSPropertyJustifyContent =
  | CSSPropertyGlobals
  | ContentDistribution
  | ContentPosition
  | 'left'
  | 'normal'
  | 'right'
  | (string & {})

export type CSSPropertyFlexWrap =
  | CSSPropertyGlobals
  | 'nowrap'
  | 'wrap'
  | 'wrap-reverse'

export type CSSPropertyFlexDirection =
```

```
  | CSSPropertyGlobals
  | 'column'
  | 'column-reverse'
  | 'row'
  | 'row-reverse'

export type CSSPropertyJustifySelf =
  | CSSPropertyGlobals
  | SelfPosition
  | 'auto'
  | 'baseline'
  | 'left'
  | 'normal'
  | 'right'
  | 'stretch'
  | (string & {})

export type CSSPropertyAlignSelf =
  | CSSPropertyGlobals
  | SelfPosition
  | 'auto'
  | 'baseline'
  | 'normal'
  | 'stretch'
  | (string & {})

/**
 * Grid
 */
type GridLine = 'auto' | (string & {})

export type CSSPropertyGridColumn =
  | CSSPropertyGlobals
  | GridLine
  | (string & {})

export type CSSPropertyGridRow = CSSPropertyGlobals | GridLine | (string & {})

export type CSSPropertyGridAutoFlow =
  | CSSPropertyGlobals
  | 'column'
  | 'dense'
  | 'row'
  | (string & {})

export type CSSPropertyGridArea = CSSPropertyGlobals | GridLine | (string & {})
```

6.3.2 Wrapperコンポーネントの実装

レイアウトを調整する便利なWrapperコンポーネントを実装します。これまで紹介してきたユーティリティ関数や型を活用して組み上げていきます。

Webフロントエンドでは、ソースコードの規模が大きくなるにつれて、さまざまなレイアウト周りの調整が必要になるのが一般的です。その際に、個別に実装を進めると記述量が増え、管理も煩雑になります。

たとえばコンポーネント間のスペーシングや並び方など、レイアウト上の構造を調整するBoxやFlexなどのコンポーネントに関しては、CSS定義に必要な共通処理がある程度決まっています。本書では、このようなレイアウトに関するコンポーネントのデザイン調整を共通化するために、styled-componentsをベースにしたWrapperコンポーネントを作成します。コンポーネントのデザイン調整を`props`を活用し、シンプルに定義できます（4.2.2参照）。

レイアウトに関連するコンポーネントは、`src/components/layout`以下に作成します。以下、3つのWrapperコンポーネントの概要を紹介します。詳細なソースコードはリポジトリからダウンロードしたものをご参照ください。

Box

Boxコンポーネントはレイアウト用のユーティリティコンポーネントです。スペーシング、縦横、カラーリング、ボーダー、ポジション等のレイアウトに関する設定を簡単に行えます*11。

リスト6.8 src/components/layout/Box/index.tsx

```
/* eslint-disable prettier/prettier */
import styled from 'styled-components'
import type { Responsive } from 'types/styles'
import { toPropValue, Color, Space } from 'utils/styles'

// Boxがとりうるプロパティを列挙
export type BoxProps = {
  color?: Responsive<Color>
  backgroundColor?: Responsive<Color>
  width?: Responsive<string>
  height?: Responsive<string>
  minWidth?: Responsive<string>
  minHeight?: Responsive<string>
  display?: Responsive<string>
  border?: Responsive<string>
  overflow?: Responsive<string>
  margin?: Responsive<Space>
  marginTop?: Responsive<Space>
  marginRight?: Responsive<Space>
  marginBottom?: Responsive<Space>
  marginLeft?: Responsive<Space>
  padding?: Responsive<Space>
  paddingTop?: Responsive<Space>
  paddingRight?: Responsive<Space>
  paddingBottom?: Responsive<Space>
  paddingLeft?: Responsive<Space>
}

/**
 * Boxコンポーネント
 * レイアウトの調整に利用する
 * ${(props) => toPropValue('color', props.color, props.theme)}
 */
const Box = styled.div<BoxProps>`
```

*11　ここで実装するBoxコンポーネントはMaterial UIで使用されているコンポーネントを参考にして実装しています。

```
  ${(props) => toPropValue('color', props.color, props.theme)}
  ${(props) => toPropValue('background-color', props.backgroundColor, props.theme)}
  ${(props) => toPropValue('width', props.width, props.theme)}
  ${(props) => toPropValue('height', props.height, props.theme)}
  ${(props) => toPropValue('min-width', props.minWidth, props.theme)}
  ${(props) => toPropValue('min-height', props.minHeight, props.theme)}
  ${(props) => toPropValue('display', props.display, props.theme)}
  ${(props) => toPropValue('border', props.border, props.theme)}
  ${(props) => toPropValue('overflow', props.overflow, props.theme)}
  ${(props) => toPropValue('margin', props.margin, props.theme)}
  ${(props) => toPropValue('margin-top', props.marginTop, props.theme)}
  ${(props) => toPropValue('margin-left', props.marginLeft, props.theme)}
  ${(props) => toPropValue('margin-bottom', props.marginBottom, props.theme)}
  ${(props) => toPropValue('margin-right', props.marginRight, props.theme)}
  ${(props) => toPropValue('padding', props.padding, props.theme)}
  ${(props) => toPropValue('padding-top', props.paddingTop, props.theme)}
  ${(props) => toPropValue('padding-left', props.paddingLeft, props.theme)}
  ${(props) => toPropValue('padding-bottom', props.paddingBottom, props.theme)}
  ${(props) => toPropValue('padding-right', props.paddingRight, props.theme)}
`

export default Box
```

ここでの`${(props) => toPropValue(...)}`は、与えられたpropsでマッチするものがあればCSSプロパティと値の文字列を返します。マッチしない場合は空文字列を返すので、展開時には無視されます。

Boxコンポーネントは、以下のように`ChildComponent`をラップして使用します。

```
{/* 上に10pxのマージン */}
<Box marginTop="10px">
  <ChildComponent>
</Box>
{/*
  上に8px(テーマ設定した2つ目の要素)のマージン
  const space: string[] = ['0px', '8px', '16px', '32px', '64px']
*/}
<Box marginTop={1}>
  <ChildComponent>
</Box>
{/*
  md (768px) 以上の横幅の場合には16pxのマージン
  それ以外は8pxマージン
  const space: string[] = ['0px', '8px', '16px', '32px', '64px']
*/}
<Box marginTop={{ base: 1, md: 2}}>
  <ChildComponent>
</Box>
```

Flex

FlexコンポーネントはBoxコンポーネントを継承し、Flexboxに関する設定を簡単に行うためのものです。

リスト 6.9 src/components/layout/Flex/index.tsx

```
/* eslint-disable prettier/prettier */
import styled from 'styled-components'
import Box, { BoxProps } from 'components/layout/Box'
import type {
  Responsive,
  CSSPropertyAlignItems,
  CSSPropertyAlignContent,
  CSSPropertyJustifyContent,
  CSSPropertyJustifyItems,
  CSSPropertyFlexDirection,
  CSSPropertyJustifySelf,
  CSSPropertyFlexWrap,
  CSSPropertyAlignSelf,
} from 'types/styles'
import { toPropValue } from 'utils/styles'

type FlexProps = BoxProps & {
  alignItems?: Responsive<CSSPropertyAlignItems>
  alignContent?: Responsive<CSSPropertyAlignContent>
  justifyContent?: Responsive<CSSPropertyJustifyContent>
  justifyItems?: Responsive<CSSPropertyJustifyItems>
  flexWrap?: Responsive<CSSPropertyFlexWrap>
  flexBasis?: Responsive<string>
  flexDirection?: Responsive<CSSPropertyFlexDirection>
  flexGrow?: Responsive<string>
  flexShrink?: Responsive<string>
  justifySelf?: Responsive<CSSPropertyJustifySelf>
  alignSelf?: Responsive<CSSPropertyAlignSelf>
  order?: Responsive<string>
}

/**
 * Flexコンポーネント
 * flexboxの実現に利用する
 */
const Flex = styled(Box)<FlexProps>`
  ${(props) => toPropValue('align-items', props.alignItems, props.theme)}
  ${(props) => toPropValue('align-content', props.alignContent, props.theme)}
  ${(props) => toPropValue('justify-content', props.justifyContent, props.theme)}
  ${(props) => toPropValue('justify-items', props.justifyItems, props.theme)}
  ${(props) => toPropValue('flex-wrap', props.flexWrap, props.theme)}
  ${(props) => toPropValue('flex-basis', props.flexBasis, props.theme)}
  ${(props) => toPropValue('flex-direction', props.flexDirection, props.theme)}
  ${(props) => toPropValue('flex-grow', props.flexGrow, props.theme)}
  ${(props) => toPropValue('flex-shrink', props.flexShrink, props.theme)}
  ${(props) => toPropValue('justify-self', props.justifySelf, props.theme)}
  ${(props) => toPropValue('align-self', props.alignSelf, props.theme)}
  ${(props) => toPropValue('order', props.order, props.theme)}
`

Flex.defaultProps = {
  display: 'flex',
}

export default Flex
```

実装例としては、以下のように`ChildComponent`をラップして使用します。

```
{/* ChildComponentをspace-betweenで並べる */}
<Flex justifyContent="space-between">
  <ChildComponent>
  <ChildComponent>
  <ChildComponent>
</Flex>
{/* ChildComponentをcolumn方向(縦)にcenterで並べる */}
<Flex justifyContent="center" flexDirection="column">
  <ChildComponent>
  <ChildComponent>
  <ChildComponent>
</Flex>
```

Grid

Gridコンポーネントは Boxコンポーネントを継承し、グリッドレイアウトに関する設定を簡単に行うためのものです。

リスト 6.10 src/components/layout/Grid/index.tsx

```
/* eslint-disable prettier/prettier */
import styled from 'styled-components'
import Box, { BoxProps } from 'components/layout/Box'
import type { CSSPropertyGridArea, CSSPropertyGridAutoFlow, CSSPropertyGridColumn, ⏎
CSSPropertyGridRow, Responsive } from 'types/styles'
import { toPropValue } from 'utils/styles'

type GridProps = BoxProps & {
  gridGap?: Responsive<string>
  gridColumnGap?: Responsive<string>
  gridRowGap?: Responsive<string>
  gridColumn?: Responsive<CSSPropertyGridColumn>
  gridRow?: Responsive<CSSPropertyGridRow>
  gridAutoFlow?: Responsive<CSSPropertyGridAutoFlow>
  gridAutoColumns?: Responsive<string>
  gridAutoRows?: Responsive<string>
  gridTemplateColumns?: Responsive<string>
  gridTemplateRows?: Responsive<string>
  gridTemplateAreas?: Responsive<CSSPropertyGridArea>
  gridArea?: Responsive<string>
}

/**
 * Gridコンポーネント
 * gridレイアウトの実現に利用する
 */
const Grid = styled(Box)<GridProps>`
  ${(props) => toPropValue('grid-gap', props.gridGap, props.theme)}
  ${(props) => toPropValue('grid-column-gap', props.gridColumnGap, props.theme)}
  ${(props) => toPropValue('grid-row-gap', props.gridRowGap, props.theme)}
  ${(props) => toPropValue('grid-row', props.gridRow, props.theme)}
  ${(props) => toPropValue('grid-column', props.gridColumn, props.theme)}
  ${(props) => toPropValue('grid-auto-flow', props.gridAutoFlow, props.theme)}
  ${(props) => toPropValue('grid-auto-columns', props.gridAutoColumns, props.theme⏎
)}
  ${(props) => toPropValue('grid-auto-rows', props.gridAutoRows, props.theme)}
  ${(props) => toPropValue('grid-template-columns', props.gridTemplateColumns, ⏎
props.theme)}
```

```
  ${(props) => toPropValue('grid-template-rows', props.gridTemplateRows, props.↩
theme)}
  ${(props) => toPropValue('grid-template-areas', props.gridTemplateAreas, props.↩
theme)}
  ${(props) => toPropValue('grid-area', props.gridArea, props.theme)}
`

Grid.defaultProps = {
  display: 'grid',
}

export default Grid
```

実装例としては、以下のように`ChildComponent`をラップして使用します。

```
{/* ChildComponentを1つ180pxのサイズで3列で並べる */}
<Grid gridTemplateColumns="180px 180px 180px">
  <ChildComponent>
  <ChildComponent>
  <ChildComponent>
</Grid>
{/* ChildComponentを16pxの幅で一行4列で並べる */}
<Grid gridGap="16px" gridTemplateColumns="repeat(4, 1fr)">
  <ChildComponent>
  <ChildComponent>
  <ChildComponent>
</Grid>
```

ここまでで実装の準備は完了です。続けて、コンポーネントの分割と実装に入ります。

6.4 Atomic Designによるコンポーネント設計の実施

React/Next.jsの開発において最も重要なのがコンポーネント設計です。本書では以下の点に注意を払い、コンポーネントを設計していきます。

- propsやコンテキストを活用し、ビジネスロジックの実装を避け、再利用可能にする
- 外部依存性を極力排除し、外部から依存性を注入できるようにする
- Atomic Designに従ってコンポーネントを分割
- 個々のコンポーネントはStorybookで確認
- ユニットテストの追加

この方針のもとコンポーネントをつくると、より保守性の高いアプリケーションを開発できます。

主な実装の流れを示します。

1. デザインをもとに、Atomic Designに沿ったコンポーネントの分割

2. Atomsの実装
3. Moleculesの実装
4. Organismsの実装
5. Templateの実装
6. ページ（Pages）の実装
7. APIクライアント等の外部依存関係の実装

6.4.1 Atomic Designに沿ってコンポーネントを分割する

4.1で学習したAtomic Designに従って、各ページをコンポーネントへと分割していきます*12。デザインの画面に対し、分割したい部分をマーカーで囲みAtoms/Molecules/Organisms/Templateの印を付けます。

ヘッダー・フッター

ヘッダーとフッターは以下のようなコンポーネントに分けられます。

種類	コンポーネント
Atoms	ボタン、ロゴ、テキスト、シェイプイメージ、スピナー、バッジ、アイコンボタン
Molecules	バッジアイコンボタン
Organisms	ヘッダー
Templates	なし

*12　ここでのコンポーネントは、ページ（pages）から直接インポートされたかを問いません。間接的に利用しているものも含めページで使用されているものも含まれます。

図6.1 ヘッダー、フッターのコンポーネント

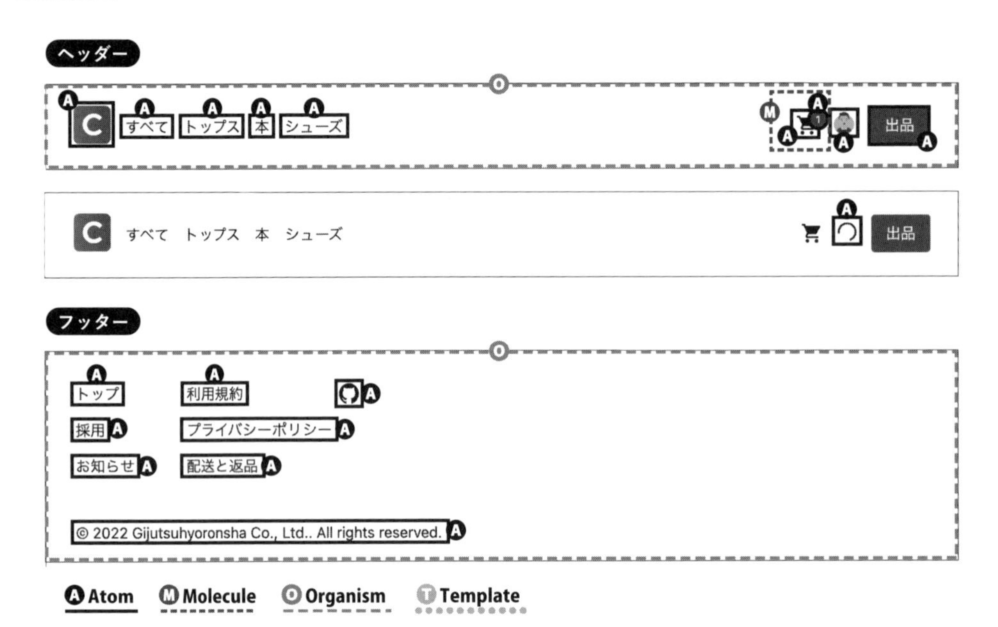

サインインページ

サインインページは以下のようなコンポーネントに分けられます。

種類	コンポーネント
Atoms	ボタン、ロゴ、テキストインプット、テキスト、スピナー
Molecules	なし
Organisms	サインインフォーム、グローバルスピナー
Templates	レイアウト

図6.2 サインインページのコンポーネント

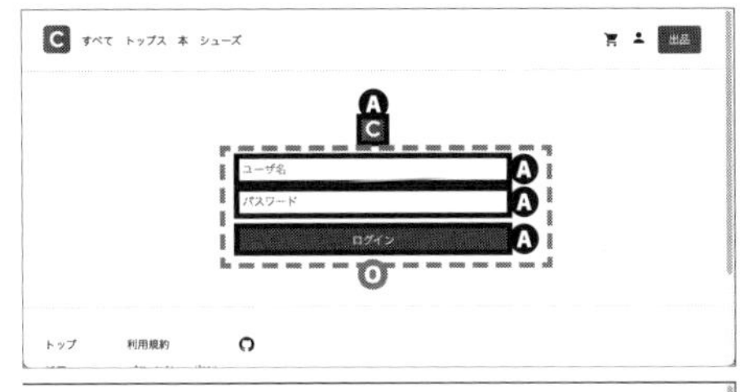

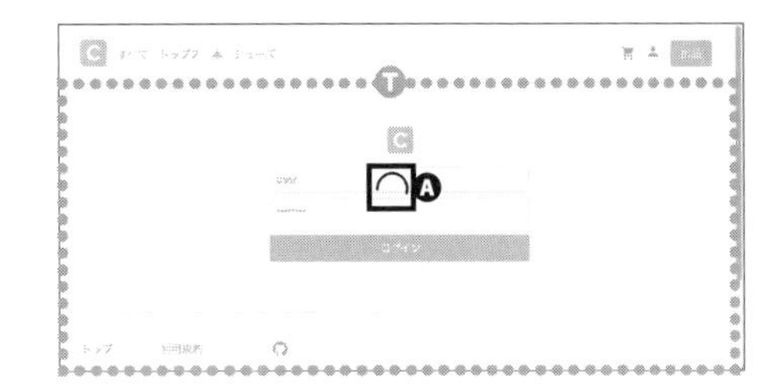

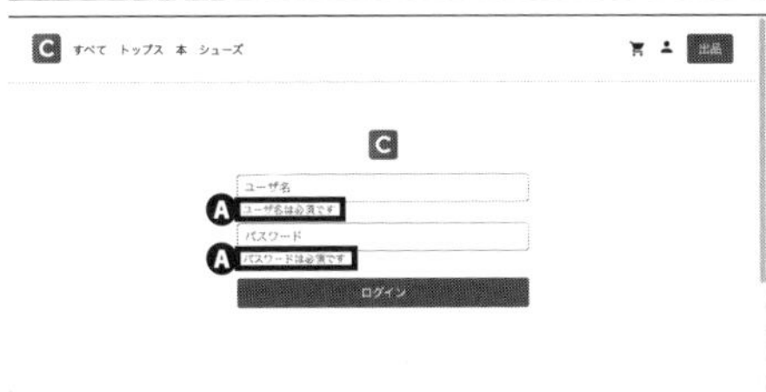

ユーザーページ

ユーザーページは以下のようなコンポーネントに分けられます。

種類	コンポーネント
Atoms	パンくずリスト要素、セパレーター、テキスト、スケールイメージ、シェイプイメージ
Molecules	パンくずリスト
Organisms	ユーザープロファイル、商品カード、商品カードリスト
Templates	レイアウト

図6.3 ユーザーページのコンポーネント

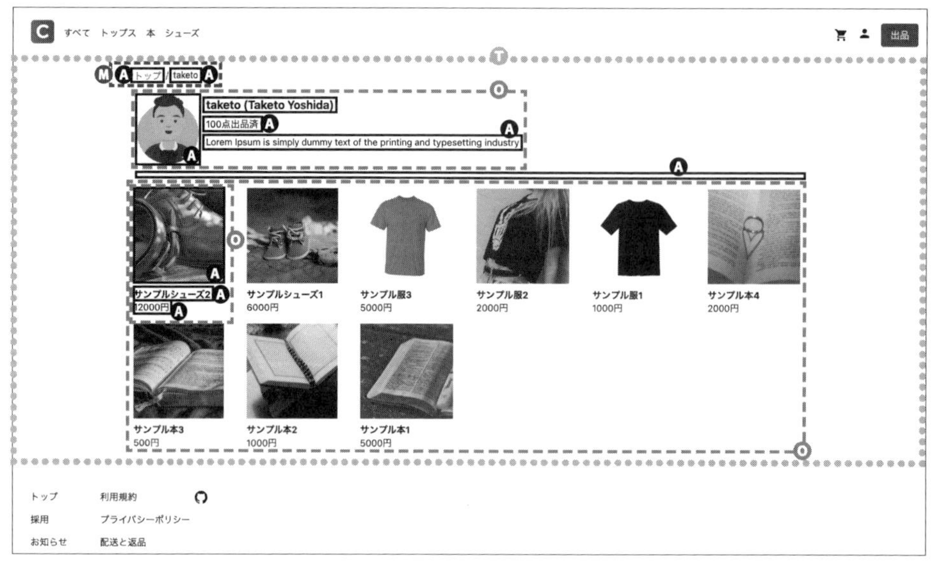

トップページ

トップページは以下のようなコンポーネントに分けられます。

種類	コンポーネント
Atoms	テキスト、スケールイメージ、シェイプイメージ
Molecules	なし
Organisms	商品カード、商品カードカルーセル
Templates	レイアウト

図6.4 トップページのコンポーネント

検索ページ

検索ページは以下のようなコンポーネントに分けられます。いくつかの要素をまとめたコンテナを用いて実装します。

種類	コンポーネント
Atoms	パンくずリスト要素、ボタン、テキスト、スケールイメージ、シェイプイメージ、矩形（rect）ローダー
Molecules	パンくずリスト、チェックボックス、フィルターグループ
Organisms	商品カード、商品カードカルーセル
Templates	レイアウト

図6.5　検索ページのコンポーネント

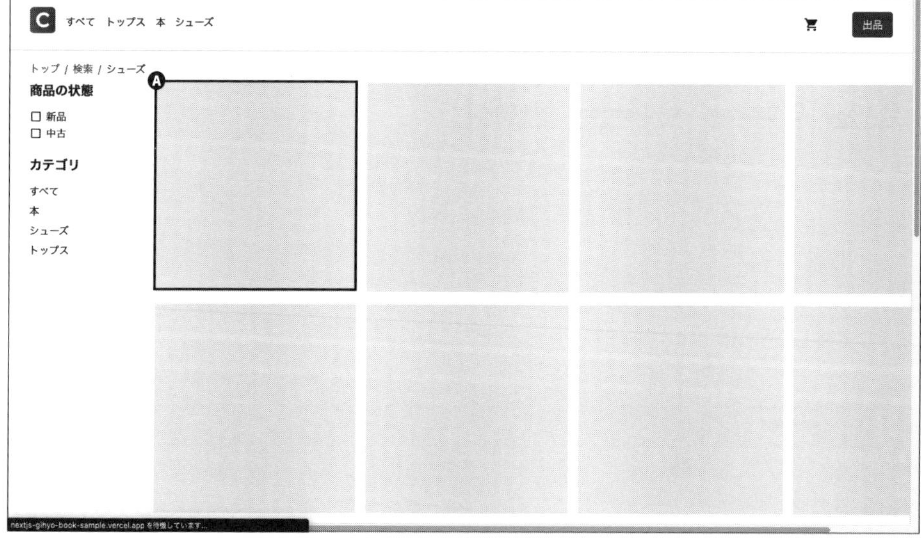

商品詳細ページ

商品詳細ページは以下のようなコンポーネントに分けられます。

種類	コンポーネント
Atoms	パンくずリスト要素、セパレーター、テキスト、スケールイメージ、シェイプイメージ
Molecules	パンくずリスト
Organisms	商品カード
Templates	レイアウト

図6.6 商品詳細ページのコンポーネント

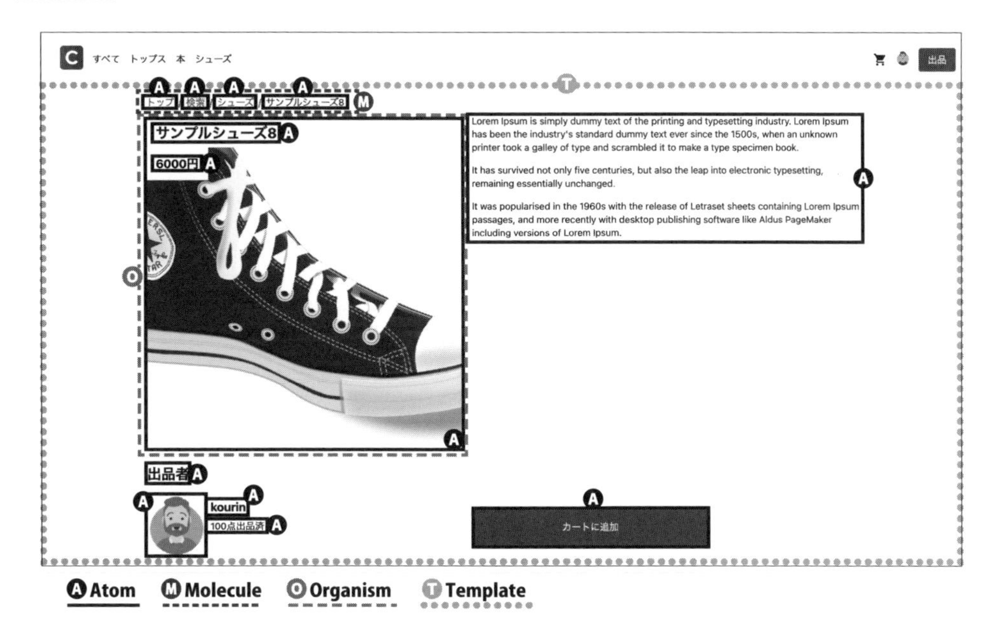

買い物カートページ

買い物カートページは以下のようなコンポーネントに分けられます。

種類	コンポーネント
Atoms	パンくずリスト要素、ボタン、テキスト
Molecules	パンくずリスト
Organisms	カート商品
Templates	レイアウト

図6.7 買い物カートページのコンポーネント

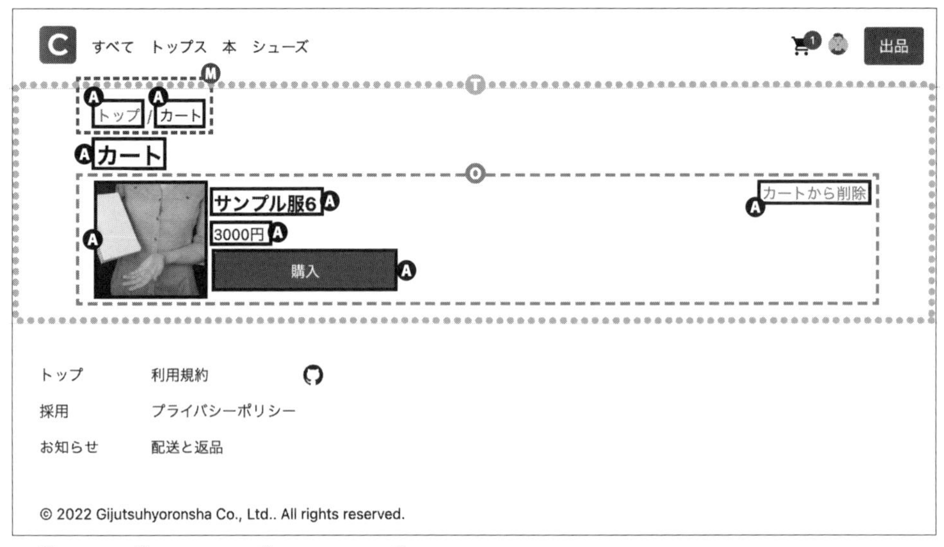

出品ページ

出品ページは以下のようなコンポーネントに分けられます。

種類	コンポーネント
Atoms	ロゴ、ボタン、テキスト、テキストインプット、テキストエリア、スピナー
Molecules	ドロップダウン、ドロップゾーン、画像インプット
Organisms	商品投稿フォーム、グローバルスピナー
Templates	レイアウト

図6.8 出品ページのコンポーネント

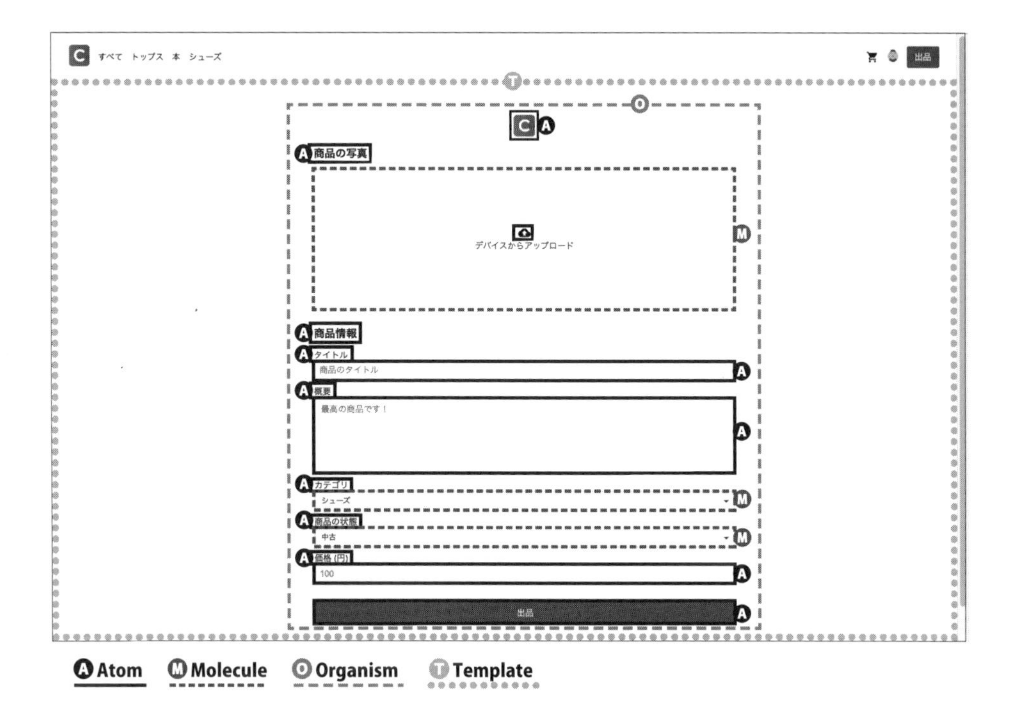

6.5 Atomsの実装

先に解説したコンポーネントわけに沿って、Atomsから実装に入っていきます。

Atomic Designにおいて、Atomsは一番下の階層に位置します。ボタンやテキスト単体などのUIコンポーネントの最小単位を分割したコンポーネントです。この法則に従って分割したものを下に列挙します。これらのうち一部の実装を紙面で解説します。本章で解説しないソースコードはリポジトリからダウンロードできます。

コンポーネント	関数コンポーネント名	本章解説
ロゴ	AppLogo	
パンくずリスト要素	BreadcrumbItem	
ボタン	Button	○
テキスト	Text	○
スケールイメージ	ScaleImage	
シェイプイメージ	ShapeImage	○
テキストインプット	Input	○
テキストエリア	TextArea	○
スピナー	Spinner	
セパレーター	Separator	
バッジ	Badge	○
レクトローダー	RectLoader	
アイコンボタン	IconButton	

6.5.1 ボタン―Button

ボタンのAtomsコンポーネントを実装します。styled-componentsの**button**要素を用います。コンポーネントはそれぞれ**src/components/Atomic Designの階層/コンポーネント名/index.tsx**として実装していきます。atomsの**Button**は**src/components/atoms/Button/index.tsx**に記述します。

リスト6.11 src/components/atoms/Button/index.tsx

```
/* eslint-disable prettier/prettier */
import styled from 'styled-components'
import { Responsive } from 'types'
import {
  toPropValue,
  Color,
  FontSize,
  LetterSpacing,
  LineHeight,
  Space,
} from 'utils/styles'

// ボタンのバリアント
export type ButtonVariant = 'primary' | 'secondary' | 'danger'

export type ButtonProps = React.ButtonHTMLAttributes<HTMLButtonElement> & {
  variant?: ButtonVariant
  fontSize?: Responsive<FontSize>
  fontWeight?: Responsive<string>
  letterSpacing?: Responsive<LetterSpacing>
  lineHeight?: Responsive<LineHeight>
```

```
  textAlign?: Responsive<string>
  color?: Responsive<Color>
  backgroundColor?: Responsive<Color>
  width?: Responsive<string>
  height?: Responsive<string>
  minWidth?: Responsive<string>
  minHeight?: Responsive<string>
  display?: Responsive<string>
  border?: Responsive<string>
  overflow?: Responsive<string>
  margin?: Responsive<Space>
  marginTop?: Responsive<Space>
  marginRight?: Responsive<Space>
  marginBottom?: Responsive<Space>
  marginLeft?: Responsive<Space>
  padding?: Responsive<Space>
  paddingTop?: Responsive<Space>
  paddingRight?: Responsive<Space>
  paddingBottom?: Responsive<Space>
  paddingLeft?: Responsive<Space>
  pseudoClass?: {
    hover?: {
      backgroundColor?: Responsive<Color>
    }
    disabled?: {
      backgroundColor?: Responsive<Color>
    }
  }
}

const variants = {
  // プライマリ
  primary: {
    color: 'white',
    backgroundColor: 'primary',
    border: 'none',
    pseudoClass: {
      hover: {
        backgroundColor: 'primaryDark',
      },
      disabled: {
        backgroundColor: 'primary',
      },
    },
  },
  // セカンダリ
  secondary: {
    color: 'white',
    backgroundColor: 'secondary',
    border: 'none',
    pseudoClass: {
      hover: {
        backgroundColor: 'secondaryDark',
      },
      disabled: {
        backgroundColor: 'secondary',
      },
    },
```

```
  },
  // デンジャー
  danger: {
    color: 'white',
    backgroundColor: 'danger',
    border: 'none',
    pseudoClass: {
      hover: {
        backgroundColor: 'dangerDark',
      },
      disabled: {
        backgroundColor: 'danger',
      },
    },
  },
}

/**
 * ボタン
 * バリアント、色、タイポグラフィ、ボーダー、レイアウト、スペース
 * 関連のPropsを追加
 */
const Button = styled.button<ButtonProps>`
  ${({ variant, color, backgroundColor, pseudoClass, theme }) => {
    // バリアントのスタイルの適用
    if (variant && variants[variant]) {
      const styles = []
      !color &&
        styles.push(toPropValue('color', variants[variant].color, theme))
      !backgroundColor &&
        styles.push(
          toPropValue(
            'background-color',
            variants[variant].backgroundColor,
            theme,
          ),
        )
      !pseudoClass &&
        styles.push(
          `&:hover {
            ${toPropValue(
              'background-color',
              variants[variant].pseudoClass.hover.backgroundColor,
              theme,
            )}
          }`.replaceAll('\n', ''),
        )
      !pseudoClass &&
        styles.push(
          `&:disabled {
            ${toPropValue(
              'background-color',
              variants[variant].pseudoClass.disabled.backgroundColor,
              theme,
            )}
          }`.replaceAll('\n', ''),
        )
      return styles.join('\n')
```

```
    }
  }}
  ${(props) => toPropValue('font-size', props.fontSize, props.theme)}
  ${(props) => toPropValue('letter-spacing', props.letterSpacing, props.theme)}
  ${(props) => toPropValue('line-height', props.lineHeight, props.theme)}
  ${(props) => toPropValue('color', props.color, props.theme)}
  ${(props) => toPropValue('background-color', props.backgroundColor, props.theme)}
  ${(props) => toPropValue('width', props.width, props.theme)}
  ${(props) => toPropValue('height', props.height, props.theme)}
  ${(props) => toPropValue('min-width', props.minWidth, props.theme)}
  ${(props) => toPropValue('min-height', props.minHeight, props.theme)}
  ${(props) => toPropValue('display', props.display, props.theme)}
  ${(props) => toPropValue('border', props.border, props.theme)}
  ${(props) => toPropValue('overflow', props.overflow, props.theme)}
  ${(props) => toPropValue('margin', props.margin, props.theme)}
  ${(props) => toPropValue('margin-top', props.marginTop, props.theme)}
  ${(props) => toPropValue('margin-left', props.marginLeft, props.theme)}
  ${(props) => toPropValue('margin-bottom', props.marginBottom, props.theme)}
  ${(props) => toPropValue('margin-right', props.marginRight, props.theme)}
  ${(props) => toPropValue('padding', props.padding, props.theme)}
  ${(props) => toPropValue('padding-top', props.paddingTop, props.theme)}
  ${(props) => toPropValue('padding-left', props.paddingLeft, props.theme)}
  ${(props) => toPropValue('padding-bottom', props.paddingBottom, props.theme)}
  ${(props) => toPropValue('padding-right', props.paddingRight, props.theme)}
  &:hover {
    ${(props) =>
      toPropValue(
        'background-color',
        props?.pseudoClass?.hover?.backgroundColor,
      )}
  }
  &:disabled {
    ${(props) =>
      toPropValue(
        'background-color',
        props?.pseudoClass?.disabled?.backgroundColor,
      )}
  }
  cursor: pointer;
  outline: 0;
  text-decoration: 'none';
  opacity: ${({ disabled }) => (disabled ? '0.5' : '1')};
  border-radius: 4px;
  border: none;
`

Button.defaultProps = {
  variant: 'primary',
  paddingLeft: 2,
  paddingRight: 2,
  paddingTop: 1,
  paddingBottom: 1,
  color: 'white',
  display: 'inline-block',
  textAlign: 'center',
  lineHeight: 'inherit',
  fontSize: 'inherit',
}
```

```
export default Button
```

Variantsにより**primary**、**secondary**、**danger**のボタンのスタイルを定義しています。**<Button variant="primary">**のように、容易に三種類のボタンを使い分けられるようにしています。

Storybook実装

ボタンのStorybookを実装します。**variant**はボタンバリアントで主にボタンの色を変更できます。**disabled**はボタンの非活性化フラグで、**height**と**width**はボタンの縦幅と横幅を設定します。**onClick**はボタンがクリックされたときに呼ばれるイベントハンドラを指定します。

リスト6.12 src/components/atoms/Button/index.stories.tsx

```
import { ComponentMeta, ComponentStory } from '@storybook/react'
import Button from './index'

export default {
  title: 'Atoms/Button',
  argTypes: {
    variant: {
      options: ['primary', 'secondary'],
      control: { type: 'radio' },
      defaultValue: 'primary',
      description: 'ボタンバリアント',
      table: {
        type: { summary: 'primary | secondary' },
        defaultValue: { summary: 'primary' },
      },
    },
    children: {
      control: { type: 'text' },
      defaultValue: 'Button',
      description: 'ボタンテキスト',
      table: {
        type: { summary: 'string' },
      },
    },
    disabled: {
      control: { type: 'boolean' },
      defaultValue: false,
      description: 'Disabledフラグ',
      table: {
        type: { summary: 'boolean' },
      }
    },
    width: {
      control: { type: 'number' },
      description: '横幅',
      table: {
        type: { summary: 'number' },
      },
    },
    height: {
```

```
      control: { type: 'number' },
      description: '縦幅',
      table: {
        type: { summary: 'number' },
      },
    },
    onClick: {
      description: 'onClickイベントハンドラ',
      table: {
        type: { summary: 'function' },
      },
    },
  },
} as ComponentMeta<typeof Button>

const Template: ComponentStory<typeof Button> = (args) => <Button {...args} />

// プライマリボタン
export const Primary = Template.bind({})
Primary.args = { variant: 'primary', children: 'Primary Button' }

// セカンダリボタン
export const Secondary = Template.bind({})
Secondary.args = { variant: 'secondary', children: 'Secondary Button' }

// 無効化ボタン
export const Disabled = Template.bind({})
Disabled.args = { disabled: true, children: 'Disabled Button' }
```

図6.9 ボタンコンポーネント

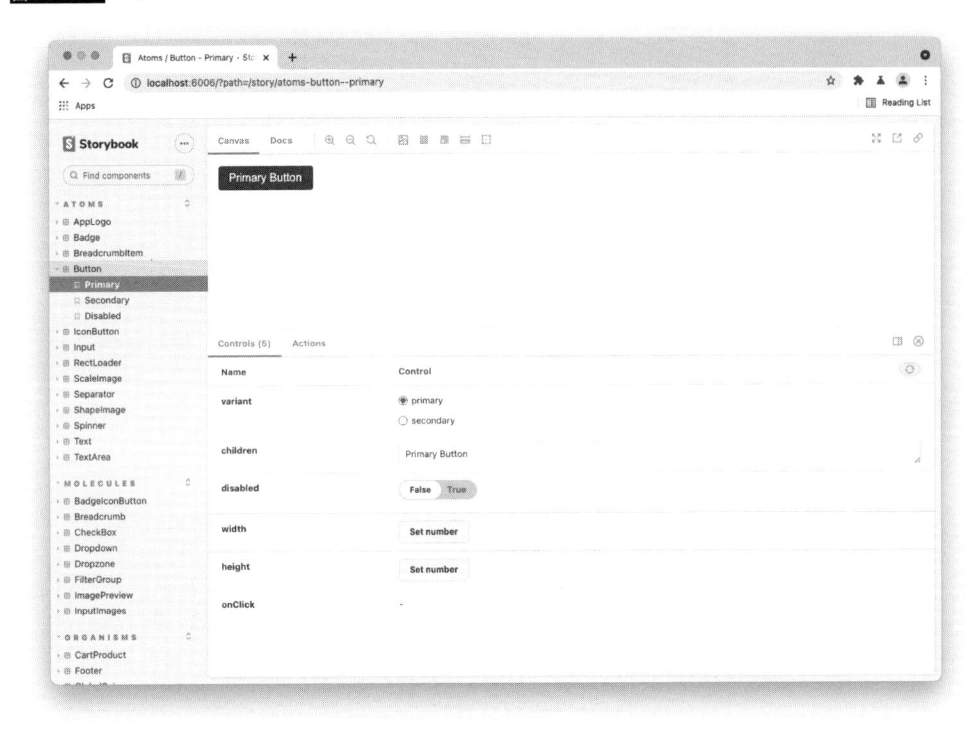

以後も同様の流れで、コンポーネントとそのStorybookを実装していきます。

6.5.2 テキスト─Text

テキストのAtomsコンポーネントを実装します。ベースにはstyled-componentsの`span`要素を使用します。ボタンと同様にVariantsでテキストのスタイルを`extraSmall`から`extraLarge`まで定義しています。

リスト6.13 src/components/atoms/Text/index.tsx

```
/* eslint-disable prettier/prettier */
import styled from 'styled-components'
import type { Responsive } from 'types/styles'
import {
  toPropValue,
  Space,
  Color,
  FontSize,
  LetterSpacing,
  LineHeight,
} from 'utils/styles'
```

```
// テキストバリアント
export type TextVariant =
  | 'extraSmall'
  | 'small'
  | 'medium'
  | 'mediumLarge'
  | 'large'
  | 'extraLarge'

export type TextProps = {
  variant?: TextVariant
  fontSize?: Responsive<FontSize>
  fontWeight?: Responsive<string>
  letterSpacing?: Responsive<LetterSpacing>
  lineHeight?: Responsive<LineHeight>
  textAlign?: Responsive<string>
  color?: Responsive<Color>
  backgroundColor?: Responsive<Color>
  width?: Responsive<string>
  height?: Responsive<string>
  minWidth?: Responsive<string>
  minHeight?: Responsive<string>
  display?: Responsive<string>
  border?: Responsive<string>
  overflow?: Responsive<string>
  margin?: Responsive<Space>
  marginTop?: Responsive<Space>
  marginRight?: Responsive<Space>
  marginBottom?: Responsive<Space>
  marginLeft?: Responsive<Space>
  padding?: Responsive<Space>
  paddingTop?: Responsive<Space>
  paddingRight?: Responsive<Space>
  paddingBottom?: Responsive<Space>
  paddingLeft?: Responsive<Space>
}

const variants = {
  extraSmall: {
    fontSize: 'extraSmall',
    letterSpacing: 0,
    lineHeight: 0,
  },
  small: {
    fontSize: 'small',
    letterSpacing: 1,
    lineHeight: 1,
  },
  medium: {
    fontSize: 'medium',
    letterSpacing: 2,
    lineHeight: 2,
  },
  mediumLarge: {
    fontSize: 'mediumLarge',
    letterSpacing: 3,
    lineHeight: 3,
  },
```

```
  large: {
    fontSize: 'large',
    letterSpacing: 4,
    lineHeight: 4,
  },
  extraLarge: {
    fontSize: 'extraLarge',
    letterSpacing: 5,
    lineHeight: 5,
  },
}

/**
 * テキスト
 * バリアント、色、タイポグラフィ、レイアウト、スペース関連のPropsを追加
 */
const Text = styled.span<TextProps>`
  ${({ variant, fontSize, letterSpacing, lineHeight, theme }) => {
    // バリアントのスタイルの適用
    if (variant && variants[variant]) {
      const styles = []
      !fontSize &&
        styles.push(toPropValue('font-size', variants[variant].fontSize, theme))
      !letterSpacing &&
        styles.push(
          toPropValue('letter-spacing', variants[variant].letterSpacing, theme),
        )
      !lineHeight &&
        styles.push(
          toPropValue('line-height', variants[variant].lineHeight, theme),
        )
      return styles.join('\n')
    }
  }}
  ${(props) => toPropValue('font-size', props.fontSize, props.theme)}
  ${(props) => toPropValue('letter-spacing', props.letterSpacing, props.theme)}
  ${(props) => toPropValue('line-height', props.lineHeight, props.theme)}
  ${(props) => toPropValue('color', props.color, props.theme)}
  ${(props) => toPropValue('background-color', props.backgroundColor, props.theme)}
  ${(props) => toPropValue('width', props.width, props.theme)}
  ${(props) => toPropValue('height', props.height, props.theme)}
  ${(props) => toPropValue('min-width', props.minWidth, props.theme)}
  ${(props) => toPropValue('min-height', props.minHeight, props.theme)}
  ${(props) => toPropValue('display', props.display, props.theme)}
  ${(props) => toPropValue('border', props.border, props.theme)}
  ${(props) => toPropValue('overflow', props.overflow, props.theme)}
  ${(props) => toPropValue('margin', props.margin, props.theme)}
  ${(props) => toPropValue('margin-top', props.marginTop, props.theme)}
  ${(props) => toPropValue('margin-left', props.marginLeft, props.theme)}
  ${(props) => toPropValue('margin-bottom', props.marginBottom, props.theme)}
  ${(props) => toPropValue('margin-right', props.marginRight, props.theme)}
  ${(props) => toPropValue('padding', props.padding, props.theme)}
  ${(props) => toPropValue('padding-top', props.paddingTop, props.theme)}
  ${(props) => toPropValue('padding-left', props.paddingLeft, props.theme)}
  ${(props) => toPropValue('padding-bottom', props.paddingBottom, props.theme)}
  ${(props) => toPropValue('padding-right', props.paddingRight, props.theme)}
`
```

```
Text.defaultProps = {
  variant: 'medium',
  color: 'text',
}

export default Text
```

テキストのStorybookを実装します。`variant`はテキストバリアントで主にテキストの大きさを変更できます。`color`はテキストの色、`backgroundColor`は背景色を設定します。m等はマージン、p等はパディング関連のPropsです。

リスト 6.14 src/components/atoms/Text/index.stories.tsx

```
import { ComponentMeta, ComponentStory } from '@storybook/react'
import Text from './index'

export default {
  title: 'Atoms/Text',
  argTypes: {
    variant: {
      options: [
        'extraSmall',
        'small',
        'medium',
        'mediumLarge',
        'large',
        'extraLarge',
      ],
      control: { type: 'select' },
      defaultValue: 'medium',
      description: 'テキストバリアント',
      table: {
        type: {
          summary: 'extraSmall, small, medium, mediumLarge, large, extraLarge',
        },
        defaultValue: { summary: 'medium' },
      },
    },
    children: {
      control: { type: 'text' },
      description: 'テキスト',
      table: {
        type: { summary: 'string' },
      },
    },
    fontWeight: {
      control: { type: 'text' },
      description: 'フォントの太さ',
      table: {
        type: { summary: 'string' },
      },
    },
    lineHeight: {
      control: { type: 'text' },
      description: '行の高さ',
      table: {
```

```
      type: { summary: 'string' },
    },
  },
  color: {
    control: { type: 'color' },
    description: 'テキストの色',
    table: {
      type: { summary: 'string' },
    },
  },
  backgroundColor: {
    control: { type: 'color' },
    description: '背景色',
    table: {
      type: { summary: 'string' },
    },
  },
  m: {
    control: { type: 'number' },
    description: 'マージン',
    table: {
      type: { summary: 'number' },
    },
  },
  mt: {
    control: { type: 'number' },
    description: 'マージントップ',
    table: {
      type: { summary: 'number' },
    },
  },
  mr: {
    control: { type: 'number' },
    description: 'マージンライト',
    table: {
      type: { summary: 'number' },
    },
  },
  mb: {
    control: { type: 'number' },
    description: 'マージンボトム',
    table: {
      type: { summary: 'number' },
    },
  },
  ml: {
    control: { type: 'number' },
    description: 'マージンレフト',
    table: {
      type: { summary: 'number' },
    },
  },
  p: {
    control: { type: 'number' },
    description: 'パディング',
    table: {
      type: { summary: 'number' },
    },
```

```
    },
    pt: {
      control: { type: 'number' },
      description: 'パディングトップ',
      table: {
        type: { summary: 'number' },
      },
    },
    pr: {
      control: { type: 'number' },
      description: 'パディングライト',
      table: {
        type: { summary: 'number' },
      },
    },
    pb: {
      control: { type: 'number' },
      description: 'パディングボトム',
      table: {
        type: { summary: 'number' },
      },
    },
    pl: {
      control: { type: 'number' },
      description: 'パディングレフト',
      table: {
        type: { summary: 'number' },
      },
    },
  },
} as ComponentMeta<typeof Text>

const Template: ComponentStory<typeof Text> = (args) => <Text {...args} />

// サンプルテキスト
const longText = `It is a long established fact that a reader will be
distracted by the readable content of a page when looking at its layout.
The point of using Lorem Ipsum is that it has a more - or - less normal
distribution of letters, as opposed to using Content here, content here,
making it look like readable English.Many desktop publishing packages and
web page editors now use Lorem Ipsum as their default model text, and a
search for lorem ipsum will uncover many web sites still in their infancy.
Various versions have evolved over the years, sometimes by accident,
sometimes on purpose(injected humour and the like).`

export const ExtraSmall = Template.bind({})
ExtraSmall.args = { variant: 'extraSmall', children: longText }

export const Small = Template.bind({})
Small.args = { variant: 'small', children: longText }

export const Medium = Template.bind({})
Medium.args = { variant: 'medium', children: longText }

export const MediumLarge = Template.bind({})
MediumLarge.args = { variant: 'mediumLarge', children: longText }

export const Large = Template.bind({})
```

```
Large.args = { variant: 'large', children: longText }

export const ExtraLarge = Template.bind({})
ExtraLarge.args = { variant: 'extraLarge', children: longText }
```

図6.10 テキストコンポーネント

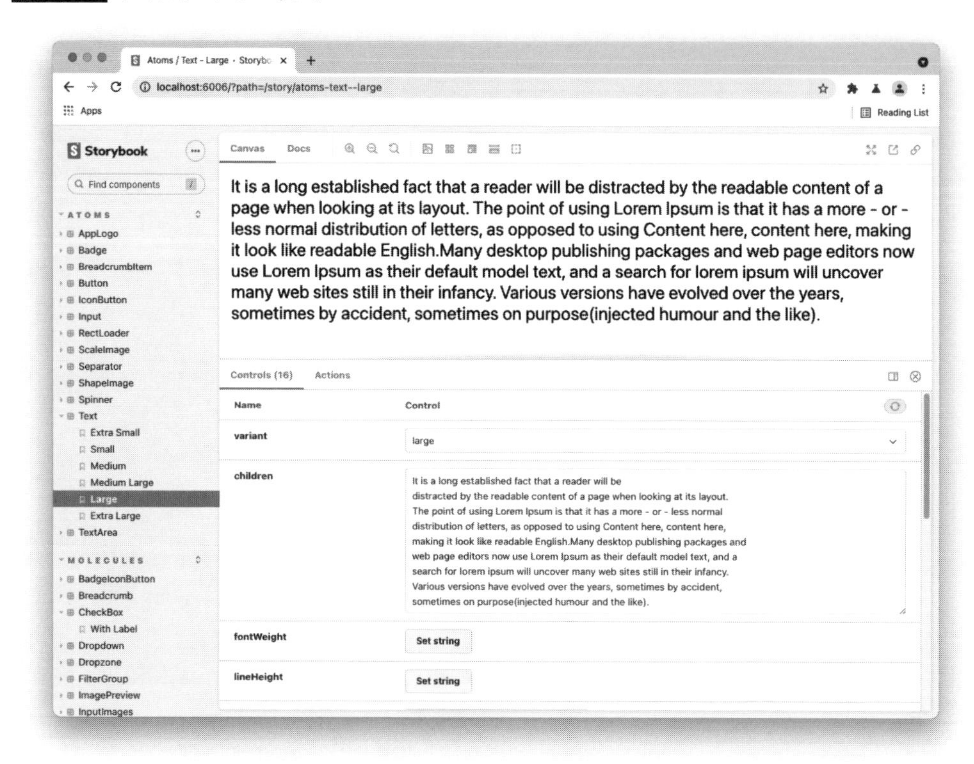

6.5.3 シェイプイメージ—ShapeImage

シェイプイメージのAtomsコンポーネントを実装します。このコンポーネントは四角画像や円形画像を表示するのに使用されます。シンプルな構造で、`shape`に`circle`が指定されている場合には`border-radius`を使って円形に切り抜きます。

リスト6.15 src/components/atoms/ShapeImage/index.tsx

```
import styled from 'styled-components'
import Image, { ImageProps } from 'next/image'

type ImageShape = 'circle' | 'square'
type ShapeImageProps = ImageProps & { shape?: ImageShape }
```

```
// circleなら円形に
const ImageWithShape = styled(Image)<{ shape?: ImageShape }>`
  border-radius: ${({ shape }) => (shape === 'circle' ? '50%' : '0')};
`

/**
 * シェイプイメージ
 */
const ShapeImage = (props: ShapeImageProps) => {
  const { shape, ...imageProps } = props

  return <ImageWithShape shape={shape} {...imageProps} />
}

export default ShapeImage
```

Storybookを実装します。**shape**は画像の形を**circle**円形か**square**四角変更できます。**src**が画像のURL、**width**と**height**は画像の縦幅と横幅を設定します。

リスト6.16 src/components/atoms/ShapeImage/index.stories.tsx

```
import { ComponentMeta, ComponentStory } from '@storybook/react'
import ShapeImage from './index'

export default {
  title: 'Atoms/ShapeImage',
  argTypes: {
    shape: {
      options: ['circle', 'square'],
      control: { type: 'radio' },
      defaultValue: 'square',
      description: '画像の形',
      table: {
        type: { summary: 'circle | square' },
        defaultValue: { summary: 'square' },
      },
    },
    src: {
      control: { type: 'text' },
      description: '画像URL',
      table: {
        type: { summary: 'string' },
      },
    },
    width: {
      control: { type: 'number' },
      defaultValue: 320,
      description: '横幅',
      table: {
        type: { summary: 'number' },
      },
    },
    height: {
      control: { type: 'number' },
      description: '縦幅',
      defaultValue: 320,
```

```
      table: {
        type: { summary: 'number' },
      },
    },
  },
} as ComponentMeta<typeof ShapeImage>

const Template: ComponentStory<typeof ShapeImage> = (args) => (
  <ShapeImage {...args} />
)

// 円形
export const Circle = Template.bind({})
Circle.args = { src: '/images/sample/1.jpg', shape: 'circle' }

// 四角形
export const Square = Template.bind({})
Square.args = { src: '/images/sample/1.jpg', shape: 'square' }
```

図6.11 シェイプイメージコンポーネント

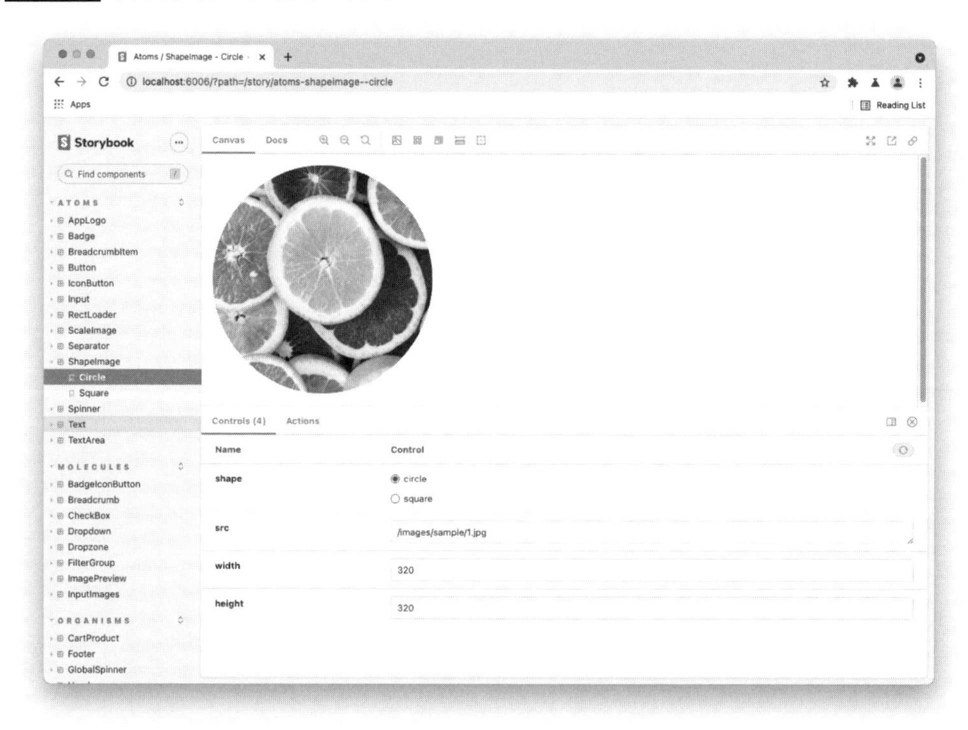

6.5.4 テキストインプットーInput

テキストインプットのAtomsコンポーネントを実装します。テキストのボーダーの設定を外部から可能になっています。

リスト6.17 src/components/atoms/Input/index.tsx

```
import styled, { css } from 'styled-components'

const Input = styled.input<
  { hasError?: boolean; hasBorder?: boolean }
>`
  color: ${({ theme }) => theme.colors.inputText};
  ${({ theme, hasBorder, hasError }) => {
    // ボーダー表示
    if (hasBorder) {
      // エラーなら赤枠のボーダーに
      return css`
        border: 1px solid
          ${hasError ? theme.colors.danger : theme.colors.border};
        border-radius: 5px;
      `
    } else {
      return css`
        border: none;
      `
    }
  }}
  padding: 11px 12px 12px 9px;
  box-sizing: border-box;
  outline: none;
  width: 100%;
  height: 38px;
  font-size: 16px;
  line-height: 19px;

  &::placeholder {
    color: ${({ theme }) => theme.colors.placeholder};
  }

  &::-webkit-outer-spin-button,
  &::-webkit-inner-spin-button {
    -webkit-appearance: none;
    margin: 0;
  }

  &[type='number'] {
    -moz-appearance: textfield;
  }
`

Input.defaultProps = {
  hasBorder: true,
}

export default Input
```

テキストインプットのStorybookを実装します。placeholderは<input>要素のplaceholder属性と同じです。hasBorderはテキストの周りのボーダーのフラグで、hasErrorはバリデーションエラー時に赤枠で枠を囲むために使用します。

リスト6.18 src/components/atoms/Input/index.stories.tsx

```
import { ComponentMeta, ComponentStory } from '@storybook/react'
import Input from './index'

export default {
  title: 'Atoms/Input',
  argTypes: {
    placeholder: {
      control: { type: 'text' },
      description: 'プレースホルダー',
      table: {
        type: { summary: 'string' },
      },
    },
    hasBorder: {
      control: { type: 'boolean' },
      defaultValue: true,
      description: 'ボーダーフラグ',
      table: {
        type: { summary: 'boolean' },
      },
    },
    hasError: {
      control: { type: 'boolean' },
      defaultValue: false,
      description: 'バリデーションエラーフラグ',
      table: {
        type: { summary: 'boolean' },
      },
    },
  },
} as ComponentMeta<typeof Input>

const Template: ComponentStory<typeof Input> = (args) => <Input {...args} />

// テキスト入力
export const Normal = Template.bind({})

// 赤枠のテキスト入力
export const Error = Template.bind({})
Error.args = { hasError: true }
```

図6.12 テキストインプットコンポーネント

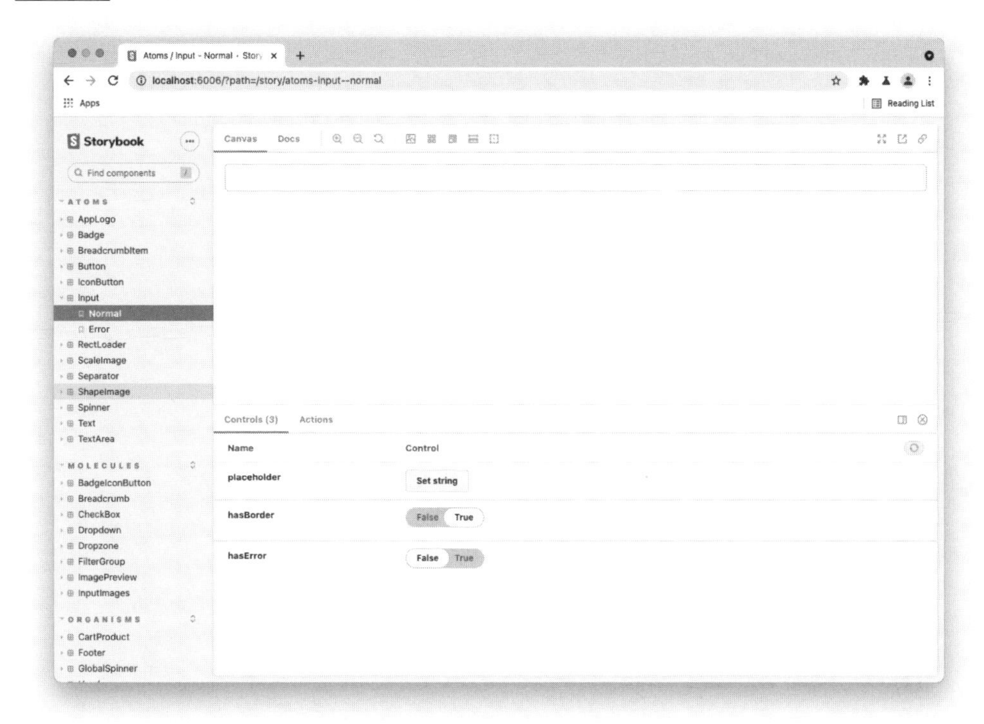

6.5.5 テキストエリア―TextArea

テキストエリアのAtomsコンポーネントを実装します*13。

このコンポーネントは最大行数まで改行した時に高さが増えます。通常の`<textarea>`は行数が入力よって伸びることはないので、独自に実装します。具体的には`<textarea>`の`onChange`で入力が変わった時に`e.target.scrollHeight`から現在表示している行数を把握し、`setTextareaRows`で最大行数`maxRow`を超えないように動的に変更します。

リスト6.19 src/components/atoms/TextArea/index.tsx

```
import React, { useCallback, useState } from 'react'
import styled from 'styled-components'

export interface TextAreaProps
  extends React.TextareaHTMLAttributes<HTMLTextAreaElement> {
  /**
   * 最小行数
```

*13 ここの実装例では`aria-label`属性をハイフン付きで表現しています。これは誤りではなく、ReactにおいてWAI-ARIAの`aria-*`はJSX/TSX中にケバブケースで記入します。詳細は7.6.3を参照してください。

```
   */
  minRows?: number
  /**
   * 最大行数
   */
  maxRows?: number
  /**
   * バリデーションエラーフラグ
   */
  hasError?: boolean
}

/**
 * スタイルを適用
 */
const StyledTextArea = styled.textarea<{ hasError?: boolean }>`
  color: ${({ theme }) => theme.colors.inputText};
  border: 1px solid
    ${({ theme, hasError }) =>
      hasError ? theme.colors.danger : theme.colors.border};
  border-radius: 5px;
  box-sizing: border-box;
  outline: none;
  width: 100%;
  font-size: 16px;
  line-height: 24px;
  padding: 9px 12px 10px 12px;
  resize: none;
  overflow: auto;
  height: auto;

  &::placeholder {
    color: ${({ theme }) => theme.colors.placeholder};
  }
`

/**
 * テキストエリア
 */
const TextArea = (props: TextAreaProps) => {
  const {
    rows = 5,
    minRows = 5,
    maxRows = 10,
    children,
    hasError,
    onChange,
    ...rest
  } = props
  const [textareaRows, setTextareaRows] = useState(Math.min(rows, minRows))

  // 最低の行数より未満指定しないようにする
  console.assert(
    !(rows < minRows),
    'TextArea: rows should be greater than minRows.',
  )

  const handleChange = useCallback(
```

```
    (e: React.ChangeEvent<HTMLTextAreaElement>) => {
      const textareaLineHeight = 24
      const previousRows = e.target.rows

      e.target.rows = minRows // 行数のリセット

      // 現在の行数
      const currentRows = Math.floor(e.target.scrollHeight / textareaLineHeight)

      if (currentRows === previousRows) {
        e.target.rows = currentRows
      }

      if (currentRows >= maxRows) {
        e.target.rows = maxRows
        e.target.scrollTop = e.target.scrollHeight
      }

      // 最大を超えないように行数をセット
      setTextareaRows(currentRows < maxRows ? currentRows : maxRows)
      onChange && onChange(e)
    },
    [onChange, minRows, maxRows],
  )

  return (
    <StyledTextArea
      hasError={hasError}
      onChange={handleChange}
      aria-label={rest.placeholder}
      rows={textareaRows}
      {...rest}
    >
      {children}
    </StyledTextArea>
  )
}

TextArea.defaultProps = {
  rows: 5,
  minRows: 5,
  maxRows: 10,
}

export default TextArea
```

テキストエリアのStorybookを実装します。placeholderはtextarea要素のplaceholder属性と同じです。hasErrorはバリデーションエラー時に赤枠で枠を囲むために使用します。rowsは表示領域の行数、minRowsは表示領域の最小行数、maxRows表示領域の最大行数を設定します。

リスト6.20 src/components/atoms/TextArea/index.stories.tsx

```
import { ComponentMeta, ComponentStory } from '@storybook/react'
import TextArea from './index'

export default {
```

```
  title: 'Atoms/TextArea',
  argTypes: {
    placeholder: {
      control: { type: 'text' },
      description: 'プレースホルダー',
      table: {
        type: { summary: 'string' },
      },
    },
    rows: {
      control: { type: 'number' },
      defaultValue: 5,
      description: '行数',
      table: {
        type: { summary: 'number' },
      },
    },
    minRows: {
      control: { type: 'number' },
      defaultValue: 5,
      description: '最小行数',
      table: {
        type: { summary: 'number' },
      },
    },
    maxRows: {
      control: { type: 'number' },
      defaultValue: 10,
      description: '最大行数',
      table: {
        type: { summary: 'number' },
      },
    },
    hasError: {
      control: { type: 'boolean' },
      defaultValue: false,
      description: 'バリデーションエラーフラグ',
      table: {
        type: { summary: 'boolean' },
      },
    },
    onChange: {
      description: 'onChangeイベントハンドラ',
      table: {
        type: { summary: 'function' },
      },
    },
  },
} as ComponentMeta<typeof TextArea>

const Template: ComponentStory<typeof TextArea> = (args) => (
  <TextArea {...args} />
)

// テキストエリア
export const Normal = Template.bind({})

// 赤枠のテキストエリア
```

```
export const Error = Template.bind({})
Error.args = { hasError: true }
```

図6.13 テキストエリアコンポーネント

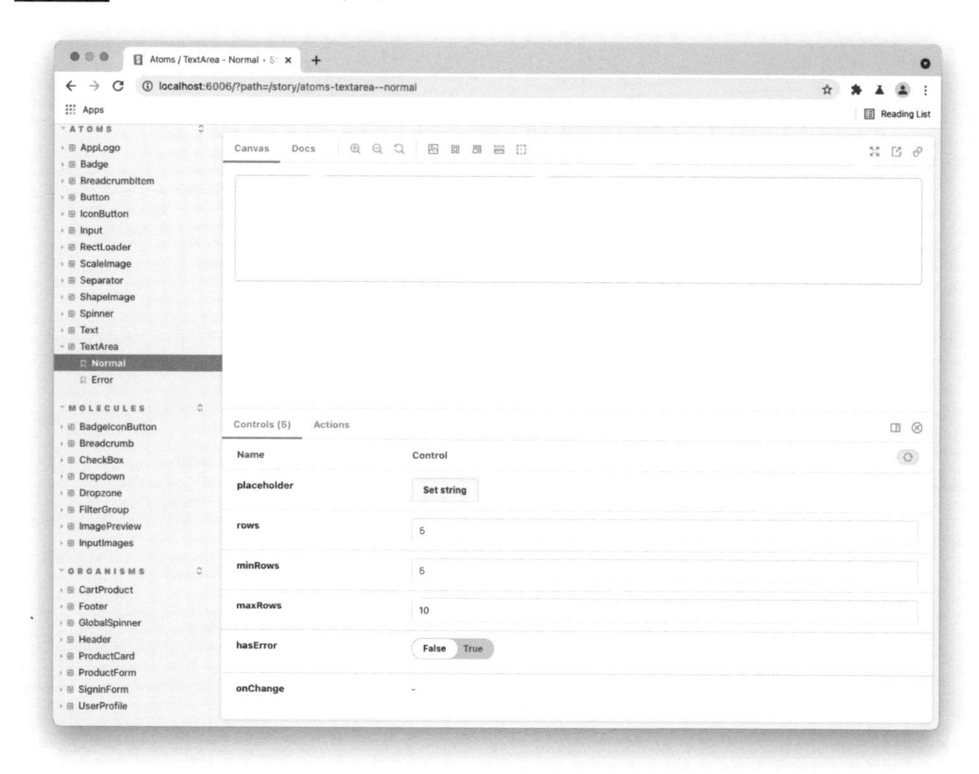

6.5.6 バッジ—Badge

バッジのAtomsコンポーネントを実装します。スマートフォンの通知のバッジのようなものを目指します。塗りつぶした円形の図形の中にテキストが表示されます。

リスト6.21 src/components/atoms/Badge/index.tsx

```
import styled from 'styled-components'

// バッジの円形
const BadgeWrapper = styled.div<{ backgroundColor: string }>`
  border-radius: 20px;
  height: 20px;
  min-width: 20px;
  display: inline-flex;
```

```
  align-items: center;
  justify-content: center;
  background-color: ${({ backgroundColor }) => backgroundColor};
`

// バッジ内のテキスト
const BadgeText = styled.p`
  color: white;
  font-size: 11px;
  user-select: none;
`

interface BadgeProps {
  /**
   * バッジのテキスト
   */
  content: string
  /**
   * バッジの色
   */
  backgroundColor: string
}

/**
 * バッジ
 */
const Badge = ({ content, backgroundColor }: BadgeProps) => {
  return (
    <BadgeWrapper backgroundColor={backgroundColor}>
      <BadgeText>{content}</BadgeText>
    </BadgeWrapper>
  )
}

export default Badge
```

バッジのStorybookを実装します。`text`はバッジの中身のテキスト、`color`はバッジの色を設定できます。

リスト 6.22 src/components/atoms/Badge/index.stories.tsx

```
import { ComponentMeta, ComponentStory } from '@storybook/react'
import Badge from './index'

export default {
  title: 'Atoms/Badge',
  argTypes: {
    content: {
      control: { type: 'text' },
      description: 'バッジのテキスト',
      table: {
        type: { summary: 'string' },
      },
    },
    backgroundColor: {
      control: { type: 'color' },
      description: 'バッジの色',
```

```
      table: {
        type: { summary: 'string' },
      },
    },
  },
} as ComponentMeta<typeof Badge>

const Template: ComponentStory<typeof Badge> = (args) => <Badge {...args} />

// オレンジ色のバッジ
export const Orange = Template.bind({})
Orange.args = { content: '1', backgroundColor: '#ed9f28' }

// 緑色のバッジ
export const Green = Template.bind({})
Green.args = { content: '2', backgroundColor: '#32bf00' }

// 赤色のバッジ
export const Red = Template.bind({})
Red.args = { content: '10', backgroundColor: '#d4001a' }
```

図6.14 テキストエリアコンポーネント

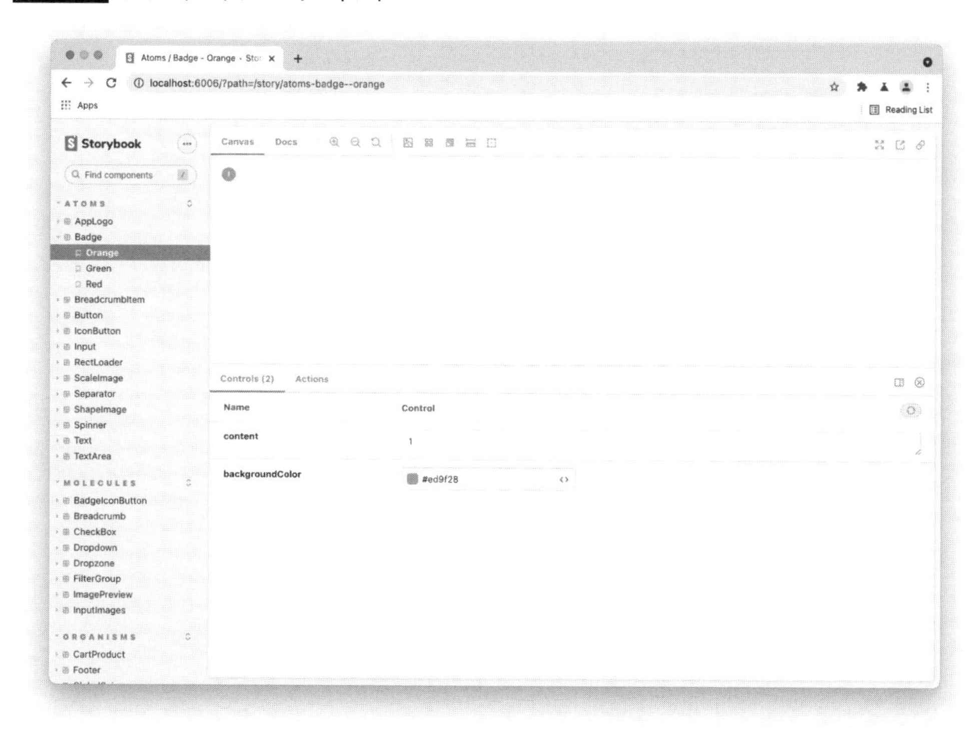

6.6 Moleculesの実装

Moleculesの実装に入っていきます。Moleculesはラベル付きのテキストボックスなど複数のAtoms、Moleculesを組み合わせて構築したUIコンポーネントです。この法則に従って分割したものを下に列挙します。解説しないソースコードはリポジトリからダウンロードしたものを確認してください。

コンポーネント	関数コンポーネント名	本章解説
バッジアイコンボタン	BadgeIconButton	
パンくずリスト	Breadcrumb	
チェックボックス	CheckBox	○
ドロップダウン	Dropdown	○
ドロップゾーン	Dropzone	○
フィルターグループ	FilterGroup	
イメージプレビュー	ImagePreview	○
インプットイメージ	InputImages	

6.6.1 チェックボックス―Checkbox

チェックボックスのMoleculesコンポーネントを実装します。このコンポーネントでは`isChecked`という状態を`useState`で管理しています。`isChecked`は内部のチェックボックスのオン／オフ描画を管理します。

リスト6.23 src/components/molecules/CheckBox/index.tsx

```
import React, { useRef, useState, useCallback, useEffect } from 'react'
import styled from 'styled-components'
import Flex from 'components/layout/Flex'
import Text from 'components/atoms/Text'
import {
  CheckBoxOutlineBlankIcon,
  CheckBoxIcon,
} from 'components/atoms/IconButton'

export interface CheckBoxProps
  extends Omit<React.InputHTMLAttributes<HTMLInputElement>, 'defaultValue'> {
  /**
   * 表示ラベル
   */
  label?: string
}

// 非表示のチェックボックス
```

```
const CheckBoxElement = styled.input`
  display: none;
`

// チェックボックスのラベル
const Label = styled.label`
  cursor: pointer;
  margin-left: 6px;
  user-select: none;
`

/**
 * チェックボックス
 */
const CheckBox = (props: CheckBoxProps) => {
  const { id, label, onChange, checked, ...rest } = props
  const [isChecked, setIsChecked] = useState(checked)
  const ref = useRef<HTMLInputElement>(null)
  const onClick = useCallback(
    (e: React.MouseEvent) => {
      e.preventDefault()
      // チェックボックスを強制的にクリック
      ref.current?.click()
      setIsChecked((isChecked) => !isChecked)
    },
    [ref, setIsChecked],
  )

  useEffect(() => {
    // パラメータからの変更を受け付ける
    setIsChecked(checked ?? false)
  }, [checked])

  return (
    <>
      <CheckBoxElement
        {...rest}
        ref={ref}
        type="checkbox"
        checked={isChecked}
        readOnly={!onChange}
        onChange={onChange}
      />
      <Flex alignItems="center">
        {/* チェックボックスのON/OFFの描画 */}
        {checked ?? isChecked ? (
          <CheckBoxIcon size={20} onClick={onClick} />
        ) : (
          <CheckBoxOutlineBlankIcon size={20} onClick={onClick} />
        )}
        {/* チェックボックスのラベル */}
        {label && label.length > 0&& (
          <Label htmlFor={id} onClick={onClick}>
            <Text>{label}</Text>
          </Label>
        )}
      </Flex>
    </>
```

```
  )
}

export default CheckBox
```

Atomsと同じく、チェックボックスのStorybookを実装します。`label`はチェックボックスの右横にラベルを指定できます。**checked**は`input`の**checked**と同じ属性です。**onChange**はチェックボックスをクリックした際のイベントハンドラを指定します。

リスト6.24 src/components/molecules/CheckBox/index.stories.tsx

```
import React, { useState } from 'react'
import { ComponentMeta, ComponentStory } from '@storybook/react'
import CheckBox from './index'
import Box from 'components/layout/Box'

export default {
  title: 'Molecules/CheckBox',
  argTypes: {
    label: {
      control: { type: 'text' },
      description: 'ラベル',
      table: {
        type: { summary: 'text' },
      },
    },
    checked: {
      control: { type: 'boolean' },
      description: 'チェック',
      table: {
        type: { summary: 'number' },
      },
    },
    onChange: {
      description: '値が変化した時のイベントハンドラ',
      table: {
        type: { summary: 'function' },
      },
    },
  },
} as ComponentMeta<typeof CheckBox>

const Template: ComponentStory<typeof CheckBox> = (args) => (
  <CheckBox {...args} />
)

export const WithLabel = Template.bind({})
WithLabel.args = { label: 'Label' }
```

図6.15 チェックボックスコンポーネント

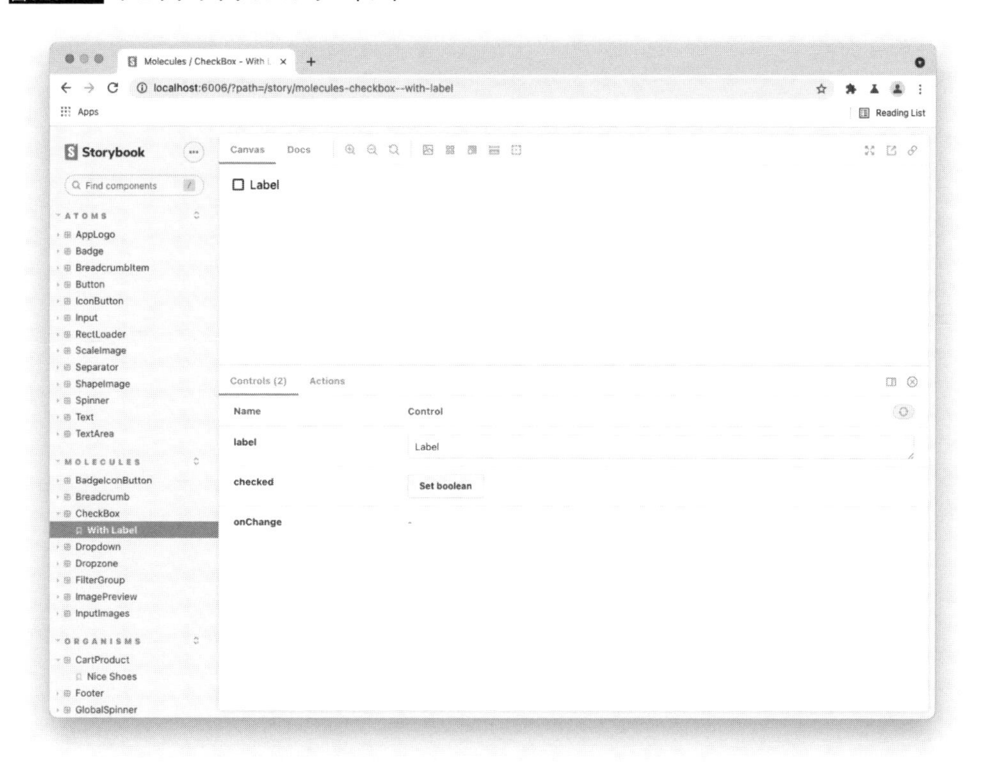

6.6.2 ドロップダウン—Dropdown

ドロップダウンのMoleculesコンポーネントを実装します。

このコンポーネントでは2つの状態を`useState`で管理しています。`isOpen`はドロップダウンをクリックした際に選択肢のビューの表示・非表示、`selectedItem`は現在選択されている選択肢を管理します。なお、`selectedItem`の初期値はpropsの`initialItem`で指定できます。`dropdownRef`はこのコンポーネントのルート要素のrefオブジェクトであり、自分自身をクリックした際ドロップダウンを閉じないようにするために参照を持っておきます。

ドロップダウンの表示は`DropdownControl`をクリックした際に行い、非表示は選択肢を選んだ際とコンポーネント外（`document`）をクリックした際に行います。`DropdownControl`をクリックした際に再び非表示にならないように`handleDocumentClick`で制御している点に注意してください。

リスト 6.25 src/components/molecules/Dropdown/index.tsx

```
import React, { useEffect, useState, useRef } from 'react'
import styled from 'styled-components'
```

```
import Text from 'components/atoms/Text'
import Flex from 'components/layout/Flex'

const DropdownRoot = styled.div`
  position: relative;
  height: 38px;
`

// ドロップダウン外観
const DropdownControl = styled.div<{ hasError?: boolean }>`
  position: relative;
  overflow: hidden;
  background-color: #ffffff;
  border: ${({ theme, hasError }) =>
    hasError
      ? `1px solid ${theme.colors.danger}`
      : `1px solid ${theme.colors.border}`};
  border-radius: 5px;
  box-sizing: border-box;
  cursor: default;
  outline: none;
  padding: 8px 52px 8px 12px;
`

const DropdownValue = styled.div`
  color: ${({ theme }) => theme.colors.text};
`

// ドロップダウンプレースホルダー
const DropdownPlaceholder = styled.div`
  color: #757575;
  font-size: ${({ theme }) => theme.fontSizes[1]};
  min-height: 20px;
  line-height: 20px;
`

// ドロップダウンの矢印の外観
const DropdownArrow = styled.div<{ isOpen?: boolean }>`
  border-color: ${({ isOpen }) =>
    isOpen
      ? 'transparent transparent #222222;'
      : '#222222 transparent transparent'};
  border-width: ${({ isOpen }) => (isOpen ? '0 5px 5px' : '5px 5px 0;')};
  border-style: solid;
  content: ' ';
  display: block;
  height: 0;
  margin-top: -ceil(2.5);
  position: absolute;
  right: 10px;
  top: 16px;
  width: 0;
`

// ドロップメニュー
const DropdownMenu = styled.div`
  background-color: #ffffff;
  border: ${({ theme }) => theme.colors.border};
```

```
  box-shadow: 0px 5px 5px -3px rgb(0 00/ 20%),
    0px 8px 10px 1px rgb(0 00/ 10%), 0px 3px 14px 2px rgb(0 00/ 12%);
  box-sizing: border-box;
  border-radius: 5px;
  margin-top: -1px;
  max-height: 200px;
  overflow-y: auto;
  position: absolute;
  top: 100%;
  width: 100%;
  z-index: 1000;
`

// ドロップメニューの選択肢
const DropdownOption = styled.div`
  padding: 8px 12px 8px 12px;
  &:hover {
    background-color: #f9f9f9;
  }
`

interface DropdownItemProps {
  item: DropdownItem
}

/**
 * ドロップダウンの選択した要素
 */
const DropdownItem = (props: DropdownItemProps) => {
  const { item } = props

  return (
    <Flex alignItems="center">
      <Text margin={0} variant="small">
        {item.label ?? item.value}
      </Text>
    </Flex>
  )
}

export interface DropdownItem {
  value: string | number | null
  label?: string
}

interface DropdownProps {
  /**
   * ドロップダウンの選択肢
   */
  options: DropdownItem[]
  /**
   * ドロップダウンの値
   */
  value?: string | number
  /**
   * <input />のname属性
   */
  name?: string
```

```
  /**
   * プレースホルダー
   */
  placeholder?: string
  /**
   * バリデーションエラーフラグ
   */
  hasError?: boolean
  /**
   * 値が変化した時のイベントハンドラ
   */
  onChange?: (selected?: DropdownItem) => void
}

/**
 * ドロップダウン
 */
const Dropdown = (props: DropdownProps) => {
  const { onChange, name, options, hasError } = props
  const initialItem = options.find((i) => i.value === props.value)
  const [isOpen, setIsOpenValue] = useState(false)
  const [selectedItem, setSelectedItem] = useState(initialItem)
  const dropdownRef = useRef<HTMLDivElement>(null)

  const handleDocumentClick = useCallback(
    (e: MouseEvent | TouchEvent) => {
      // 自分自身をクリックした場合は何もしない
      if (dropdownRef.current) {
        const elems = dropdownRef.current.querySelectorAll('*')

        for (let i = 0; i < elems.length; i++) {
          if (elems[i] == e.target) {
            return
          }
        }
      }

      setIsOpenValue(false)
    },
    [dropdownRef],
  )

  // マウスダウンした時にドロップダウンを開く
  const handleMouseDown = (e: React.SyntheticEvent) => {
    setIsOpenValue((isOpen) => !isOpen)
    e.stopPropagation()
  }

  // ドロップダウンから選択した時
  const handleSelectValue = (
    e: React.FormEvent<HTMLDivElement>,
    item: DropdownItem,
  ) => {
    e.stopPropagation()

    setSelectedItem(item)
    setIsOpenValue(false)
    onChange && onChange(item)
```

```
  }

  useEffect(() => {
    // 画面外のクリックとタッチをイベントを設定
    document.addEventListener('click', handleDocumentClick, false)
    document.addEventListener('touchend', handleDocumentClick, false)

    return function cleanup() {
      document.removeEventListener('click', handleDocumentClick, false)
      document.removeEventListener('touchend', handleDocumentClick, false)
    }
    // 最初だけ呼び出す
    // eslint-disable-next-line react-hooks/exhaustive-deps
  }, [])

  return (
    <DropdownRoot ref={dropdownRef}>
      <DropdownControl
        hasError={hasError}
        onMouseDown={handleMouseDown}
        onTouchEnd={handleMouseDown}
      >
        {selectedItem && (
          <DropdownValue>
            <DropdownItem item={selectedItem} />
          </DropdownValue>
        )}
        {/* 何も選択されてない時はプレースホルダーを表示 */}
        {!selectedItem && (
          <DropdownPlaceholder>{props?.placeholder}</DropdownPlaceholder>
        )}
        {/* ダミーinput */}
        <input
          type="hidden"
          name={name}
          value={selectedItem?.value ?? ''}
          onChange={() => onChange && onChange(selectedItem)}
        />
        <DropdownArrow isOpen={isOpen} />
      </DropdownControl>
      {/* ドロップダウンを表示 */}
      {isOpen && (
        <DropdownMenu>
          {props.options.map((item, idx) => (
            <DropdownOption
              key={idx}
              onMouseDown={(e) => handleSelectValue(e, item)}
              onClick={(e) => handleSelectValue(e, item)}
            >
              <DropdownItem item={item} />
            </DropdownOption>
          ))}
        </DropdownMenu>
      )}
    </DropdownRoot>
  )
}

export default Dropdown
```

ドロップダウンのStorybookを実装します。optionsは表示される選択肢をvalueとlabelに分けて指定します。hasErrorはバリデーションエラー時に赤枠で枠を囲むために使用します。placeholderは何も選択されていない時に表示するテキストです。valueは初期値の設定等に使用します。onChangeは選択肢を選んだ際にイベントハンドラを指定します。

リスト6.26 src/components/molecules/Dropdown/index.stories.tsx

```
import { ComponentMeta, ComponentStory } from '@storybook/react'
import Dropdown from './index'

export default {
  title: 'Molecules/Dropdown',
  argTypes: {
    options: {
      control: { type: 'array' },
      description: 'ドロップダウンの選択肢',
      table: {
        type: { summary: 'array' },
      },
    },
    hasError: {
      control: { type: 'boolean' },
      defaultValue: false,
      description: 'バリデーションエラーフラグ',
      table: {
        type: { summary: 'boolean' },
      },
    },
    placeholder: {
      control: { type: 'text' },
      description: 'プレースホルダー',
      table: {
        type: { summary: 'string' },
      },
    },
    value: {
      control: { type: 'text' },
      description: 'ドロップダウンの値',
      table: {
        type: { summary: 'string' },
      },
    },
    onChange: {
      description: '値が変化した時のイベントハンドラ',
      table: {
        type: { summary: 'function' },
      },
    },
  },
} as ComponentMeta<typeof Dropdown>

const Template: ComponentStory<typeof Dropdown> = (args) => (
  <Dropdown {...args} />
)

export const Normal = Template.bind({})
Normal.args = {
```

```
  options: [
    { value: null, label: '-' },
    { value: 'one', label: 'One' },
    { value: 'two', label: 'Two' },
    { value: 'three', label: 'Three' },
  ],
  placeholder: 'Please select items from the list',
}

// 初期値を設定
export const InitialValue = Template.bind({})
InitialValue.args = {
  options: [
    { value: null, label: '-' },
    { value: 'one', label: 'One' },
    { value: 'two', label: 'Two' },
    { value: 'three', label: 'Three' },
  ],
  placeholder: 'Please select items from the list',
  value: 'one',
}

// 多くの要素を表示
export const Many = Template.bind({})
Many.args = {
  options: Array.from(Array(20), (_v, k) => {
    return { value: k.toString(), label: k.toString() }
  }),
  placeholder: 'Please select items from the list',
}
```

図6.16 ドロップダウンコンポーネント

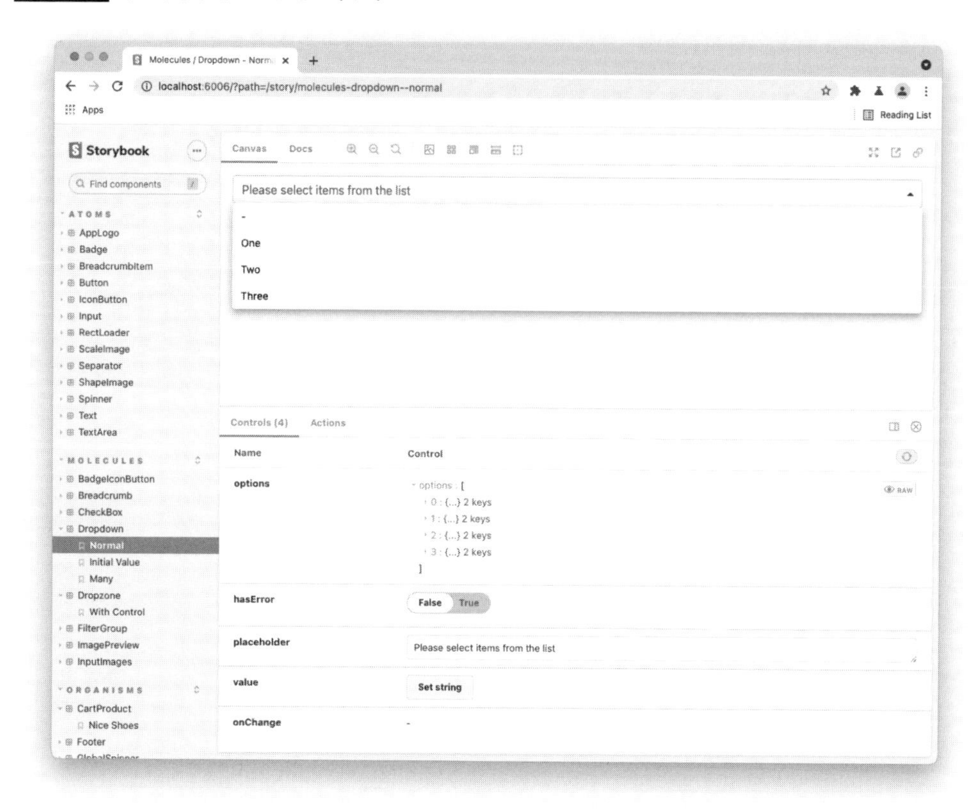

6.6.3 ドロップゾーン—Dropzone

ドロップゾーンのMoleculesコンポーネントを実装します。このコンポーネントでは1つの状態をuseStateで管理しています。isFocusedはドラッグ状態でマウスポインタが要素の範囲内に入ってきた際に枠線の色を変更するために使用します。

ドラッグ&ドロップのイベントをハンドルするため、onDrag、onDragOver、onDragLeave、onDragEnterを使用します。これらのイベンドハンドラは要素の範囲内のマウスポインタのドラッグ状態を把握し、ファイルがドロップされた際にhidden状態のダミーインプットに値をセットします。ダミーインプットを用意する理由としては、クリック時にファイル選択ダイアログを表示するためです。

リスト6.27 src/components/molecules/Dropzone/index.tsx

```
import React, { useState, useRef, useCallback, useEffect } from 'react'
import styled from 'styled-components'
import { CloudUploadIcon } from 'components/atoms/IconButton'
```

```
// eslint-disable-next-line @typescript-eslint/no-explicit-any
const isDragEvt = (value: any): value is React.DragEvent => {
  return !!value.dataTransfer
}

const isInput = (value: EventTarget | null): value is HTMLInputElement => {
  return value !== null
}

/**
 * イベントから入力されたファイルを取得
 * @param e DragEventかChangeEvent
 * @returns Fileの配列
 */
const getFilesFromEvent = (e: React.DragEvent | React.ChangeEvent): File[] => {
  if (isDragEvt(e)) {
    return Array.from(e.dataTransfer.files)
  } else if (isInput(e.target) && e.target.files) {
    return Array.from(e.target.files)
  }

  return []
}

// ファイルのContent-Type
type FileType =
  | 'image/png'
  | 'image/jpeg'
  | 'image/jpg'
  | 'image/gif'
  | 'video/mp4'
  | 'video/quicktime'
  | 'application/pdf'

interface DropzoneProps {
  /**
   * 入力ファイル
   */
  value?: File[]
  /**
   * <input />のname属性
   */
  name?: string
  /**
   * 許可されるファイルタイプ
   */
  acceptedFileTypes?: FileType[]
  /**
   * 横幅
   */
  width?: number | string
  /**
   * 縦幅
   */
  height?: number | string
  /**
   * バリデーションエラーフラグ
```

```
   */
  hasError?: boolean
  /**
   * ファイルがドロップ入力された時のイベントハンドラ
   */
  onDrop?: (files: File[]) => void
  /**
   * ファイルが入力された時のイベントハンドラ
   */
  onChange?: (files: File[]) => void
}

type DropzoneRootProps = {
  isFocused?: boolean
  hasError?: boolean
  width: string | number
  height: string | number
}

// ドロップゾーンの外側の外観
const DropzoneRoot = styled.div<DropzoneRootProps>`
  border: 1px dashed
    ${({ theme, isFocused, hasError }) => {
      if (hasError) {
        return theme.colors.danger
      } else if (isFocused) {
        return theme.colors.black
      } else {
        return theme.colors.border
      }
    }};
  border-radius: 8px;
  cursor: pointer;
  width: ${({ width }) => (typeof width === 'number' ? `${width}px` : width)};
  height: ${({ height }) =>
    typeof height === 'number' ? `${height}px` : height};
`

// ドロップゾーンの中身
const DropzoneContent = styled.div<{
  width: string | number
  height: string | number
}>`
  display: flex;
  flex-direction: column;
  align-items: center;
  justify-content: center;
  width: ${({ width }) => (typeof width === 'number' ? `${width}px` : width)};
  height: ${({ height }) =>
    typeof height === 'number' ? `${height}px` : height};
`

const DropzoneInputFile = styled.input`
  display: none;
`

/**
 * ドロップゾーン
```

```
 * ファイルの入力を受け付ける
 */
const Dropzone = (props: DropzoneProps) => {
  const {
    onDrop,
    onChange,
    value = [],
    name,
    acceptedFileTypes = ['image/png', 'image/jpeg', 'image/jpg', 'image/gif'],
    hasError,
    width = '100%',
    height = '200px',
  } = props
  const rootRef = useRef<HTMLDivElement>(null)
  const inputRef = useRef<HTMLInputElement>(null)
  const [isFocused, setIsFocused] = useState(false)

  const handleChange = (e: React.ChangeEvent<HTMLInputElement>) => {
    setIsFocused(false)

    const files = value.concat(
      getFilesFromEvent(e).filter((f) =>
        acceptedFileTypes.includes(f.type as FileType),
      ),
    )

    onDrop && onDrop(files)
    onChange && onChange(files)
  }

  // ドラッグ状態のマウスポインタが範囲内でドロップされた時
  const handleDrop = (e: React.DragEvent<HTMLDivElement>) => {
    e.preventDefault()
    e.stopPropagation()
    setIsFocused(false)

    const files = value.concat(
      getFilesFromEvent(e).filter((f) =>
        acceptedFileTypes.includes(f.type as FileType),
      ),
    )

    if (files.length == 0) {
      return window.alert(
        `次のファイルフォーマットは指定できません${acceptedFileTypes.join(
          ' ,',
        )})`,
      )
    }

    onDrop && onDrop(files)
    onChange && onChange(files)
  }

  // ドラッグ状態のマウスポインタが範囲内入っている時
  const handleDragOver = useCallback((e: React.DragEvent<HTMLDivElement>) => {
    e.preventDefault()
    e.stopPropagation()
```

```
}, [])

// ドラッグ状態のマウスポインタが範囲外に消えた時にフォーカスを外す
const handleDragLeave = useCallback((e: React.DragEvent<HTMLDivElement>) => {
  e.preventDefault()
  e.stopPropagation()
  setIsFocused(false)
}, [])

// ドラッグ状態のマウスポインタが範囲内に来た時にフォーカスを当てる
const handleDragEnter = useCallback((e: React.DragEvent<HTMLDivElement>) => {
  e.preventDefault()
  e.stopPropagation()
  setIsFocused(true)
}, [])

// ファイル選択ダイアログを表示する
const handleClick = () => {
  inputRef.current?.click()
}

useEffect(() => {
  if (inputRef.current && value && value.length == 0) {
    inputRef.current.value = ''
  }
}, [value])

return (
  <>
    {/* ドラックアンドドロップイベントを管理 */}
    <DropzoneRoot
      ref={rootRef}
      isFocused={isFocused}
      onDrop={handleDrop}
      onDragOver={handleDragOver}
      onDragLeave={handleDragLeave}
      onDragEnter={handleDragEnter}
      onClick={handleClick}
      hasError={hasError}
      width={width}
      height={height}
      data-testid="dropzone"
    >
      {/* ダミーインプット */}
      <DropzoneInputFile
        ref={inputRef}
        type="file"
        name={name}
        accept={acceptedFileTypes.join(',')}
        onChange={handleChange}
        multiple
      />
      <DropzoneContent width={width} height={height}>
        <CloudUploadIcon size={24} />
        <span style={{ textAlign: 'center' }}>デバイスからアップロード</span>
      </DropzoneContent>
    </DropzoneRoot>
  </>
```

```
  )
}

Dropzone.defaultProps = {
  acceptedFileTypes: ['image/png', 'image/jpeg', 'image/jpg', 'image/gif'],
  hasError: false,
}

export default Dropzone
```

ドロップゾーンのStorybookを実装します。`height`と`width`はドロップゾーンの縦幅と横幅を設定します。`hasError`はバリデーションエラー時に赤枠で枠を囲むために使用します。`acceptedFileTypes`は受け付けるファイルのContent-Typeを指定します。たとえば、`image/png`, `image/jpeg`等が挙げられます。`onDrop`はファイルがドロップされた時、ファイル選択ダイアログからファイルを選んだ時に呼ばれるイベントハンドラを指定します。

リスト 6.28 src/components/molecules/Dropzone/index.stroies.tsx

```
import React, { useState, useEffect } from 'react'
import { ComponentMeta, ComponentStory } from '@storybook/react'
import Dropzone from './index'
import Button from 'components/atoms/Button'
import Box from 'components/layout/Box'

export default {
  title: 'Molecules/Dropzone',
  argTypes: {
    height: {
      control: { type: 'number' },
      description: '縦幅',
      table: {
        type: { summary: 'number' },
      },
    },
    width: {
      control: { type: 'number' },
      description: '横幅',
      table: {
        type: { summary: 'number' },
      },
    },
    hasError: {
      control: { type: 'boolean' },
      defaultValue: false,
      description: 'バリデーションエラーフラグ',
      table: {
        type: { summary: 'boolean' },
      },
    },
    acceptedFileTypes: {
      options: {
        control: { type: 'array' },
        description: '受け付けるファイルタイプ',
        table: {
          type: { summary: 'array' },
```

```
        },
      },
    },
    onDrop: {
      description: 'ファイルがドロップ入力された時のイベントハンドラ',
      table: {
        type: { summary: 'function' },
      },
    },
    onChange: {
      description: 'ファイルが入力された時のイベントハンドラ',
      table: {
        type: { summary: 'function' },
      },
    },
  },
} as ComponentMeta<typeof Dropzone>

const Template: ComponentStory<typeof Dropzone> = (args) => {
  const [files, setFiles] = useState<File[]>([])
  const handleDrop = (files: File[]) => {
    setFiles(files)
    args && args.onDrop && args.onDrop(files)
  }

  const fetchData = async () => {
    const res = await fetch('/images/sample/1.jpg')
    const blob = await res.blob()
    const file = new File([blob], '1.png', blob)

    setFiles([...files, file])
  }

  const clearImages = () => {
    setFiles([])
  }

  useEffect(() => {
    fetchData()
  }, [])

  return (
    <>
      <Box marginBottom={1}>
        <Dropzone {...args} value={files} onDrop={handleDrop} />
      </Box>
      <Box marginBottom={1}>
        <Button onClick={fetchData}>画像を追加</Button>
      </Box>
      <Box marginBottom={2}>
        <Button onClick={clearImages}>全ての画像をクリア</Button>
      </Box>
      <Box>
        {files.map((f, i) => (
          // eslint-disable-next-line @next/next/no-img-element
          <img
            src={URL.createObjectURL(f)}
            width="100px"
```

```
            key={i}
            alt="sample"
          />
        ))}
      </Box>
    </>
  )
}

export const WithControl = Template.bind({})
WithControl.args = {
  height: 200,
  width: '100%',
  acceptedFileTypes: ['image/png', 'image/jpeg', 'image/jpg', 'image/gif'],
  hasError: false,
}
```

図6.17　ドロップゾーンコンポーネント

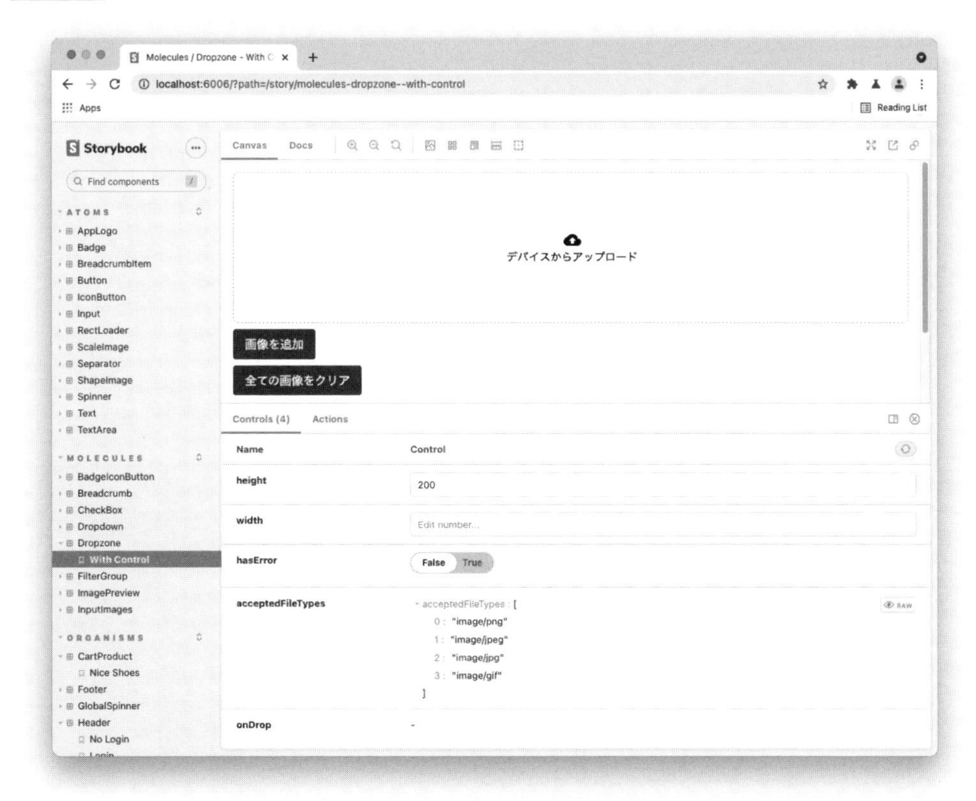

6.6.4 イメージプレビュー—ImagePreview

イメージプレビューのMoleculesコンポーネントを実装します。画像と閉じるボタンを組み合わせたコンポーネントになります。

リスト 6.29 src/components/molecules/ImagePreview/index.tsx

```
import styled from 'styled-components'
import Flex from 'components/layout/Flex'
import { CloseIcon } from 'components/atoms/IconButton'
import Text from 'components/atoms/Text'

const ImagePreviewContainer = styled.div`
  position: relative;
`

// 閉じるボタンのラップ
const CloseBox = styled(Flex)`
  position: absolute;
  top: 0;
  right: 0;
  width: 30px;
  height: 30px;
  border-radius: 06px 06px;
  background-color: rgba(44, 44, 44, 0.66);
  cursor: pointer;
`

// 画像タイトル
const ImageTitle = styled(Text)`
  position: absolute;
  top: 14px;
  border-radius: 06px 6px 0;
  background-color: #1d3461;
  box-sizing: border-box;
  padding-left: 4px;
  padding-right: 4px;
`

interface ImagePreviewProps {
  /**
   * 画像URL
   */
  src?: string
  /**
   * 代替テキスト
   */
  alt?: string
  /**
   * 縦幅
   */
  height?: string
  /**
   * 横幅
   */
  width?: string
  /**
```

```
   * 削除ボタンを押した時のイベントハンドラ
   */
  onRemove?: (src: string) => void
}

/**
 * イメージプレビュー
 */
const ImagePreview = ({
  src,
  alt,
  height,
  width,
  onRemove,
}: ImagePreviewProps) => {
  // 閉じるボタンを押したらonRemoveを呼ぶ
  const handleCloseClick = (e: React.MouseEvent<HTMLDivElement>) => {
    e.preventDefault()
    e.stopPropagation()
    onRemove && src && onRemove(src)

    return false
  }

  return (
    <ImagePreviewContainer>
      {/* eslint-disable-next-line @next/next/no-img-element */}
      <img src={src} alt={alt} height={height} width={width} />
      <CloseBox
        alignItems="center"
        justifyContent="center"
        onClick={handleCloseClick}
      >
        <CloseIcon size={24} color="white" />
      </CloseBox>
    </ImagePreviewContainer>
  )
}

export default ImagePreview
```

イメージプレビューのStorybookを実装します。**src**は表示する画像のURLを指定します。**alt**は代替テキスト。**height**と**width**は画像の縦幅と横幅を設定します。**onRemove**は閉じるボタンを押した時に呼ばれるイベントハンドラを指定します。

リスト6.30 src/components/molecules/ImagePreview/index.stroies.tsx

```
import React, { useState, useEffect } from 'react'
import { ComponentMeta, ComponentStory } from '@storybook/react'
import styled from 'styled-components'
import ImagePreview from './'
import Dropzone from 'components/molecules/Dropzone'

export default {
  title: 'Molecules/ImagePreview',
  argTypes: {
```

```
    src: {
      control: { type: 'text' },
      description: '画像URL',
      table: {
        type: { summary: 'string' },
      },
    },
    alt: {
      control: { type: 'text' },
      description: '代替テキスト',
      table: {
        type: { summary: 'string' },
      },
    },
    height: {
      control: { type: 'number' },
      description: '縦幅',
      table: {
        type: { summary: 'number' },
      },
    },
    width: {
      control: { type: 'number' },
      description: '横幅',
      table: {
        type: { summary: 'number' },
      },
    },
    onRemove: {
      description: '削除ボタンを押した時のイベントハンドラ',
      table: {
        type: { summary: 'function' },
      },
    },
  },
} as ComponentMeta<typeof ImagePreview>

const Container = styled.div`
  width: 288px;
  display: grid;
  gap: 10px;
  grid-template-columns: 1fr;
`

interface Image {
  file?: File
  src?: string
}

// ドロップゾーンとの組み合わせ
const Template: ComponentStory<typeof ImagePreview> = (args) => {
  const [files, setFiles] = useState<File[]>([])
  const [images, setImages] = useState<Image[]>([])

  useEffect(() => {
    // ファイルの数が変更されると、表示する画像を変更
    const newImages = [...images]
```

```
    for (const f of files) {
      const index = newImages.findIndex((img: Image) => img.file === f)

      if (index === -1) {
        newImages.push({
          file: f,
          src: URL.createObjectURL(f),
        })
      }
    }
    setImages(newImages)
    // eslint-disable-next-line react-hooks/exhaustive-deps
  }, [files])

  // 閉じるボタンが押されたら、画像を削除
  const handleRemove = (src: string) => {
    const image = images.find((img: Image) => img.src === src)

    if (image !== undefined) {
      setImages((images) => images.filter((img) => img.src !== image.src))
      setFiles((files) => files.filter((file: File) => file !== image.file))
    }

    args && args.onRemove && args.onRemove(src)
  }

  return (
    <Container>
      <Dropzone value={files} onDrop={(fileList) => setFiles(fileList)} />
      {images.map((image, i) => (
        <ImagePreview
          key={i}
          src={image.src}
          {...args}
          onRemove={handleRemove}
        />
      ))}
    </Container>
  )
}

export const WithDropzone = Template.bind({})
WithDropzone.args = {}
```

図6.18　イメージプレビューコンポーネント

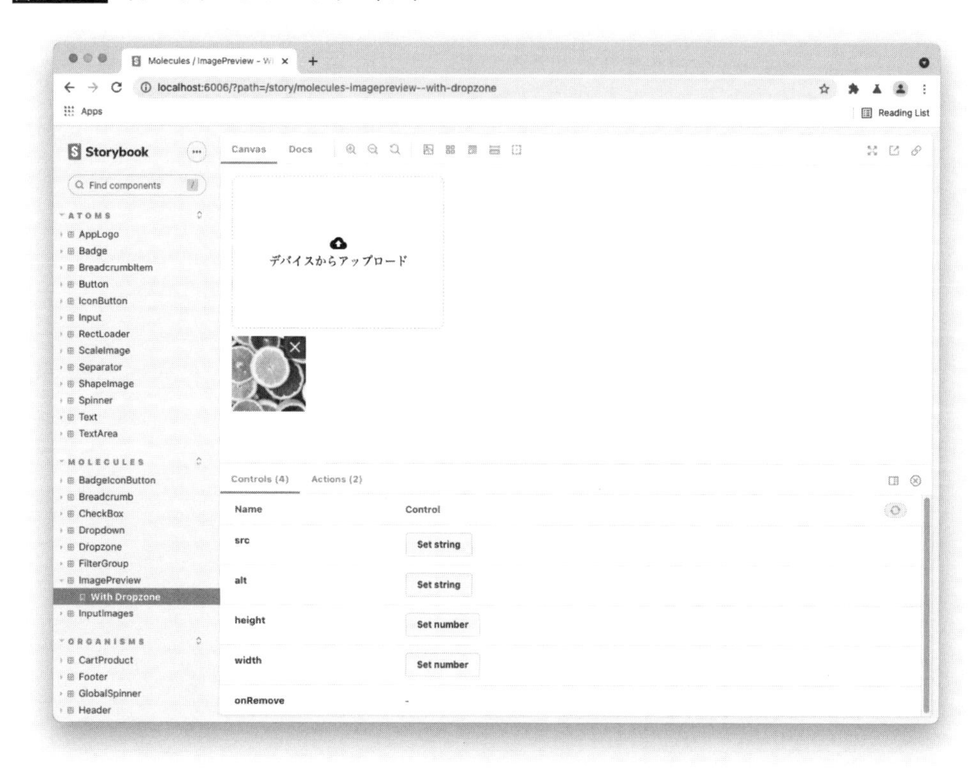

6.7 Organismsの実装

Organismsの実装に入っていきます。Organismsは、サインインフォームやヘッダーなどのより具体的なUIコンポーネントです。

ここではドメイン知識に依存したデータを受け取ったり、コンテキストを参照したり、独自の振る舞いを持つことができます。この法則に従って分割したものを下に列挙します。

コンポーネント	関数コンポーネント名	本章解説
カート商品	CartProduct	○
フッター	Footer	
グローバルスピナー	GlobalSpinner	○
ヘッダー	Header	○
商品カード	ProductCard	○
商品カードカルーセル	ProductCardCarousel	
商品カードリスト	ProductCardList	
商品投稿フォーム	ProductForm	○
サインインフォーム	SigninForm	○
ユーザープロファイル	UserProfile	○

6.7.1 カート商品—CartProduct

カート商品のOrganismsコンポーネントを実装します*14。このコンポーネントは買い物カートページの商品画像、商品名、価格を表示します。

リスト 6.31 src/components/organisms/CartProduct/index.tsx

```
import Image from 'next/image'
import Link from 'next/link'
import styled from 'styled-components'
import Button from 'components/atoms/Button'
import Text from 'components/atoms/Text'
import Box from 'components/layout/Box'
import Flex from 'components/layout/Flex'

// 削除ボタンのテキスト
const RemoveText = styled(Text)`
  cursor: pointer;
  &:hover {
    text-decoration: underline;
  }
`

interface CartProductProps {
  /**
   * 商品ID
   */
  id: number
  /**
   * 商品画像URL
   */
  imageUrl: string
  /**
```

*14 パラメータ付きのnext/linkを使用する際には、hrefに/products/${id}を指定する必要があります。この点には注意してください。

```
   * 商品タイトル
   */
  title: string
  /**
   * 商品価格
   */
  price: number
  /**
   * 購入ボタンを押した時のイベントハンドラ
   */
  onBuyButtonClick?: (id: number) => void
  /**
   * 削除ボタンを押した時のイベントハンドラ
   */
  onRemoveButtonClick?: (id: number) => void
}

/**
 * カート商品
 */
const CartProduct = ({
  id,
  imageUrl,
  title,
  price,
  onBuyButtonClick,
  onRemoveButtonClick,
}: CartProductProps) => {
  return (
    <Flex justifyContent="space-between">
      <Flex>
        <Box width="120px" height="120px">
          <Link href={`/products/${id}`} passHref>
            <a>
              <Image
                quality="85"
                src={imageUrl}
                alt={title}
                height={120}
                width={120}
                objectFit="cover"
              />
            </a>
          </Link>
        </Box>
        <Box padding={1}>
          <Flex
            height="100%"
            flexDirection="column"
            justifyContent="space-between"
          >
            <Box>
              <Text
                fontWeight="bold"
                variant="mediumLarge"
                marginTop={0}
                marginBottom={1}
                as="p"
```

```
            >
              {title}
            </Text>
            <Text margin={0} as="p">
              {price}円
            </Text>
          </Box>
          <Flex marginTop={{ base: 2, md: 0}}>
            {/* 購入ボタン */}
            <Button
              width={{ base: '100px', md: '200px' }}
              onClick={() => onBuyButtonClick && onBuyButtonClick(id)}
            >
              購入
            </Button>
            {/* 削除ボタン (モバイル) */}
            <Button
              marginLeft={1}
              width={{ base: '100px', md: '200px' }}
              display={{ base: 'block', md: 'none' }}
              variant="danger"
              onClick={() => onRemoveButtonClick && onRemoveButtonClick(id)}
            >
              削除
            </Button>
          </Flex>
        </Flex>
      </Box>
    </Flex>
    <Box display={{ base: 'none', md: 'block' }}>
      {/* 削除ボタン (デスクトップ) */}
      <RemoveText
        color="danger"
        onClick={() => onRemoveButtonClick && onRemoveButtonClick(id)}
      >
        カートから削除
      </RemoveText>
    </Box>
  </Flex>
  )
}

export default CartProduct
```

カート商品のStorybookを実装します。**id**は商品のID、**title**は商品名、**imageUrl**は商品画像URL、**price**は商品価格を指定します。**onBuyButtonClick**は購入ボタンを押した時に呼ばれるイベントハンドラ、**onRemoveButtonClick**はカート削除ボタンを押した時に呼ばれるイベントハンドラを指定します。

リスト 6.32 src/components/organisms/CartProduct/index.stroies.tsx

```
import { ComponentMeta, ComponentStory } from '@storybook/react'
import CartProduct from './index'

export default {
  title: 'Organisms/CartProduct',
```

```
  argTypes: {
    id: {
      control: { type: 'number' },
      description: '商品ID',
      table: {
        type: { summary: 'number' },
      },
    },
    title: {
      control: { type: 'text' },
      description: '商品タイトル',
      table: {
        type: { summary: 'string' },
      },
    },
    imageUrl: {
      control: { type: 'text' },
      description: '商品画像URL',
      table: {
        type: { summary: 'string' },
      },
    },
    price: {
      control: { type: 'number' },
      description: '商品価格',
      table: {
        type: { summary: 'number' },
      },
    },
    onBuyButtonClick: {
      description: '購入ボタンを押した時のイベントハンドラ',
      table: {
        type: { summary: 'function' },
      },
    },
    onRemoveButtonClick: {
      description: '削除ボタンを押した時のイベントハンドラ',
      table: {
        type: { summary: 'function' },
      },
    },
  },
} as ComponentMeta<typeof CartProduct>

const Template: ComponentStory<typeof CartProduct> = (args) => (
  <CartProduct {...args} />
)

export const NiceShoes = Template.bind({})
NiceShoes.args = {
  id: 1,
  imageUrl: '/images/sample/1.jpg',
  title: 'ナイスシューズ',
  price: 3200,
}
```

図6.19 カート商品コンポーネント

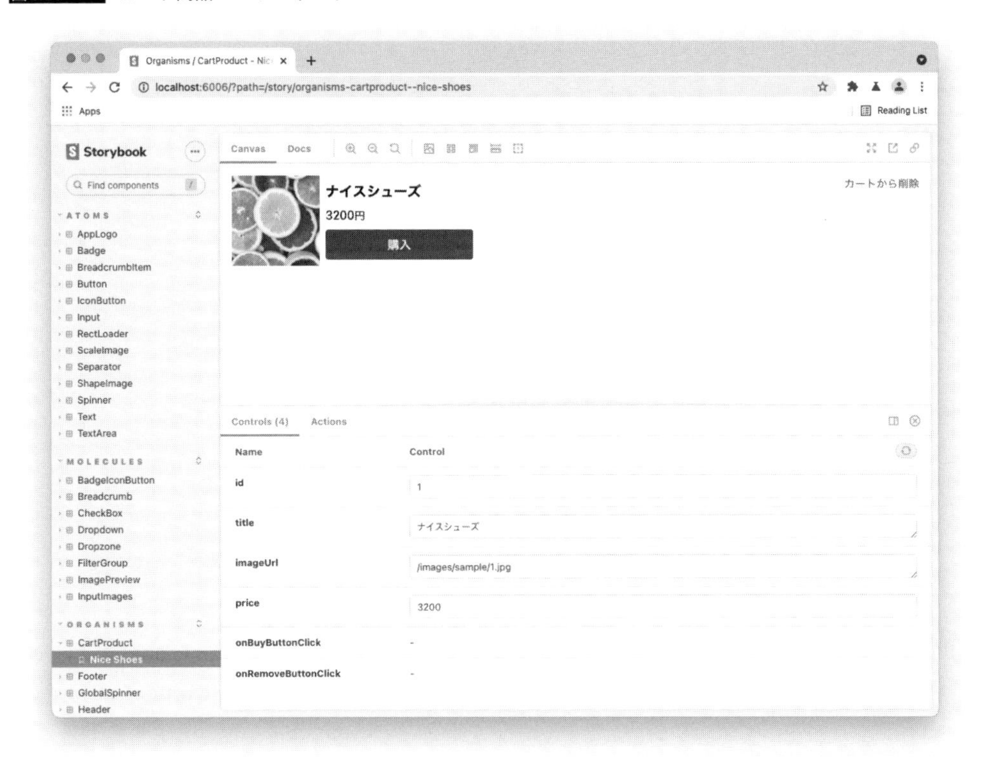

6.7.2 グローバルスピナー—GlobalSpinner

グローバルスピナーのOrganismsコンポーネントを実装します。このコンポーネントはReactのContextを使用しています。

`useGlobalSpinnerContext`はグローバルスピナーの表示・非表示のフラグ変数です。後ほど、**リスト6.34**で実装します。

リスト6.33 src/components/organisms/GlobalSpinner/index.tsx

```
import styled from 'styled-components'
import Spinner from 'components/atoms/Spinner'
import { useGlobalSpinnerContext } from 'contexts/GlobalSpinnerContext'

// グローバルスピナーの背景
const GlobalSpinnerWrapper = styled.div`
  position: fixed;
  top: 0;
  left: 0;
  right: 0;
  bottom: 0;
```

```
  background-color: rgba(255, 255, 255, 0.7);
  display: flex;
  justify-content: center;
  align-items: center;
  z-index: 1200;
`

/**
 * グローバルスピナー
 */
const GlobalSpinner = () => {
  const isGlobalSpinnerOn = useGlobalSpinnerContext()

  return (
    <>
      {isGlobalSpinnerOn && (
        <GlobalSpinnerWrapper>
          <Spinner isAutoCentering={true} />
        </GlobalSpinnerWrapper>
      )}
    </>
  )
}

export default GlobalSpinner
```

リスト6.33で利用した`GlobalSpinnerContext`を実装します。`GlobalSpinnerContext`はグローバルスピナーの表示・非表示のフラグ変数のコンテキスト、`GlobalSpinnerActionsContext`はグローバルスピナーの表示・非表示のアクション`dispatch`関数のコンテキストを表します。

リスト6.34 src/contexts/GlobalSpinnerContext/index.tsx

```
import React, { useState, useContext, createContext } from 'react'

const GlobalSpinnerContext = createContext<boolean>(false)
const GlobalSpinnerActionsContext = createContext<
  React.Dispatch<React.SetStateAction<boolean>>
  // eslint-disable-next-line @typescript-eslint/no-empty-function
>(() => {})

// グローバルスピナーの表示・非表示
export const useGlobalSpinnerContext = (): boolean =>
  useContext<boolean>(GlobalSpinnerContext)

// グローバルスピナーの表示・非表示のアクション
// useStateの更新関数はReact.Dispatch<REact.SetStateAction<変化させる状態>>で示せます
export const useGlobalSpinnerActionsContext = (): React.Dispatch<
  React.SetStateAction<boolean>
> =>
  useContext<React.Dispatch<React.SetStateAction<boolean>>>(
    GlobalSpinnerActionsContext,
  )

interface GlobalSpinnerContextProviderProps {
  children?: React.ReactNode
```

```
}

/**
 * グローバルスピナーコンテキストプロバイダー
 */
const GlobalSpinnerContextProvider = ({
  children,
}: GlobalSpinnerContextProviderProps) => {
  const [isGlobalSpinnerOn, setGlobalSpinner] = useState(false)

  return (
    <GlobalSpinnerContext.Provider value={isGlobalSpinnerOn}>
      <GlobalSpinnerActionsContext.Provider value={setGlobalSpinner}>
        {children}
      </GlobalSpinnerActionsContext.Provider>
    </GlobalSpinnerContext.Provider>
  )
}

export default GlobalSpinnerContextProvider
```

カート商品のStorybookを実装します。ここでは実践での利用も考慮し、コンテキストと組み合わせた形で書きます。ボタンを押した時に`useGlobalSpinnerActionsContext`を使用して、グローバルスピナー表示し、5秒後に非表示にします。実際にはWeb APIコール時の処理が時間かかるところのローディング表示に行います。

リスト6.35 src/components/organisms/GlobalSpinner/index.stroies.tsx

```
import { ComponentMeta } from '@storybook/react'
import GlobalSpinner from './index'
import GlobalSpinnerContextProvider, {
  useGlobalSpinnerActionsContext,
} from 'contexts/GlobalSpinnerContext'
import Button from 'components/atoms/Button'

export default {
  title: 'organisms/GlobalSpinner',
} as ComponentMeta<typeof GlobalSpinner>

export const WithContextProvider = () => {
  const ChildComponent = () => {
    const setGlobalSpinner = useGlobalSpinnerActionsContext()
    const handleClick = () => {
      setGlobalSpinner(true)
      // 5秒後に閉じる
      setTimeout(() => {
        setGlobalSpinner(false)
      }, 5000)
    }

    return (
      <>
        <GlobalSpinner />
        {/* クリックでスピナーを表示 */}
        <Button onClick={handleClick}>スピナー表示</Button>
      </>
```

```
    )
  }

  return (
    <GlobalSpinnerContextProvider>
      <ChildComponent />
    </GlobalSpinnerContextProvider>
  )
}
```

図6.20 グローバルスピナーコンポーネント

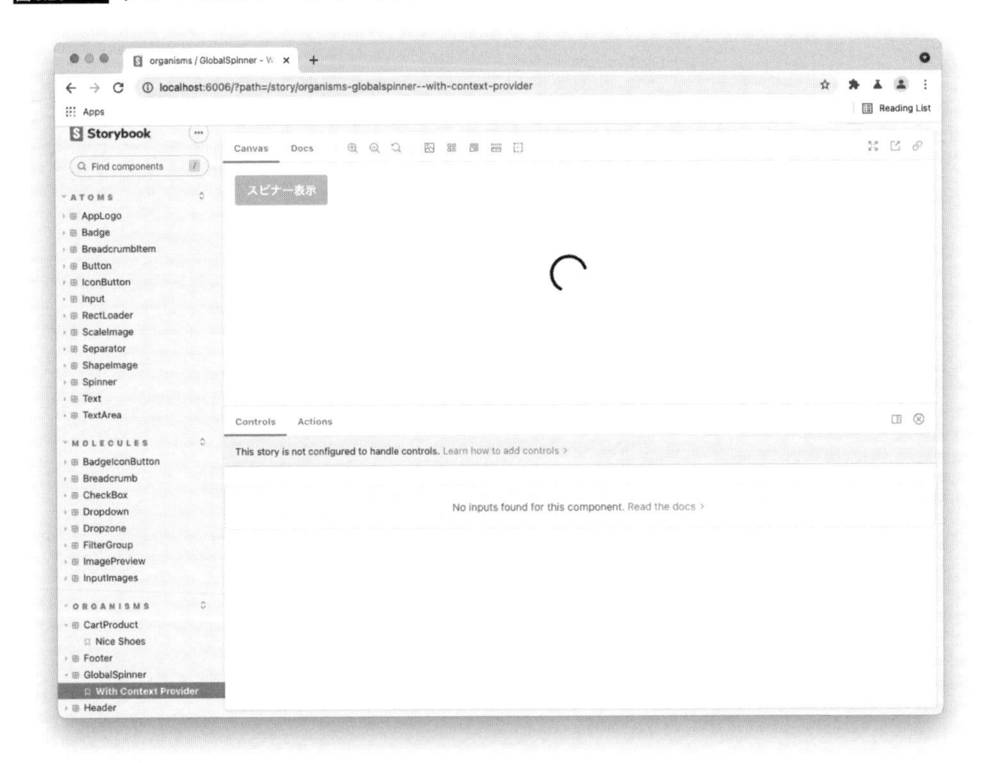

6.7.3 ヘッダー—Header

ヘッダーのOrganismsコンポーネントを実装します。

このコンポーネントは、ユーザーのサインイン状態を管理する認証コンテキスト（`AuthContext`）と、カートの中身を管理するショッピングカートコンテキスト（`ShoppingCartConext`）を活用しています。

認証コンテキストはヘッダーにサインイン・非サインイン状態を表示するために使用し、ショッピングカートコンテキストはカートの中身の個数を表示するために使用します。

またレスポンシブ対応として、コンポーネントの表示・非表示を`display={{ base: 'none', md: 'block' }}`を管理しています。_はデフォルトに適用されるスタイル、`md`は52em以上の場合適用されるスタイルです。

リスト6.36 src/components/organisms/Header/index.tsx

```
import Link from 'next/link'
import styled from 'styled-components'
import AppLogo from 'components/atoms/AppLogo'
import Button from 'components/atoms/Button'
import {
  SearchIcon,
  PersonIcon,
  ShoppingCartIcon,
} from 'components/atoms/IconButton'
import ShapeImage from 'components/atoms/ShapeImage'
import Spinner from 'components/atoms/Spinner'
import Text from 'components/atoms/Text'
import Box from 'components/layout/Box'
import Flex from 'components/layout/Flex'
import BadgeIconButton from 'components/molecules/BadgeIconButton'
import { useAuthContext } from 'contexts/AuthContext'
import { useShoppingCartContext } from 'contexts/ShoppingCartContext'

// ヘッダーのルート
const HeaderRoot = styled.header`
  height: 88px;
  padding: ${({ theme }) => theme.space[2]} 0px;
  border-bottom: 1px solid ${({ theme }) => theme.colors.border};
`

// ナビゲーション
const Nav = styled(Flex)`
  & > span:not(:first-child) {
    margin-left: ${({ theme }) => theme.space[2]};
  }
`

// ナビゲーションのリンク
const NavLink = styled.span`
  display: inline;
`

// アンカー
const Anchor = styled(Text)`
  cursor: pointer;
  &:hover {
    text-decoration: underline;
  }
`

/**
 * ヘッダー
 */
const Header = () => {
  const { cart } = useShoppingCartContext()
```

```
const { authUser, isLoading } = useAuthContext()

return (
  <HeaderRoot>
    <Flex paddingLeft={3} paddingRight={3} justifyContent="space-between">
      <Nav as="nav" height="56px" alignItems="center">
        <NavLink>
          <Link href="/" passHref>
            <Anchor as="a">
              <AppLogo />
            </Anchor>
          </Link>
        </NavLink>
        <NavLink>
          <Box display={{ base: 'none', md: 'block' }}>
            <Link href="/search" passHref>
              <Anchor as="a">すべて</Anchor>
            </Link>
          </Box>
        </NavLink>
        <NavLink>
          <Box display={{ base: 'none', md: 'block' }}>
            <Link href="/search/clothes" passHref>
              <Anchor as="a">トップス</Anchor>
            </Link>
          </Box>
        </NavLink>
        <NavLink>
          <Box display={{ base: 'none', md: 'block' }}>
            <Link href="/search/book" passHref>
              <Anchor as="a">本</Anchor>
            </Link>
          </Box>
        </NavLink>
        <NavLink>
          <Box display={{ base: 'none', md: 'block' }}>
            <Link href="/search/shoes" passHref>
              <Anchor as="a">シューズ</Anchor>
            </Link>
          </Box>
        </NavLink>
      </Nav>
      <Nav as="nav" height="56px" alignItems="center">
        <NavLink>
          <Box display={{ base: 'block', md: 'none' }}>
            <Link href="/search" passHref>
              <Anchor as="a">
                <SearchIcon />
              </Anchor>
            </Link>
          </Box>
        </NavLink>
        <NavLink>
          <Link href="/cart" passHref>
            <Anchor as="a">
              <BadgeIconButton
                icon={<ShoppingCartIcon size={24} />}
                size="24px"
```

```
                    badgeContent={cart.length === 0? undefined : cart.length}
                    badgeBackgroundColor="primary"
                  />
                </Anchor>
              </Link>
            </NavLink>
            <NavLink>
              {(() => {
                // 認証していたらアイコンを表示
                if (authUser) {
                  return (
                    <Link href={`/users/${authUser.id}`} passHref>
                      <Anchor as="a">
                        <ShapeImage
                          shape="circle"
                          src={authUser.profileImageUrl}
                          width={24}
                          height={24}
                          data-testid="profile-shape-image"
                        />
                      </Anchor>
                    </Link>
                  )
                } else if (isLoading) {
                  // ロード中はスピナーを表示
                  return <Spinner size={20} strokeWidth={2} />
                } else {
                  // サインインしてない場合はアイコンを表示
                  return (
                    <Link href="/signin" passHref>
                      <Anchor as="a">
                        <PersonIcon size={24} />
                      </Anchor>
                    </Link>
                  )
                }
              })()}
            </NavLink>
            <NavLink>
              <Link href="/sell" passHref>
                <Button as="a">出品</Button>
              </Link>
            </NavLink>
          </Nav>
        </Flex>
      </HeaderRoot>
  )
}

export default Header
```

次に認証コンテキスト（AuthContext）を実装します。コンテキストには認証ユーザー（authUser）とローディング（isLoading）を保存しています。このコンテキストを通じて、ユーザーの認証状態を管理できます。

認証を行うにはsignin関数を実行し、認証API（/auth/signin）を呼びます。サインインが成功した際には`mutate`関数を呼ぶことで再びユーザー取得API（`/users/me`）を呼んで認証ユーザーをコンテキストに保存します。またログアウトを行うには`signout`関数を実行します。

リスト 6.37 src/contexts/AuthContext/index.tsx

```
import React, { useContext } from 'react'
import useSWR from 'swr'
import signin from 'services/auth/signin'
import signout from 'services/auth/signout'
import type { ApiContext, User } from 'types'

type AuthContextType = {
  authUser?: User
  isLoading: boolean
  signin: (username: string, password: string) => Promise<void>
  signout: () => Promise<void>
  mutate: (
    data?: User | Promise<User>,
    shouldRevalidate?: boolean,
  ) => Promise<User | undefined>
}

type AuthContextProviderProps = {
  context: ApiContext
  authUser?: User
}

const AuthContext = React.createContext<AuthContextType>({
  authUser: undefined,
  isLoading: false,
  signin: async () => Promise.resolve(),
  signout: async () => Promise.resolve(),
  mutate: async () => Promise.resolve(undefined),
})

export const useAuthContext = (): AuthContextType =>
  useContext<AuthContextType>(AuthContext)

/**
 * 認証コンテキストプロバイダー
 * @param params パラメータ
 */
export const AuthContextProvider = ({
  context,
  authUser,
  children,
}: React.PropsWithChildren<AuthContextProviderProps>) => {
  const { data, error, mutate } = useSWR<User>(
    `${context.apiRootUrl.replace(/\/$/g, '')}/users/me`,
  )
  const isLoading = !data && !error

  // サインイン
  const signinInternal = async (username: string, password: string) => {
    await signin(context, { username, password })
    await mutate()
  }
```

```
  // サインアウト
  const signoutInternal = async () => {
    await signout(context)
    await mutate()
  }

  return (
    <AuthContext.Provider
      value={{
        authUser: data ?? authUser,
        isLoading,
        signin: signinInternal,
        signout: signoutInternal,
        mutate,
      }}
    >
      {children}
    </AuthContext.Provider>
  )
}
```

ショッピングカートコンテキスト（ShoppingCartConext）を実装します。コンテキストにはカートに入っている商品リスト（cart）を保存しています。このコンテキストを通じて、カートの中身を管理、表示できます。

カートに商品を追加するにはaddProductToCart関数を呼びます。また、カートの商品を削除するには商品IDを引数に指定してremoveProductFromCart関数を呼びます。cartオブジェクトの管理にはuseReducerを用います。詳しい解説はソースコード中にコメントで行います。

リスト6.38 src/contexts/ShoppingCartContext/index.tsx

```
import React, { useReducer, useContext } from 'react'
import { shopReducer, ADD_PRODUCT, REMOVE_PRODUCT } from './reducers'
import type { Product } from 'types'

type ShoppingCartContextType = {
  cart: Product[]
  addProductToCart: (product: Product) => void
  removeProductFromCart: (productId: number) => void
}

const ShoppingCartContext = React.createContext<ShoppingCartContextType>({
  cart: [],
  // eslint-disable-next-line @typescript-eslint/no-empty-function
  addProductToCart: () => {},
  // eslint-disable-next-line @typescript-eslint/no-empty-function
  removeProductFromCart: () => {},
})

export const useShoppingCartContext = (): ShoppingCartContextType =>
  useContext<ShoppingCartContextType>(ShoppingCartContext)

interface ShoppingCartContextProviderProps {
  children?: React.ReactNode
}
```

```
/**
 * ショッピングカートコンテキストプロバイダー
 */
export const ShoppingCartContextProvider = ({ children }: ↵
ShoppingCartContextProviderProps) => {
  const products: Product[] = []
  const [cartState, dispatch] = useReducer(shopReducer, products)

  // 商品をカートに追加
  const addProductToCart = (product: Product) => {
    dispatch({ type: ADD_PRODUCT, payload: product })
  }

  // 商品をカートから削除
  const removeProductFromCart = (productId: number) => {
    dispatch({ type: REMOVE_PRODUCT, payload: productId })
  }

  return (
    <ShoppingCartContext.Provider
      value={{
        cart: cartState,
        addProductToCart,
        removeProductFromCart,
      }}
    >
      {children}
    </ShoppingCartContext.Provider>
  )
}
```

Reducerを実装します。商品追加の`ADD_PRODUCT`、商品削除の`REMOVE_PRODUCT`の2つのアクションがあります。`ADD_PRODUCT`は商品リストの末尾に追加します。対して`REMOVE_PRODUCT`は指定したIDの商品をリスト内から検索し、削除します。これら2つのアクションは`shopReducer`関数で条件分岐を処理し、次の商品リストの状態を返却します。

リスト6.39 src/contexts/ShoppingCartContext/reducers.ts

```
import { Product } from 'types'

export const ADD_PRODUCT = 'ADD_PRODUCT'
export const REMOVE_PRODUCT = 'REMOVE_PRODUCT'

type ShopReducerAction =
  | {
      type: 'ADD_PRODUCT'
      payload: Product
    }
  | {
      type: 'REMOVE_PRODUCT'
      payload: number
    }

/**
 * 商品追加アクション
 * @param product 商品
```

```
 * @param state 現在の状態
 * @returns 次の状態
 */
const addProductToCart = (product: Product, state: Product[]) => {
  return [...state, product]
}

/**
 * 商品削除アクション
 * @param product 商品
 * @param state 現在の状態
 * @returns 次の状態
 */
const removeProductFromCart = (productId: number, state: Product[]) => {
  const removedItemIndex = state.findIndex((item) => item.id === productId)

  state.splice(removedItemIndex, 1)

  return [...state]
}

/**
 * ショッピングカートのReducer
 * @param state 現在の状態
 * @param action アクション
 * @returns 次の状態
 */
export const shopReducer: React.Reducer<Product[], ShopReducerAction> = (
  state: Product[],
  action: ShopReducerAction,
) => {
  switch (action.type) {
    case ADD_PRODUCT:
      return addProductToCart(action.payload, state)
    case REMOVE_PRODUCT:
      return removeProductFromCart(action.payload, state)
    default:
      return state
  }
}
```

ヘッダーのStorybookを実装します。ここでは実践での利用も考慮し、コンテキストと組み合わせた形で書きます。二種類のストーリーを用意しており`NoLogin`は非サインイン状態のヘッダー、`Login`はサインイン状態のヘッダーを表しています。

サインイン状態のヘッダーの確認は、認証コンテキスト（`AuthContext`）とショッピングカートコンテキスト（`ShoppingCartConext`）を利用します。ダミーユーザーの設定とダミー商品をカートに追加しています。

リスト 6.40 src/components/organisms/Header/index.stroies.tsx

```
import React, { useEffect } from 'react'
import { ComponentMeta } from '@storybook/react'
import Header from './index'
import {
  ShoppingCartContextProvider,
```

```
  useShoppingCartContext,
} from 'contexts/ShoppingCartContext'
import { AuthContextProvider } from 'contexts/AuthContext'

export default { title: 'organisms/Header' } as ComponentMeta<typeof Header>

// サインイン状態でないヘッダー
export const NoLogin = () => <Header />

// サインイン状態のヘッダー
export const Login = () => {
  // ダミーユーザー追加
  const authUser = {
    id: 1,
    username: 'dummy',
    displayName: 'Taketo Yoshida',
    email: 'test@example.com',
    profileImageUrl: '/images/sample/1.jpg',
    description: '',
  }

  const ChildComponent = () => {
    const { addProductToCart } = useShoppingCartContext()

    // ダミー商品追加
    useEffect(() => {
      addProductToCart({
        id: 1,
        category: 'book',
        title: 'Product',
        description: '',
        imageUrl: '/images/sample/1.jpg',
        blurDataUrl: '',
        price: 1000,
        condition: 'used',
        owner: authUser,
      })
      // eslint-disable-next-line react-hooks/exhaustive-deps
    }, [])

    return <Header />
  }

  return (
    <ShoppingCartContextProvider>
      <AuthContextProvider
        context={{ apiRootUrl: 'https://dummy' }}
        authUser={authUser}
      >
        <ChildComponent />
      </AuthContextProvider>
    </ShoppingCartContextProvider>
  )
}
```

図6.21 ヘッダーコンポーネント

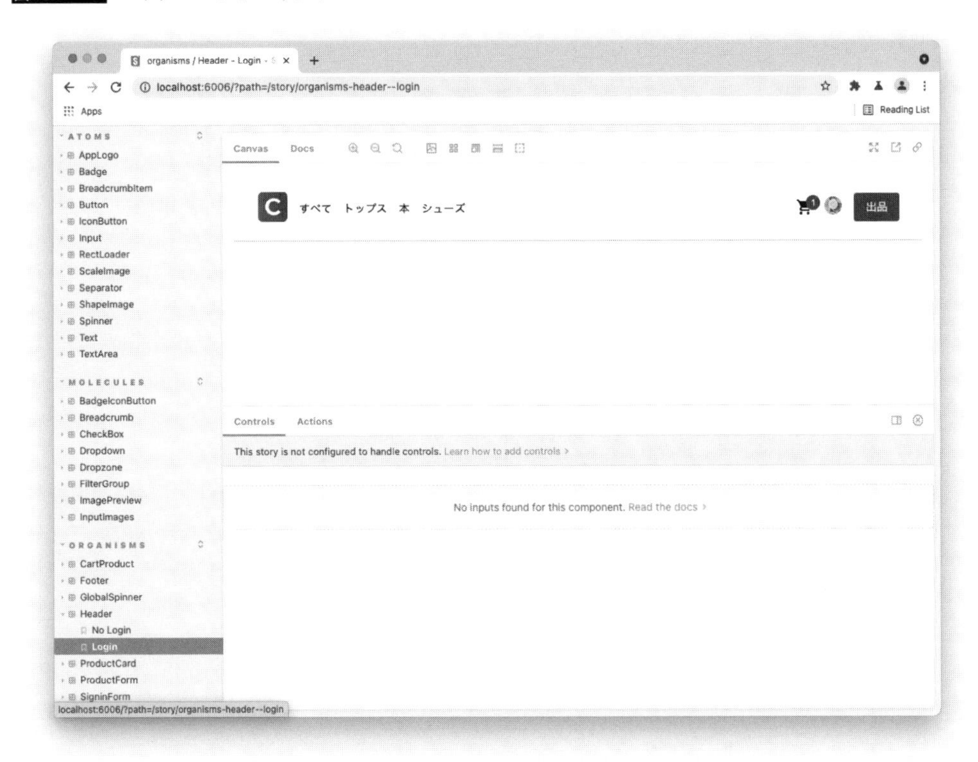

6.7.4 商品カード—ProductCard

商品カードのOrganismsコンポーネントを実装します。このコンポーネントは商品リスト表示に利用します。

variantでカードの大きさを変更できるようにしており、さまざまな場面で商品を表示したいときに利用できます。

リスト6.41 src/components/organisms/ProductCard/index.tsx

```
import styled from 'styled-components'
import ScaleImage from 'components/atoms/ScaleImage'
import Text from 'components/atoms/Text'
import Box from 'components/layout/Box'

interface ProductCardProps {
  /**
   * 商品タイトル
   */
  title: string
  /**
```

```
   * 商品価格
   */
  price: number
  /**
   * 商品画像URL
   */
  imageUrl: string
  /**
   * 商品のぼかし画像のデータURIスキーム
   */
  blurDataUrl?: string
  /**
   * バリアント（表示スタイル）
   */
  variant?: 'listing' | 'small' | 'detail'
}

// 商品カードのコンテナ
const ProductCardContainer = styled.div`
  position: relative;
`

// 商品カード画像のコンテナ
const ProductCardImageContainer = styled.div`
  z-index: 99;
`

// 商品カードの情報
const ProductCardInfo = styled.div`
  position: absolute;
  z-index: 100;
  top: 0px;
  left: 0px;
`

/**
 * 商品カード
 */
const ProductCard = ({
  title,
  price,
  imageUrl,
  blurDataUrl,
  variant = 'listing',
}: ProductCardProps) => {
  const { size, imgSize } = (() => {
    switch (variant) {
      case 'detail':
        return { size: { base: '320px', md: '540px' }, imgSize: 540}
      case 'listing':
        return { size: { base: '160px', md: '240px' }, imgSize: 240}
      default:
        return { size: { base: '160px' }, imgSize: 160}
    }
  })()

  return (
    <ProductCardContainer>
```

```
{variant !== 'small' && (
  <ProductCardInfo>
    <Box>
      <Text
        as="h2"
        fontSize={{ base: 'medium', md: 'mediumLarge' }}
        letterSpacing={{ base: 2, md: 3}}
        lineHeight={{ base: '32px', md: '48px' }}
        backgroundColor="white"
        margin={0}
        paddingRight={2}
        paddingLeft={2}
        paddingTop={0}
        paddingBottom={0}
      >
        {title}
      </Text>
      <Text
        as="span"
        fontWeight="bold"
        display="inline-block"
        backgroundColor="white"
        fontSize={{ base: 'small', md: 'medium' }}
        lineHeight={{ base: '8px', md: '12px' }}
        letterSpacing={{ base: 2, md: 4}}
        margin={0}
        padding={{ base: 1, md: 2}}
      >
        {price}円
      </Text>
    </Box>
  </ProductCardInfo>
)}
<ProductCardImageContainer>
  {blurDataUrl && (
    <ScaleImage
      src={imageUrl}
      width={imgSize ?? 240}
      height={imgSize ?? 240}
      containerWidth={size}
      containerHeight={size}
      objectFit="cover"
      placeholder="blur"
      blurDataURL={blurDataUrl}
    />
  )}
  {!blurDataUrl && (
    <ScaleImage
      src={imageUrl}
      width={imgSize ?? 240}
      height={imgSize ?? 240}
      containerWidth={size}
      containerHeight={size}
      objectFit="cover"
    />
  )}
</ProductCardImageContainer>
{variant === 'small' && (
```

```
        <Box marginTop={1}>
          <Text as="h2" variant="medium" margin={0} padding={0}>
            {title}
          </Text>
          <Text as="span" variant="medium">
            {price}円
          </Text>
        </Box>
      )}
    </ProductCardContainer>
  )
}

export default ProductCard
```

商品カードのStorybookを実装します。`title`は商品名、`imageUrl`は商品画像URL、`price`は商品価格を指定します。

`blurDataUrl`は`next/image`の`blurDataURL`の引数と同じで、画像がロードされる前のぼかし画像をデータURIスキームで指定できます*15。

`variant`はカードの大きさを変更可能で`large`、`normal`、`small`のいずれかを指定します。

リスト 6.42 src/components/organisms/ProductCard/index.stroies.tsx

```
import { ComponentMeta, ComponentStory } from '@storybook/react'
import ProductCard from './index'

export default {
  title: 'Organisms/ProductCard',
  argTypes: {
    title: {
      control: { type: 'text' },
      description: '商品名',
      table: {
        type: { summary: 'string' },
      },
    },
    price: {
      control: { type: 'number' },
      description: '商品価格',
      table: {
        type: { summary: 'number' },
      },
    },
    imageUrl: {
      control: { type: 'text' },
      description: '商品画像URL',
      table: {
        type: { summary: 'string' },
      },
    },
    blurDataUrl: {
      control: { type: 'text' },
```

*15 なお、本書では実際には利用せず、空の文字列を設定しています。

```
      description: '商品のぼかし画像のデータURIスキーム',
      table: {
        type: { summary: 'string' },
      },
    },
    variant: {
      options: ['listing', 'small', 'detail'],
      control: { type: 'radio' },
      defaultValue: 'listing',
      description: 'バリアント（表示スタイル）',
      table: {
        type: { summary: 'listing | small | detail' },
        defaultValue: { summary: 'primary' },
      },
    },
  },
} as ComponentMeta<typeof ProductCard>

const Template: ComponentStory<typeof ProductCard> = (args) => (
  <ProductCard {...args} />
)

// Listingカード
export const Listing = Template.bind({})
Listing.args = {
  variant: 'listing',
  title: 'ナイスシューズ',
  imageUrl: '/images/sample/1.jpg',
  price: 2000,
}

// Smallカード
export const Small = Template.bind({})
Small.args = {
  variant: 'small',
  title: 'ナイスシューズ',
  imageUrl: '/images/sample/1.jpg',
  price: 2000,
}

// Detailカード
export const Detail = Template.bind({})
Detail.args = {
  variant: 'detail',
  title: 'ナイスシューズ',
  imageUrl: '/images/sample/1.jpg',
  price: 2000,
}
```

図6.22 商品カードコンポーネント

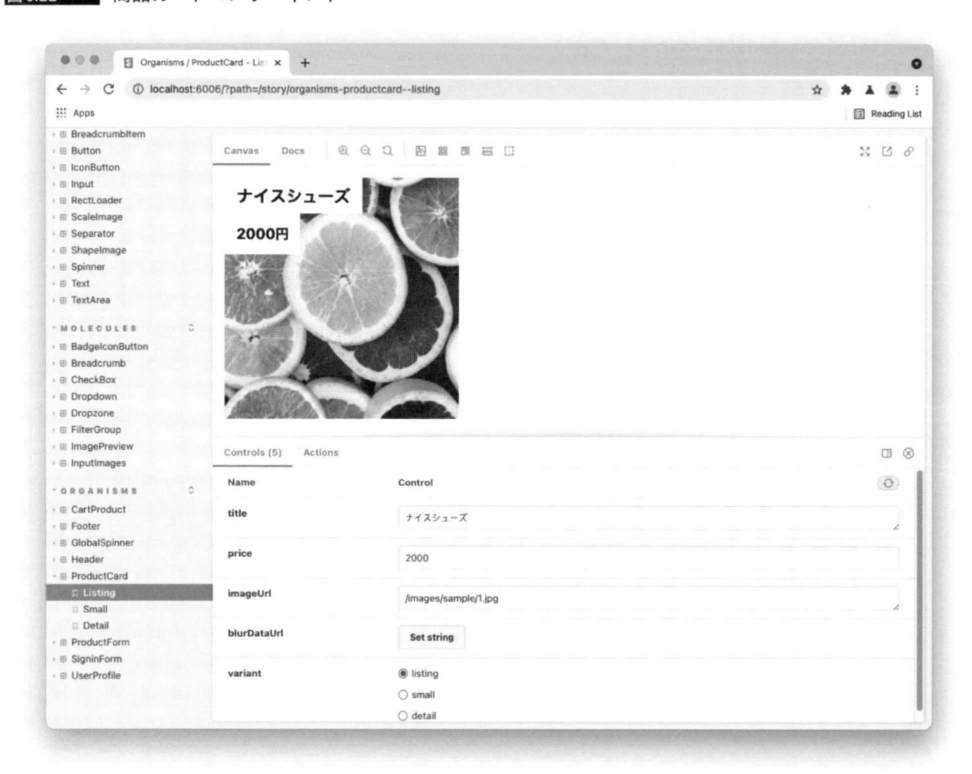

Column

データURIスキーム

データURIスキームは、Webページにインラインにデータを埋め込む手段を提供するURIスキームです。たとえば画像を以下のようにbase64でエンコードされたデータをインラインで埋め込むことでHTTPリクエスト数が削減され、データの転送効率が改善される可能性があります。

```
<img src="example.gif" alt="logo">
```

```
<img src="data:image/gif;base64,R0lGODlhfQFUAKIGAP///8zMzJmZmWZmZjMzMwAAAP///
wAAACH5BAEAAAYALAAAAAB9AVQAAAP/CLrc/jDKSau9OOvNu/（略）" alt="logo">
```

6.7.5 商品投稿フォーム—ProductForm

商品投稿フォームのOrganismsコンポーネントを実装します。このコンポーネントは出品ページで使用されています。商品画像、商品名、商品説明、カテゴリ、状態、商品価格を入力後

onProductSaveのイベントハンドラで受け取ります。フォームバリデーションには5章で紹介したReact Hook FormのControllerコンポーネントを使用しています。{ required: true }を渡すことで、空でフォームを送信しようとした時にバリデーションエラーとなります。

リスト6.43 src/components/organisms/ProductForm/index.tsx

```
import { Controller, useForm } from 'react-hook-form'
import Button from 'components/atoms/Button'
import Input from 'components/atoms/Input'
import Text from 'components/atoms/Text'
import TextArea from 'components/atoms/TextArea'
import Box from 'components/layout/Box'
import Dropdown from 'components/molecules/Dropdown'
import InputImages, { FileData } from 'components/molecules/InputImages'
import type { Category, Condition } from 'types'

export type ProductFormData = {
  image: FileData[]
  title: string
  description: string
  category: Category
  condition: Condition
  price: string
}

interface ProductFormProps {
  /**
   * 出品ボタンを押した時のイベントハンドラ
   */
  onProductSave?: (data: ProductFormData) => void
}

/**
 * 商品投稿フォーム
 */
const ProductForm = ({ onProductSave }: ProductFormProps) => {
  // React Hook Formの使用
  const {
    register,
    handleSubmit,
    control,
    formState: { errors },
  } = useForm<ProductFormData>()
  const onSubmit = (data: ProductFormData) => {
    onProductSave && onProductSave(data)
  }

  return (
    <form onSubmit={handleSubmit(onSubmit)}>
      <Box marginBottom={3}>
        <Box marginBottom={2}>
          <Text as="label" variant="mediumLarge" fontWeight="bold">
            商品の写真
          </Text>
        </Box>
        {/* 商品画像の入力 */}
        <Controller
```

```
      control={control}
      name="image"
      rules={{ required: true }}
      render={({ field: { onChange, value }, fieldState: { error } }) => (
        <InputImages
          images={value ?? []}
          onChange={onChange}
          maximumNumber={1}
          hasError={!!error}
        />
      )}
    />
    {errors.image && (
      <Text color="danger" variant="small" paddingLeft={1}>
        Product image is required
      </Text>
    )}
  </Box>

  <Box marginBottom={3}>
    <Box marginBottom={2}>
      <Text as="label" variant="mediumLarge" fontWeight="bold">
        商品情報
      </Text>
    </Box>
    <Box marginBottom={1}>
      <Text as="label" variant="medium">
        タイトル
      </Text>
      {/* 商品タイトルの入力 */}
      <Input
        {...register('title', { required: true })}
        name="title"
        type="text"
        placeholder="商品のタイトル"
        hasError={!!errors.title}
      />
      {errors.title && (
        <Text color="danger" variant="small" paddingLeft={1}>
          タイトルの入力は必須です
        </Text>
      )}
    </Box>
    <Box marginBottom={1}>
      <Text as="label" variant="medium">
        概要
      </Text>
      {/* 商品概要の入力 */}
      <Controller
        control={control}
        name="description"
        rules={{ required: true }}
        render={({ field: { onChange, value }, fieldState: { error } }) => (
          <TextArea
            placeholder="最高の商品です！"
            hasError={!!error}
            onChange={onChange}
          >
```

```
          {value}
        </TextArea>
      )}
    />
    {errors.description && (
      <Text color="danger" variant="small" paddingLeft={1}>
        概要の入力は必須です
      </Text>
    )}
  </Box>
  <Box marginBottom={1}>
    <Text as="label" variant="medium">
      カテゴリ
    </Text>
    {/* カテゴリのドロップダウン */}
    <Controller
      control={control}
      name="category"
      rules={{ required: true }}
      defaultValue="shoes"
      render={({ field: { onChange, value }, fieldState: { error } }) => (
        <Dropdown
          options={[
            { value: 'shoes', label: 'シューズ' },
            { value: 'clothes', label: 'トップス' },
            { value: 'book', label: '本' },
          ]}
          hasError={!!error}
          value={value}
          placeholder="カテゴリを選択して下さい"
          onChange={(v) => onChange(v?.value)}
        />
      )}
    />
    {errors.category && (
      <Text color="danger" variant="small" paddingLeft={1}>
        カテゴリの選択は必須です
      </Text>
    )}
  </Box>
  <Box marginBottom={1}>
    <Text as="label" variant="medium">
      商品の状態
    </Text>
    {/* 商品の状態のドロップダウン */}
    <Controller
      control={control}
      name="condition"
      rules={{ required: true }}
      defaultValue="used"
      render={({ field: { onChange, value }, fieldState: { error } }) => (
        <Dropdown
          options={[
            { value: 'used', label: '中古' },
            { value: 'new', label: '新品' },
          ]}
          hasError={!!error}
          value={value ?? 'used'}
```

```
                placeholder="Please select condition"
                onChange={(v) => onChange(v?.value)}
              />
            )}
          />
          {errors.condition && (
            <Text color="danger" variant="small" paddingLeft={1}>
              商品の状態の入力は必須です
            </Text>
          )}
        </Box>
        <Box>
          <Text as="label" variant="medium">
            価格 (円)
          </Text>
          {/* 価格の入力 */}
          <Input
            {...register('price', { required: true })}
            name="price"
            type="number"
            placeholder="100"
            hasError={!!errors.price}
          />
          {errors.price && (
            <Text color="danger" variant="small" paddingLeft={1}>
              価格の入力は必須です
            </Text>
          )}
        </Box>
      </Box>
      <Button width="100%" type="submit">
        出品
      </Button>
    </form>
  )
}

export default ProductForm
```

商品投稿フォームのStorybookを実装します。**onProductSave**は出品ボタンを押した時に呼ばれるイベントハンドラを指定します。

リスト6.44 src/components/organisms/ProductCard/index.stroies.tsx

```
import { ComponentMeta, ComponentStory } from '@storybook/react'
import ProductForm from './index'

export default {
  title: 'Organisms/ProductForm',
  argTypes: {
    onProductSave: {
      description: '出品ボタンを押した時のイベントハンドラ',
      table: {
        type: { summary: 'function' },
      },
    },
  },
```

```
} as ComponentMeta<typeof ProductForm>

const Template: ComponentStory<typeof ProductForm> = (args) => (
  <ProductForm {...args} />
)
export const Form = Template.bind({})
```

図6.23 商品投稿フォームコンポーネント

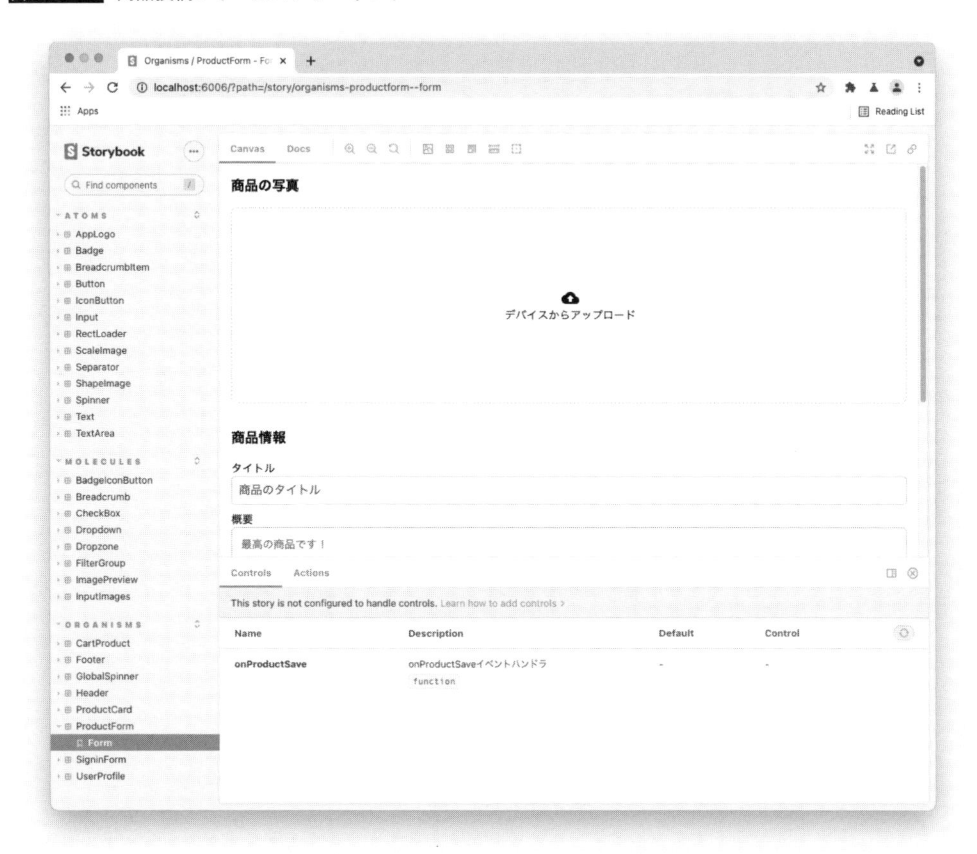

6.7.6 サインインフォーム—SigninForm

サインインフォームのOrganismsコンポーネントを実装します。このコンポーネントはサインインページで使用されています。ユーザー名とパスワードを入力後`onSignin`のイベントハンドラで受け取ります。フォームバリデーションにはReact Hook Formの`register`関数を使用しています（5.2.5参照）。`{ required: true }`を渡すことで、空でフォームを送信しようとした時にバリデーションエラーとなります。

リスト 6.45 src/components/organisms/SigninForm/index.tsx

```
import { useForm } from 'react-hook-form'
import Button from 'components/atoms/Button'
import Input from 'components/atoms/Input'
import Text from 'components/atoms/Text'
import Box from 'components/layout/Box'

export type SigninFormData = {
  username: string
  password: string
}

interface SigninFormProps {
  /**
   * サインインボタンを押した時のイベントハンドラ
   */
  onSignin?: (username: string, password: string) => void
}

/**
 * サインインフォーム
 */
const SigninForm = ({ onSignin }: SigninFormProps) => {
  // React Hook Formの使用
  const {
    register,
    handleSubmit,
    formState: { errors },
  } = useForm<SigninFormData>()
  const onSubmit = (data: SigninFormData) => {
    const { username, password } = data

    onSignin && onSignin(username, password)
  }

  return (
    <form onSubmit={handleSubmit(onSubmit)}>
      <Box marginBottom={1}>
        {/* サインインユーザー名の入力 */}
        <Input
          {...register('username', { required: true })}
          name="username"
          type="text"
          placeholder="ユーザ名"
          hasError={!!errors.username}
        />
        {errors.username && (
          <Text color="danger" variant="small" paddingLeft={1}>
            ユーザ名は必須です
          </Text>
        )}
      </Box>
      <Box marginBottom={2}>
        {/* サインインパスワードの入力 */}
        <Input
          {...register('password', { required: true })}
```

```
        name="password"
        type="password"
        placeholder="パスワード"
        hasError={!!errors.password}
      />
      {errors.password && (
        <Text color="danger" variant="small" paddingLeft={1}>
          パスワードは必須です
        </Text>
      )}
    </Box>
    <Button width="100%" type="submit">
      サインイン
    </Button>
  </form>
 )
}

export default SigninForm
```

サインインフォームのStorybookを実装します。**onSignin**はサインインボタンを押した時に呼ばれるイベントハンドラを指定します。

リスト 6.46 src/components/organisms/SigninForm/index.stroies.tsx

```
import { ComponentMeta, ComponentStory } from '@storybook/react'
import SigninForm from './index'

export default {
  title: 'Organisms/SigninForm',
  argTypes: {
    onSignin: {
      description: 'サインインボタンを押した時のイベントハンドラ',
      table: {
        type: { summary: 'function' },
      },
    },
  },
} as ComponentMeta<typeof SigninForm>

const Template: ComponentStory<typeof SigninForm> = (args) => (
  <SigninForm {...args} />
)
export const Form = Template.bind({})
```

図6.24 サインインフォームコンポーネント

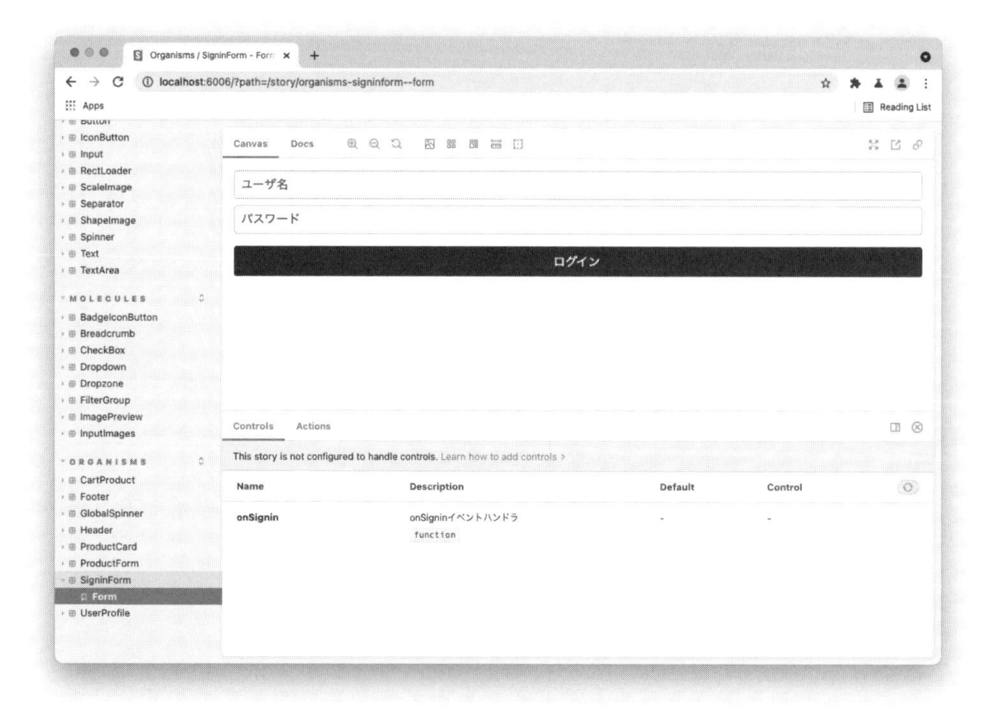

6.7.7 ユーザープロファイル—UserProfile

ユーザープロファイルのOrganismsコンポーネントを実装します。このコンポーネントはユーザー情報を表示する時に使用します。variantによって画像の大きさや、descriptionの表示・非表示を変更できます。

リスト6.47 src/components/organisms/UserProfile/index.tsx

```
import ShapeImage from 'components/atoms/ShapeImage'
import Text from 'components/atoms/Text'
import Box from 'components/layout/Box'
import Flex from 'components/layout/Flex'

interface UserProfileProps {
  /**
   * バリアント（表示スタイル）
   */
  variant?: 'normal' | 'small'
  /**
   * ユーザー名
   */
  username: string
  /**
```

```
   * ユーザー画像URL
   */
  profileImageUrl: string
  /**
   * ユーザーが所有する商品数
   */
  numberOfProducts: number
  /**
   * ユーザーの説明
   */
  description?: string
}

/**
 * ユーザープロファイル
 */
const UserProfile = ({
  variant = 'normal',
  username,
  profileImageUrl,
  numberOfProducts,
  description,
}: UserProfileProps) => {
  const profileImageSize = variant === 'small' ? '100px' : '120px'

  return (
    <Flex>
      <Box minWidth={profileImageSize}>
        {/* ユーザー画像 */}
        <ShapeImage
          shape="circle"
          quality="85"
          src={profileImageUrl}
          alt={username}
          height={profileImageSize}
          width={profileImageSize}
        />
      </Box>
      <Box padding={1}>
        <Flex
          height="100%"
          flexDirection="column"
          justifyContent="space-between"
        >
          <Box>
            {/* ユーザー名 */}
            <Text
              as="p"
              fontWeight="bold"
              variant="mediumLarge"
              marginTop={0}
              marginBottom={1}
            >
              {username}
            </Text>
            {/* 商品出店数 */}
            <Text marginBottom={1} marginTop={0} as="p">
              {numberOfProducts}点出品済
```

```
          </Text>
          {/* ユーザー概要 */}
          {variant === 'normal' && (
            <Text margin={0} as="p">
              {description}
            </Text>
          )}
        </Box>
      </Flex>
    </Box>
  </Flex>
  )
}

export default UserProfile
```

ユーザープロファイルのStorybookを実装します。variantは大きさを変更可能でsmallとnormalのいずれかを指定します。usernameはユーザー名、profileImageUrlはユーザーの画像URL、numberOfProductsは出品数、descriptionはユーザーの説明を指定します。

リスト 6.48 src/components/organisms/UserProfile/index.stroies.tsx

```
import { ComponentMeta, ComponentStory } from '@storybook/react'
import UserProfile from './index'

export default {
  title: 'Organisms/UserProfile',
  argTypes: {
    variant: {
      options: ['normal', 'small'],
      control: { type: 'radio' },
      defaultValue: 'normal',
      description: 'バリアント（表示スタイル）',
      table: {
        type: { summary: 'normal | small' },
        defaultValue: { summary: 'normal' },
      },
    },
    username: {
      control: { type: 'text' },
      description: 'ユーザー名',
      table: {
        type: { summary: 'string' },
      },
    },
    profileImageUrl: {
      control: { type: 'text' },
      description: 'ユーザー画像URL',
      table: {
        type: { summary: 'string' },
      },
    },
    numberOfProducts: {
      control: { type: 'number' },
      description: 'ユーザーが所有する商品数',
      table: {
```

```
        type: { summary: 'number' },
      },
    },
    description: {
      control: { type: 'text' },
      description: 'ユーザーの説明',
      table: {
        type: { summary: 'string' },
      },
    },
  },
} as ComponentMeta<typeof UserProfile>

const Template: ComponentStory<typeof UserProfile> = (args) => (
  <UserProfile {...args} />
)

export const Small = Template.bind({})
Small.args = {
  variant: 'small',
  username: 'テストユーザー',
  profileImageUrl: '/images/sample/1.jpg',
  numberOfProducts: 2000,
  description: 'サンプルテキスト',
}

export const Normal = Template.bind({})
Normal.args = {
  variant: 'normal',
  username: 'テストユーザー',
  profileImageUrl: '/images/sample/1.jpg',
  numberOfProducts: 2000,
  description: 'サンプルテキスト',
}
```

図6.25 ユーザープロファイルコンポーネント

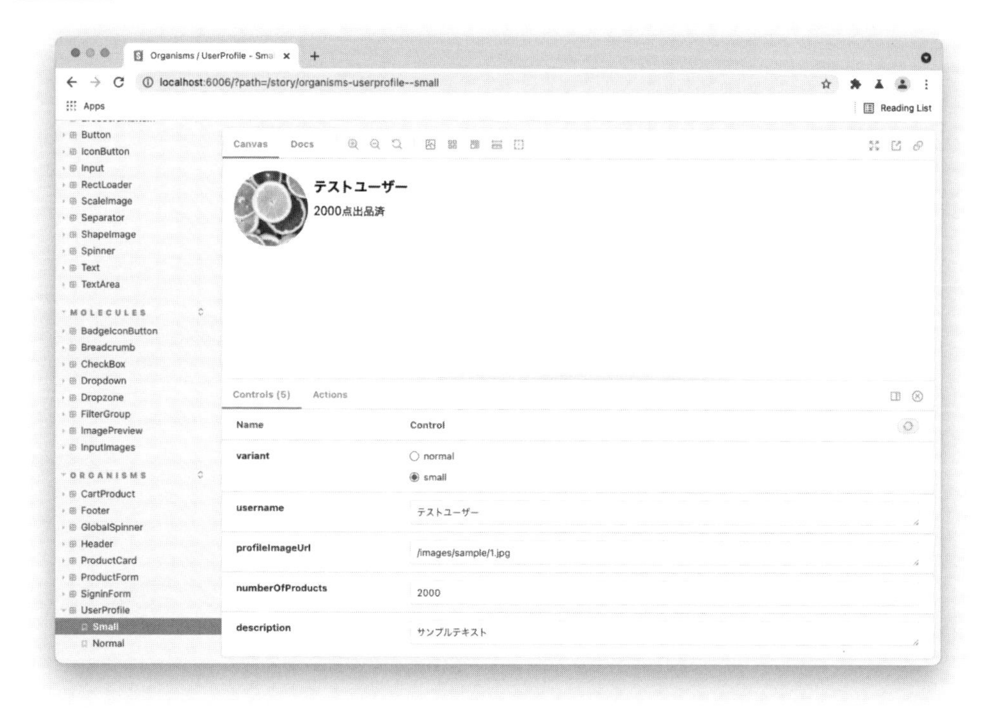

6.8 Templatesの実装

Templatesを解説します。Templatesではページ全体のレイアウトを実装します。

6.8.1 レイアウト—Layout

`Layout`コンポーネントは主に`Header`と`Footer`コンポーネントとメインコンテンツ`children`で構成されています。本章のアプリではTemplatesは1つしかありませんが、ヘッダーの種類を変更したいなど違うレイアウトのページを作成したい場合には複数のTemplatesを作成します。

リスト6.49 src/components/templates/Layout/index.tsx

```
import Header from 'components/organisms/Header'
import Footer from 'components/organisms/Footer'
import Box from 'components/layout/Box'
import Separator from 'components/atoms/Separator'

interface LayoutProps {
  children: React.ReactNode
```

```
}

const Layout = ({ children }: LayoutProps) => {
  return (
    <>
      <Header />
      <main>{children}</main>
      <Separator />
      <Box padding={3}>
        <Footer />
      </Box>
    </>
  )
}

export default Layout
```

6.9 ページの設計と実装

前章までにすべてのコンポーネントをでそろえました。ここからは各ページを実装していきます。ページの種類は本章ですでに説明していますが、ここでもう一度ページ一覧を列挙します。

ページ
サインインページ
ユーザーページ
トップページ
検索ページ
商品詳細ページ
買い物カートページ
出品ページ

ページを実装する上で、4章で説明したPresentational ComponentとContainer Componentを振り返ります。

Presentational Componentは見た目を実装するコンポーネントです。これまで作成したAtoms/Molecules/Organisms/TemplatesはPresentational Componentに属します。

一方でContainer ComponentではHooksを持たせて、状態を使って表示内容を切り替える、APIコールなどの副作用を実行するなどの振る舞いを実装します。また、コンテキストを参照しPresentational Componentへ表示に必要なデータを渡します。Container Componentを用いることでページを実装する上でコードが複雑化することを防ぐことができます。

ページをPresentational ComponentとContainer Componentを組み合わせながら実装していき

ます。

6.9.1 サインインページ

サインインページを実装します。このページはユーザー名とパスワードを入力しサインインする機能が実装されています。このページのビジネスロジックは主にContainer Componentの`SigninFormContainer`に実装されています。

Container Componentの`SigninFormContainer`は`SigninForm`に対してユーザー名・パスワード入力情報から認証APIをコールし、結果は`onSignin`イベントハンドラに返されます。認証成功後にはトップページにリダイレクトするか、クエリパラメータの`redirect_to`がある場合には指定のページにリダイレクトされます。リダイレクトには`next/router`の`router.push`を使用します。Container Componentは別ファイルに実装します。

リスト6.50 src/pages/signin.tsx

```
import type { NextPage } from 'next'
import { useRouter } from 'next/router'
import AppLogo from 'components/atoms/AppLogo'
import Box from 'components/layout/Box'
import Flex from 'components/layout/Flex'
import Layout from 'components/templates/Layout'
import SigninFormContainer from 'containers/SigninFormContainer'

const SigninPage: NextPage = () => {
  const router = useRouter()
  // 認証後のイベントハンドラ
  const handleSignin = async (err?: Error) => {
    if (!err) {
      // サインインに成功し、クエリが指定されている場合はそのURLに移動。
      // デフォルトはトップページに移動。
      const redurectTo = (router.query['redirect_to'] as string) ?? '/'

      console.log('Redirecting', redurectTo)
      await router.push(redurectTo)
    }
  }

  return (
    <Layout>
      <Flex
        paddingTop={2}
        paddingBottom={2}
        paddingLeft={{ base: 2, md: 0}}
        paddingRight={{ base: 2, md: 0}}
        justifyContent="center"
      >
        <Flex
          width="400px"
          flexDirection="column"
          justifyContent="center"
          alignItems="center"
        >
```

```
          <Box marginBottom={2}>
            <AppLogo />
          </Box>
          <Box width="100%">
            {/*
              サインインフォームコンテナ
              SigninFormのユーザー名・パスワードから認証APIを呼び出し、
              onSigninコールバックが呼び出される
            */}
            <SigninFormContainer onSignin={handleSignin} />
          </Box>
        </Flex>
      </Flex>
    </Layout>
  )
}

export default SigninPage
```

`SigninFormContainer`を実装します。`SigninForm`から`username`と`password`を受け取り、`signin`関数で`username`と`password`を使って認証APIをコールします。認証の結果はpropsの`onSignin`によって上位のコンポーネントにイベントが伝搬されます。

リスト6.51 src/containers/SigninFormContainer.tsx

```
import SigninForm from 'components/organisms/SigninForm'
import { useAuthContext } from 'contexts/AuthContext'
import { useGlobalSpinnerActionsContext } from 'contexts/GlobalSpinnerContext'

interface SigninFormContainerProps {
  /**
   * サインインした時に呼ばれるイベントハンドラ
   */
  onSignin: (error?: Error) => void
}

/**
 * サインインフォームコンテナ
 */
const SigninFormContainer = ({
  onSignin,
}: SigninFormContainerProps) => {
  const { signin } = useAuthContext()
  const setGlobalSpinner = useGlobalSpinnerActionsContext()
  // サインインボタンを押された時のイベントハンドラ
  const handleSignin = async (username: string, password: string) => {
    try {
      // ローディングスピナーを表示する
      setGlobalSpinner(true)
      await signin(username, password)
      onSignin && onSignin()
    } catch (err: unknown) {
      if (err instanceof Error) {
        // エラーの内容を表示
        window.alert(err.message)
        onSignin && onSignin(err)
```

```
      }
    } finally {
      setGlobalSpinner(false)
    }
  }

  return <SigninForm onSignin={handleSignin} />
}

export default SigninFormContainer
```

6.9.2 ユーザーページ

ユーザーページを実装します。このページはユーザーの情報とユーザーが投稿した商品リストを表示します。このページのビジネスロジックは主にContainer Componentの`SigninFormContainer`と`UserProductCardListContainer`に実装されています。

`UserPage`はユーザーが名前を変更などによって動的にコンテンツが変更される可能性があるため、`getStaticProps`に`revalidate`を設定します。10秒間で静的ページのキャッシュがstale（最新でない）状態となり。バックエンド側でページをインクリメンタル静的再生成（ISR）します。

なお、この改善をしても10秒間は最新でないコンテンツが表示される可能性があります*16。そこで5.1.2で説明したように、ページを一度表示した後にクライアントサイドから最新の情報を取得し、表示するコンテンツを上書きします。こうすることで、ある程度強整合性*17を担保でき、万が一静的ページのキャッシュが10秒間の間に古くなっていても常に最新の情報を表示できます。

リスト6.52 src/pages/users/[id].tsx

```
import type {
  GetStaticPaths,
  GetStaticPropsContext,
  InferGetStaticPropsType,
  NextPage,
} from 'next'
import Link from 'next/link'
import { useRouter } from 'next/router'
import BreadcrumbItem from 'components/atoms/BreadcrumbItem'
import Separator from 'components/atoms/Separator'
import Box from 'components/layout/Box'
import Flex from 'components/layout/Flex'
import Breadcrumb from 'components/molecules/Breadcrumb'
import Layout from 'components/templates/Layout'
import UserProductCardListContainer from 'containers/UserProductCardListContainer'
import UserProfileContainer from 'containers/UserProfileContainer'
import getAllProducts from 'services/products/get-all-products'
import getAllUsers from 'services/users/get-all-users'
import getUser from 'services/users/get-user'
import type { ApiContext } from 'types'
```

*16 具体的には`UserPageProps`が更新によって最新でないデータが渡されてくるケースが考えられます。
*17 分散コンピューティングにおいて用いられる整合性モデルで「データは最新のものである」ということを保証しています。

```
type UserPageProps = InferGetStaticPropsType<typeof getStaticProps>

const UserPage: NextPage<UserPageProps> = ({
  id,
  user,
  products,
}: UserPageProps) => {
  const router = useRouter()

  if (router.isFallback) {
    return <div>Loading...</div>
  }

  return (
    <Layout>
      <Flex
        paddingTop={2}
        paddingBottom={2}
        paddingLeft={{ base: 2, md: 0}}
        paddingRight={{ base: 2, md: 0}}
        justifyContent="center"
      >
        <Box width="1180px">
          <Box marginBottom={2}>
            <Breadcrumb>
              <BreadcrumbItem>
                <Link href="/">
                  <a>トップ</a>
                </Link>
              </BreadcrumbItem>
              {user && <BreadcrumbItem>{user.username}</BreadcrumbItem>}
            </Breadcrumb>
          </Box>
          <Box>
            <Box marginBottom={1}>
              {/*
                ユーザープロファイルコンテナ
                ユーザー情報を表示する。useUserで常に最新のデータを取得する。
              */}
              <UserProfileContainer userId={id} user={user} />
            </Box>
            <Box marginBottom={1}>
              <Separator />
            </Box>
            {/*
              ユーザー商品カードリストコンテナ
              ユーザーが所持する商品カードリストを表示する。useSearchで常に最新のデータを取得す⏎
る。
            */}
            <UserProductCardListContainer userId={id} products={products} />
          </Box>
        </Box>
      </Flex>
    </Layout>
  )
}
```

```
export const getStaticPaths: GetStaticPaths = async () => {
  const context: ApiContext = {
    apiRootUrl: process.env.API_BASE_URL || 'http://localhost:5000',
  }
  const users = await getAllUsers(context)
  const paths = users.map((u) => `/users/${u.id}`)

  return { paths, fallback: true }
}

export const getStaticProps = async ({ params }: GetStaticPropsContext) => {
  const context: ApiContext = {
    apiRootUrl: process.env.API_BASE_URL || 'http://localhost:5000',
  }

  if (!params) {
    throw new Error('params is undefined')
  }

  // ユーザー情報と ユーザーの所持する商品を取得し、静的ページを作成
  // 10秒でrevalidateな状態にし、静的ページを更新する
  const userId = Number(params.id)
  const [user, products] = await Promise.all([
    getUser(context, { id: userId }),
    getAllProducts(context, { userId }),
  ])

  return {
    props: {
      id: userId,
      user,
      products: products ?? [],
    },
    revalidate: 10,
  }
}

export default UserPage
```

Container ComponentのUserProfileContainerを実装します。useUserのカスタムフックを通してユーザーAPIから常に最新のデータを取得し、UserProfileを表示します。

リスト6.53 src/components/UserProfileContainer.tsx

```
import UserProfile from 'components/organisms/UserProfile'
import useUser from 'services/users/use-user'
import type { ApiContext, User } from 'types'

const context: ApiContext = {
  apiRootUrl: process.env.NEXT_PUBLIC_API_BASE_PATH || '/api/proxy',
}

interface UserProfileContainerProps {
  /**
   * ユーザーID
   */
  userId: number
```

```
  /**
   * 初期で表示するユーザー
   */
  user?: User
}

/**
 * ユーザープロフィールコンテナ
 */
const UserProfileContainer = ({
  userId,
  user,
}: UserProfileContainerProps) => {
  // 最新のユーザー情報を取得し、更新があった場合には
  // initialで指定されているデータを上書きする
  const { user: u } = useUser(context, { id: userId, initial: user })

  if (!u) return <div>Loading...</div>

  return (
    <UserProfile
      username={`${u.username} (${u.displayName})`}
      profileImageUrl={u.profileImageUrl}
      numberOfProducts={100}
      description={u.description}
    />
  )
}

export default UserProfileContainer
```

Container ComponentのUserProductCardListContainerを実装します。useSearchのカスタムフックを通してプロダクトAPIから常に最新のデータを取得し、ProductCardのリストを表示します。

リスト6.54 src/components/UserProductCardListContainer.tsx

```
import Link from 'next/link'
import { Fragment } from 'react'
import ProductCard from 'components/organisms/ProductCard'
import ProductCardList from 'components/organisms/ProductCardList'
import useSearch from 'services/products/use-search'
import type { ApiContext, Product } from 'types'

const context: ApiContext = {
  apiRootUrl: process.env.NEXT_PUBLIC_API_BASE_PATH || '/api/proxy',
}

interface UserProductCardListContainerProps {
  /**
   * 商品を所有するユーザーID
   */
  userId: number
  /**
   * 初期で表示する商品リスト
   */
```

```
  products?: Product[]
}

/**
 * ユーザー商品カードリストコンテナ
 */
const UserProductCardListContainer = ({ userId, products }: ↩
UserProductCardListContainerProps) => {
  // 最新のユーザーの所持する商品を取得し、更新があった場合には
  // initialで指定されているデータを上書きする
  const { products: userProducts } = useSearch(context, {
    userId,
    initial: products,
  })

  return (
    <ProductCardList numberPerRow={6} numberPerRowForMobile={2}>
      {userProducts.map((p) => (
        <Fragment key={p.id}>
          <Link href={`/products/${p.id}`} passHref>
            <a>
              <ProductCard
                variant="small"
                title={p.title}
                price={p.price}
                imageUrl={p.imageUrl}
              />
            </a>
          </Link>
        </Fragment>
      ))}
    </ProductCardList>
  )
}

export default UserProductCardListContainer
```

`useUser`のカスタムフックを実装します。SWRを用いてユーザーAPIをコールし、指定のIDのユーザー情報を取得します。戻り値の`user`はユーザー情報、`isLoading`はAPIコール中か否か、`isError`はAPIコール中にエラーが発生したか否かを示します。

リスト6.55 src/services/users/use-user.ts

```
import useSWR from 'swr'
import type { ApiContext, User } from 'types'

export type UseUserProps = {
  id: number
  initial?: User
}

export type UseUser = {
  user?: User
  isLoading: boolean
  isError: boolean
}
```

```
/**
 * ユーザーAPI（個別取得）のカスタムフック
 * @param context APIコンテキスト
 * @returns ユーザーとAPI呼び出しの状態
 */
const useUser = (
  context: ApiContext,
  { id, initial }: UseUserProps,
): UseUser => {
  const { data, error } = useSWR<User>(
    `${context.apiRootUrl.replace(/\/$/g, '')}/users/${id}`,
  )

  return {
    user: data ?? initial,
    isLoading: !error && !data,
    isError: !!error,
  }
}

export default useUser
```

useSearchのカスタムフックを実装します。SWRを用いてプロダクトAPIをコールし、商品リストを取得します。さまざまな検索条件を指定可能ですが、categoryは、conditionは商品の状態、userIdは所有者のユーザーID、sortはソートキー、orderは昇順・降順を表しています。

リスト 6.56 src/services/products/use-search.ts

```
import useSWR from 'swr'
import type { ApiContext, Category, Condition, Product } from 'types'

export type UseSearchProps = {
  category?: Category
  conditions?: Condition[]
  userId?: number
  sort?: keyof Omit<Product, 'owner'>
  order?: 'asc' | 'desc'
  initial?: Product[]
}

export type UseSearch = {
  products: Product[]
  isLoading: boolean
  isError: boolean
}

const useSearch = (
  context: ApiContext,
  {
    category,
    userId,
    conditions,
    initial,
    sort = 'id',
    order = 'desc',
```

```
  }: UseSearchProps = {},
): UseSearch => {
  const path = `${context.apiRootUrl.replace(/\/$/g, '')}/products`
  const params = new URLSearchParams()

  // パラメータを設定
  category && params.append('category', category)
  userId && params.append('owner.id', `${userId}`)
  conditions &&
    conditions.forEach((condition) => params.append('condition', condition))
  sort && params.append('_sort', sort)
  order && params.append('_order', order)

  // パラメータからURLクエリに
  const query = params.toString()
  const { data, error } = useSWR<Product[]>(
    query.length > 0? `${path}?${query}` : path,
  )

  return {
    products: data ?? initial ?? [],
    isLoading: !error && !data,
    isError: !!error,
  }
}

export default useSearch
```

6.9.3 トップページ

トップページを実装します。このページはHEROイメージと各カテゴリの商品カードカルーセルを表示します。

`HomePage`は商品の情報の変更などによって動的にコンテンツが変更される可能性があるため、`getStaticProps`に`revalidate`を設定します。しかしトップページの情報はユーザーページのような強整合性は求められないので、60秒間キャッシュを有効にしておきます。60秒間で静的ページのキャッシュがstale（最新でない）状態となり。バックエンド側でページをインクリメンタル静的再生成（ISR）します。

各ページにおいてデータの整合性に関するユースケースは異なるので、キャッシュ時間は柔軟に変更していきましょう。

リスト6.57 src/pages/index.tsx

```
import type { GetStaticProps, InferGetStaticPropsType, NextPage } from 'next'
import Link from 'next/link'
import Text from 'components/atoms/Text'
import Box from 'components/layout/Box'
import Flex from 'components/layout/Flex'
import ProductCard from 'components/organisms/ProductCard'
import ProductCardCarousel from 'components/organisms/ProductCardCarousel'
import Layout from 'components/templates/Layout'
import getAllProducts from 'services/products/get-all-products'
```

```
import { ApiContext, Product } from 'types'

type HomePageProps = InferGetStaticPropsType<typeof getStaticProps>

const HomePage: NextPage<HomePageProps> = ({
  bookProducts,
  clothesProducts,
  shoesProducts,
}: HomePageProps) => {
  // 商品カードカルーセルをレンダリング
  const renderProductCardCarousel = (products: Product[]) => {
    return (
      <ProductCardCarousel>
        {products.map((p: Product, i: number) => (
          <Box paddingLeft={i === 0? 0: 2} key={p.id}>
            <Link href={`/products/${p.id}`} passHref>
              <a>
                <ProductCard
                  variant="small"
                  title={p.title}
                  price={p.price}
                  imageUrl={p.imageUrl}
                  blurDataUrl={p.blurDataUrl}
                />
              </a>
            </Link>
          </Box>
        ))}
      </ProductCardCarousel>
    )
  }

  return (
    <Layout>
      <Flex padding={2} justifyContent="center" backgroundColor="primary">
        <Flex
          width={{ base: '100%', md: '1040px' }}
          justifyContent="space-between"
          alignItems="center"
          flexDirection={{ base: 'column', md: 'row' }}
        >
          <Box width="100%">
            <Text as="h1" marginBottom={0} color="white" variant="extraLarge">
              Gihyo C2Cで
            </Text>
            <Text as="h1" marginTop={0} color="white" variant="extraLarge">
              お気に入りのアイテムを見つけよう
            </Text>
          </Box>
          <Box width="100%">
            <Text as="p" color="white" variant="mediumLarge">
              Gihyo
              C2Cは実践的なNext.jsアプリケーション開発で使われるデモアプリです。モックサーバを⏎
使用しています。
              ソースコードは
              <Text
                as="a"
                style={{ textDecoration: 'underline' }}
```

```
              target="_blank"
              href="https://github.com/gihyo-book/ts-nextbook-app"
              variant="mediumLarge"
              color="white"
            >
              こちら
            </Text>
            のGitHubからダウンロードできます。
          </Text>
          <Text as="p" color="white" variant="mediumLarge">
            このアプリはTypeScript/Next.jsで作成されており、バックエンドのモックAPIはjson-⏎
serverが使用されています。
          </Text>
        </Box>
      </Flex>
    </Flex>
    <Flex paddingBottom={2} justifyContent="center">
      <Box
        paddingLeft={{ base: 2, md: 0}}
        paddingRight={{ base: 2, md: 0}}
        width={{ base: '100%', md: '1040px' }}
      >
        <Box marginBottom={3}>
          <Text as="h2" variant="large">
            トップス
          </Text>
          {renderProductCardCarousel(clothesProducts)}
        </Box>
        <Box marginBottom={3}>
          <Text as="h2" variant="large">
            本
          </Text>
          {renderProductCardCarousel(bookProducts)}
        </Box>
        <Box>
          <Text as="h2" variant="large">
            シューズ
          </Text>
          {renderProductCardCarousel(shoesProducts)}
        </Box>
      </Box>
    </Flex>
  </Layout>
  )
}

export const getStaticProps: GetStaticProps = async () => {
  const context: ApiContext = {
    apiRootUrl: process.env.API_BASE_URL || 'http://localhost:5000',
  }
  const [clothesProducts, bookProducts, shoesProducts] = await Promise.all([
    getAllProducts(context, { category: 'clothes', limit: 6, page: 1}),
    getAllProducts(context, { category: 'book', limit: 6, page: 1}),
    getAllProducts(context, { category: 'shoes', limit: 6, page: 1}),
  ])

  return {
    props: {
```

```
      clothesProducts,
      bookProducts,
      shoesProducts,
    },
    revalidate: 60,
  }
}

export default HomePage
```

6.9.4 検索ページ

検索ページを実装します。このページはさまざまな検索クエリに対して一致する商品のリストを表示します。商品カードリストを表示するビジネスロジックは主にContainer ComponentのProductCardListContainerに実装されています。

実装方針としてさまざまなクエリに応じて静的ページを用意するのは難しいため、クライアントサイドで検索結果を取得します。Container ComponentのProductCardListContainerは検索クエリ（選択した商品のカテゴリ、商品の状態）から商品カードリストを表示します。

また、pages/search/[[...slug]].tsxのファイル名は/search以下のすべてのパスへのリクエストを受けるために書きます。たとえば、search、search/bookの両方のパスにマッチします。そして、search/bookのリクエストに対してrouter.query.slugには{ "slug": ['book'] }のオブジェクトが指定されます。

リスト 6.58 src/pages/search/[[...slug]].tsx

```
import type { NextPage } from 'next'
import Link from 'next/link'
import { useRouter } from 'next/router'
import styled from 'styled-components'
import BreadcrumbItem from 'components/atoms/BreadcrumbItem'
import Text from 'components/atoms/Text'
import Box from 'components/layout/Box'
import Flex from 'components/layout/Flex'
import Breadcrumb from 'components/molecules/Breadcrumb'
import FilterGroup from 'components/molecules/FilterGroup'
import Layout from 'components/templates/Layout'
import ProductCardListContainer from 'containers/ProductCardListContainer'
import type { Category, Condition } from 'types'

const Anchor = styled(Text)`
  cursor: pointer;
  &:hover {
    text-decoration: underline;
  }
`

const categoryNameDict: Record<Category, string> = {
  book: '本',
  shoes: 'シューズ',
  clothes: 'トップス',
```

```
}

const SearchPage: NextPage = () => {
  const router = useRouter()
  // 商品のカテゴリーをクエリから取得
  const slug: Category[] = Array.isArray(router.query.slug)
    ? (router.query.slug as Category[])
    : []
  // 商品の状態をクエリから取得
  const conditions = (() => {
    if (Array.isArray(router.query.condition)) {
      return router.query.condition as Condition[]
    } else if (router.query.condition) {
      return [router.query.condition as Condition]
    } else {
      return []
    }
  })()

  const handleChange = (selected: string[]) => {
    router.push({
      pathname: router.pathname,
      query: {
        slug,
        condition: selected,
      },
    })
  }

  return (
    <Layout>
      <Box
        paddingLeft={{
          base: 2,
          md: 3,
        }}
        paddingRight={{
          base: 2,
          md: 3,
        }}
        paddingTop={2}
        paddingBottom={2}
      >
        <Box marginBottom={1}>
          <Breadcrumb>
            <BreadcrumbItem>
              <Link href="/">
                <a>トップ</a>
              </Link>
            </BreadcrumbItem>
            <BreadcrumbItem>
              <Link href="/search">
                <a>検索</a>
              </Link>
            </BreadcrumbItem>
            {/* パンくずリストを選択したカテゴリから生成 */}
            {slug.slice(0, slug.length - 1).map((category, i) => (
              <BreadcrumbItem key={i}>
```

```
          <Link href={`/search/${slug.slice(0, i + 1).join('/')}`}>
            <a>{categoryNameDict[category] ?? 'Unknown'}</a>
          </Link>
        </BreadcrumbItem>
      ))}
      {slug.length == 0&& <BreadcrumbItem>すべて</BreadcrumbItem>}
      {slug.length > 0&& (
        <BreadcrumbItem>
          {categoryNameDict[slug[slug.length - 1]] ?? 'Unknown'}
        </BreadcrumbItem>
      )}
    </Breadcrumb>
  </Box>
  <Flex>
    <Flex flexDirection={{ base: 'column', md: 'row' }}>
      <Box as="aside" minWidth="200px" marginBottom={{ base: 2, md: 0}}>
        {/* 商品の状態のフィルタ */}
        <FilterGroup
          title="商品の状態"
          items={[
            { label: '新品', name: 'new' },
            { label: '中古', name: 'used' },
          ]}
          value={conditions}
          onChange={handleChange}
        />
        <Box paddingTop={1}>
          <Text as="h2" fontWeight="bold" variant="mediumLarge">
            カテゴリ
          </Text>
          <Box>
            <Link href="/search/" passHref>
              <Anchor as="a">すべて</Anchor>
            </Link>
          </Box>
          {/* カテゴリのリンク */}
          {Object.keys(categoryNameDict).map(
            (category: string, i: number) => (
              <Box key={i} marginTop={1}>
                <Link href={`/search/${category}`} passHref>
                  <Anchor as="a">
                    {categoryNameDict[category as Category]}
                  </Anchor>
                </Link>
              </Box>
            ),
          )}
        </Box>
      </Box>
      <Box>
        <Text
          as="h2"
          display={{ base: 'block', md: 'none' }}
          fontWeight="bold"
          variant="mediumLarge"
        >
          商品一覧
        </Text>
```

```
              {/*
                商品カードリストコンテナ
                検索クエリから商品カードリストを表示
               */}
              <ProductCardListContainer
                category={slug.length > 0? slug[slug.length - 1] : undefined}
                conditions={conditions}
              />
            </Box>
          </Flex>
        </Flex>
      </Box>
    </Layout>
  )
}

export default SearchPage
```

ProductCardListContainerを実装します。useSearchのカスタムフックを用いて、URLのクエリパラメータに応じて表示されるコンテンツを変更します。またロード中はプレースホルダー(RectLoader)を表示することでユーザーにコンテンツが更新中であることを伝えます。

リスト 6.59 src/containers/ProductCardListContainer.tsx

```
import Link from 'next/link'
import RectLoader from 'components/atoms/RectLoader'
import Box from 'components/layout/Box'
import ProductCard from 'components/organisms/ProductCard'
import ProductCardList from 'components/organisms/ProductCardList'
import useSearch from 'services/products/use-search'
import type { ApiContext, Category, Condition } from 'types'

const context: ApiContext = {
  apiRootUrl: process.env.NEXT_PUBLIC_API_BASE_PATH || '/api/proxy',
}

interface ProductCardListContainerProps {
  /**
   * 検索クエリ - カテゴリ
   */
  category?: Category
  /**
   * 検索クエリ - 商品の状態
   */
  conditions?: Condition[]
}

/**
 * 商品カードリストコンテナ
 */
const ProductCardListContainer = ({
  category,
  conditions,
}: ProductCardListContainerProps) => {
  const { products, isLoading } = useSearch(context, {
    category,
```

```
    conditions,
  })

  return (
    <ProductCardList>
      {/* ロード中はレクトローダーを表示 */}
      {isLoading &&
        Array.from(Array(16), (_, k) => (
          <Box key={k}>
            <Box display={{ _: 'none', md: 'block' }}>
              <RectLoader width={320} height={320} />
            </Box>
            <Box display={{ _: 'block', md: 'none' }}>
              <RectLoader width={160} height={160} />
            </Box>
          </Box>
        ))}
      {!isLoading &&
        products.map((p) => (
          <Box key={p.id}>
            <Link href={`/products/${p.id}`} passHref>
              <a>
                {/* 商品カード */}
                <ProductCard
                  variant="listing"
                  title={p.title}
                  price={p.price}
                  imageUrl={p.imageUrl}
                  blurDataUrl={p.blurDataUrl}
                />
              </a>
            </Link>
          </Box>
        ))}
    </ProductCardList>
  )
}

export default ProductCardListContainer
```

6.9.5 商品詳細ページ

商品詳細ページを実装します。このページは商品の詳細情報（投稿者、商品画像、商品名等）を表示します。また、カートに追加ボタンから商品を保存できます。

このページは動的にコンテンツが変更される可能性があるため、`getStaticProps`には`revalidate`を設定します。静的ページのキャッシュの考えはユーザーページと同じにします。インクリメンタル静的再生成で表示したコンテンツに対して、クライアントサイドで`useProduct`のカスタムフックを使用して最新の情報を取得し、表示するコンテンツを上書きします。

Container Componentの`AddToCartButtonContainer`は、カートに追加ボタンを押した時に`ShoppingCartContext`に商品を追加する機能が実装されています。

リスト 6.60 src/pages/products/[id].tsx

```
import type {
  GetStaticPaths,
  GetStaticProps,
  GetStaticPropsContext,
  InferGetStaticPropsType,
  NextPage,
} from 'next'
import Link from 'next/link'
import { useRouter } from 'next/router'
import BreadcrumbItem from 'components/atoms/BreadcrumbItem'
import Separator from 'components/atoms/Separator'
import Text from 'components/atoms/Text'
import Box from 'components/layout/Box'
import Flex from 'components/layout/Flex'
import Breadcrumb from 'components/molecules/Breadcrumb'
import ProductCard from 'components/organisms/ProductCard'
import UserProfile from 'components/organisms/UserProfile'
import Layout from 'components/templates/Layout'
import AddToCartButtonContainer from 'containers/AddToCartButtonContainer'
import getAllProducts from 'services/products/get-all-products'
import getProduct from 'services/products/get-product'
import useProduct from 'services/products/use-product'
import type { ApiContext, Category } from 'types'

const categoryNameDict: Record<Category, string> = {
  book: '本',
  shoes: 'シューズ',
  clothes: 'トップス',
}

const context: ApiContext = {
  apiRootUrl: process.env.NEXT_PUBLIC_API_BASE_PATH || '/api/proxy',
}

type ProductPageProps = InferGetStaticPropsType<typeof getStaticProps>

const ProductPage: NextPage<ProductPageProps> = ({
  id,
  product: initial,
}: ProductPageProps) => {
  const router = useRouter()
  // 商品
  const data = useProduct(context, { id, initial })

  // カートに追加したら、自動的にカートページに遷移する
  const handleAddToCartButtonClick = () => {
    router.push('/cart')
  }

  if (router.isFallback) {
    return <div>Loading...</div>
  }

  const product = data.product ?? initial

  return (
    <Layout>
```

```
    <Flex
      paddingTop={2}
      paddingBottom={2}
      paddingLeft={{ base: 2, md: 0}}
      paddingRight={{ base: 2, md: 0}}
      justifyContent="center"
      flexDirection={{ base: 'column', md: 'row' }}
    >
      <Box>
        <Breadcrumb>
          <BreadcrumbItem>
            <Link href="/">
              <a>トップ</a>
            </Link>
          </BreadcrumbItem>
          <BreadcrumbItem>
            <Link href="/search">
              <a>検索</a>
            </Link>
          </BreadcrumbItem>
          <BreadcrumbItem>
            <Link href={`/search/${product.category}`}>
              <a>{categoryNameDict[product.category as Category]}</a>
            </Link>
          </BreadcrumbItem>
          <BreadcrumbItem>{product.title}</BreadcrumbItem>
        </Breadcrumb>
        <Flex paddingTop={2} paddingBottom={1} justifyContent="center">
          <ProductCard
            variant="detail"
            title={product.title}
            price={product.price}
            imageUrl={product.imageUrl}
          />
        </Flex>
        <Separator />
        <Box paddingTop={1}>
          <Text as="h2" variant="large" marginTop={0}>
            出品者
          </Text>
          <Link href={`/users/${product.owner.id}`}>
            <a>
              {/* ユーザープロファイル */}
              <UserProfile
                variant="small"
                username={product.owner.username}
                profileImageUrl={product.owner.profileImageUrl}
                numberOfProducts={100}
              />
            </a>
          </Link>
        </Box>
      </Box>
      <Box padding={2} width={{ base: '100%', md: '700px' }}>
        <Flex
          justifyContent="space-between"
          flexDirection="column"
          height={{ base: '', md: '100%' }}
```

```
          >
            {/* 商品概要を表示、改行ごとにテキストコンポーネントでラップ */}
            <Box>
              {product.description
                .split('\n')
                .map((text: string, i: number) => (
                  <Text key={i} as="p">
                    {text}
                  </Text>
                ))}
            </Box>
            {/*
              カート追加ボタンコンテナ
              ボタンを押されたらShoppingCartContextに商品を追加する
            */}
            <AddToCartButtonContainer
              product={product}
              onAddToCartButtonClick={handleAddToCartButtonClick}
            />
          </Flex>
        </Box>
      </Flex>
    </Layout>
  )
}

export const getStaticPaths: GetStaticPaths = async () => {
  const context: ApiContext = {
    apiRootUrl: process.env.API_BASE_URL || 'http://localhost:5000',
  }
  // 商品からパスを生成
  const products = await getAllProducts(context)
  const paths = products.map((p) => `/products/${p.id}`)

  return { paths, fallback: true }
}

export const getStaticProps: GetStaticProps = async ({
  params,
}: GetStaticPropsContext) => {
  const context: ApiContext = {
    apiRootUrl: process.env.API_BASE_URL || 'http://localhost:5000',
  }

  if (!params) {
    throw new Error('params is undefined')
  }

  // 商品を取得し、静的ページを作成
  // 10秒でstaleな状態にし、静的ページを更新する
  const productId = Number(params.id)
  const product = await getProduct(context, { id: productId })

  return {
    props: {
      id: productId,
      product,
    },
```

```
    revalidate: 10,
  }
}

export default ProductPage
```

AddToCartButtonContainerを実装します。カートに追加ボタンを押した時にShoppingCartContextのcartに同じ商品が存在しない場合はaddProductToCartを通して商品を追加します。

リスト 6.61 src/components/AddToCartButtonContainer.tsx

```
import Button from 'components/atoms/Button'
import { useShoppingCartContext } from 'contexts/ShoppingCartContext'
import type { Product } from 'types'

interface AddToCartButtonContainerProps {
  /**
   * 追加される商品
   */
  product: Product
  /**
   * 追加ボタンを押した時のイベントハンドラ
   */
  onAddToCartButtonClick?: (product: Product) => void
}

/**
 * カート追加ボタンコンテナ
 */
const AddToCartButtonContainer = ({
  product,
  onAddToCartButtonClick,
}: AddToCartButtonContainerProps) => {
  const { cart, addProductToCart } = useShoppingCartContext()
  const handleAddToCartButtonClick = () => {
    const productId = Number(product.id)
    const result = cart.findIndex((v) => v.id === productId)

    // 同じ商品がカートに存在しない場合はカートに追加する
    if (result === -1) {
      addProductToCart(product)
    }

    onAddToCartButtonClick && onAddToCartButtonClick(product)
  }

  return (
    <Button
      width={{ base: '100%', md: '400px' }}
      height="66px"
      onClick={handleAddToCartButtonClick}
    >
      カートに追加
    </Button>
  )
```

```
}

export default AddToCartButtonContainer
```

useProductのカスタムフックを実装します。SWRを用いてプロダクトAPIをコールし、指定のIDの商品を取得します。戻り値のproductは商品、isLoadingはAPIコール中か否か、isErrorはAPIコール中にエラーが発生したか否かを示します。

リスト 6.62 src/services/products/use-product.ts

```
import useSWR from 'swr'
import type { ApiContext, Product } from 'types'

export type UseProductProps = {
  id: number
  initial?: Product
}

export type UseProduct = {
  product?: Product
  isLoading: boolean
  isError: boolean
}

const useProduct = (
  context: ApiContext,
  { id, initial }: UseProductProps,
): UseProduct => {
  // プロダクトAPI
  const { data, error } = useSWR<Product>(
    `${context.apiRootUrl}/products/${id}`,
  )

  return {
    product: data ?? initial,
    isLoading: !error && !data,
    isError: error,
  }
}

export default useProduct
```

6.9.6 買い物カートページ

買い物カートページを実装します。このページはカートに追加された商品を表示、購入、削除できます。このページのビジネスロジックは主にContainer ComponentのCartContainerに実装されています。

Container ComponentのCartContainerはカートの中にある商品を表示、購入、削除します。useAuthGuardのカスタムフックは認証ガードとして、認証していないユーザーをこのページに到達しないように利用します。

リスト 6.63 src/pages/cart.tsx

```
import type { NextPage } from 'next'
import Link from 'next/link'
import BreadcrumbItem from 'components/atoms/BreadcrumbItem'
import Text from 'components/atoms/Text'
import Box from 'components/layout/Box'
import Flex from 'components/layout/Flex'
import Breadcrumb from 'components/molecules/Breadcrumb'
import Layout from 'components/templates/Layout'
import CartContainer from 'containers/CartContainer'
import { useAuthGaurd } from 'utils/hooks'

const CartPage: NextPage = () => {
  // 認証ガード
  useAuthGaurd()

  return (
    <Layout>
      <Flex
        paddingTop={2}
        paddingBottom={2}
        paddingLeft={{ base: 2, md: 0}}
        paddingRight={{ base: 2, md: 0}}
        justifyContent="center"
      >
        <Box width="1240px">
          <Breadcrumb>
            <BreadcrumbItem>
              <Link href="/">
                <a>トップ</a>
              </Link>
            </BreadcrumbItem>
            <BreadcrumbItem>カート</BreadcrumbItem>
          </Breadcrumb>
          <Box>
            <Text display="block" variant="large" as="h1">
              カート
            </Text>
            {/*
              カートコンテナ
              カートの中にある商品を表示、購入、削除
            */}
            <CartContainer />
          </Box>
        </Box>
      </Flex>
    </Layout>
  )
}

export default CartPage
```

CartContainerを実装します。CartProductに対して削除ボタンを押した時のイベントハンドラ onRemoveButtonClickと購入ボタンを押した時のイベントハンドラ onBuyButtonClickを指定します。handleRemoveButtonClickが呼ばれた時にはremoveProductFromCartを通して、ShoppingCartConextから商品を削除します。handleBuyButtonClickが呼ばれた時にはpurchase関数で購入APIをコールします。その後購入した商品はカートから削除します。

リスト 6.64 src/containers/CartContainer.tsx

```
import CartProduct from 'components/organisms/CartProduct'
import { useGlobalSpinnerActionsContext } from 'contexts/GlobalSpinnerContext'
import { useShoppingCartContext } from 'contexts/ShoppingCartContext'
import purchase from 'services/purchases/purchase'
import { ApiContext } from 'types'

const context: ApiContext = {
  apiRootUrl: process.env.NEXT_PUBLIC_API_BASE_PATH || '/api/proxy',
}

/**
 * カートコンテナ
 */
const CartContainer = () => {
  const setGlobalSpinner = useGlobalSpinnerActionsContext()
  const { cart, removeProductFromCart } = useShoppingCartContext()
  // 削除ボタンを押した時、商品を削除
  const handleRemoveButtonClick = (id: number) => {
    removeProductFromCart(id)
  }
  // 購入ボタンを押した時、商品を購入
  const handleBuyButtonClick = async (id: number) => {
    try {
      setGlobalSpinner(true)
      await purchase(context, { productId: id })
      window.alert('購入しました')
      // 商品購入後はカートから商品を削除する
      removeProductFromCart(id)
    } catch (err: unknown) {
      if (err instanceof Error) {
        window.alert(err.message)
      }
    } finally {
      setGlobalSpinner(false)
    }
  }

  return (
    <>
      {cart.map((p) => (
        <CartProduct
          key={p.id}
          id={p.id}
          imageUrl={p.imageUrl}
          title={p.title}
          price={p.price}
          onRemoveButtonClick={handleRemoveButtonClick}
          onBuyButtonClick={handleBuyButtonClick}
        />
      ))}
    </>
  )
}

export default CartContainer
```

useAuthGuardのカスタムフックを実装します。ユーザーが取得できない場合はサインインページにリダイレクトします。また、redirect_toにはリダイレクト前のページのパスを指定し戻ってこられるようにします。いくつかの用途で汎用的に使えるため、src/utils/hooks.tsに処理を記載します。

リスト6.65 src/utils/hooks.ts

```
import { useEffect } from 'react'
import { useRouter } from 'next/router'
import { useAuthContext } from 'contexts/AuthContext'

export const useAuthGuard = (): void => {
  const router = useRouter()
  const { authUser, isLoading } = useAuthContext()

  useEffect(() => {
    // ユーザーが取得できない場合はサインインページにリダイレクト
    if (!authUser && !isLoading) {
      const currentPath = router.pathname

      router.push({
        pathname: '/signin',
        query: {
          redirect_to: currentPath,
        },
      })
    }
  }, [router, authUser, isLoading])
}
```

6.9.7 出品ページ

出品ページを実装します。このページは商品情報を入力し新たに商品を投稿する機能が実装されています。このページのビジネスロジックは主にContainer ComponentのProductFormContainerに実装されています。

Container ComponentのProductFormContainerは商品情報を入力し、プロダクトAPIを通じて商品を保存します。

リスト6.66 src/pages/sell.tsx

```
import type { NextPage } from 'next'
import { useRouter } from 'next/router'
import AppLogo from 'components/atoms/AppLogo'
import Box from 'components/layout/Box'
import Flex from 'components/layout/Flex'
import Layout from 'components/templates/Layout'
import ProductFormContainer from 'containers/ProductFormContainer'
import { useAuthContext } from 'contexts/AuthContext'
import { useAuthGaurd } from 'utils/hooks'

const SellPage: NextPage = () => {
  const router = useRouter()
```

```
  const { authUser } = useAuthContext()

  const handleSave = (err?: Error) => {
    if (authUser && !err) {
      // 成功したら、ユーザーページに移動
      router.push(`/users/${authUser.id}`)
    }
  }

  // 認証ガード
  useAuthGaurd()

  return (
    <Layout>
      <Flex
        paddingTop={{
          base: 2,
          md: 4,
        }}
        paddingBottom={{
          base: 2,
          md: 4,
        }}
        paddingLeft={{ base: 2, md: 0}}
        paddingRight={{ base: 2, md: 0}}
        justifyContent="center"
      >
        <Flex
          width="800px"
          flexDirection="column"
          justifyContent="center"
          alignItems="center"
        >
          <Box display={{ base: 'none', md: 'block' }} marginBottom={2}>
            <AppLogo />
          </Box>
          <Box width="100%">
            {/*
              商品投稿フォームコンテナ
              商品情報を入力し、プロダクトAPIを通じて商品を保存
            */}
            <ProductFormContainer onSave={handleSave} />
          </Box>
        </Flex>
      </Flex>
    </Layout>
  )
}

export default SellPage
```

ProductFormContainerを実装します。ProductFormにはonProductSaveのイベントハンドラを設定し、投稿する商品データ（ProductFormData）を受け取ります。今回は画像のアップロード機能は作成しないので代わりにダミー画像のパスを指定し、addProduct関数を通じてプロダクトAPIをコールし商品を投稿します。

リスト 6.67 src/containers/ProductFormContainer.tsx

```
import ProductForm, { ProductFormData } from 'components/organisms/ProductForm'
import { useAuthContext } from 'contexts/AuthContext'
import { useGlobalSpinnerActionsContext } from 'contexts/GlobalSpinnerContext'
import addProduct from 'services/products/add-product'
import { ApiContext, Product } from 'types'

const context: ApiContext = {
  apiRootUrl: process.env.NEXT_PUBLIC_API_BASE_PATH || '/api/proxy',
}

interface ProductFormContainerProps {
  /**
   * 商品が保存された時のイベントハンドラ
   */
  onSave?: (error?: Error, product?: Product) => void
}

/**
 * 商品投稿フォームコンテナ
 */
const ProductFormContainer = ({
  onSave,
}: ProductFormContainerProps) => {
  const { authUser } = useAuthContext()
  const setGlobalSpinner = useGlobalSpinnerActionsContext()
  // 出品ボタンを押した時
  const handleSave = async (data: ProductFormData) => {
    if (!authUser) return

    const product = {
      image: data.image,
      title: data.title,
      description: data.description,
      category: data.category,
      condition: data.condition,
      price: Number(data.price),
      imageUrl: '/products/shoes/feet-1840619_1920.jpeg', // ダミー画像
      blurDataUrl: '',
      owner: authUser,
    }

    try {
      setGlobalSpinner(true)
      // プロダクトAPIで商品を追加する
      const ret = await addProduct(context, { product })
      onSave && onSave(undefined, ret)
    } catch (err: unknown) {
      if (err instanceof Error) {
        window.alert(err.message)
        onSave && onSave(err)
      }
    } finally {
      setGlobalSpinner(false)
    }
  }

  return <ProductForm onProductSave={handleSave} />
```

```
}

export default ProductFormContainer
```

6.10 コンポーネントのユニットテストの実装

React Testing Library（4.4参照）でAtoms、Molecules、Organismsのユニットテストを書きます。

6.10.1 ボタンのユニットテスト

ボタンのユニットテストを実装します。まずは`beforeEach`関数内で、Jestのモック関数（`jest.fn`）を使って`handleClick`を生成します。次に、`render`関数を使って`Button`のコンポーネントをレンダリングします。その際に、先ほど作成した`handleClick`を`Button`の`onClick`に引数として渡します。

テストケースを書きます。テストケース**ボタンを押した時にonClickが呼ばれる**は、`fireEvent.click`でボタンを押した時に`handleClick`が呼ばれていることを確認します。また、レンダリングされた`Button`の要素は`screen.getByText('Button')`で取得しています。

リスト6.68 src/components/atoms/Button/index.spec.tsx

```
import { render, screen, fireEvent, RenderResult } from '@testing-library/react'
import Button from '.'

describe('Button', () => {
  let renderResult: RenderResult
  let handleClick: jest.Mock

  beforeEach(() => {
    // ダミー関数
    handleClick = jest.fn()
    renderResult = render(
      <Button variant="primary" onClick={handleClick}>
        Button
      </Button>,
    )
  })

  afterEach(() => {
    renderResult.unmount()
  })

  it('ボタンを押した時にonClickが呼ばれる', () => {
    // ボタンが一回クリックされたかどうか確認
    fireEvent.click(screen.getByText('Button'))
    expect(handleClick).toHaveBeenCalledTimes(1)
  })
})
```

6.10.2 ドロップダウンのユニットテスト

ドロップダウンのユニットテストを実装します。

テストコードを書く前にdata-testid属性をドロップダウンコンポーネントの子要素に追加します。これにより指定の要素を取得して、テストコードからコンポーネントを操作できます。DropdownControlにdropdown-control、DropdownOptionにdropdown-optionのdata-testidをそれぞれ追加します。

リスト6.69 src/components/molecules/Dropdown/index.tsx

```
<DropdownControl
  hasError={hasError}
  onMouseDown={handleMouseDown}
  onTouchEnd={handleMouseDown}
  data-testid="dropdown-control"
>
// 中略
<DropdownOption
  key={idx}
  onMouseDown={(e) => handleSelectValue(e, item)}
  onClick={(e) => handleSelectValue(e, item)}
  data-testid="dropdown-option"
>
  <DropdownItem item={item} />
</DropdownOption>
```

テストコードを書きます。まずはbeforeEach関数内で、Jestのモック関数（jest.fn）を使ってhandleChangeを生成します。次に、render関数を使ってDropdownのコンポーネントをレンダリングします。その際に、先ほど作成したhandleChangeをDropdownのonChangeに引数として渡します。注意すべき点としては、Dropdownは内部でThemeProviderを使用しているためDropdownのコンポーネントをラップする必要があります。

テストケースを書きます。テストケース**ファイルがドロップされたらonDropが呼ばれる**は、fireEvent.mouseDownでオプションのプルダウンを開き、fireEvent.clickで最初のオプションを選択した時にhandleChangeが呼ばれていることを確認します。

act関数で処理を囲むことでレンダー、ユーザーイベント、データの取得といったタスクによる更新がすべて処理され、DOMに反映されていることを保証できます。また、テストケースで使用するDropdownの子要素はscreen.findByTestId('dropdown-control')とscreen.getAllByTestId('dropdown-option')で検索し取得しています。

リスト6.70 src/components/molecules/Dropdown/index.spec.tsx

```
import { ThemeProvider } from 'styled-components'
import {
  render,
  screen,
  act,
  fireEvent,
```

```
  RenderResult,
} from '@testing-library/react'
import { theme } from 'themes'
import Dropdown from '.'

describe('Dropdown', () => {
  let renderResult: RenderResult
  let handleChange: jest.Mock

  beforeEach(() => {
    // ダミー関数
    handleChange = jest.fn()
    renderResult = render(
      <ThemeProvider theme={theme}>
        <Dropdown
          options={[
            { value: 'used', label: '中古' },
            { value: 'new', label: '新品' },
          ]}
          onChange={handleChange}
        />
      </ThemeProvider>,
    )
  })

  afterEach(() => {
    renderResult.unmount()
  })

  it('ファイルがドロップされたらonDropが呼ばれる', async () => {
    // act関数で囲むことでプルダウンを開いているようにDOMが更新されたことを保証する
    await act(async () => {
      // クリックして、オプションのプルダウンを開く
      const element = await screen.findByTestId('dropdown-control')
      element && fireEvent.mouseDown(element)
    })

    // プルダウンから最初のオプションを選択
    const elements = await screen.getAllByTestId('dropdown-option')
    elements && fireEvent.click(elements[0])

    // オプションを選択したか確認
    expect(handleChange).toHaveBeenCalledTimes(1)
  })
})
```

6.10.3 ドロップゾーンのユニットテスト

ドロップゾーンのユニットテストを実装します。テストコードを書く前にdata-testid属性をドロップゾーンコンポーネントの子要素（DropzoneRoot）に追加します。dropzoneのdata-testidを追加します。

リスト 6.71　src/components/molecules/Dropdown/index.tsx

```
<DropzoneRoot
  ref={rootRef}
  isFocused={isFocused}
  onDrop={handleDrop}
  onDragOver={handleDragOver}
  onDragLeave={handleDragLeave}
  onDragEnter={handleDragEnter}
  onClick={handleClick}
  hasError={hasError}
  width={width}
  height={height}
  data-testid="dropzone"
>
```

テストコードを書きます。まずは`beforeEach`関数内で、Jestのモック関数（`jest.fn`）を使って`handleDrop`を生成します。次に、`render`関数を使って`Dropzone`のコンポーネントをレンダリングします。その際に、先ほど作成した`handleDrop`を`Dropzone`の`onDrop`に引数として渡します。注意すべき点としては、`Dropzone`は内部で`ThemeProvider`を使用しているため`Dropzone`のコンポーネントをラップする必要があります。

テストケースを書きます。テストケース**ファイルがドロップされたらonDropが呼ばれる**は、`fireEvent.drop`でファイルをドロップした際に`handleDrop`が呼ばれていることを確認します。また、テストケースで使用する`Dropdown`の子要素は`screen.findByTestId（'dropzone'）`で検索し取得しています。

リスト 6.72　src/components/molecules/Dropzone/index.spec.tsx

```
import { ThemeProvider } from 'styled-components'
import { render, fireEvent, RenderResult } from '@testing-library/react'
import { theme } from 'themes'
import Dropzone from '.'

describe('Dropzone', () => {
  let renderResult: RenderResult
  let handleDrop: jest.Mock

  beforeEach(() => {
    // ダミー関数
    handleDrop = jest.fn()
    renderResult = render(
      <ThemeProvider theme={theme}>
        <Dropzone onDrop={handleDrop} />
      </ThemeProvider>,
    )
  })

  afterEach(() => {
    renderResult.unmount()
  })

  it('ファイルがドロップされたらonDropが呼ばれる', () => {
    // ファイルをドロップする
    const element = await screen.findByTestId('dropzone')
```

```
    fireEvent.drop(element, {
      dataTransfer: {
        files: [
          new File(['(⌐□_□)'], 'chucknorris.png', { type: 'image/png' }),
        ],
      },
    })

    // ファイルが入力されたか確認
    expect(handleDrop).toHaveBeenCalledTimes(1)
  })
})
```

6.10.4 ヘッダーのユニットテスト

ヘッダーのユニットテストを実装します。テストコードを書く前に`data-testid`属性を追加します。ヘッダーコンポーネントの子要素となる`ShapeImage`に`profile-shape-image`、`BadgeWrapper`に`badge-wrapper`2つの`data-testid`を追加します。

リスト 6.73 src/components/organisms/Header/index.tsx に追加

```
<Anchor as="a">
  <ShapeImage
    shape="circle"
    src={authUser.profileImageUrl}
    width={24}
    height={24}
    data-testid="profile-shape-image"
  />
</Anchor>
```

リスト 6.74 src/components/molecules/BadgeIconButton/index.tsx

```
{badgeContent && (
  <BadgeWrapper data-testid="badge-wrapper">
    <Badge
      content={`${badgeContent}`}
      backgroundColor={badgeBackgroundColor}
    />
  </BadgeWrapper>
)}
```

テストコードを書きます。下準備として、`ShoppingCartContext`の`useShoppingCartContext`を`jest.mock`を使用してモックに差し替えて、ダミーユーザーの`authUser`とダミー商品`product`を定義します。

テストケースを書きます。テストケース**カートに商品が存在する**は、カートに商品がある時にバッジが表示されているかを確認します。まずは`mockReturnValue`を使って`ShoppingCartContext`の初期状態を操作し、カートに商品が1つ存在するようにします。次に`render`関数を使って`Header`のコンポーネントをコンテキストとともにレンダリングし、`screen.getAllByTestId`（`'badge-wrapper'`）を使ってバッジの要素が存在することを確認します。

2つ目のテストケース**未サインイン**は、カートが空でプロファイル画像も表示されていないことを確認します。まずはmockReturnValueを使ってShoppingCartContextの初期状態を操作し、カートを空にします。次にrender関数でHeaderのコンポーネントをコンテキストとともにレンダリングし、screen.queryByTestId（'profile-shape-image'）とscreen.queryByTestId（'badge-wrapper'）を使ってプロファイル画像とバッジの要素が存在しないことを確認します。

リスト6.75　src/components/organisms/Header/index.spec.tsx

```
import { ThemeProvider } from 'styled-components'
import { render, screen, RenderResult } from '@testing-library/react'
import { theme } from 'themes'
import { AuthContextProvider } from 'contexts/AuthContext'
import type { User, Product } from 'types'
import Header from '.'

// ShoppingCartContextのモック
jest.mock('contexts/ShoppingCartContext')
import { useShoppingCartContext } from 'contexts/ShoppingCartContext'
// オリジナルのShoppingCartContextProviderを取得
const { ShoppingCartContextProvider } = jest.requireActual(
  'contexts/ShoppingCartContext',
)

// ダミーユーザー
const authUser: User = {
  id: 1,
  username: 'dummy',
  displayName: 'Taketo Yoshida',
  email: 'test@example.com',
  profileImageUrl: '/images/sample/1.jpg',
  description: '',
}

// ダミー商品
const product: Product = {
  id: 1,
  category: 'book',
  title: 'Product',
  description: '',
  imageUrl: '/images/sample/1.jpg',
  blurDataUrl: '',
  price: 1000,
  condition: 'used',
  owner: authUser,
}

describe('Header', () => {
  let renderResult: RenderResult
  const useShoppingCartContextMock =
    useShoppingCartContext as jest.MockedFunction<typeof useShoppingCartContext>

  it('カートに商品が存在する', async () => {
    useShoppingCartContextMock.mockReturnValue({
      cart: [product],
      // eslint-disable-next-line @typescript-eslint/no-empty-function
```

```
      addProductToCart: () => {},
      // eslint-disable-next-line @typescript-eslint/no-empty-function
      removeProductFromCart: () => {},
    })

    renderResult = render(
      <ThemeProvider theme={theme}>
        <ShoppingCartContextProvider>
          <AuthContextProvider
            authUser={authUser}
            context={{ apiRootUrl: 'https://dummy' }}
          >
            <Header />
          </AuthContextProvider>
        </ShoppingCartContextProvider>
      </ThemeProvider>,
    )

    // カートに入っている（バッジが出てる）
    expect(screen.getAllByTestId('badge-wrapper').length).toBeGreaterThan(0)

    renderResult.unmount()
    useShoppingCartContextMock.mockReset()
  })

  it('未サインイン', async () => {
    useShoppingCartContextMock.mockReturnValue({
      cart: [],
      // eslint-disable-next-line @typescript-eslint/no-empty-function
      addProductToCart: () => {},
      // eslint-disable-next-line @typescript-eslint/no-empty-function
      removeProductFromCart: () => {},
    })

    renderResult = render(
      <ThemeProvider theme={theme}>
        <ShoppingCartContextProvider>
          <AuthContextProvider context={{ apiRootUrl: 'https://dummy' }}>
            <Header />
          </AuthContextProvider>
        </ShoppingCartContextProvider>
      </ThemeProvider>,
    )

    // サインインしていない
    expect(screen.queryByTestId('profile-shape-image')).toBeNull()

    // カートが空
    expect(screen.queryByTestId('badge-wrapper')).toBeNull()

    renderResult.unmount()
    useShoppingCartContextMock.mockReset()
  })
})
```

6.10.5 サインインフォームのテスト

サインインフォームのユニットテストを実装します。まずは`beforeEach`関数内で、Jestのモック関数（`jest.fn`）を使って`handleSignin`を生成します。次に、`render`関数を使って`SigninForm`のコンポーネントをレンダリングします。その際に、先ほど作成した`handleSignin`を`SigninForm`の`onSignin`に引数として渡します。注意すべき点としては、`SigninForm`は内部で`ThemeProvider`を使用しているため`SigninForm`のコンポーネントをラップする必要があります。

テストケースを書きます。テストケース**ユーザ名とパスワード入力後、onSigninが呼ばれる**は、`fireEvent.change`からユーザー名とパスワードを入力、`fireEvent.click`でサインインボタンクリックし、`handleSignin`が呼ばれていることを確認します。また、テストケースで使用する各inputの要素は`screen.getByPlaceholderText`を使って取得しています。

2つ目のテストケース**ユーザ名入力だけでは、バリデーションエラーでonSigninが呼ばれない**はパスワードを入力しないで先ほどと同様のことを行います。その際にReact Hook Formによるバリデーションエラーで`handleSignin`が呼ばれていないことを確認します。

リスト6.76 src/components/organisms/SigninForm/index.spec.tsx

```
import { ThemeProvider } from 'styled-components'
import {
  render,
  act,
  screen,
  fireEvent,
  RenderResult,
  waitFor,
} from '@testing-library/react'
import { theme } from 'themes'
import SigninForm from '.'

describe('SigninForm', () => {
  let renderResult: RenderResult
  let handleSignin: jest.Mock

  beforeEach(() => {
    // ダミー関数
    handleSignin = jest.fn()
    renderResult = render(
      <ThemeProvider theme={theme}>
        <SigninForm onSignin={handleSignin} />
      </ThemeProvider>,
    )
  })

  afterEach(() => {
    renderResult.unmount()
  })

  it('ユーザ名とパスワード入力後、onSigninが呼ばれる', async () => {
    // DOMが更新されることを保証、React Hook FormのhandleSubmitが呼ばれるまで待つ
```

```
    await act(async () => {
      // ユーザー名入力
      const inputUsernameNode = screen.getByPlaceholderText(
        /ユーザ名/,
      ) as HTMLInputElement
      fireEvent.change(inputUsernameNode, { target: { value: 'user' } })
      // パスワード入力
      const inputPasswordNode = screen.getByPlaceholderText(
        /パスワード/,
      ) as HTMLInputElement
      fireEvent.change(inputPasswordNode, { target: { value: 'password' } })
      // サインインボタンをクリック
      fireEvent.click(screen.getByText('サインイン'))
    })

    // handleSigninが呼ばれたことを確認
    expect(handleSignin).toHaveBeenCalledTimes(1)
  })

  it('ユーザ名入力だけでは、バリデーションエラーでonSigninが呼ばれない', async () => {
    // DOMが更新されることを保証、React Hook FormのhandleSubmitが呼ばれるまで待つ
    await act(async () => {
      // ユーザー名入力
      const inputUsernameNode = screen.getByPlaceholderText(
        /ユーザ名/,
      ) as HTMLInputElement
      fireEvent.change(inputUsernameNode, { target: { value: 'user' } })
      // サインインボタンをクリック
      fireEvent.click(screen.getByText('サインイン'))
    })

    // handleSigninが呼ばれてないことことを確認
    expect(handleSignin).toHaveBeenCalledTimes(0)
  })
})
```

6.10.6 商品投稿フォームのテスト

商品投稿フォームのユニットテストを実装します。下準備として、`URL.createObjectURL`のスタブを用意します。今回は適当なダミーのURLテキストを返す関数を指定しています。

`beforeEach`関数内で、Jestのモック関数（`jest.fn`）を使って`handleProductSave`を生成します。次に、`render`関数を使って`ProductForm`のコンポーネントをレンダリングします。その際に、先ほど作成した`handleProductSave`を`ProductForm`の`onProductSave`に引数として渡します。注意すべき点としては、`ProductForm`は内部で`ThemeProvider`を使用しているため`ProductForm`のコンポーネントをラップする必要があります。

テストケースを書きます。テストケース**フォーム入力後、onProductSaveが呼ばれる**は、`fireEvent.drop`で商品画像を入力し、`fireEvent.change`から商品のタイトルと商品の情報と価格を入力し、`fireEvent.click`で出品ボタンをクリックし、`handleProductSave`が呼ばれていることを確認します。また、テストケースで使用する各inputの要素は`screen.getByPlacehold` erTextを使って取得し、Dropdownの子要素はscreen.findByTestId('dropzone')で検索し取得しています。

2つ目のテストケース**商品タイトル入力だけでは、バリデーションエラーでonProductSaveが呼ばれない**は商品のタイトルだけを入力して先ほどと同様のことを行います。その際にReact Hook FormによるバリデーションエラーでhandleProductSaveが呼ばれていないことを確認します。

リスト 6.77 src/components/organisms/ProductForm/index.spec.tsx

```
import { ThemeProvider } from 'styled-components'
import {
  render,
  act,
  screen,
  fireEvent,
  RenderResult,
} from '@testing-library/react'
import { theme } from 'themes'
import ProductForm from '.'

describe('ProductForm', () => {
  let renderResult: RenderResult
  let handleProductSave: jest.Mock
  // スタブ
  global.URL.createObjectURL = () => 'https://test.com'

  beforeEach(() => {
    // ダミー関数
    handleProductSave = jest.fn()
    renderResult = render(
      <ThemeProvider theme={theme}>
        <ProductForm onProductSave={handleProductSave} />
      </ThemeProvider>,
    )
  })

  afterEach(() => {
    renderResult.unmount()
  })

  it('フォーム入力後、onProductSaveが呼ばれる', async () => {
    // DOMが更新されることを保証、React Hook FormのhandleSubmitが呼ばれるまで待つ
    await act(async () => {
      // 商品画像を入力
      const element = await screen.findByTestId('dropzone')
      fireEvent.drop(element, {
        dataTransfer: {
          files: [
            new File(['(⌐□_□)'], 'chucknorris.png', { type: 'image/png' }),
          ],
        },
      })

      // 商品のタイトルを入力
      const inputUsernameNode = screen.getByPlaceholderText(
```

```
        /商品のタイトル/,
      ) as HTMLInputElement
      fireEvent.change(inputUsernameNode, { target: { value: '商品' } })

      // 商品情報を入力
      const inputPasswordNode = screen.getByPlaceholderText(
        /最高の商品です/,
      ) as HTMLInputElement
      fireEvent.change(inputPasswordNode, { target: { value: 'テストテスト' } })

      // 価格を入力
      const inputPriceNode = screen.getByPlaceholderText(
        /100/,
      ) as HTMLInputElement
      fireEvent.change(inputPriceNode, { target: { value: '100' } })

      // 出品ボタンをクリック
      fireEvent.click(screen.getByText('出品'))
    })

    // handleProductSaveが呼ばれていることを確認
    expect(handleProductSave).toHaveBeenCalledTimes(1)
  })

  it('商品タイトル入力だけでは、バリデーションエラーでonProductSaveが呼ばれない', async () =>⏎
 {
    // DOMが更新されることを保証、React Hook FormのhandleSubmitが呼ばれるまで待つ
    await act(async () => {
      // 商品のタイトルを入力
      const inputUsernameNode = screen.getByPlaceholderText(
        /商品のタイトル/,
      ) as HTMLInputElement
      fireEvent.change(inputUsernameNode, { target: { value: '商品' } })

      // 出品ボタンをクリック
      fireEvent.click(screen.getByText('出品'))
    })

    // handleProductSaveが呼ばれていないことを確認
    expect(handleProductSave).toHaveBeenCalledTimes(0)
  })
})
```

以上で、アプリケーションの設計と実装は完了です。一部解説を省略した箇所は、適宜サンプルファイルを参照してください。

次章ではアプリケーションのデプロイ、SEO対策、アクセシビリティ等について説明します。

7

アプリケーション開発3
～リリースと改善～

本章ではリリースまでに必要な次の内容を解説します。

- Heroku と Vercelを使ったアプリケーションのデプロイ
- ロギング
- SEO対策
- アクセシビリティ
- セキュリティ

7.1 デプロイとアプリケーション全体のシステムアーキテクチャ

デプロイのために、アプリケーション全体のシステムアーキテクチャを説明します。

前章で作成したフロントエンドNext.jsアプリとバックエンドJSON Serverアプリはそれぞれ Vercel と Heroku*1のサービスへデプロイします。

フロントエンド*2と APIのバックエンドを分けた今回の構成は、近年最もよく見られるアーキテクチャです。使うサービスが異なってもこの形をとることが多いでしょう。皆さんのプロジェクトでも同じような形で導入されることを想定しています。

図7.1 システムアーキテクチャ

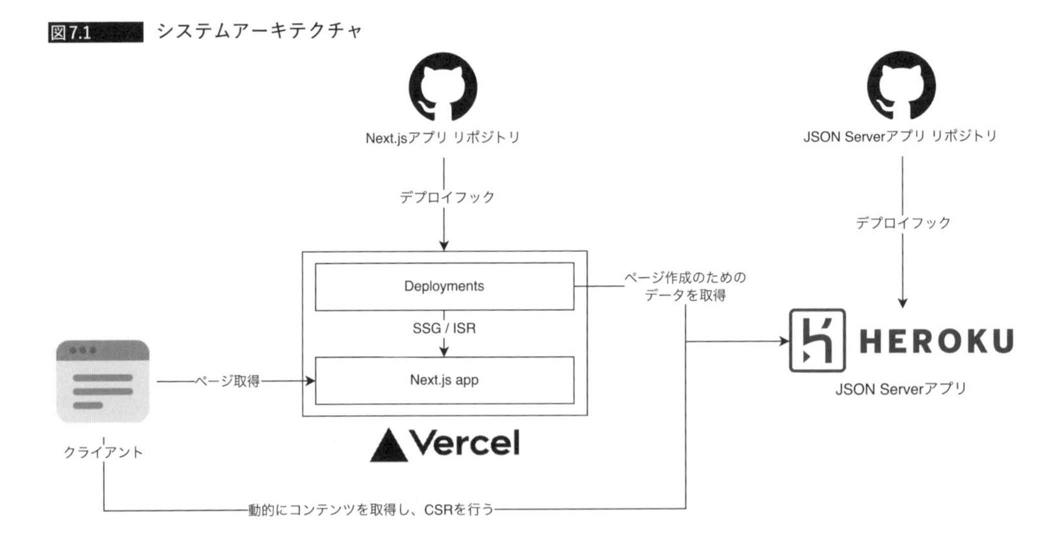

それぞれのアプリケーションは各GitHubリポジトリからのデプロイフック*3によって、Vercel

*1 https://jp.heroku.com/

*2 Vercelにデプロイする Next.jsはサーバーサイドでの処理も含みますが、主な担当領域がフロントエンドにあるためフロントエンドと表現しています。

*3 監視対象ブランチに更新が加えられた時のイベント。

とHerokuにデプロイされます。

フロントエンドNext.jsアプリのビルド・デプロイ時には、JSON Serverアプリに対してリクエストを送りコンテンツを取得し、SSGを行います。定期的に更新されるような一部のページに対しては、SSGで生成後にISRで更新します。一方でユーザー認証のような個別で表示するコンテンツに対しては、クライアントからJSON Serverアプリにリクエストを送り、CSRを行ってページを表示します。

7.2 Heroku

Herokuはアプリケーションの開発から実行、運用までのすべてを備えているPaaSのサービスです。多くの開発者がこのプラットフォームを使ってアプリをデプロイ、管理、スケール可能です。また、効率性と柔軟性にも優れているので、簡単にアプリを公開可能です。

HerokuはJSON Serverをデプロイするのに活用します。テスト用のバックエンドなので、スケールの必要はありません。デプロイまでの手順が容易なのに加えて、今回のユースケースでは無料で利用可能な範囲に収まるので選択しました。

ここではJSON ServerをHerokuにデプロイする方法を説明します。https://jp.heroku.com/ にアクセスしてアカウントを作成します。

図7.2 Heroku: ログインページ

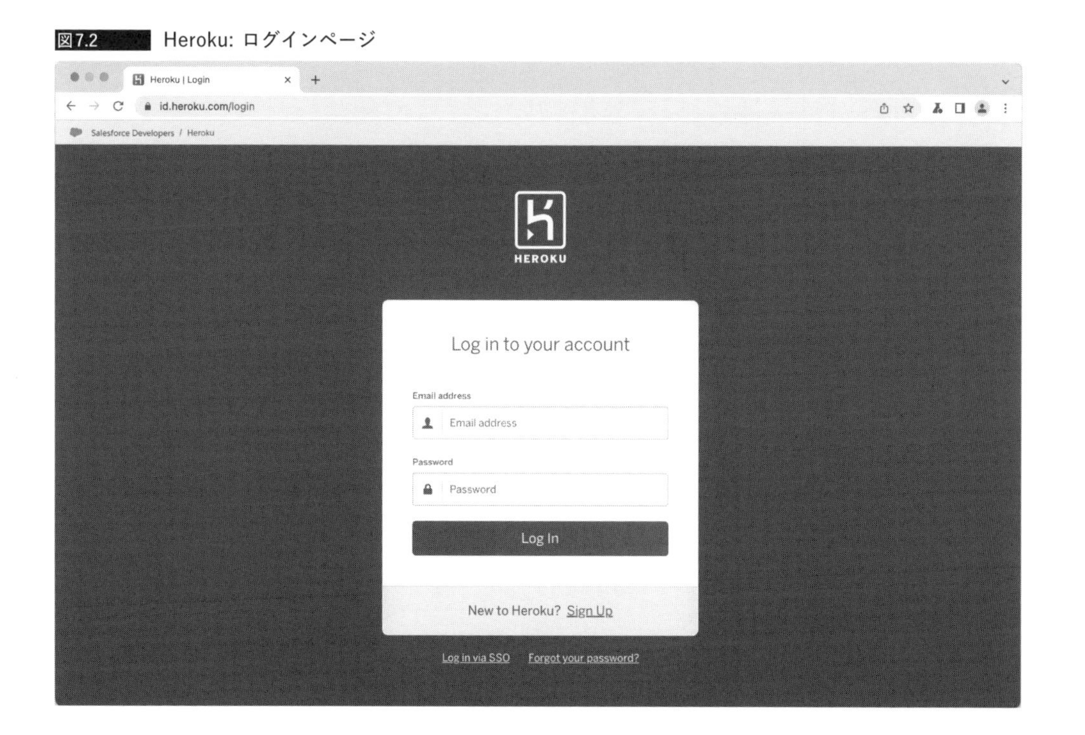

アカウントを作成し、ログインに成功したら`Create new app`から新しいアプリケーションを作成します。

図7.3 Heroku: 新しいアプリの作成

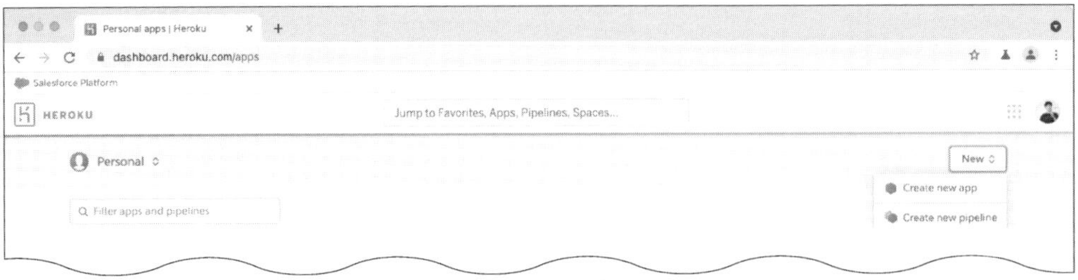

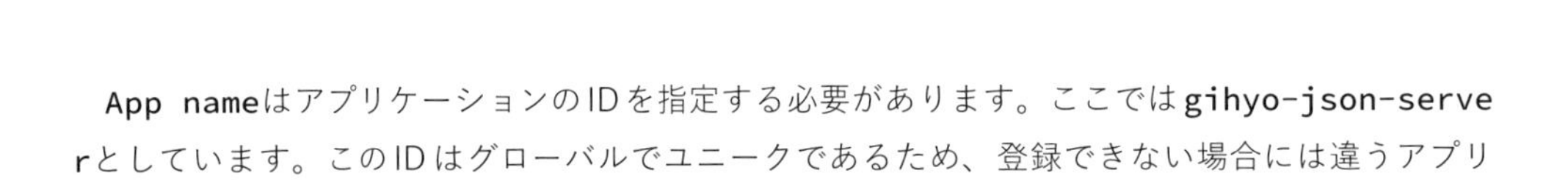

`App name`はアプリケーションのIDを指定する必要があります。ここでは`gihyo-json-server`としています。このIDはグローバルでユニークであるため、登録できない場合には違うアプリケーションのID名を指定してください。

図7.4 Heroku: アプリ名の決定

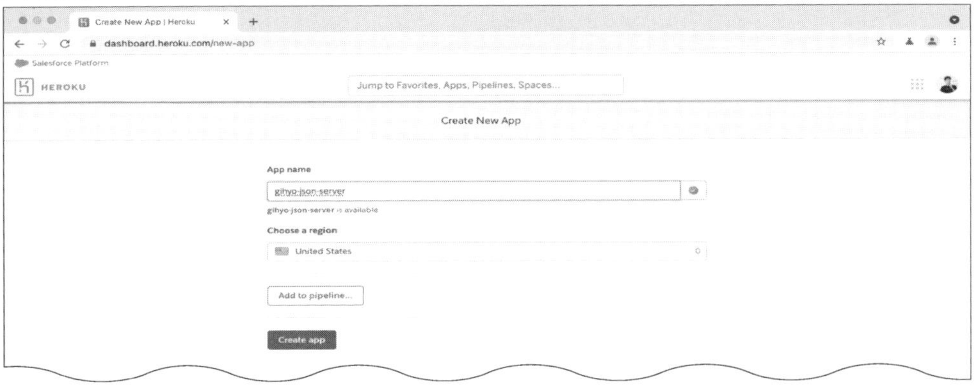

次にデプロイするアプリケーションのソースコードがあるリポジトリを指定します。今回はGitHubにソースコードがあるので`Connect to GitHub`のボタンを押して、指定のリポジトリを選びます。

図7.5 Heroku: GitHubへの接続

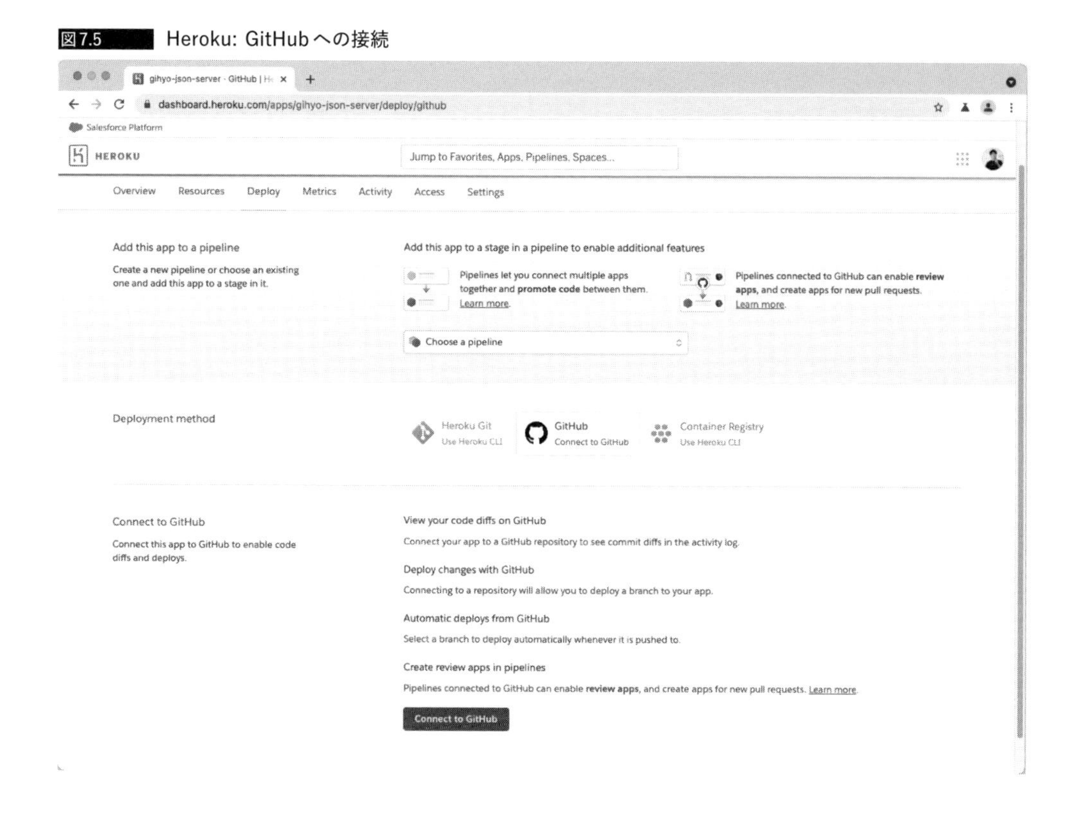

図7.6 Heroku リポジトリの選択

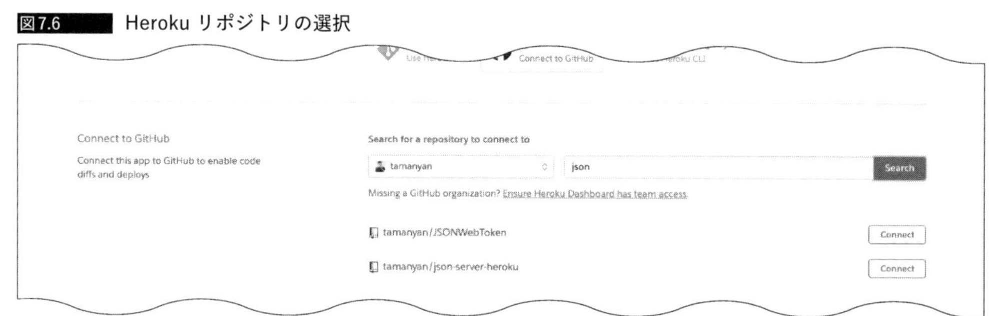

リポジトリを選択するとビルドのパイプラインが走り、ビルドに成功するとアプリケーションがHerokuへデプロイされます。**View**ボタンを押すことでブラウザからJSON Serverへアクセスできます。ページが正常に表示されていれば、すべてのステップが完了となります。

図7.7 Heroku: アプリのビルド

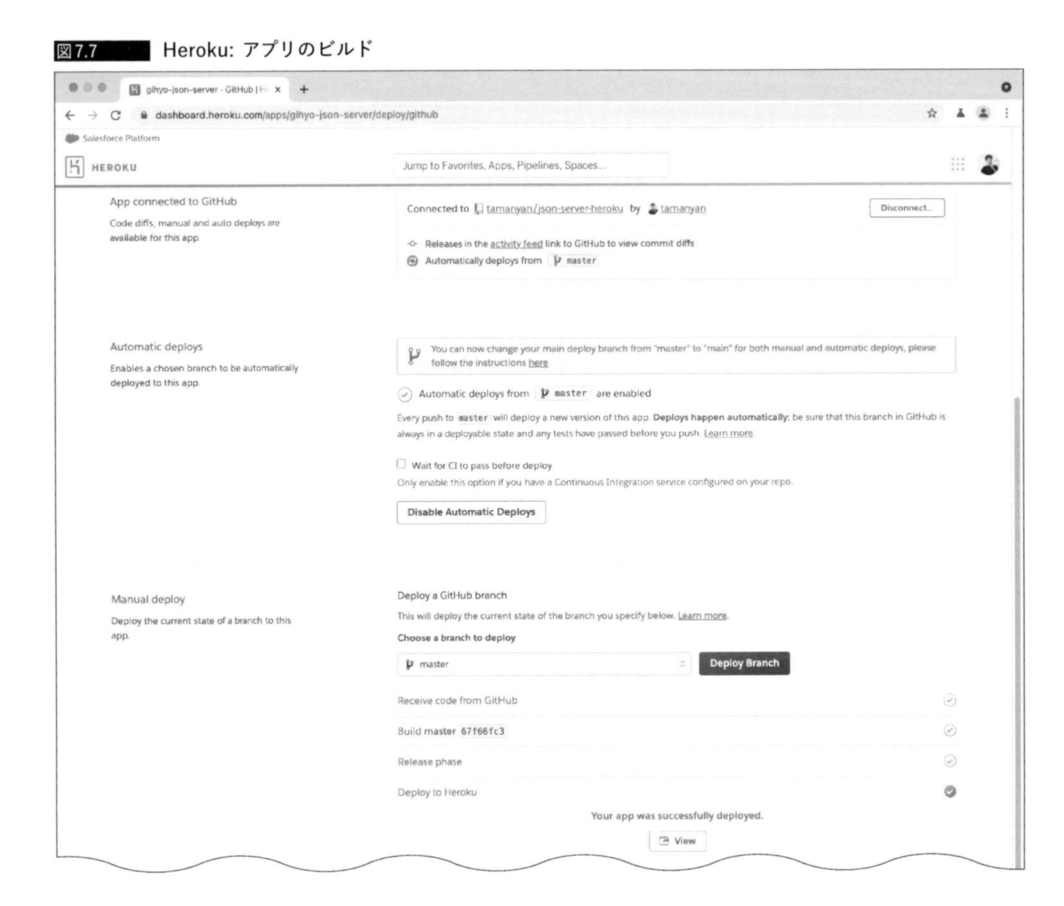

図7.8 Heroku: JSON Server

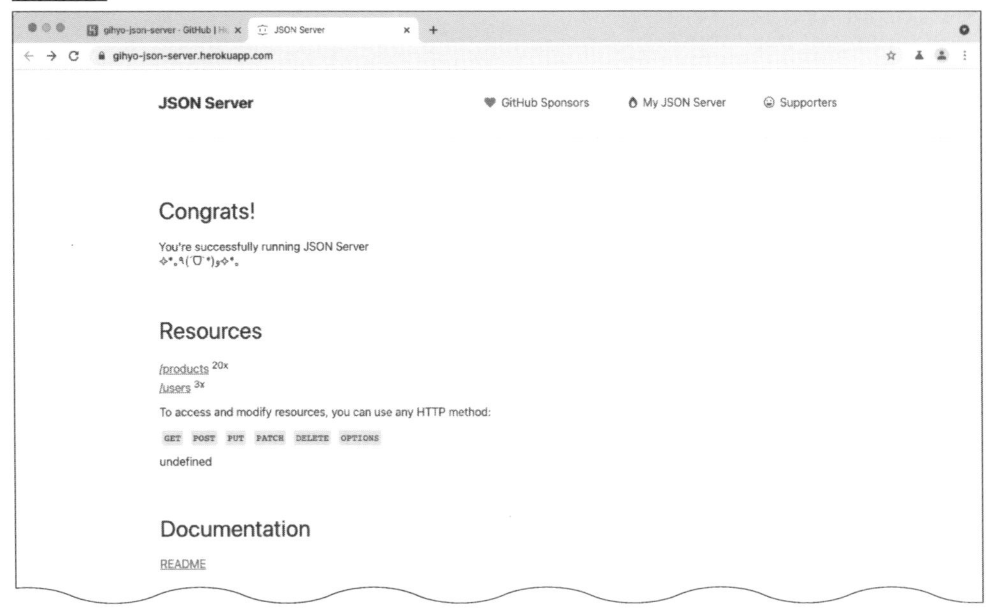

7.3 Vercel

Next.jsアプリケーションはさまざまなプラットフォームにデプロイ可能です。最も簡単な方法は、Next.jsの開発元が提供するVercelを利用することです。

Vercelは、グローバルなエッジネットワーク*4へのデプロイからコラボレーション機能まで、Web開発に役立つ幅広い機能を提供するプラットフォームです。

Vercelはデプロイが簡単なだけでなく、サーバーレスでISRをサポートしています。これによってNext.jsの機能をフルで活用できます。

7.3.1 Vercelへのアプリケーションのデプロイ

本番用の環境変数の設定として環境変数ファイルの`.env.production`を用意します。`API_BASE_URL`は先ほどHerokuにデプロイしたJSON ServerのURLを設定します。`NEXT_PUBLIC_API_BASE_PATH`はそのまま変更なく`/api/proxy`を指定します。

*4 世界中にエッジ（サーバー）を配置し、クライアントとネットワーク的に近い距離で処理するネットワーク。CDNの発展型

リスト7.1 .env.production

```
API_BASE_URL=<本番環境のJSON ServerのURL>
NEXT_PUBLIC_API_BASE_PATH=/api/proxy
```

次にVercelに開発したアプリケーションをデプロイする方法を説明します。https://vercel.com/signupにアクセスしてアカウントを作成します。今回はGitHubにアップロードしたリポジトリを使用するので、GitHubアカウントを利用しています。

図7.9 Vercel: サインアップ

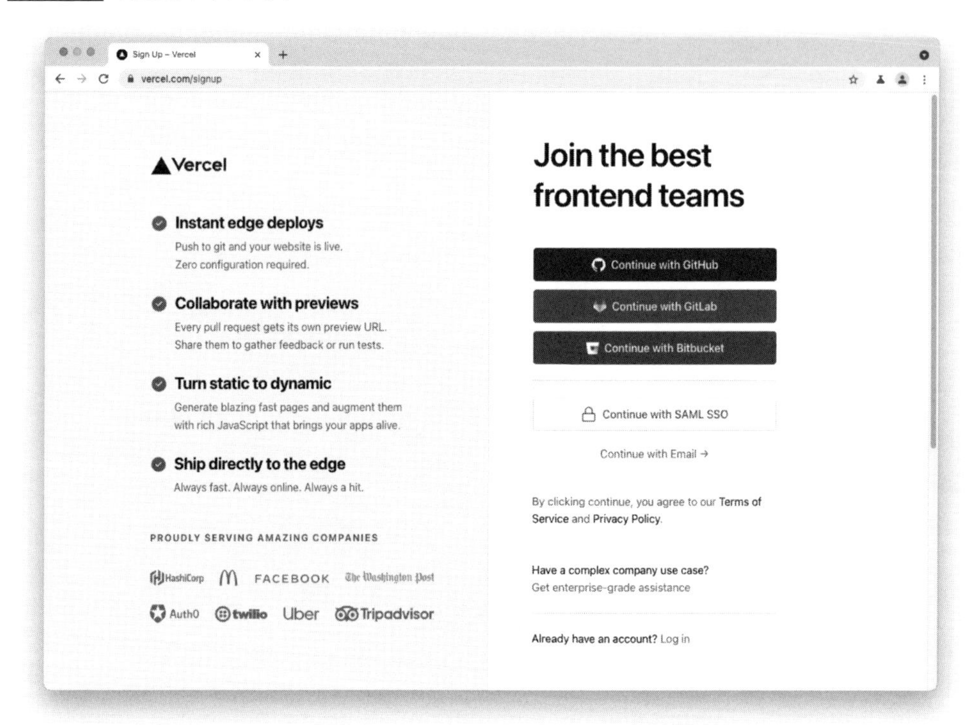

アカウント作成しログインした後に、`Import`を押してNext.jsアプリのリポジトリを選択します。

図7.10 Vercel: 新しいアプリの作成

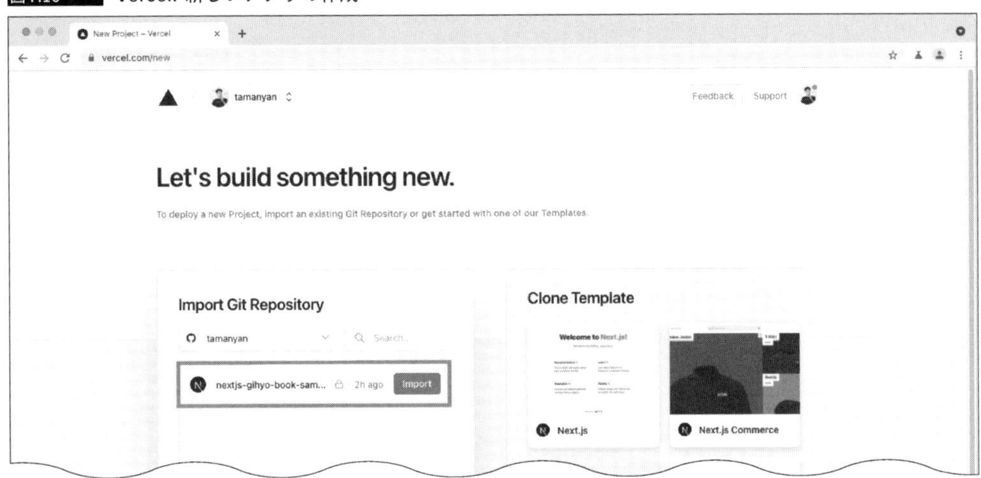

その後はデフォルトの設定で`Deploy`まで行きます。するとビルドのパイプラインが走るので、ビルドが成功したらデプロイが完了します。ビルドに失敗する場合には`npm run build`をローカルで実行してビルドに成功するか確認します。

図7.11 Vercel: Next.js アプリのビルド

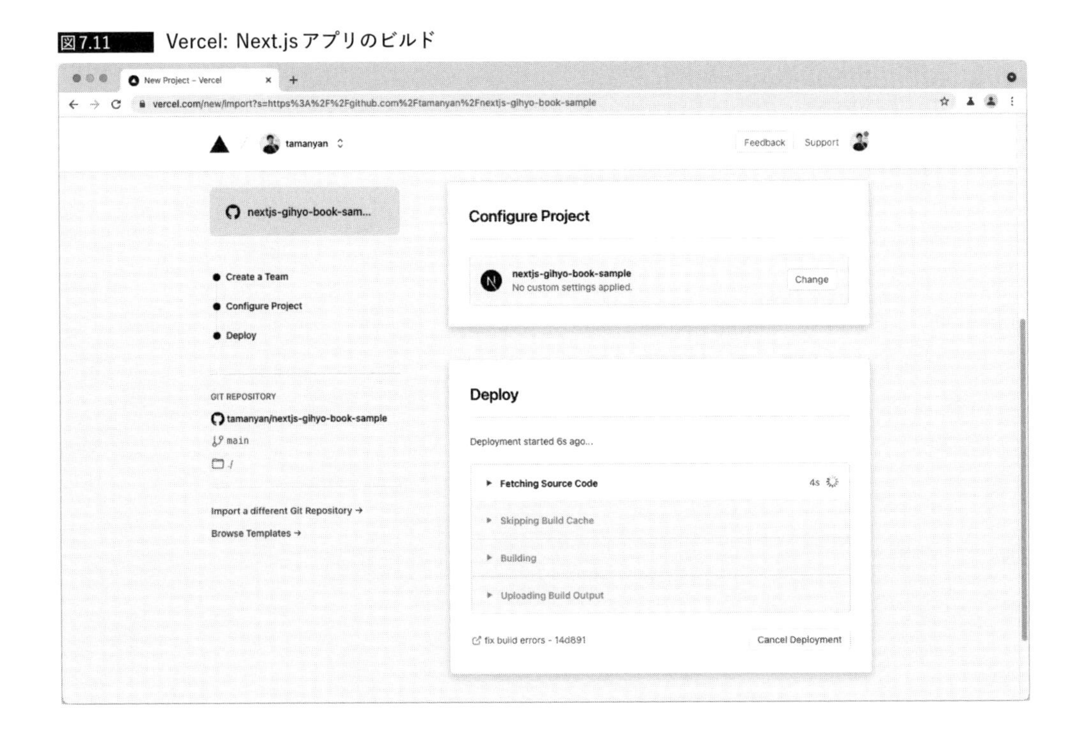

ビルドのパイプラインがすべて正常に終了した後は、ダッシュボードのページへ行き、デプロイ先のURLをクリックして公開完了を確認します。

図7.12 Vercel: Next.jsアプリのビルド完了

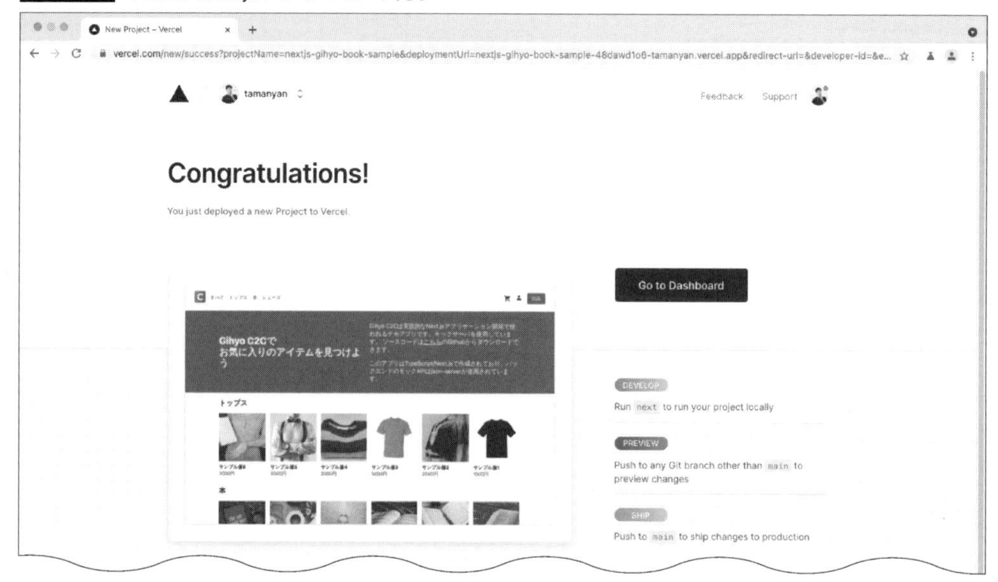

7.4 ロギング

アプリケーションのログは、動いているアプリケーションの状態、発生したイベント、エラーなどの情報を出力します。ユーザーの利用状況確認や、エラー検知のためにログを収集します。

`Next.js`においては、サーバーサイドとクライアントサイドの両方で`console`オブジェクトが使えます。どちらでも、`console.log()`関数などを呼び出すことでログを出力できます。ただし、実行された環境によってログの出力先は異なります。

`getStaticProps()`、SSGの場合の初期描画、APIのハンドラ内で実行されたものはサーバーを実行しているプロセスの標準出力に出力されます。クライアントサイドでの描画時の描画関数内で実行されたものは開発者ツールのコンソールタブに表示されます。

```
const HomePage = ({
  bookProducts,
  clothesProducts,
  shoesProducts,
}: InferGetStaticPropsType<typeof getStaticProps>) => {
  console.log('HomePageコンポーネントの描画で呼ばれたログです')
  ...
}
```

```
export async function getStaticProps() {
  ...
  console.log('getStaticProps内で呼ばれたログです')
  ...
}

export default HomePage
```

図7.13 サーバーサイドのログ出力例

```
→  ch6 git:(master) ✗ npm run dev

> c2c@0.1.0 dev /Users/kourin/nextjs-gihyo-book/sample/ch6
> next dev

ready - started server on 0.0.0.0:3000, url: http://localhost:3000
info  - Loaded env from /Users/kourin/nextjs-gihyo-book/sample/ch6/.env
info  - Using webpack 5. Reason: Enabled by default https://nextjs.org/docs/messages/webpack5
event - compiled successfully
event - build page: /
wait  - compiling...
event - compiled successfully
getStaticProps内で呼ばれたログです
HomePageコンポーネントの描画関数内で呼ばれたログです
```

図7.14 クライアントサイドのログ出力例

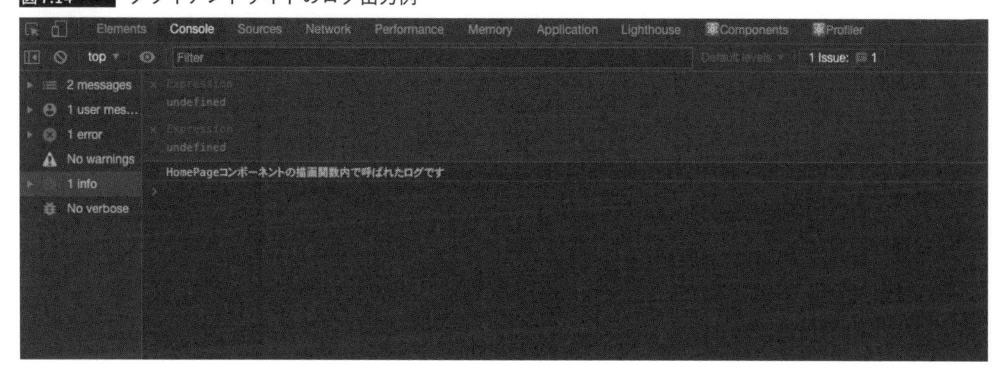

また、ロギング用のライブラリを使うことで、特定のフォーマットに沿ったログを出力したり、ファイルや外部サービスにログを出力したりできます。Next.jsの公式では`pino`[*5]というライブラリの利用が推奨されています。ここでは、`pino`を利用してサーバーサイドとクライアントサイドの両方のログをLogflare[*6]という外部サービスに送信する方法を紹介します。

まず、プロジェクトに必要なモジュールをインストールします。ロギングライブラリ本体である

*5　https://github.com/pinojs/pino
*6　https://logflare.app/

pinoとpinoのログをLogflareに送信するためのpino-logflareをインストールします。

```
$ npm install pino pino-logflare
```

次にLogflareのページに行き、ログインをして新しいプロジェクトを作成すると、Source IDとAPI Keyが表示されるので、こちらをコピーします。

図7.15 LogflareのAPIキー

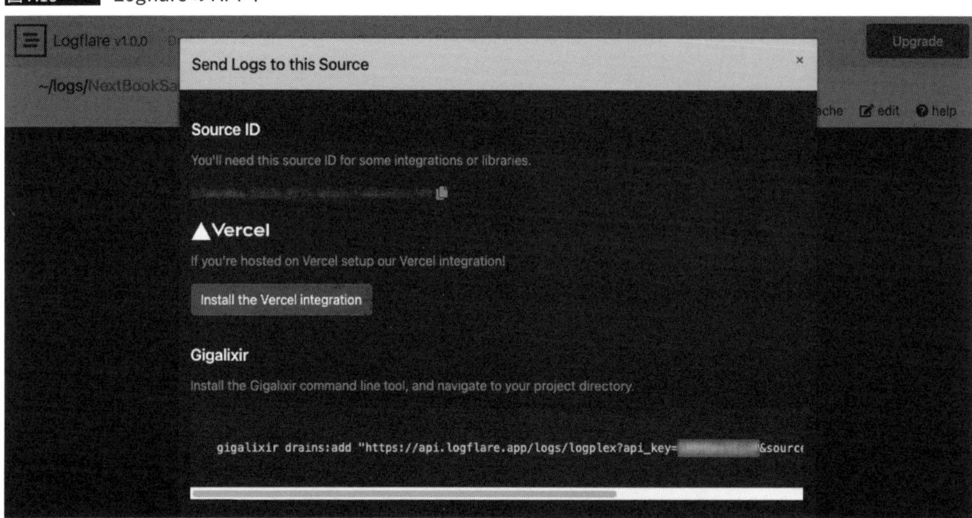

これらを.envファイルにLOGFLARE_API_KEYとLOGFLARE_SOURCE_IDとして保存します。

```
...
NEXT_PUBLIC_LOGFLARE_API_KEY=10...
NEXT_PUBLIC_LOGFLARE_SOURCE_ID=17...
```

次にロガーの初期化部分のコードを記述します。src/utils/logger.tsというファイルを新たに作成します。pino-logflareからcreateWriteStreamとcreatePinoBrowserSendの2つをインポートして、それぞれSource IDとAPI Keyを渡してstreamとsendオブジェクトを作成します。そしてstreamとsendオブジェクトを使ってロガーを初期化します。サーバーサイドとクライアントサイドでそれぞれロガーの設定をします。クライアントサイドのロガーの設定はbrowserオブジェクト以下で設定します。

```
import pino from 'pino'
import { createPinoBrowserSend, createWriteStream } from 'pino-logflare'

const stream = createWriteStream({
  apiKey: process.env.NEXT_PUBLIC_LOGFLARE_API_KEY,
```

```
  sourceToken: process.env.NEXT_PUBLIC_LOGFLARE_SOURCE_ID,
})

const send = createPinoBrowserSend({
  apiKey: process.env.NEXT_PUBLIC_LOGFLARE_API_KEY,
  sourceToken: process.env.NEXT_PUBLIC_LOGFLARE_SOURCE_ID,
})

const logger = pino(
  {
    browser: {
      transmit: {
        level: 'info',
        send: send,
      },
    },
    level: 'debug',
    base: {
      env: process.env.NODE_ENV,
    },
  },
  stream
)

export default logger
```

試しにインデックスページでログ出力のテストをします。src/pages/index.tsxで、ロガーをインポートしてそれぞれgetStaticPropsとHomePageの描画関数内でログの出力をします。

```
...
import logger from 'utils/logger'

const HomePage = ({
  bookProducts,
  clothesProducts,
  shoesProducts,
}: InferGetStaticPropsType<typeof getStaticProps>) => {
  ...
  logger.info('HomePageコンポーネントの描画関数内で呼ばれたログです')
  ...
}

export async function getStaticProps() {
  ...
  logger.info('getStaticProps内で呼ばれたログです')
  ...
}

export default HomePage
```

サーバーを起動しページを表示するとLogflare上にログが出力されているのが確認できます。

図7.16 Logflareの出力例

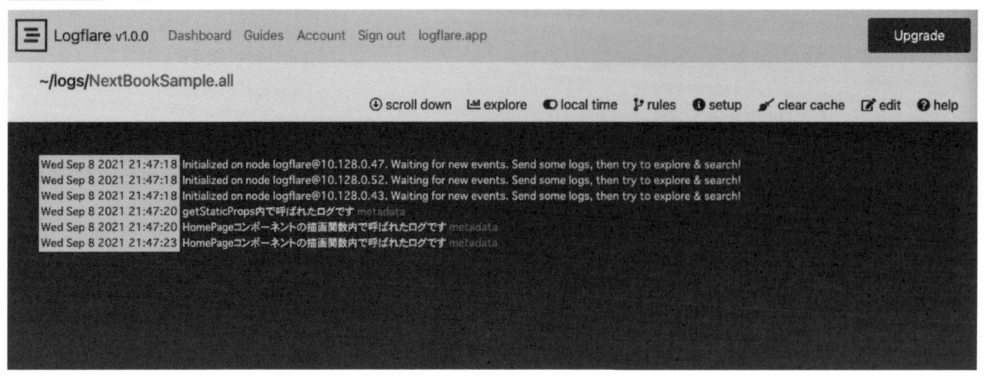

また、Vercelにアプリをデプロイする際には、プロジェクトにLogflareを追加できます。この時、ビルド時のログやCDNへのアクセスのログなどを自動的にLogflareに集約できます。

Logflareのセットアップ画面でInstall the Vercel integrationをクリックすると、Vercelの画面へ遷移します。Add integrationをクリックすると、ダイアログが表示され追加する先のアカウントとプロジェクトを選択できます。

図7.17 VercelにLogflareを追加

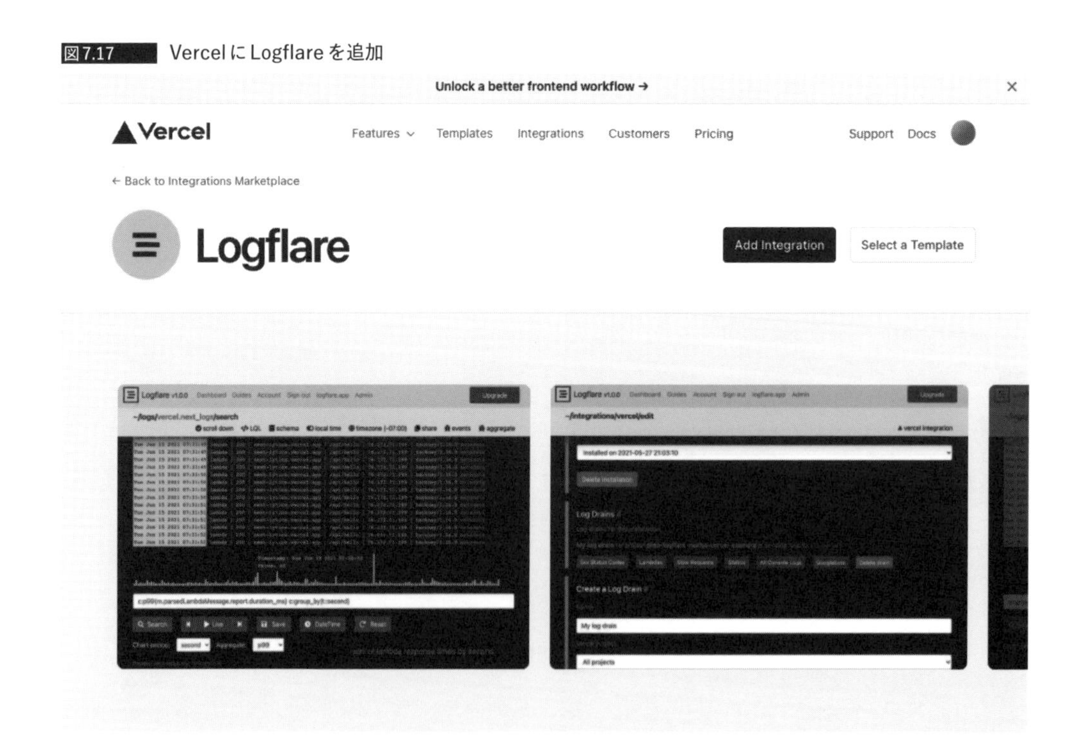

図7.18 Logflareを追加するVercelアカウントの設定

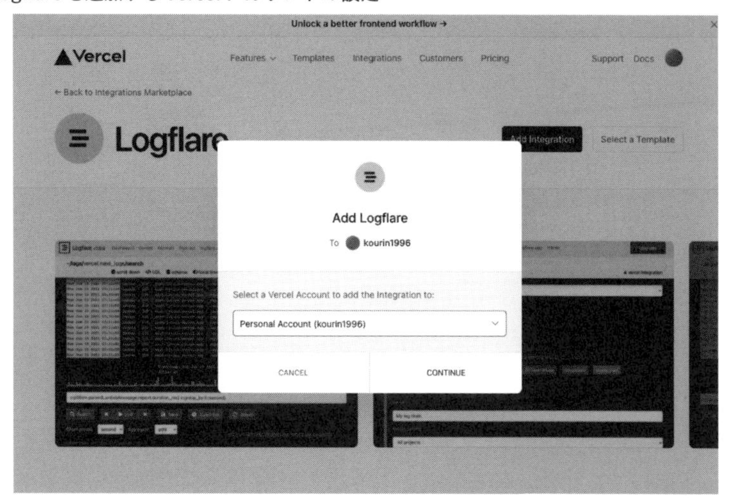

図7.19 Logflareを追加するVercelプロジェクトの設定

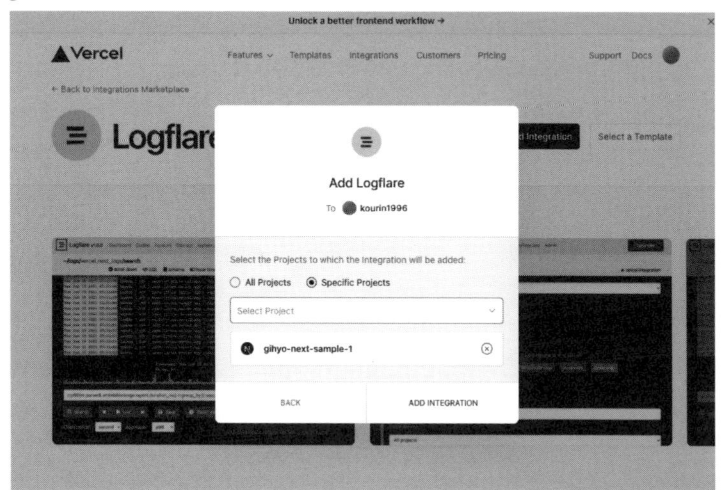

ADD INTEGRATIONをクリックすると、プロジェクトにLogflareが追加されます。Configureをクリックすると再度Logflareの画面へ遷移します。

図7.20　Vercel に Logfare追加後

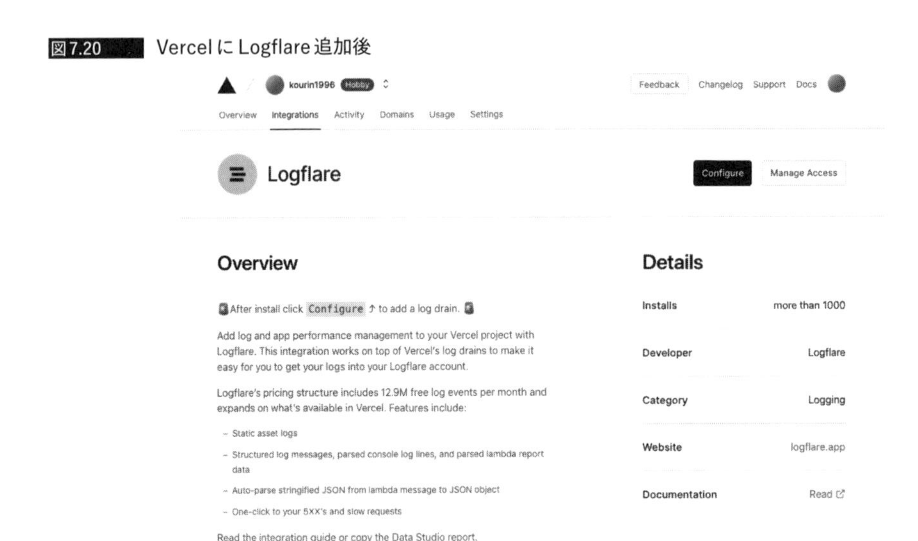

Logflareの画面でログを出力する先のプロジェクトを指定して、Create drainを押すとVercelのログが表示されます。

図7.21　LogflareでVercelの設定

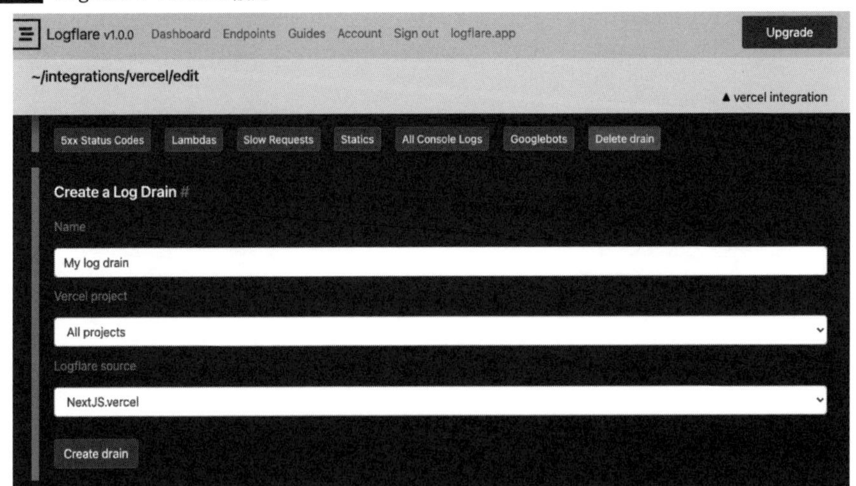

Column

ログレベル

pinoでは、ログレベルを設定できます。trace、debug、info、warn、error、fatal、silentの7つのレベルに分かれています。レベルごとに関数が用意されていて、logger.error("エラー")

のようにログレベルに応じて呼ぶ関数を使い分けます。ログレベルはログに重要度を設定できるだけでなく、特定のログレベル以上のログのみ出力をするといった設定もできます。

それぞれのログレベルの使い分けはプロジェクトによって異なりますが、以下のような指標で使われることが多いです。

- trace: 開発時にデバッグ情報を出力する時に使用、debugより詳細な情報を出力する時に使う
- debug: 開発時にデバッグ情報を出力する時に使用
- info: 両方でログインやAPIコールなどの情報を出力する時に使用
- warn: 処理を継続できるが、望ましくない状況やエラーが発生した時に使用
- error: APIコールエラーなど実行が失敗した時などに使用
- fatal: クラッシュなどのアプリケーション実行の継続が困難な深刻なエラーが発生した時に使用

7.5 SEO

SEO（Search Engine Optimization）とは、Googleなどの検索エンジンで検索をした際に、より上位に表示されるように改善することを指します。

GoogleはGooglebotと呼ばれるWebクローラーを使って、あらゆるサイトを定期的に巡回し、コンテンツを取得しています。これらのデータはGoogleのサーバーへと送られ、解析をして、インデックスに反映します。Google検索をする際にはこのインデックスを用いて、より適切なページが上位に来るように検索結果をユーザーに提供します。

Webクローラーが、表示しているコンテンツを正しく取得できないと、インデックスに反映されません。つまり、検索結果に表示されないといった問題が生じます。

GooglebotはJavaScriptを処理できますが、SPAなどJavaScriptを中心に構築したWebサイトでは注意が必要とされています。クライアントサイドで描画する（CSR）ので、描画に時間がかかると途中でクローラーは処理を打ち切ってしまい、コンテンツが正しく取得できないという問題があります。

そのため、CSRしか提供できないライブラリやフレームワークはSEOに課題があります*7。

Next.jsはSEOにも強いフレームワークです*8。Next.jsのSSRやSSGを使うことで、クライアントサイドで初期描画をせずとも、Webクローラーが正しく内容を取得できます。SPAのようなCSRに比べると、SSRやSSGを使う方がSEOに有利です。

*7 Google検索のGooglebotはJavaScriptを実行するとされていますが、一部の未対応クローラーへの対策やクローラーへの応答を早くするためにもSSRやSSGは有効です。 https://developers.google.com/search/docs/advanced/javascript/javascript-seo-basics

*8 Next.jsの公式サイト内にも、SEOに関するコンテンツがあります。 https://nextjs.org/learn/seo/introduction-to-seo

SSR/SSGでページを表示するだけでなく、適切な要素や属性を追加することでWebクローラーに対して、コンテンツの情報を明示的に与えられます。検索エンジンに載せたいページはSSRやSSGを用いましょう。

以後はSSR/SSG以外のSEO対策について触れていきます。

7.5.1 メタタグ

メタタグとは**<head>**要素内にある**<meta>**要素で定義されたもので、Webクローラーにページの内容を伝える役割があります。

Next.jsでは**next/head**の**Head**コンポーネント内で定義したものが、ページの**<head>**要素に置かれます。ページコンポーネント内で**<Head>**コンポーネントを配置して、その中にメタタグを記述します。

<title>タグと**<meta name="description">**タグではそれぞれページのタイトルと概要を記述します。これらのデータはWebクローラーに収集され、それぞれ検索エンジンで表示した時の項目のタイトルと説明になります。

property属性が**og:**から始まる**<meta>**タグはOGP（Open Graph Protocol）用のメタデータを定義します。これらのデータは、FacebookやTwitterなどSNSでページのリンクをシェアした時のサムネイルで表示する内容を定義します。それぞれの**property**では次のような値を設定します。

OGP用の値	説明
og:title	タイトルを指定します。
og:description	ページの説明文を指定します。
og:site_name	ページのサイト名を指定します。
og:image	サムネイル画像のURLを指定します。
og:url	ページのURLを指定します。
og:type	オブジェクトのタイプ（webpage、article、video.movieなど）を指定します。 指定したタイプによって追加のメタデータを設定する必要があります。

```
...
import Head from 'next/head'

const HomePage = ({
  bookProducts,
  clothesProducts,
  shoesProducts,
}: InferGetStaticPropsType<typeof getStaticProps>) => {
  return (
    <React.Fragment>
      <Head>
        <title>Gihyo C2C</title>
```

```
        <meta
          name="description"
          content="Gihyo C2Cは実践的なNext.jsアプリケーション開発で使われるデモアプリです。"
        />
        <meta property="og:site_name" content="Gihyo C2C" />
        <meta property="og:title" content="Gihyo C2Cのトップページ" />
        <meta
          property="og:description"
          content="Gihyo C2Cは実践的なNext.jsアプリケーション開発で使われるデモアプリです。"
        />
        <meta property="og:type" content="website" />
        <meta property="og:url" content="http://localhost:3000" />
        <meta
          property="og:image"
          content="http://localhost:3000/thumbnail.png"
        />
        <meta property="og:locale" content="ja_JP" />
      </Head>
      <Layout>
      ...
      </Layout>
    </React.Fragment>
  )
}
...
```

7.5.2 パンくずリスト

パンくずリストとは、現在表示しているページがどの階層に位置しているのか表した、階層構造のリストです。

それぞれのリストの要素はリンクになっており、クリックすることで親のページへ遷移できます。

パンくずリストを設置することで、ユーザーが直接訪れた際にそのページがどういうページなのか理解しやすくなります。また、Webクローラーにサイトの構造を伝えることができるため、より正確にページの内容を表すことができます。

図7.22 パンくずリストの例

トップ / 検索 / トップス

パンくずリストを作成するには以下のコードのように、リンクのリストで表現します。パンくずリスト全体を<ol>要素で囲み、リストの要素一つずつを<li>要素で囲みます。

```
const SearchPage = () => {
  return (
    <Layout>
      ...
      <ol>
        <li>
          <Link href="/">
            <a>トップ</a>
          </Link>
        </li>
        <li>
          <Link href="/search">
            <a>検索</a>
          </Link>
        </li>
        <li>
          <Link href="/search/clothes">
            <a>トップス</a>
          </Link>
        </li>
      </ol>
      ...
    </Layout>
  )
}
```

ユーザーが使用する際にはこれだけで十分ですが、Webクローラーにパンくずリストだと認識してもらうには、構造化データを付け加える必要があります。構造化データとは、ページの情報をクローラーが解釈しやすいようにまとめたデータです。

構造化データの書き方には、主に2種類の方法があります。

1つ目はJSON-LDと呼ばれる形式です。<script>要素を<head>以下に配置して、その中にjsonで構造化データを定義します。

Reactのコンポーネントでは<script>要素の中に直接JSONを埋め込めないため、<script>要素のdangerouslySetInnerHTMLにオブジェクトをJSON文字列にしたものを渡します。パンくずリスト用のJSON-LDでは@typeにBreadcrumbListを指定して、itemListElementにリンクの要素をそれぞれ指定します。

```
const SearchPage = () => {
  const jsonld = {
    '@context': 'https://schema.org/',
    '@type': 'BreadcrumbList',
    name: 'パンくずリスト',
    itemListElement: [
      {
        '@type': 'ListItem',
        position: 1,
        item: { name: 'トップ', '@id': 'https://localhost:3000/' },
      },
      {
        '@type': 'ListItem',
        position: 2,
```

```
        item: { name: '検索', '@id': 'https://localhost:3000/search' },
      },
      {
        '@type': 'ListItem',
        position: 3,
        item: {
          name: 'トップス',
          '@id': 'https://localhost:3000/search/clothes',
        },
      },
    ],
  }

  return (
    <Layout>
      <Head>
        <script
          type="application/ld+json"
          dangerouslySetInnerHTML={{ __html: JSON.stringify(jsonld) }}
        />
      </Head>
      <ol>
        <li>
          <Link href="/">
            <a>トップ</a>
          </Link>
        </li>
        <li>
          <Link href="/search">
            <a>検索</a>
          </Link>
        </li>
        <li>
          <Link href="/search/clothes">
            <a>トップス</a>
          </Link>
        </li>
      </ol>
        ...
    </Layout>
  )
}
```

2つ目はMicrodataという形式です。これはパンくずリストの要素に追加の属性を指定します。それぞれ必要な属性は以下のコードの通りです。パンくずリスト内のそれぞれの要素に適切なitemTypeを指定します。また、<a>要素と同じ階層に<meta>要素を配置して、その項目の順番を指定します。

```
const SearchPage = () => {
  return (
    <Layout>
      ...
      <ol itemscope itemtype="https://schema.org/BreadcrumbList">
        <li itemprop="itemListElement" itemscope itemtype="http://schema.org/ListItem
">
```

```
          <Link href="/">
            <a itemprop="item">
              <span itemprop="name">
                トップ
              </span>
            </a>
            <meta itemprop="position" content="1" />
          </Link>
        </li>
        <li itemprop="itemListElement" itemscope itemtype="http://schema.org/ListItem
">
          <Link href="/search">
            <a itemprop="item">
              <span itemprop="name">
                検索
              </span>
            </a>
            <meta itemprop="position" content="2" />
          </Link>
        </li>
        <li itemprop="itemListElement" itemscope itemtype="http://schema.org/ListItem
">
          <Link href="/search/clothes">
            <a itemprop="item">
              <span itemprop="name">
                トップス
              </span>
            </a>
            <meta itemprop="position" content="3" />
          </Link>
        </li>
      </ol>
        ...
    </Layout>
  )
}
```

7.5.3 sitemap

サイトマップ（sitemap）とはWebページのリンクをまとめたものです。

ユーザー向けのリンクを列挙したサイトマップもありますが、SEOに置いては**XMLサイトマップ**のことを指します。

Webページのリンクを XML形式で列挙し、`/sitemap.xml`として配置したものです。このXMLファイルはWebクローラーが訪れたときに読み込まれます。

Webクローラーはこのファイルを参照し、Webサイト内にどういったページがあるのか認識します。これによって、効率良くかつ網羅的にアプリ内のページを巡回できます。

■ sitemap.xmlの構造

XMLサイトマップは以下のような書式になっています。まず、`<?xml>`タグでそのXMLファイルのバージョンやエンコーディングを指定します。次に`<urlset>`タグを記述し、`xmlns`属性にはどのXML Schemaに沿って記述しているかを指定します。ここではサイトマップ用のスキーマを指定します。<urlset>タグの内部にページの数だけ<url>タグを配置します。

```
<?xml version="1.0" encoding="UTF-8"?>
<urlset xmlns="http://www.sitemaps.org/schemas/sitemap/0.9">
  <url>
    <loc>http://localhost:3000</loc>
    <lastmod>2021-10-01</lastmod>
    <changefreq>daily</changefreq>
    <priority>0.8</priority>
  </url>
</urlset>
```

<url>タグ内では1つのページの情報を記述します。<url>タグ内では以下のようなタグを定義できます。

- <loc>URL</loc>: ページのURLを指定します。http/httpsなどのプロトコルから始まる絶対指定のURLである必要があります。また長さは2048文字以内である必要があります。
- <lastmod>2021-10-01</lastmod>: ページの最終更新日を指定します。フォーマットはW3C Datetimeフォーマットに準拠します。
- <changefreq>daily</changefreq>: ページの更新頻度を指定します。always、hourly、daily、weekly、monthly、yearly、neverのどれかを指定できます。クローラーはこの値をあくまでも参考として使います。neverが指定されたURLであっても、Webクローラーは複数回訪れることもあります。
- <priority>0.8</priority>: ページの優先度を0.0から1.0の間で指定します。デフォルト値は0.5です。

Next.jsでsitemap.xmlの生成

Next.jsでsitemap.xmlを扱う方法はいくつかあります。

最も簡単なのは手動でsitemap.xmlを構築し、プロジェクトのpublicディレクトリ直下に配置する方法です。これで、/sitemap.xmlにアクセスしてsitemap.xmlを取得できます。

ただし、手動でsitemap.xmlを構築し静的ファイルとして提供した場合、商品詳細ページなど動的にページが追加されるに対応しづらいといった問題点があります。そのため、SSRの機能を使って動的にsitemap.xmlを生成する方法について説明します。

まず、pagesディレクトリ以下にsitemap.xmlディレクトリを作成し、その中にindex.tsxを配置します。このファイルにsitemap.xml用のコードを記述します。このページでは、getServerSidePropsのresオブジェクトに直接XMLのコードを書き込むことで、クライアントにXMLを提供します。そのため、ページコンポーネントは何も返さないようにします。静的にパスが決まっているページに関しては定数として定義して、ユーザーページや製品ページなどの動的にページが増減するURLに関しては、getServerSideProps内でAPIを呼び出して必要なページを列挙します。そして、これらの情報をもとにXMLを生成し、res.write()に渡して呼び出すことでクライアントにXMLファイルを提供します。また、`res.setHeader()`で`Cache-Control`を指定することで、キャッシュを設定し、有効期限内であればCDNがキャッシュしていた`sitemap.xml`をクライアントに返すように設定できます。

```
import React from 'react'
import { GetServerSideProps } from 'next'
import getAllUsers from 'services/users/get-all-users'
import type { ApiContext } from 'types'
import getAllProducts from 'services/products/get-all-products'

const SiteMap = () => null

type SitemapInfo = {
  path: string
  lastmod?: Date
  changefreq:
    | 'always'
    | 'hourly'
    | 'daily'
    | 'weekly'
    | 'monthly'
    | 'yearly'
    | 'never'
  priority: number
}

// 静的に決まっているパスを定義
const StaticPagesInfo: SitemapInfo[] = [
  {
    path: '/',
    changefreq: 'hourly',
    priority: 1.0,
  },
  {
    path: '/search',
    changefreq: 'always',
    priority: 1.0,
  },
  {
    path: '/signin',
    changefreq: 'daily',
    priority: 0.5,
  },
]

// 動的なパスの情報を取得する
const getProductPagesInfo = async (): Promise<SitemapInfo[]> => {
  const context: ApiContext = {
    apiRootUrl: process.env.API_BASE_URL || 'http://localhost:5000',
  }
  const products = await getAllProducts(context)

  return products.map((product) => ({
    path: `/products/${product.id}`,
    changefreq: 'daily',
    priority: 0.5,
```

```
  }))
}

const getUserPagesInfo = async (): Promise<SitemapInfo[]> => {
  const context: ApiContext = {
    apiRootUrl: process.env.API_BASE_URL || 'http://localhost:5000',
  }
  const users = await getAllUsers(context)

  return users.map((user) => ({
    path: `/users/${user.id}`,
    changefreq: 'daily',
    priority: 0.5,
  }))
}

// 各ページの情報からsitemap.xmlを生成する
const generateSitemapXML = (baseURL: string, sitemapInfo: SitemapInfo[]) => {
  // <url>タグを生成する
  const urls = sitemapInfo.map((info) => {
    const children = Object.entries(info)
      .map(([key, value]) => {
        if (!value) return null

        switch (key) {
          case 'path':
            return `<loc>${baseURL}${value}</loc>`
          case 'lastmod': {
            const year = value.getFullYear()
            const month = value.getMonth() + 1
            const day = value.getDate()

            return `<lastmod>${year}-${month}-${day}</lastmod>`
          }
          default:
            return `<${key}>${value}</${key}>`
        }
      })
      .filter((child) => child !== null)

    return `<url>${children.join('\n')}</url>`
  })

  // 共通のXML部分で包む
  return `<?xml version="1.0" encoding="UTF-8"?>\n<urlset xmlns="http://www.sitemaps.
org/schemas/sitemap/0.9">\n${urls.join(
    "\n"
  )}</urlset>`
}

export const getServerSideProps: GetServerSideProps = async ({ req, res }) => {
  // ベースURLをreqから取得
  const host = req?.headers?.host ?? 'localhost'
  const protocol =
    req.headers['x-forwarded-proto'] || req.connection.encrypted
      ? 'https'
      : 'http'
  const base = `${protocol}://${host}`
```

```
  // sitemap.xmlに必要なURLを列挙
  const simtemapInfo = [
    ...StaticPagesInfo,
    ...(await getProductPagesInfo()),
    ...(await getUserPagesInfo()),
  ]

  const sitemapXML = generateSitemapXML(base, simtemapInfo)

  // キャッシュを設定し、24時間に1回程度の頻度でXMLを生成するようにする
  res.setHeader('Cache-Control', 's-maxage=86400, stale-while-revalidate')
  res.setHeader('Content-Type', 'text/xml')
  res.write(sitemapXML)
  res.end()

  return {
    props: {},
  }
}

export default SiteMap
```

7.5.4 robots.txt

`robots.txt`は`sitemap.xml`と同様にWebクローラーが読み取る静的ファイルです。sitemapとはだいぶ用途が異なります。`robots.txt`では、クローラーが訪れることのできるページの許可／不許可をルールベースで定義します。ユーザーごとの動的ページなどはクローラーにクロールされたくないので除外します。

`robots.txt`の書式は以下のようになっており、1行ずつコロン区切りでキーとバリューを指定しています。

```
# すべてのクローラーを許可
User-agent: *
# http://localhost:3000/cart以下のページに訪れることを禁止する
Disallow: http://localhost:3000/cart
# http://localhost:3000/products/以下のページに訪れることを許可する
Allow: http://localhost:3000/products/
# SitemapのURLを指定する
Sitemap: http://localhost:3000/sitemap.xml
```

`User-agent`はクローラーの種類を指定し、*ですべてのクローラーを指定します。`Disallow`ではクローラーが訪れてほしくないパスを指定します。逆に`Allow`ではクローラーが訪れるのを許可するパスを指定します。`Disallow`と`Allow`で指定したパス以下の各ページに対して有効になります。`Sitemap`では`sitemap.xml`のURLを指定します。

特定の`User-agent`では違うルールを指定したい場合は、以下のようにルールごとに空行を入れて定義します。各ルールの最初には`User-agent`を指定し、どのクローラーに対するルールかを指定します。

```
# 画像用のGoogle botには/users以下のページに訪れることを禁止する
User-agent: Googlebot-Image
Disallow: http://localhost:3000/users

# すべてのクローラーに対して有効なルール
User-agent: *
Allow: /

Sitemap: http://localhost:3000/sitemap.xml
```

静的に生成したものを、デプロイ時にともに配置するのがいいでしょう。

7.6 アクセシビリティ

アクセシビリティとは、さまざまなユーザーにとって使いやすいアプリを提供することです。

ユーザーはさまざまなデバイスや支援ツールを利用してアクセスしています。たとえば視覚に障害がある方は、表示されている文字を読み上げるスクリーンリーダーを活用しています。運動障害や怪我でマウスを用いて正確な操作をするのが難しいユーザーはヘッドポインタを使う、あるいはマウスを使わずにキーボードだけを利用していることもあります。キーボードだけでアプリ内のコンテンツをうまくたどれない場合、そのようなユーザーにとって利用が難しいアプリとなってしまいます。

支援ツールが表示している内容を正しく理解して、ユーザーに正しく情報を伝えるためには、適した要素や構造でコンテンツを表示することや、補助的なデータを属性に付与することが大切です。また、色のコントラストや文字の大きさに関しても、見やすさを向上するために必要です。

Webアプリのアクセシビリティに関しては、World Wide Web Consortium（W3C）のWeb Accessibility Initiative（WAI）がWeb Content Accessibility Guidelines（WCAG）[*9]を提供しています。このガイドラインに従うことで、さまざまな障害を持っているユーザーがコンテンツに対してアクセスしやすくなります。ここでは、Webアプリのアクセシビリティを向上するために必要な点や実装する方法について説明します。

ここで紹介する内容はNext.jsに限定した話ではなく、Webアプリケーション全般に通じる内容です。現状、Next.jsに特化した、決定版的なアクセシビリティライブラリがあるわけではありません。一般的なWebサイトの知見を活かしつつ、地道に実装していくことになるでしょう。

近年はアクセシビリティへの関心が高まり、各ライブラリがアクセシビリティ対応時の注意事項などをドキュメント化しています[*10][*11]。これらを確認するのもいいでしょう。

---

*9 https://www.w3.org/WAI/standards-guidelines/wcag/

*10 アクセシビリティ – React https://ja.reactjs.org/docs/accessibility.html

*11 高度な使用法 | React Hook Form - Simple React forms validation https://react-hook-form.com/jp/advanced-usage#AccessibilityA11y

7.6.1 セマンティック

セマンティックは「意味」、「意味論」を指す言葉です。適切なHTML要素を使用することで、その要素の役割を正確に伝えることができます。

たとえば、ボタンを実装する際に`<button>`の代わりに`<div>`などのほかのHTML要素を使うことはないでしょうか？　一見するとCSSとコールバックを適切に設定すれば、`<div>`要素で`<button>`と似たような機能を実現できます。しかし、キーボードだけで操作しようと思った時、デフォルトでは`<div>`要素をTabキーで選択できないですし、Enterキーを押してもクリックした判定が得られません。そのため、完全に`<button>`と同じ機能を実装するには追加の属性やコールバックを指定する必要があります。

また、スクリーンリーダーを使用した場合、それがボタンと読み上げられず、ユーザーはボタンか判別できない可能性があります。そのため、正しいHTML要素を利用することで、デフォルトの機能を活用できるだけでなく、アクセシビリティの高いページを提供できます。

SEOでは、見出しやリンクなどを重要視するため`h1`や`a`を適切に使用した方が望ましい結果を得られるでしょう。

ページの構成に関しても注意を払いましょう。適切なHTML要素を使用して分割するべきです。HTML5やHTML Living Standardでは以下のHTML要素を使うことができます。これらを活用することで、コンテンツの種別を正しく伝えることができます。

要素	説明
header	ヘッダー部分を表します。この中にはサイトのタイトルやメニューなどを配置します。body直下に配置すればページ全体のヘッダーとなり、section直下に配置するとそのセクションのヘッダーとして認識されます。
main	ページ内の主要なコンテンツ部分を表します。
footer	フッターを表します。コンテンツの著作者の情報や関連リンクなどを配置します。header同様に、bodyだけでなくsection直下に含めることができます。
section	独立したコンテンツを表します。
article	1つの記事、コメント、商品カードなどの同じタイプのコンテンツが複数配置される場合の1つのコンテンツを表します。
nav	リンクを提供するためのセクションを表します。

構造に関するHTML要素以外にも、意味を持たせることのできるインライン要素もあります。

要素	説明
mark	目立たせたり強調したりする文字列を表します。
time	日付や時刻を表す要素です。クローラーがコンテンツの作成日/更新日を取得するのに利用します。timeの中が適切なフォーマットで表された日付時刻ではない場合は、datetime属性に適切なフォーマットで日付時刻を指定できます。

Next.jsの`Image`コンポーネントは`img`に展開され、`Link`コンポーネントも適切なリンク（a要素を用いたもの）に変換されます。正しく使えば、Next.jsのコンポーネントに起因するセマンティックの問題は起きづらいです。

コンポーネントを自作する際は、セマンティックを最初に重視しましょう。後はそれらを再利用するだけでいいので問題は起きづらいです。

7.6.2 補助テキスト

画像を表示する場合、スクリーンリーダーが読み上げることができないという問題があります。また、フォームにおいてもテキストボックスに何を入力するべきなのか、スクリーンリーダーを使った場合にわかりづらいことがあります。

このときはラベルと入力を適切に関連付ける必要があります。ここでは、スクリーンリーダーを使用する場合にでもコンテンツを正しく伝えるために必要な補助テキストについて説明します。

画像の代替テキスト

`img`要素の`alt`属性を使って、画像に対して代替テキストを指定できます。

```
<img src="/products/books/red-book.png" alt="商品画像" />
```

`alt`属性を指定するとスクリーンリーダーは画像のURLの代わりにその`alt`属性の値を読み上げます。また、画像が存在しないなどの何らかの理由で画像を表示できない場合は、`alt`属性で指定したテキストを表示します。

図7.23 画像が正しく表示される場合

本

Red book
6000円

White book
3000円

図7.24 画像が正しく表示されない場合

本

商品画像

Red book
6000円

White book
3000円

`alt`属性を指定する場合は、特定しやすいように具体的な説明を指定するのが望ましいです。

```
<img src="/products/books/red-book.png" alt="YOU ARE YOUR ONLY LIMITの商品画像" />
```

装飾などに使用している特に意味のない画像に対しては、`alt`属性に空文字列を指定します。こうすることで、スクリーンリーダーは画像のURLを読み上げないようになります。

```
<img src="/img/star.png" alt=" "/>
```

`alt`属性の指定は、スクリーンリーダーを使用しているユーザーに画像の内容を伝えるだけでなく、表示できない場合やクローラーに対してどのような画像なのかを伝えるのに役立ちます。

Next.jsの場合は、`Image`コンポーネントに`alt`属性を与えることで、`alt`つき`img`が実現できます。`alt`を省略してもビルドエラーにはなりませんが、実際のWebアプリケーション開発時は`alt`を指定すべきです。

```
import { NextPage } from 'next'
import Image from 'next/image'
import BibleImage from '../public/images/bible.jpeg'

const ImageSample: NextPage = (props) => {
  return (
    <div>
      <Image
        src={BibleImage}
        alt="Next.jsバイブルの表紙。"
      />
    </div>
  )
}

export default ImageSample
```

入力ラベル

フォームは、入力ボックス付近にテキストを表示することで、何を入力するべきか説明していることがあります。

表示されている内容を見ることができる場合、テキストと入力ボックスの位置関係からそれらの関連付けを推察できます。しかし、スクリーンリーダーを使用する場合に入力ボックスを選択した場合は、ラベルの部分が読み上げられないという問題が生じます。

```
<div>
  <div>名前</div>
  <input type="text" name="name" />
</div>
```

図7.25 アクセシビリティが良くないフォーム

名前

このような場合、`<label>`要素を用いてテキストを表示するようにし、`htmlFor`と`<input>`の`id`を合わせることで両者を関連付けます。こうすることで、スクリーンリーダーを使用している最中に入力ボックスが選択された場合に、ラベルが読み上げられます。また、`<label>`を使って表示することで、そのラベルをクリックした際に入力ボックスへフォーカスがあたる効果もあります。

```
<div>
  <label for="name">名前</label>
  <input type="text" name="name" id="name" />
</div>
```

JSX/TSXでは`for`を`htmlFor`にする必要があります。

```
<div>
  <label htmlFor="name">名前</label>
  <input type="text" name="name" id="name" />
</div>
```

6.6.1で`htmlFor`を備えたチェックボックスを実装しています。こちらも参考にしてください。

7.6.3 WAI-ARIA

WAI-ARIAとはWeb Accessibility Initiative – Accessible Rich Internet Applicationsの略で、W3Cが定めたWeb向けのアクセシビリティの規格です。WAI-ARIAは、HTML要素へ新しい属性を追加し、アクセシビリティを上げるための補助的な機能を追加します。WAI-ARIAにはロール、プロパティ、ステートの3つのタイプがあります。

ロール（Role）

ロールは要素がどのような役割を持っているかを、role属性を使って指定します。さまざまなロールがあり、新しいタイプや既存のセマンティックを要素に付与できます。

searchロールは「検索」というセマンティックを要素に付与し、検索のためのセクションということを表すことができます。これは既存のHTML要素を使ったセマンティックでは実現できない新しいロールです。

```
<form id="search" role="search">
  <label for="search-input">製品を検索</label>
  <input type="search" id="search-input" name="search" spellcheck="false">
  <input value="検索する" type="submit">
</form>
```

また、ロールを指定することで既存のセマンティックを付与できます。以下の例ではdiv要素にbuttonロールを与えています。こうすることで、その要素がボタンであることを表せます。しかし、ロールを指定してもbutton要素と同じ機能を与えるわけではありません。

そのため、タブキーを押して選択可能にし、Enterキーを押したときにクリックしたとみなすには、適切に属性やコールバックを指定する必要があります。基本的には適切なHTML要素を使ってセマンティックを構築し、難しい場所にのみroleを使ってセマンティックを補完します。

```
<div role="button" tabindex="0" onClick={onClick} onKeyDown={onKeyDown} >
  <img src="button-icon.png" />
</div>
```

プロパティ（Property）

プロパティは要素の性質を定義し、追加の意味を与えることができます。

aria-labelを指定することで、要素にラベルを指定し説明を付与できます。たとえば、スクリーンリーダーに対して、アイコンボタンで何のボタンか示したり、リンクテキストで詳しい内容を示したりできます。

```
<button onClick={onCloseClick} aria-label="閉じる">
  <svg />
</button>

<a href="/products/01" aria-label="赤い本の商品詳細へ移動する">商品詳細へ</a>
```

tabindexを指定すると、本来フォーカスできない要素に対して選択できます*12。

```
<div role="button" tabindex="0">
  表示する
</div>
```

ステート（State）

ステートは要素の状態を指定します。プロパティと比較すると動的に変化するものを指定します。

たとえばクリックすると中身が表示されるようなアコーディオンメニューを実装することを考えます。この時、アコーディオンメニューは閉じている場合と開いている場合で2つの状態（ステート）が存在します。aria-selectedで選択されているか、aria-expandedで開いているか、aria-hiddenで表示されているかなどの状態を指定できます。

```
<button role="tab" aria-controls="accordion" aria-selected={isOpen} onClick={
onClickTab}>
  クリックするとアコーディオンが開きます
</button>
<div role="tablist">
  <div id="accordion" aria-expanded={isOpen} aria-hidden={!isOpen}>
    ...
  </div>
</div>
```

データを取得中など更新中であることを示すには、aria-busyを指定します。更新中の場合はtrueを指定し、更新が完了したらfalseを指定します。

```
<div class="contents" aria-busy={isLoading}>
  {isLoading ? <Spinner /> : <Contents data={data} />} />
</div>
```

ReactにおけるWAI-ARIA

ステートなどの例から推測できるように、適切なWAI-ARIAの設定にはJavaScriptによる支援も必要です。その点、JavaScriptベースでUIを構築するReactはWAI-ARIAを組み込みやすいです。

ReactではWAI-ARIAのaria-*属性をサポートしています。ただし利用にあたっては、少しだけ注意すべきことがあります。

Reactにおいてaria-*属性はすべてHTMLと同じルールで命名、つまりハイフンつきのいわゆるケバブケースで記載します。Reactでは一般的な要素に与える属性はキャメルケースにしますが、その法則から外れることに注意が必要です。

*12 Tabキーを押してフォーカスを遷移させる場合、基本的には順番にフォーカスが回ってきます。tabindexに0を指定することで通常の順番で選択され、1以上の値を指定するとその要素が最初にフォーカスがあたります。複数の要素でtabindexが0より大きい場合は、小さい順に回っていきます。tabindexに負の値を指定すると、Tabキーを押した場合にフォーカスがあたらないようになります。

```
<div aria-label="..."> //○
<div ariaLabel="..."> //×
```

```
{/* JSXで記述する例 */}
<div>
  <button
    aria-label="閉じる"
    onClick={onClickHandler}
    className="close-button"
  />
</div>
```

7.7 セキュリティ

Webアプリにおいてセキュリティは重要です。

Webアプリの多くは基本的には誰でもアクセスできるもので、サイバー攻撃に遭いやすい形態といえます。IPA（情報処理推進機構）が2022年1月から2022年3月末までの脆弱性関連情報の届出をまとめた資料によると、ソフトウェア種類別の累計件数ではWebアプリは43%を占めています。また、原因別について見てみると、Webアプリケーションの脆弱性によるものが全体の55%を占めています*13*14。

Webアプリが悪意のある攻撃者によって攻撃されてしまうと、表示ページが改ざんされる、個人情報が流出するといった被害が発生します。今日はECサイトや金融取引などさまざまな分野でWebアプリが使われており、Webアプリが扱う個人情報も多岐にわたります。

そのため、攻撃によって一度情報漏えいが発生すると、ユーザーに大きな被害がおよびます。また、そのアプリを運用している個人・組織への訴訟や社会的信用が損失するリスクがあります。そのため、セキュリティ対策はWebアプリを運用する上で非常に重要です。

Webフロントエンド開発における脆弱性とReact/Next.jsにおける対策について説明します。

7.7.1 フロントエンド開発における脆弱性とその対策

ここではフロントエンド開発における典型的な脆弱性とその対策をまとめます。

■ クロスサイトスクリプティング（XSS）

クロスサイトスクリプティング（XSS、Cross Site Scripting）は、開発者が意図しないスクリプトが実行される脆弱性です。これは、攻撃者がスクリプトを含む内容を投稿する、URLに埋め込むことでほかのユーザーに任意のスクリプトを実行させるというものです。

*13 ソフトウェア等の脆弱性関連情報に関する届出状況[2022年第1四半期（1月～3月）]：IPA 独立行政法人 情報処理推進機構 https://www.ipa.go.jp/security/vuln/report/vuln2022q1.html

*14 ソフトウェア等の脆弱性関連情報に関する届出状況 https://www.ipa.go.jp/files/000097930.pdf

XSSによって不正なポップアップが表示されたり、外部にユーザーのCookieの内容を送信されたりといった被害が想定されます。XSSはサーバーサイドでHTMLを生成した時に、悪意のあるユーザーの投稿内容によってスクリプトが埋め込まれることによって発生しますが、クライアントサイドで描画した際にXSSが起きるケースもあります。

以下は簡単な掲示板のサンプルです。ユーザーがテキストボックスに書き込み、送信ボタンを押すと内容がAPIに送信されます。また、その下にすべてのユーザーが過去に送信したメッセージを順番に表示しています。過去のメッセージを表示する部分は、APIからデータを取得して標準のDOM APIを使って動的にタグを作成して追加します。メッセージ用の作成したタグの`innerHTML`にメッセージ本文を代入しています。`innerHTML`に代入する時、中身にタグが含まれている場合は、それはタグと認識して子要素に追加されます。

```
<html>
  <head>...</head>
  <body>
    <h1>掲示板</h1>
    <h2>メッセージを送信</h2>
    <div>
      <textarea id="input-message" name="message" rows="3" style="display: block;"></
textarea>
      <button onclick="onSubmit()">送信</button>
    </div>
    <h2>過去のメッセージ</h2>
    <ul id="messages">
      <!-- JavaScriptを使って動的にメッセージを追加する -->
    </ul>
  </body>
  <script>
    const onSubmit = (e) => {
      // ...APIにメッセージを投稿する
    }

    const showMessages = () => {
      // APIからメッセージを取得
      // APIは過去のメッセージのリストを返す
      fetch('http://localhost:8000/messages')
      .then(response => response.json())
      .then(messages => {
        for(const message of messages) {
          const messagesContainer = document.getElementById('messages')
          const messageContainer = document.createElement('li')
          // innerHTMLに代入することで、liタグの中にメッセージを表示する
          messageContainer.innerHTML = message
          messagesContainer.appendChild(messageContainer)
        }
      })
    }

    // ページが読み終わった段階で、APIからメッセージを取得して表示する
    showMessages()
  </script>
</html>
```

図7.26 掲示板のサンプル

localhost:8080

掲示板

メッセージを送信

送信

過去のメッセージ

- こんにちは

これをブラウザで表示すると以下のようになり、テキストメッセージを投稿すると正しく表示されていることがわかります。さて、メッセージとして以下の内容を投稿してみます。

```
<img src=/ onerror=alert(1)>
```

投稿してリロードすると以下の画像のように表示されます。メッセージがタグとして埋め込まれるので、ブラウザは`img`タグの挙動として画像を表示し、画像がないため読み込みに失敗します。そして、`img`タグに設定されている`onerror`コールバックが実行されます。そのため、`onerror`タグの中で任意のスクリプトを実行できます。

図7.27 XSSの例1

これを回避するには、`innerHTML`の代わりに`innerText`を使う、表示前にエスケープ処理を施すといった対策が考えられます。

同様のページをReactを使って実装すると以下のようなコードになります。

```
const Page = () => {
  const [messages, setMessages] = useState([])

  useEffect(() => {
    (async () => {
      const response = await fetch('http://localhost:8000/messages')
      const messages = await response.json()
      setMessages(messages)
    })()
  })

  const [inputMessage, setInputMessage] = useState('')
  const onInputMessageChange = useCallback(
    (e: React.ChangeEvent<HTMLInputElement>) => {
      setInputMessage(e.target.value)
    },
    []
  )

  const onSubmit = useCallback(() => {
    // メッセージをAPIに送信する
    ...
  }, [inputMessage])

  return (
```

```
    <div>
      <h1>掲示板</h1>
      <h2>メッセージを送信</h2>
      <div>
        <textarea
          name="message"
          rows={3}
          value={inputMessage}
          onChange={onInputMessageChange}
          style={{ display: 'block' }}
        />
        <button onClick={onSubmit}>送信</button>
      </div>
      <h2>過去のメッセージ</h2>
      <ul id="messages">
        {messages.map((message, index) => (
          <li key={index}>{message}</li>
        ))}
      </ul>
    </div>
  )
}
```

図7.28 ReactでのXSS埋め込みの例

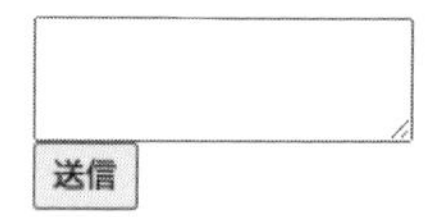

実際に表示してみるとアラートは出ず、imgタグのメッセージはテキストとして描画されます。

Reactでは値を埋め込む際にはエスケープ処理が自動的に施されます。そのため、Reactを使ったWebアプリでは基本的にXSSが起こらない（起こりづらい）ようになっています。ただし、いくつかのケースでXSSが発生することがあるので注意は必要です。

dangerouslySetInnerHTML

Reactで埋め込んだ値はエスケープ処理を実行し描画されるので、HTMLを含む値はそのままテキストとして表示されます。これによって、<script>タグの埋め込みなどの事故を回避できます。

もしHTMLを含むテキストを正しくタグとして描画したい場合には、埋め込む代わりにdangerouslySetInnerHTMLを使います。これは要素のdangerouslySetInnerHTML属性の中に、表示したい値を以下のように指定します。

```
<h2>過去のメッセージ</h2>
<ul id="messages">
  {messages.map((message, index) => (
    <li key={index} dangerouslySetInnerHTML={{ __html: message }} />
  ))}
</ul>
```

こうすることでinnerHTMLを使用した場合のように、HTMLを含むテキストをタグとして描画できます。もちろん、これを使用するとXSSが起きる可能性が発生します。なので、基本的にdangerouslySetInnerHTMLの使用を避けるべきです。仮にdangerouslySetInnerHTMLを使う場合は、表示したい文字列の中に含まれるHTMLからスクリプト部分だけ除外することでXSSを回避できます。これはサニタイズ処理と呼ばれ、DOMPurifyなどのライブラリが有名です。

URLスキーム

ユーザーが入力したURLにもとづいたリンクを描画する時にも注意が必要です。URLの先頭部分をhttp:やhttps:の代わりにjavascript:を使用したものを、<a>タグのhrefにセットするとそのリンクをクリックした際に任意のスクリプトを実行できます。これはnext/linkの<Link>コンポーネントを使用した場合も同様です。

```
const Page = () => {
  const url = `javascript:alert('リンクをクリックしました')`

  return (
    <div>
      <a href={url}>リンクをクリックするとアラートが表示されます</a>
      <Link href={url}>
        <a>Nextのリンクでも同じように表示されます</a>
      </Link>
    </div>
  )
}
```

ちなみに、<iframe>タグのsrcに埋め込んだ場合でもXSSが発生します。この場合は描画されたタイミングでスクリプトが実行されます。また、next/routerを使う場合でも同様にXSSが発生します。

```
const Page = () => {
  const router = useRouter()
```

```
  const url = `javascript:alert('ボタンをクリックしました')`

  const onClick = useCallback(() => {
    router.push(url)
  }, [])

  return (
    <div>
      <button onClick={onClick}>ボタンをクリックするとアラートが表示されます</button>
    </div>
  )
}
```

これを防ぐには、URLの先頭をチェックして`http`や`https`の場合にのみリンクとして表示させます。

```
const Page = () => {
  const url = `javascript:alert('リンクをクリックしました')`
  const isValidURL = useMemo(() => {
    // 先頭がhttpまたはhttpsから始まるかチェック
    return url.match(/^https?:\/\//)
  }, [url])

  return <div>{isValidURL ? <a href={url}>{url}</a> : <span>{url}</span>}</div>
}
```

Column

CSRF

XSSと並んで有名な攻撃手法としてCSRF（Cross-site request forgery）があります。これはユーザーが攻撃対象のWebアプリでログイン状態にある場合、攻撃者が作成した罠ページを経由してユーザーが意図しない不正なリクエストや情報が送信されてしまう攻撃です。CSRFを使った攻撃は以下の手順で行われます。

1. ユーザーが対象のWebアプリにログインする。この時、セッションIDなどがクライアントのCookieに保存される。ログイン済み状態のユーザーが行える操作（投稿）をする際には、このセッションIDの情報がサーバーへ送られて認証される。
2. 攻撃者は罠サイトを作成して、ユーザーに対してアクセスさせる。
3. 罠ページにアクセスすると、フォームを使って攻撃対象のサーバーへリクエストを自動的に送る。この際、ユーザーのセッションIDも同時に送られる。
4. サーバーは通常の場合と同様のリクエストを受信するため、正常に処理をする。そのため、ユーザーが意図しない操作が実行されてしまう。

CSRFの対策にはいくつか方法があります。一番簡単な方法としては、通常のフォームページにユーザーがアクセスした際にワンタイムトークンを付与する方法があります。罠サイトの場合はワンタイムトークンがない状態でリクエストを送るため、不正なリクエストかどうかをチェックできます。

また、近年はセッションIDの代わりにJWT（JSON Web Token）を使った認証が増えています。JWTはユーザーの認証情報などをJSON形式で保存したものを電子署名したものです。電子署名を使用しているので、改ざんなどを検知できます。JWTを使ってサーバーにリクエストを投げる場合はAuthorizationヘッダーにJWTを設定します。Authorizationヘッダーはフォームによって書き換えできないため、CSRFによる攻撃を防ぐことができます。

セキュリティヘッダー

最新のWebブラウザではさまざまなセキュリティ対策機能が実装されています。これらの機能の中には、特定のHTTPヘッダーを設定することで有効化できるものもあります。

Next.jsでは`next.config.js`で以下のように使用するセキュリティヘッダーを指定できます。

```
// next.config.js

/** @type {import('next').NextConfig} */
const nextConfig = {
  reactStrictMode: true,
  rootPaths: ["./src"],
  async headers() {
    return [
      {
        // すべてのページに設定
        source: "/(.*)",
        // 使用するセキュリティヘッダを指定
        headers: [
          {
            key: "X-DNS-Prefetch-Control",
            value: "on",
          },
          {
            key: "Strict-Transport-Security",
            value: "max-age=63072000; includeSubDomains; preload",
          },
          ...
        ],
      },
    ]
  }
}

module.exports = nextConfig
```

主要なセキュリティヘッダー

特に利用を検討すべき、主要なセキュリティヘッダーを紹介します。

X-DNS-Prefetch-Control

`X-DNS-Prefetch-Control`は、外部リンク、画像、CSS、JavaScriptなどで参照しているドメイン名を事前に解決するかを制御できます。この機能は、リンクをクリックする前にドメイン名が解決されているので、待ち時間を減らすのに有効です。

```
{
  key: 'X-DNS-Prefetch-Control',
  value: 'on'
}
```

Strict-Transport-Security

`Strict-Transport-Security`は、HTTPでアクセスした場合にHTTPSを用いて通信するように指示する機能です。このヘッダーが設定されているサイトにアクセスした場合、ブラウザは同じドメインのURLに対して次回からHTTPSでアクセスするようにします。

`value`にはいくつか設定を記述できます。`max-age`は有効期間を指定し、`Strict-Transport-Security`の含んだレスポンスを受け取ってからその期間中はHTTPSでアクセスします。`includeSubDomains`を指定すると、サブドメインの場合も同様にHTTPSでアクセスするように指定します。`preload`を設定すると、ブラウザが持っているリストに含まれているドメインの場合、初回からHTTPSで接続することが可能となります。このリストにドメインを追加したい場合はhttps://hstspreload.org/で申請する必要があります。

```
{
  key: 'Strict-Transport-Security',
  value: 'max-age=63072000; includeSubDomains; preload'
}
```

X-Frame-Options

`X-Frame-Options`は、外部サイトから`iframe`でページを表示する場合の挙動を指定します。`DENY`を指定するとどの場合でも表示されません。`SAMEORIGIN`は同じオリジンのページの場合は許可します*15。

```
{
  key: 'X-Frame-Options',
  value: 'DENY'
}
```

`X-Frame-Options`はクリックジャッキング*16を阻止するのに有効です。外部サイトがフレームで表示することを防ぎます。

X-Content-Type-Options

`X-Content-Type-Options`は、ブラウザのファイルのMINE Typeの自動識別機能の設定をします。この自動識別機能では、リソースの`Content-Type`を参照するのではなく、中身を見てどういうファイルか識別します。そのため、たとえば画像ファイルに偽装しているHTMLファイルを

*15 `ALLOW-FROM <uri>`を設定すると指定されたオリジンからのみ表示を許可する仕様がありましたが、現在は廃止されており最新のブラウザではサポートされていません。

*16 クリックジャッキング攻撃は悪意のあるサイトで攻撃対象のサイトをフレームとして表示します。その際に、フレームを表示する内容は透明化します。こうすることで、ユーザーがクリックした際に攻撃対象となるサイト（`iframe`内のサイト）の要素をクリックでき、ユーザーが意図しない操作が行われてしまいます。

取得する際に、HTMLファイルとして扱う可能性があり、その場合は任意のスクリプトを実行できてしまいます。nosniffを指定することで、このようなブラウザの挙動を防ぐことができます。

```
{
  key: 'X-Content-Type-Options',
  value: 'nosniff'
}
```

Referrer-Policy

Referrer-Policyはリンクをクリックした際に、遷移先のページのHTTPリクエストのRefererヘッダーに含める情報を制御します。

```
{
  key: 'Referrer-Policy',
  value: 'origin-when-cross-origin'
}
```

Refererヘッダーは以下のようなフォーマットで、遷移元のURLを含んでいます。何も制御しない場合は、オリジン、パス、クエリ文字列のすべてを含んでいます。

```
Referer: https://example.com/items?page=1
```

Referrer-Policyには、以下のような値を設定できます。

設定値	内容
no-referrer	Refererヘッダーが送信されません。
origin	遷移元のURLのオリジンのみが送信されます。
origin-when-cross-origin	同一オリジン間の遷移の場合はオリジン、パス、クエリ文字列を送信しますが、それ以外の遷移の場合はオリジンのみ送信します。
same-origin	同じオリジン間の遷移の場合は送信されますが、それ以外は送信されません。
strict-origin	プロトコルが同じ場合は送信元のオリジンのみを送信しますが、異なる場合は送信しません。
strict-origin-when-cross-origin	プロトコルが同じ場合のみ送信します。同一オリジンの場合はオリジン、パス、クエリ文字列を送信し、異なるオリジンの場合はオリジンのみ送信します。

Content-Security-Policy

Content-Security-Policyはコンテンツの使用ポリシーを制御します。この機能を設定することで、XSS、データインジェクション、パケット盗聴などのさまざまな攻撃に対して有効な対策をとることができます。ポリシーはセミコロン区切りで複数指定できます。1つのポリシーはリソースのタイプを指定した後に、許可するコンテンツのドメインやオリジンを指定します。たとえば以下の設定では画像に関しては無条件に取得できますが、そのほかのコンテンツに関しては同一ドメインのもののみ取得できます。

```
{
  key: 'Content-Security-Policy',
  value: "default-src 'self'; img-src *;"
}
```

Column

Permissions-Policy

Permissions-Policyはブラウザがページ内で使用できる機能を制御します[*a]。

たとえばcamera=()を指定すると、ブラウザのカメラ機能を使えなくできます。機能=*を指定するといかなる場合でもその機能を使うことができます。括弧の中にselfを指定するとそのサイトのみで有効化し、iframe以下では使用できません。また、特定のオリジンを指定すると、そのオリジンのページのみiframeで表示した場合でも機能を使用できます。

Permissions-Policyは現在試験的な機能であることには注意してください[*b]。

```
{
  key: 'Permissions-Policy',
  value: 'camera=(), geolocation=*, fullscreen=(self "https://example.com")'
}
```

*a　以前Feature Policyと呼ばれていたものです。

*b　現在Chrome、Edge、Operaではいくつかの機能を制御できますが、Firefox、Safariではまったくサポートしていません。

Column

X-XSS-Protectionヘッダー

現在ではほぼ使われない、X-XSS-Protectionというセキュリティヘッダーを取り上げます。

これは、ブラウザのXSSフィルターの設定をします。1でXSSフィルターを有効化し、0で無効化します。mode=blockを設定すると、XSSを検知した際にブラウザは描画を停止します。mode=blockを指定しない場合は、XSSが起こりそうな部分をブラウザが書き換えます。また、SafariやChromeではreport=<reporting-uri>を指定することで、検知した場合は指定したURLに報告します。

```
{
  key: 'X-XSS-Protection',
  value: '1; mode=block'
}
```

しかし、執筆現在、多くのブラウザの最新版ではXSSフィルターがない状況です。2018年にEdgeがXSS Filterを廃止し、2019年にChromeのXSS Auditorも廃止されました。また、Firefoxはこのような機能を実装していません。

XSSフィルターはXSSを防ぐことを期待されていましたが、フィルターが機能しないケースがあったり、書き換えを逆手に取ったXSS攻撃の手法が出現したりしました。また、動的にXSSが含まれるタグを描画した場合には機能しません。

最新の環境でXSSを防ぐためには、サニタイズ処理を実装するか、Content Security Policyの指定するのが有効な方法です。

Column

セキュリティテスト

Webアプリのセキュリティを維持するためには、脆弱性をなくす必要があります。どこか一つでも脆弱性があると、そこに対して攻撃が行われてしまいます。また、日々新しい脆弱性や攻撃手法が発見されているため、Webアプリを公開した後でも日々確認とアップデートをする必要があります。

そのため、アプリ全体で脆弱性がないか確認するのは、豊富な知識と労力がかかります。

ペネトレーションテストや**脆弱性診断**を活用して脆弱性を発見するのも1つの方法です。これらは、専用のアプリケーションを使ったり、企業に依頼したりして、実際に動いているWebアプリにアクセスをして脆弱性を発見します。

ペネトレーションテストは、日本語だと侵入試験を意味する言葉です。意図的に特定のアプリやサーバーに対して攻撃を実施して、脆弱性を利用して不正な動作が起きるかテストします。一方、**脆弱性診断**は対象のアプリやサーバーに対して脆弱性があるかを網羅的にチェックするテストです。

Column

Next.jsのバックエンドの考え方

Next.jsをWebアプリケーションとして本格的に運用する場合、多くはバックエンドにJSONを返すWeb APIサーバーを用意します。Next.jsは一応単体でもAPI機能などを有しますが、機能は限定的です。RDBMSとの連携やログイン機能の実装などを考えると、Next.jsのそれとは別に別途サーバーを立てる方がシンプルに構築できます。

サーバーはJSONさえ返せればなんでも問題ありません。筆者の経験上は、express*[a]をAPIサーバーとして利用することが多かったです。

APIサーバーはスマートフォンアプリにも再利用できるため、現在では多くのサービスで立ち上げ時から構築が検討されるでしょう。スマートフォン向けのAPIサーバーをバックエンド実装として再利用できるのはNext.jsの強みです。

Railsなど既存のWebアプリケーションフレームワークを利用している場合は、まずはそれらのサーバーをAPIサーバー化するところからはじめましょう。

WordPress（ヘッドレス）などいわゆるヘッドレスCMS*[b]と組み合わせる利用方法もあります。

*a　https://expressjs.com/ja/
*b　https://vercel.com/docs/concepts/solutions/cms

Column

Next.jsの認証

APIサーバーを利用するとき、各ユーザーの個別情報へのアクセスなど認証（ログイン管理）が必要になるケースが多いでしょう。Next.jsはじめ、SPAの認証は、先述のJWTの使用など通常のWebサイトと異なる点もあります。よりセキュアな認証を実現するため、極力サーバーサイドはSPA向けの認証ライブラリや認証機能を利用して自前実装は避けましょう。

現在人気のあるサーバーサイドのWebアプリケーションフレームワークでは、多くがSPA向けの認証機能もしくは定番ライブラリがあります。

Next.jsではiron-session[*a]、next-auth[*b]が公式に紹介されています。また、Auth0[*c]のような、認証向けのサービスもあります。

*a　https://github.com/vercel/next.js/tree/canary/examples/with-iron-session

*b　https://github.com/nextauthjs/next-auth-example

*c　https://auth0.com/jp

Appendix

Next.jsのさらなる活用

ここではAppendixとして、Next.jsを中心としたアプリケーション開発に関するトピックを紹介します。

A.1 決済ツールStripe

本書ではECのサンプルアプリケーションを例として取り上げました。本書の内容をベースに、より実践向けにカスタマイズされる読者の方は多くのケースで決済機能の実装が必要になるでしょう。

Next.jsを使って決済機能を実装する場合の1つの選択肢として本書ではStripe*1を紹介します。

昨今、オンラインでの購買の需要が高まる中、ECやサブスクリプションなど決済を含むサービスが急速に増えています。その流れに伴い開発の現場で決済に関する実装が必要となってきています。

ゼロからクレジットカードなどの決済のシステムを実装するには、開発工数面やセキュリティ面で大きな障壁があります。特に、クレジットカード情報など個人の決済情報を自社のデータベースで持つことはセキュリティ上多大なリスクを持つことを意味します。

したがって、通常Webのサービスで決済機能を実装する場合は、決済に関する個人情報は自社のデータベースには直接持たず、よりセキュアな決済プラットフォームに保存し適宜トークンを利用して決済をします。現在国内・海外ともに決済プラットフォームは多く存在しています。その中で特に人気の高いサービスがStripeです。

Stripeは、USサンフランシスコとアイルランドのダブリンに本社を置く、2011年にローンチした決済プラットフォームです。決済における複雑性を排除することを目的とし、世界中でスタートアップから大企業までが利用をしています。本書執筆時点における、Stripeの特徴は以下の通りです。

- 定期購読、マーケットプレイス、リンク決済など含むさまざまな機能を持つ
- 44カ国以上のグローバルな事業への決済に対応
- 開発者向けAPIやドキュメントが充実
- 機能豊富なダッシュボード（管理画面）が利用可能
- クライアントライブラリが豊富
- Shopify、WooCommerceなどパートナーサービスとの連携が豊富
- 機械学習による自動的な不正利用検知などの最適化機能を搭載
- 開発者コミュニティによるサポートが充実している

*1 https://stripe.com/jp

図A.1 StripeのWebサイト

なお、初期費用や月額利用料などは存在しないですが、トランザクションベースで決済額に応じて手数料がかかります。詳しくは公式の料金体系ページ*2をご参照ください。

A.1.1 Stripeのセットアップ

Stripeのセットアップを解説します。詳細や最新の情報については、公式ドキュメントを参照してください。

Stripeアカウントの作成

Stripeのアカウント登録自体はサインアップページ*3からすぐに行うことができます。アカウント作成直後からテスト環境を利用して開発を進められます。ただし、本番の環境で決済取引を行うためには、事業者に関する情報の提出・審査が必要になりますのでサービスのリリースを予定している場合は事前に行っておきましょう。

本番アカウント作成に関する詳細な情報は公式ドキュメントをご参照ください。

Stripeダッシュボード（管理画面）

Stripeのダッシュボード機能では、支払い情報の管理、顧客の管理、商品の管理などが利用でき非常に高機能です。また、検索機能も優れているのが魅力的です。アカウントを作成して、ログインを行うと、取引のサマリーやすべてのトランザクションを確認できます。

*2 https://stripe.com/jp/pricing
*3 https://dashboard.stripe.com/register

図A.2 Stripeのダッシュボード

APIキー

　アプリケーションにStripeの決済機能を組み込むためには、APIキーを利用します。ダッシュボードの**開発者メニュー**の下の**APIキー**というメニューで確認できます。

図A.3 StripeのAPIキー

　APIキーには以下の2種類が存在します*4。

*4　万が一シークレットキーを公開してしまった場合は不正利用をされないようにダッシュボードからすぐに無効化してください。テスト環境と本番環境でそれぞれキーは異なります。Webアプリケーションの実装では、環境変数などに設定しましょう。

キーの種別	内容
公開可能キー	Webサイト上のJavaScriptなどクライアント実装側で使用される公開可能なキー
シークレットキー	CLIやサーバー側でのみ保有するキー。公開してはいけないもので、誤ってクライアント側のJavaScriptのコードに含めるなどをしないように注意が必要

A.1.2　Stripe APIの利用

以下、Webサイト上でStripe決済機能を組み込む簡単なサンプルプログラムを紹介します。

商品の登録

決済をするための下準備として、ダッシュボードの**商品**メニューで商品を登録しましょう。**商品を追加**ボタンを押し、以下の例ではTシャツを2,000円で決済する商品を登録しています。

図A.4　Stripeの商品追加

商品を登録した後、`price_XXXXXXXXXXXXX`という形式のPrice IDが付与されます。次のサンプル実装で利用します。控えておきましょう。

決済には、世界中の多くの通貨を選ぶことができます。Stripe決済で対応している通貨に関しては公式ドキュメント*5をご参照ください。

*5　https://stripe.com/docs/currencies

Stripeライブラリのインストール

Stripeの機能を使うための事前セットアップとして、Next.jsのプロジェクト上で以下のライブラリをインストールします。

```
npm install stripe @stripe/stripe-js axios
```

Next.jsのAPI実装

Next.jsプロジェクトのAPIの機能でサーバーサイドの実装をします。サーバーサイドでは決済のリクエストがある度にStripe上のセッションを作成する必要があります。以下のような実装を`src/pages/api/payment/session.ts`というファイルを作成して記述をします。シークレットキーとPrice IDをそれぞれご自身のStripeアカウントのものに置き換えてください。

```
import { NextApiRequest, NextApiResponse } from 'next'
// 以下のシークレットキーをご自身のものに置き換えてください
const stripe = require('stripe')('sk_test_xxxxxxxxxxxxxxxxxx')

export default async function payment(
  _req: NextApiRequest,
  res: NextApiResponse
) {
  // クライアントから決済のボタンが押された際に、Stripeのカード決済を行います
  const session = await stripe.checkout.sessions.create({
    payment_method_types: ['card'],
    line_items: [
      {
        // 以下のPrice IDをご自身のものに置き換えてください
        price: 'price_XXXXXXXXXXXXX',
        quantity: 1,
      },
    ],
    mode: 'payment',
    success_url: 'http://localhost:3000/payment/success',
    cancel_url: 'http://localhost:3000/payment/cancel',
  })
  res.json({ id: session.id })
}
```

この時点で`http://localhost:3000/api/payment/session`にブラウザでアクセスした際に以下のようなJSONデータが返ってきていればサーバーサイドの準備は完了です。

```
{"id": "cs_test_XXXXXXXXXXXXX"}
```

Next.jsのUI実装

クライアント側である決済フォームUIの実装アプローチは大きく2種類あります。Stripeが事前に用意している公式のフォーム部品を利用する方法と、カスタムフォームを実装する方法です。

事前に用意された部品を利用する形で問題ない場合は、ライブラリを読み込むだけで決済が利用可能になって簡便です。しかし、アプリケーションの特性によってはUIをカスタマイズしたい要

件もあるはずです。その場合は、自身でStripeの利用ガイドに沿った形でHTML/CSS/JavaScriptによるフォームの実装をする必要があります。

本書では事前に用意されたフォームを利用する方法を紹介します。

以下の簡易的なサンプル購入画面用のページを`src/pages/payment/index.tsx`に保存します。

```
import { loadStripe } from '@stripe/stripe-js'
import axios from 'axios'

// 以下の公開可能キーをご自身のものに置き換えてください
const stripePromise = loadStripe('pk_test_XXXXXXXXXXXXX')

function Payment() {
  const createPaymentSession = async () => {
    const stripe = await stripePromise
    if (stripe) {
      // 先ほど実装したサーバーサイドのAPIを呼び出します
      const res = await axios.post('/api/payment/session')
      // JSON形式で返ってくるセッションIDを指定してStripe決済ページへリダイレクトします
      const result = await stripe.redirectToCheckout({
        sessionId: res.data.id,
      })
      if (result.error) {
        alert(result.error.message)
      }
    }
  }

  return (
    <div>
      <section>
        <div>
          <h3>Tシャツ</h3>
          <h5>2,000円</h5>
        </div>
        <div>
          <button onClick={createPaymentSession}>購入する</button>
        </div>
      </section>
    </div>
  )
}

export default Payment
```

次に、決済が成功した際に表示される決済完了ページのUI実装をします。`src/pages/payment/success.tsx`というファイルを作成します。

```
function PaymentSuccess() {
  return (
    <div>
      <section>
        <div>
```

```
            <h3>決済成功です！</h3>
          </div>
        </section>
      </div>
    )
}

export default PaymentSuccess
```

以下のコマンドでNext.jsを起動します。

```
npm run dev
```

起動後、ブラウザで`http://localhost:3000/payment`にアクセスすると以下のような購入画面が表示されます。

図A.5 サンプル購入ページ

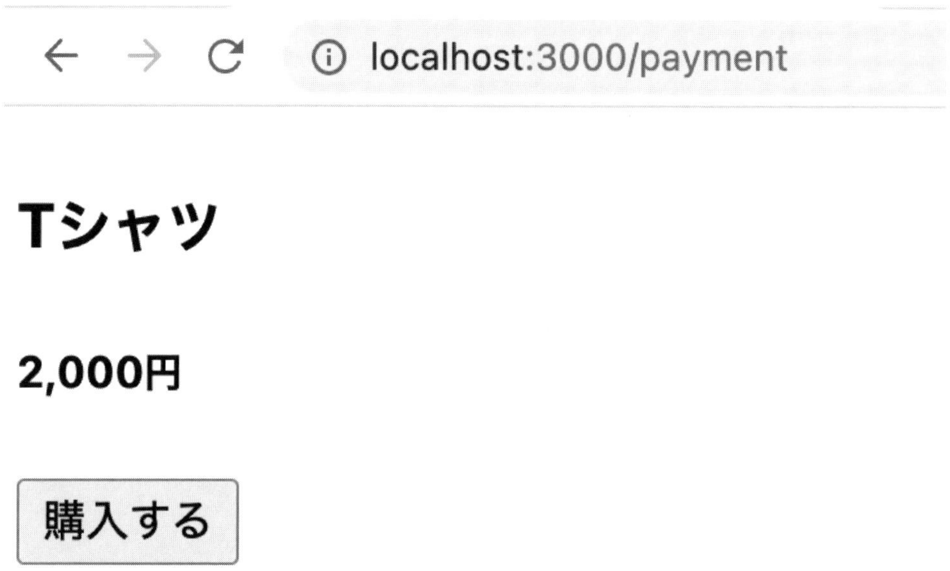

localhost:3000/payment

Tシャツ

2,000円

購入する

■ 決済の実行

サンプル購入ページの購入ボタンを押すと、先ほど実装したNext.jsのAPI上のプログラムを経由して、以下のようなStripeが用意している決済フォーム画面が表示されます。

図A.6 Stripe フォーム画面

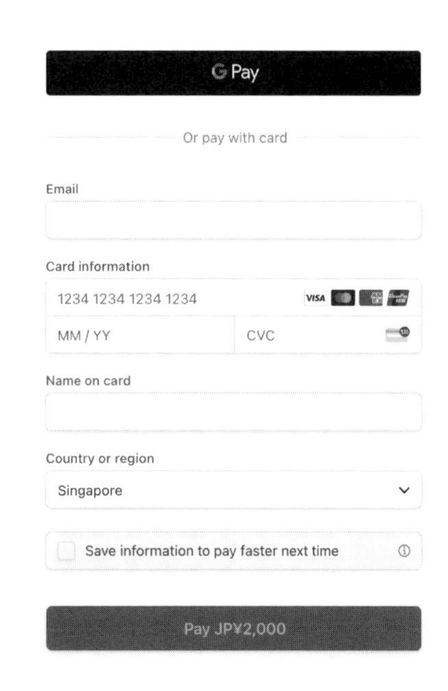

テスト環境で決済をする際には`4242 4242 4242 4242`というカード番号が使用可能です。カード番号以外の情報は任意の値で入力可能です。テスト環境であえてエラーを検証したいケースなど、使用できるカードの情報に関しては公式のテストに関するドキュメント*6をご参照ください。

決済が正しく完了すると、APIのコードで`success_url`の値に設定したページ`http://localhost:3000/payment/success`へリダイレクトされ、決済完了メッセージが表示されます。同時に、支払いの履歴情報としてStripeのダッシュボード画面にエントリが追加されているのが確認できます。

A.1.3 Stripeの公式ドキュメント

本書ではStripe公式で事前に用意された決済フォームを活用した、シンプルな決済のサンプル実装について解説しました。

Stripeにはほかにも定期購読などを豊富な機能が用意されています。ご自身で実装した購買フォームを利用した決済も実現できます。開発しているサービスに必要な機能を随時確認し取り入れてみると良いでしょう。Stripeの公式ドキュメントは非常に充実しています。随時仕様も変更さ

*6 https://stripe.com/docs/testing

れていくので、開発する際にはまずは公式ドキュメントをご参照ください[*7]。

A.2 StoryShots—UIスナップショットテスト

モダンフロントエンド開発では、通常数多くのUIコンポーネントを作成します。

サービスの規模が大きくなるにつれてコンポーネントの数も増え、フロントエンドのコードも大規模に、複雑になっていきます。ある程度コンポーネント数が多くなると、予期せぬ動作をしてしまう可能性があります。

機能のテストとして、Jestなどユニットテストツールを導入することは一般的です。JavaScriptやTypeScriptの関数などが正しく動作しているかを確認するために用います。

ただし、関数の入力と出力が正しく動作していたとしても、何らかの変更により予期せずUIが崩れてしまうことも起こりえます。

そのような見た目としての変更を検知するためにはコンポーネントのレンダリング結果を評価する必要があります。以下に紹介するStoryShotsはStorybookベースで、コンポーネントのレンダリングをしたうえでUIを評価するテストツールの1つです。このようなツールを活用することで、コストをかけずに、ユーザーに対して品質の高いサービスを提供し続けられるしくみを構築できます。

A.2.1 StoryShotsとは

StoryShotsというアドオン[*8]は、StorybookのUIコンポーネントのレンダリング結果をスナップショットとして保持し、変更を検知するためのテストツールです。Storybook公式に用意しているツールで、Jestのスナップショットテスト機能をStorybook向けに拡張したものです。

StoryShotsは以下の特徴を持つUIテストツールです。

- **Storybookで管理しているコンポーネントに対して、テストコードを一切書かなくても導入できる**
- **人気のテストツールであるJestベースで実行できる**
- **コンポーネントに渡すすべてのデータを自動でチェックできる**
- **UIを意図的に変更した時はコマンドのオプションで更新できる**

通常UIのテストを人手によって行う場合、大きなリリースをする度にすべての画面を適切なデータを入れる必要があり、多大な時間がかかります。スナップショットテストを導入することで、UIコンポーネントをレンダリングした結果を保存し、その後、記録されたスクリーンショットと最新の変更によるレンダリング結果を自動で比較できます。Storybookでコンポーネントを管理しているプロジェクトであれば、storiesとして記述しているデータそのものがテストに利用されます。

---

*7　https://stripe.com/docs
*8　https://github.com/storybookjs/storybook/tree/main/addons/storyshots/storyshots-core

テストコードを書くことなく導入できるのも魅力的です。

たとえば、以下のような`Link`コンポーネントを`index.stories.tsx`ファイル内で記述しているコードを見てみましょう。

```
import React from 'react';
import Link from './index';

export default { title: 'Atoms/Link' };

export const Icon = () => <Link page="https://www.facebook.com">Facebook</Link>;
```

StoryShotsを実行した際には、以下のようなレンダリング結果がテスト結果として保存されます。

```
<a
  className="normal"
  href="https://www.facebook.com"
  onMouseEnter={[Function bound _onMouseEnter]}
  onMouseLeave={[Function bound _onMouseLeave]}>
  Facebook
</a>
```

UIの追加開発を通じて上記のレンダリング結果に変更があった際に、StoryShotsはエラーとしてテスト結果を出力します。そのエラーが予期しているものであれば、新しい結果を最新版として更新します。もし予期していないエラーであれば、気づかなかった問題としてコンポーネントの実装を見直し、これまでと同じ出力になるように修正し、品質を保つことができます。

StoryShotsのセットアップ

以下StoryShotsのセットアップは、本編で扱ったNext.js、Storybook、Jestをベースとしたプロジェクトを想定しています。Jestについては本編でも触れましたので割愛します。詳しいインストール方法については公式ドキュメント[*9]をご参照ください。

本編のサンプルコードを元に、Storybook向けのスナップショットテストプラグイン`@storybook/addon-storyshots`をインストールします。また、Jest用の`fetch`モックライブラリ`jest-fetch-mock`も導入します。

```
npm install --save-dev @storybook/addon-storyshots jest-fetch-mock
```

次に、`package.json`内の`scripts`に、以下のように`storyshots`の項目を新規に追加します。また、本書執筆時点でのyarnによる依存関係の互換性の問題を解決するために、`resolutions`というプロパティを追加しています。

*9 https://jestjs.io/ja/docs/getting-started

```
  "scripts": {
    ...
    "test": "jest",
    "storyshots": "jest --config ./jest.config.storyshots.js"
  },
  "resolutions": {
    "react-test-renderer": "18.1.0"
  },
  ...
```

本書執筆時点ではReactのテストモジュールの依存関係で、パッケージ管理を`npm`ではなく`yarn`を使用しないと動作しません。本書で紹介したサンプルコードの環境から、一度以下のコマンドでクリーンした後、`yarn`により依存モジュールのインストールを行います。

```
# npmによりインストールしたモジュールの削除
rm -rf node_modules

# yarnをグローバルにインストール
npm install -g yarn

# yarnにより依存モジュールをインストール
yarn
```

Jestの設定を読み込んだStoryShotsの設定ファイル`jest.config.storyshots.js`を新規作成します。

```
const nextJest = require('next/jest')
const createJestConfig = nextJest({ dir: './' })
const customJestConfig = {
  testPathIgnorePatterns: ['<rootDir>/.next/', '<rootDir>/node_modules/'],
  setupFilesAfterEnv: ['<rootDir>/jest.setup.js'],
  moduleDirectories: ['node_modules', '<rootDir>/src'],
  testEnvironment: 'jsdom',
  testMatch: ['<rootDir>/test/test.storyshots.ts'],
}
module.exports = createJestConfig(customJestConfig)
```

スナップショットテストのエントリファイルとしてプロジェクト直下に`test`ディレクトリを作成し、その中に`test.storyshots.ts`を設置します。

```
import initStoryshots from '@storybook/addon-storyshots'

// アニメーションを活用したコンポーネントはスナップショットによるテストが失敗します
// StoryShotsのテストを全てのコンポーネントで成功させるために、RectLoaderのテストを対象から外します
initStoryshots({
  storyKindRegex: /^((?!.*?RectLoader).)*$/,
})
```

最後に、`fetch`をコンポーネント内で使用している場合、StoryShotsの実行時にモックを利用するために以下の記述を`jest.setup.js`に追加します。

```
import '@testing-library/jest-dom/extend-expect'
// 以下の1行を追加する
require('jest-fetch-mock').enableMocks()
```

以上で、StoryShotsのセットアップは完了です。

StoryShotsの実行

StoryShotsの実行は`package.json`に定義した以下のコマンドで実行します。

```
npm run storyshots
```

コマンドの実行結果として、以下のような画面が表示されます。

図A.7 storyshotsの実行結果

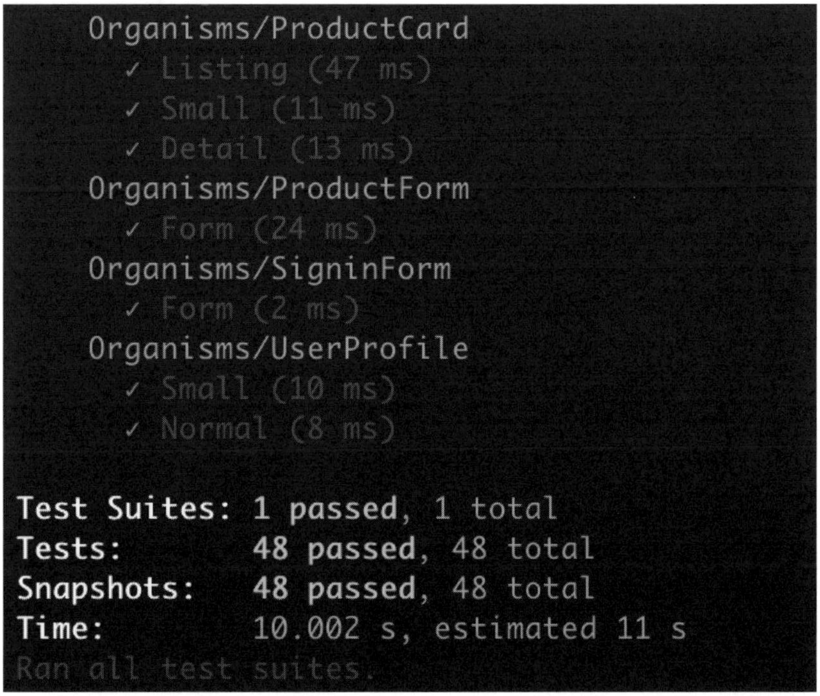

```
    Organisms/ProductCard
      ✓ Listing (47 ms)
      ✓ Small (11 ms)
      ✓ Detail (13 ms)
    Organisms/ProductForm
      ✓ Form (24 ms)
    Organisms/SigninForm
      ✓ Form (2 ms)
    Organisms/UserProfile
      ✓ Small (10 ms)
      ✓ Normal (8 ms)

Test Suites: 1 passed, 1 total
Tests:       48 passed, 48 total
Snapshots:   48 passed, 48 total
Time:        10.002 s, estimated 11 s
Ran all test suites.
```

レンダリング実行結果のスナップショットファイルが`test`ディレクトリ以下に保存されます。これらのファイルは実行に前回と差分があるかどうかを検知するためのものです。

たとえば`ProductForm`コンポーネントにボタンを1つ追加した場合など、JSX・TSXのレンダリング結果に影響のある変更を少しでも行うと、次にStoryShotsを実行した際に以下のようにエラーとして扱われます。

図A.8 storyshotsのエラー結果

```
● Storyshots › Organisms/ProductForm › Form

  expect(received).toMatchSnapshot()

  Snapshot name: `Storyshots Organisms/ProductForm Form 1`

  - Snapshot  - 0
  + Received  + 9

  @@ -245,6 +245,15 @@
          type="submit"
          width="100%"
        >
          出品
        </button>
  +     <button
  +       className="sc-c1c93c65-0 gviAcM"
  +       color="white"
  +       display="inline-block"
  +       fontSize="inherit"
  +       width="100%"
  +     >
  +       キャンセル
  +     </button>
      </form>

      at match (node_modules/@storybook/addon-storyshots/dist/ts3.9/test-bodies.js:23:32)
      at node_modules/@storybook/addon-storyshots/dist/ts3.9/test-bodies.js:32:16
      at Object.<anonymous> (node_modules/@storybook/addon-storyshots/dist/ts3.9/api/snapshotsTestsTemplate.js:29:24)
      at TestScheduler.scheduleTests (node_modules/@jest/core/build/TestScheduler.js:333:13)
      at runJest (node_modules/@jest/core/build/runJest.js:404:19)
      at _run10000 (node_modules/@jest/core/build/cli/index.js:320:7)
      at runCLI (node_modules/@jest/core/build/cli/index.js:173:3)

 › 1 snapshot failed.
Snapshot Summary
 › 1 snapshot failed from 1 test suite. Inspect your code changes or run `npm run storyshots -- -u` to update them.

Test Suites: 1 failed, 1 total
Tests:       1 failed, 47 passed, 48 total
Snapshots:   1 failed, 47 passed, 48 total
Time:        6.424 s, estimated 7 s
Ran all test suites.
```

もし意図しないエラーであった場合は、コンポーネント側を修正しましょう。その変更が意図的で、新しいスナップショットデータとして上書き更新を行いたい際は、`npm run storyshots -- -u`とコマンドラインのオプションを追加し実行します。

図A.9 storyshotsの更新結果

```
 › 1 snapshot updated.
Snapshot Summary
 › 1 snapshot updated from 1 test suite.

Test Suites: 1 passed, 1 total
Tests:       48 passed, 48 total
Snapshots:   1 updated, 47 passed, 48 total
Time:        8.637 s
Ran all test suites.
```

上記のように更新され、以降はStoryShotsを実行してもエラーが表示されなくなります。

そのほか、StoryShotsの高度な使い方に関しては、Storybook公式ドキュメント内のスナップショットテストのページ*10が参考になります。また、Jest公式ドキュメントのスナップショットテストに関するページ*11もご参照ください。

A.2.2 storyshots-puppeteer—スナップショットイメージによるUIテスト

ここまで紹介したStoryShotsの機能は十分価値のあるものですが、意図的な変更によりDOMの構造が変わる際にもテスト結果としてはエラーになってしまいます。たとえば、ボタンをラップするDOM要素を追加した場合、見た目上は変化がなく期待通り動いていたとしても、DOMの構造が変わっているため、StoryShotsではエラーになります。ブラウザで描画したUI画像の差分を検知することで、不要なテストエラーをなくすことができます。

DOMではなく、画像としてUIスナップショットを実行するツールとして、`storyshots-puppeteer`があります。

- StoryShotsの拡張機能
- Chromeのヘッドレスブラウザ用Node.jsライブラリpuppeteerベースの実装
- 自動で画像による差分を検知して意図しないUIの変更があるとエラーになる
- テストコードを書く必要がないので導入コストが低い
- 初期UI表示状態の差分検知であるためJSによるアクションをトリガーにした何かは検知できない

---

*10 https://storybook.js.org/docs/react/workflows/snapshot-testing
*11 https://jestjs.io/ja/docs/snapshot-testing

図A.10　storyshotsとstoryshots-puppeteerの違い

Cardコンポーネントの背景色を変更した場合

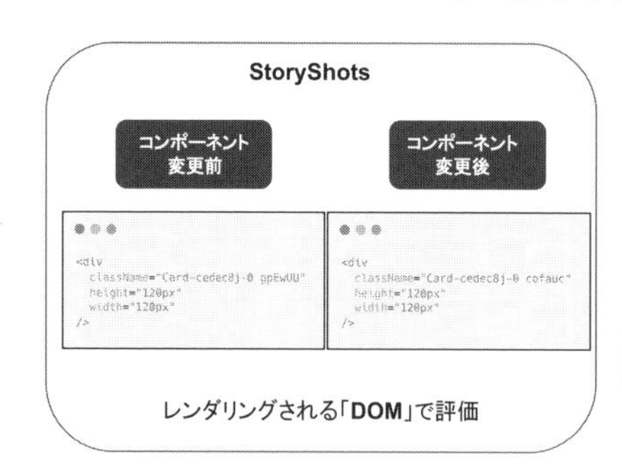

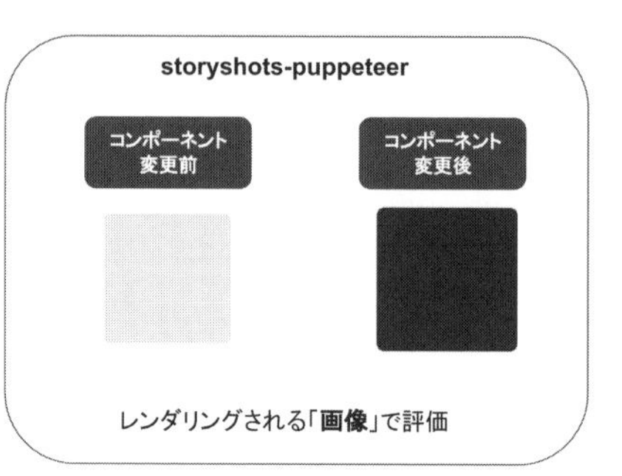

本書では`storyshots-puppeteer`の詳細な使い方は割愛します。興味のある方は公式のGitHubページ*12をご参照ください。

A.3 AWS AmplifyへのNext.jsアプリケーションのデプロイ

AWS Amplify*13はAmazon Web Service*14が提供するフロントエンドおよびモバイルのデベロッパーが、スケーラブルなフルスタックアプリケーションを構築できるようなプラットフォームです。

本章ではNext.jsアプリケーションをAWS Amplifyデプロイする方法を説明します。

A.3.1 Next.jsアプリケーションのAWS Amplifyへのデプロイ

最初に、デプロイするNext.jsアプリケーションを`create-next-app`を利用して作成します。

```
$ npx create-next-app@latest nextjs-amplify
```

アプリケーションを作成後は、下準備としてGitHubにコミット&プッシュしておきます。

*12　https://github.com/storybookjs/storybook/tree/next/addons/storyshots/storyshots-puppeteer
*13　https://aws.amazon.com/jp/amplify/
*14　https://aws.amazon.com/jp/

AWS Amplify ConsoleからNext.jsアプリケーションをホスト

AWS AmplifyではGitHub等のリポジトリと連携して、容易にNext.jsアプリケーションをホスティング可能です。加えて、CI/CD*15サポートなどの機能から、Next.jsアプリケーションをホスティングする上で選択肢の1つとして注目されています。

先ほどのリポジトリの準備が完了したら、AWS Amplify Consoleへアクセスします。

図A.11　AWS Amplify Console: トップページ

以前にAmplifyのアプリケーションを何も作成していない場合には、画面下の「Webアプリケーションをホスト」から「使用を開始する」を選択し、Next.jsアプリケーションのホスティングを開始します。

*15　継続的なインテグレーション・デプロイ。

図A.12 AWS Amplify Console: Webアプリケーションをホスト

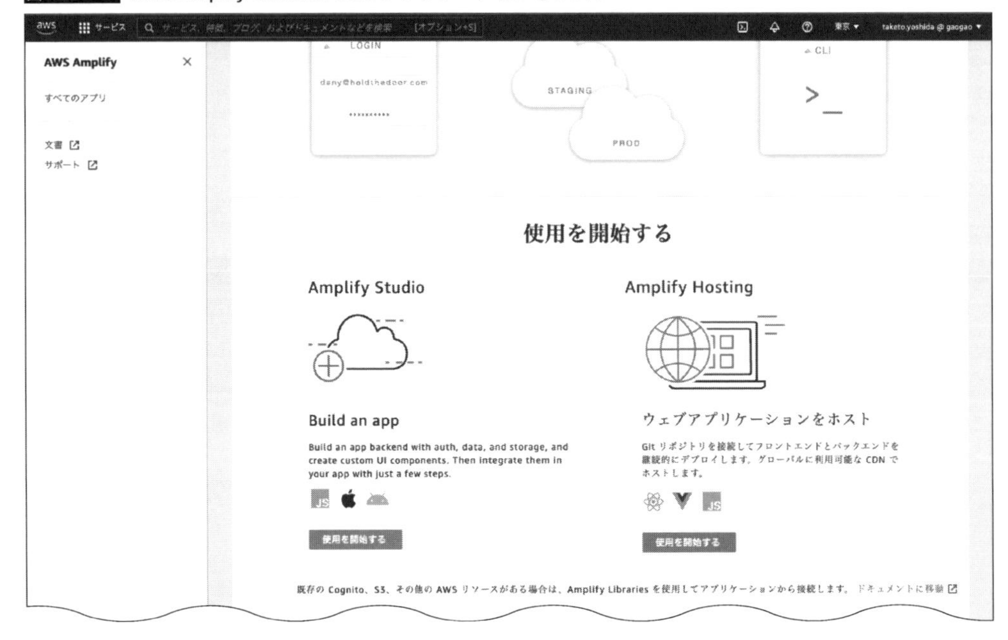

今回はGitHubを選択し、認可後に自分のGitHubにあるリポジトリ一覧が選択できるようになっているため、先ほど作成したリポジトリとブランチを選択します。

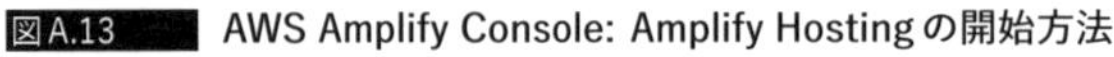
図A.13 AWS Amplify Console: Amplify Hostingの開始方法

図A.14 AWS Amplify Console: リポジトリブランチの追加

Next.jsアプリケーションであれば自動的にビルド設定が検出されます。もし、package.jsonの`build`コマンドに`next build`のみ書かれている場合にはSSRのアプリとして認識されます。SSGを使用したアプリケーションを選択したい場合には、Appendix A.3.2をご覧ください。また、詳細設定ではビルドするDockerイメージを指定可能で、デフォルトイメージがユースケースに合わない場合には変更を加えます。

図A.15 AWS Amplify Console: 環境設定の構成

最後に、フレームワークが`Next.js - SSR`になっていることを確認し、「保存してデプロイ」を押します。

図A.16 AWS Amplify Console: 確認

すると作成したアプリのトップページに飛ぶので、後はデプロイが完了するまで数分待ちます。

図A.17 AWS Amplify Console: デプロイ中

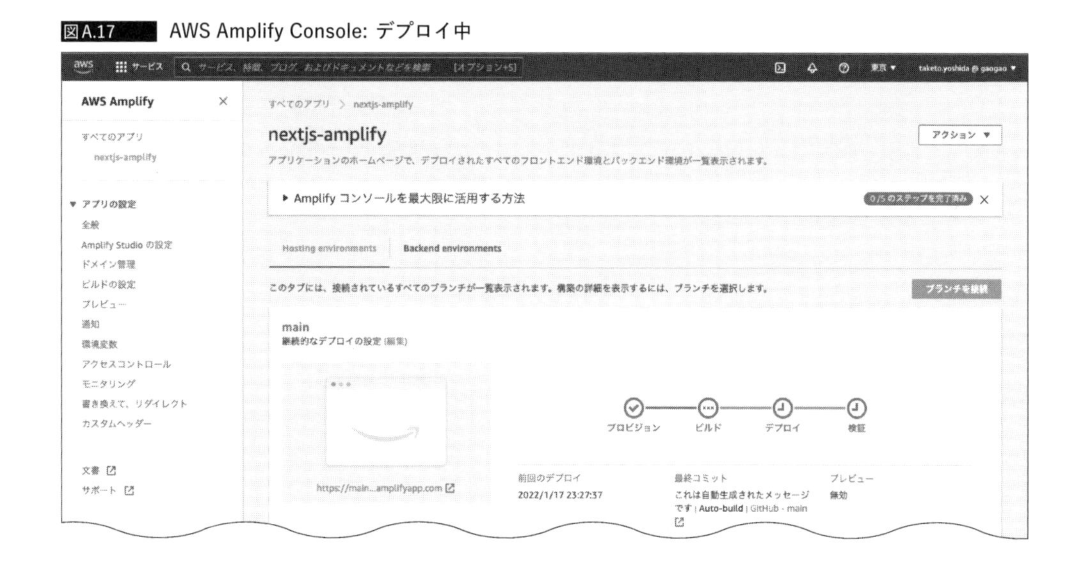

デプロイのパイプラインがすべて終了した後に、URLをクリックし以下のページが表示されていれば、ホスティング完了となります。また今後は、指定したブランチにpushすることで、デプロイのパイプラインが走り、自動的にデプロイされます。

図A.18 AWS Amplify Console: デプロイ完了

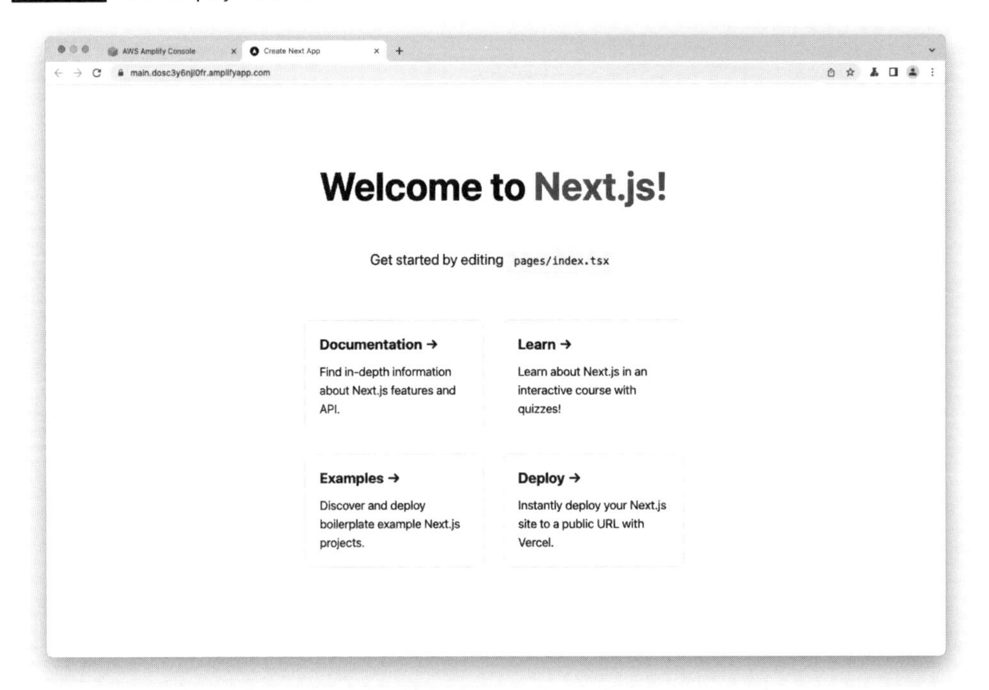

A.3.2 SSGを使用したNext.jsアプリケーションのAWS Amplifyへのデプロイ

先ほどはSSRを使用したNext.jsアプリケーションのAWS Amplifyへのデプロイ方法を説明しましたが、ここではSSGを使用したアプリケーションのデプロイ方法について説明します。

まずは、package.jsonの`build`コマンドを編集し、`next export`を追加します。これによって、Amplify側でSSGのアプリケーションとして認識されます。

リスト A.1 package.json

```
"scripts": {
  "dev": "next dev",
  "build": "next build && next export",
  "start": "next start"
},
```

next/imageの置き換え

next/image*16は`next export`においてサポートされていないので、オリジナルの`<img>`タグに置き換える必要があります。

*16 https://nextjs.org/docs/api-reference/next/image/

```
import Image from 'next/image'
```

プロジェクト内の`<Image>`タグを編集し、`<img>`タグに置き換えます。

```
<Image src="/vercel.svg" alt="Vercel Logo" width={72} height={16} />
```

```
<img src="/vercel.svg" alt="Vercel Logo" width={72} height={16} />
```

後は、AWS Amplify Consoleから再びWebアプリケーションのホスティングを開始し、最後の確認画面でフレームワークが**Next.js - SSG**となっていれば完了となります。

図A.19 AWS Amplify Console: SSGの確認

A.4 国際化ツールi18n

i18nはinternationalizationの略で、日本語では国際化を意味します。先頭の**i**と末尾の**n**の間に18文字あるので、このように表記されます。

i18nはさまざまな国や地域のユーザーが利用できるよう、表示などを言語や地域によって変更するしくみを指します。

言語別のインターネットユーザーの割合を見てみると、2020年の調査[*17]では日本語を主に使う

---

*17 https://www.internetworldstats.com/stats7.htm

ユーザーは2.6%となっています。最も多い英語ユーザーは25.9%、中国語ユーザーは19.4%。両者を合わせると45%ほどとなります。

海外展開などで海外からのユーザー流入を期待する場合、i18nは必須の要素だと言えます。また、日本国内のみに向けたサービスであったとしても、在留外国人や訪日外国人の方が増加している昨今の状況では、i18nはユーザーフレンドリーなWebサイトを実現する上で考慮するべき要素です。

i18nは表示されているテキストをほかの言語に翻訳することだけを指す言葉ではありません。

時刻や値の表記方法も国によって異なるため、それらのフォーマットに関しても考慮する必要があります。

一つずつ言語によって表示を変えるといった処理を追加するのは大変な労力が必要です。i18nでは基本的にはライブラリなどを活用して対応することがほとんどです。ここでは、`Next.js`で提供されている機能となっています`next-i18next`というライブラリについて紹介します。

A.4.1 パスによる言語ルーティング

Next.jsではURLからロケール（言語情報）*18を取得する機能を提供しています。この時、URLでロケールを表現するには2つの方法があり、Next.jsの標準機能ではこの両方での言語識別をサポートしています。

- ドメインを分ける： `/test.com`, `/test.jp`
- パスで分ける： `/test.com/en/items`, `/test.com/jp/items/`

どちらの場合でも`next.config.js`にサポートしたい言語情報を記述します。`locales`フィールドに対応したいロケール、`defaultLocale`ではデフォルトで使用したいロケールを書きます。ロケールの表記方法には`ja`と言語だけのものと、`en-us`のように言語の後に国が続く場合の2通りがあります。

リスト A.2 next.config.js

```
/** @type {import('next').NextConfig} */
const nextConfig = {
  reactStrictMode: true,
  i18n: {
    // サポートしたい言語
    locales: ['ja', 'en'],
    // デフォルトで表示したい言語
    defaultLocale: 'jp',
    // ドメインで分ける場合はドメインごとの設定を記述する
    domains: [
      {
        domain: 'example.jp',
        defaultLocale: 'ja',
```

*18 国（地域）や言語。

```
      },
      {
        domain: 'example.com',
        defaultLocale: 'en',
      },
    ],
  }
}

module.exports = nextConfig
```

getServerSidePropsの引数やuseRouterを使うことで、現在のロケールを取得できます。この値を参照し、現在のロケールに応じて処理や表示を切り替えることができます。

```
import { useRouter } from 'next/router'

const Page = (props) => {
  const {locale} = useRouter()

  return (
    <div>
    {locale === 'ja' && <span>日本語向けの表示です</span>}
    {locale === 'en' && <span>英語向けの表示です</span>}
    </div>
  )
}

export async function getServerSideProps({ locale }) {
    console.log(locale)
}

export default Page
```

また、ロケールを指定してページを遷移したい場合は、Linkやrouterに指定できます。

```
// (1) Linkに指定する方法
import Link from 'next/link'
const Page = (props) => {
  return (
    <Link href="/profile" locale="en">
      <a>英語向けの/profileページへ遷移します</a>
    </Link>
  )
}

// (2) routerに指定する方法
const Page = (props) => {
  const router = useRouter()
  return (
    <div
      onClick={() => {
        router.push('/profile', { locale: 'ja' })
      }}
    >
      日本語向けの/profileページへ遷移します
```

```
    </div>
  )
}
```

A.4.2 next-i18nを使ったテキストのi18n対応

Next.jsではURLからロケールを取得する方法のみ提供しています。このため、ロケールごとに表示を自動で切り替えるには別に実装する必要があります。`next-i18next`*19はJavaScriptでよく使われている`I18next`の`Next.js`版のライブラリです。こちらを使うことで、ロケールに応じた表示の切り替えを簡単に導入できます。

Next.jsのプロジェクトに`next-i18next`を導入します。

```
npm install next-i18next
```

続いて、翻訳ファイルを追加します。`public/locales/ja`と`public/locales/en`というディレクトリを作成し、それぞれのディレクトリの中に`common.js`というファイルを作成します。JSONファイルにそれぞれのロケールに対応した言語の文章を記述します。文字を埋め込みたい場合は`{{name}}`のように囲みます。

```
{
  "title": "こちらはサンプルページです",
  "message": "こんにちは, {{name}}さん"
}
```

```
{
  "title": "This is a sample page",
  "message": "Hello, {{name}}"
}
```

`next-i18next`を有効化するために、`pages/_app.tsx`でエクスポートしているコンポーネントに`appWithTranslation`をラップします。

```
import { appWithTranslation } from 'next-i18next';

...

export default appWithTranslation(MyApp);
```

コンポーネントで使用する場合は、`useTranslation`フックを呼び出します。`useTranslation`の引数には使用したい翻訳ファイルの名前を指定します。フックは`t`という関数を返します。翻訳されたテキストを使用する場合は`t`関数に翻訳ファイルで使用したキーを指定すると、キーと

*19 https://github.com/isaachinman/next-i18next

ロケールに対応したテキストが返ります。値を埋め込む場合は第2引数のオブジェクトで指定します。

```
import { useTranslation } from 'next-i18next';

export const Header = () => {
  const { t } = useTranslation('common');

  return (
    <header>
      <title>{t('title')}</title>
      <p>{t('message', {name: 'A'})}<p>
    </header>
  );
};
```

参考文献

▶ Next.js by Vercel - The React Framework

・https://nextjs.org/

▶ React – ユーザインターフェース構築のための JavaScript ライブラリ

・https://ja.reactjs.org/

▶ Atomic Design | Brad Frost

・https://bradfrost.com/blog/post/atomic-web-design/

▶ TypeScript: The starting point for learning TypeScript

・https://www.typescriptlang.org/docs/

▶ Adding TypeScript | Create React App

・https://create-react-app.dev/docs/adding-typescript/

▶ TypeScript | Learn Next.js

・https://nextjs.org/learn/excel/typescript

索 引

さ

た

な

は

ま

や

ら

■著者プロフィール

手島拓也（てじまたくや）

IBMやLINEにて主にWeb製品開発を約7年間担当。その後、共同創業者兼CTOとしてタイにて起業、事業譲渡を経験。現在はシンガポールを拠点に東南アジア発のスタートアップスタジオGAOGAOを設立し代表を務める。本書では1-2章を執筆。

GitHub: [tejitak](https://github.com/tejitak)
Twitter: [@tejitak](https://twitter.com/tejitak)

吉田健人（よしだたけと）

日本経済新聞社、タイの総合商社系企業でアプリケーション開発を経験。現在はアドビ株式会社でSoftware Development Engineerとして働く。DX(デジタルエクスペリエンス)系のプロダクト開発とローカリゼーションテクノロジーの研究開発に従事。本書では5-7章を執筆。

GitHub: [tamanyan](https://github.com/tamanyan)
Twitter: [@tamanyan55](https://twitter.com/tamanyan55)

高林佳稀（たかばやしよしき）

シンガポールの金融系スタートアップにWebフロントエンドエンジニアとして就職し、取引ツールの開発を行う。その後、フリーランスとして複数のWebアプリ開発案件に携わる。現在は医療系スタートアップのWebアプリ開発にフルスタックエンジニアとして参画しつつ、ブロックチェーンのOSSプロジェクトの開発に従事。本書では3-4,7章を執筆。

GitHub: [Kourin1996](https://github.com/Kourin1996)
Twitter: [@Kourin1996](https://twitter.com/Kourin1996)

●本書サポートページ
https://gihyo.jp/book/2022/978-4-297-12916-3
本書記載の情報の修正／補足については、当該Webページで行います。

●装丁デザイン：西岡裕二
●本文デザイン：西岡裕二、山本宗宏（株式会社Green Cherry）
●作図：酒徳葉子
●編集：野田大貴

TypeScriptとReact/Next.jsでつくる実践Webアプリケーション開発

2022年　8月　6日　初　版　第1刷発行
2022年　9月　8日　初　版　第2刷発行

著　者　手島 拓也、吉田 健人、高林 佳稀
発行者　片岡 巌
発行所　株式会社技術評論社
　　　　東京都新宿区市谷左内町21-13
　　　　TEL：03-3513-6150　販売促進部
　　　　TEL：03-3513-6177　雑誌編集部
印刷／製本　昭和情報プロセス株式会社

●定価はカバーに表示してあります。
●本書の一部または全部を著作権法の定める範囲を超え、無断で複写、複製、転載、あるいはファイルに落とすことを禁じます。
●本書に記載の商品名などは、一般に各メーカーの登録商標または商標です。

造本には細心の注意を払っておりますが、万一、乱丁（ページの乱れ）や落丁（ページの抜け）がございましたら、小社販売促進部までお送りください。送料小社負担にてお取り替えいたします。

©2022　手島拓也、吉田健人、高林佳稀
ISBN978-4-297-12916-3　C3055
Printed in Japan

■お問い合わせについて

本書の内容に関するご質問は記載内容についてのみとさせていただきます。本書の内容以外のご質問には一切応じられませんのであらかじめご了承ください。なお、お電話でのご質問は受け付けておりませんので、書面または小社Webサイトのお問い合わせフォームをご利用ください。
情報は回答にのみ利用します。

〒162-0846
東京都新宿区市谷左内町21-13
㈱技術評論社　雑誌編集部
「TypeScriptとReact/Next.jsでつくる
　実践Webアプリケーション開発」質問係
FAX：03-3513-6173
URL：https://gihyo.jp/book/2022/978-4-297-12916-3